O
UNIVERSO
VERMELHO

Coleção Big Bang
Dirigida por Gita K. Guinsburg

Equipe de Realização – Revisão: Juliana Cardoso; Capa: Sérgio Kon; Assessoria Editorial: Plinio Martins Filho; Editoração Eletrônica: Ponto & Linha; Produção: Ricardo W. Neves, Adriana Garcia e Heda Maria Lopes

O UNIVERSO VERMELHO

DESVIOS PARA O VERMELHO,
COSMOLOGIA E CIÊNCIA ACADÊMICA

Halton Arp

tradução

André K. T. Assis
Domingos S. L. Soares

Título do original inglês
Seeing Red: Redsfiths, Cosmology and Academic
© Halton Arp

Direitos reservados em língua portuguesa
EDITORA PERSPECTIVA S.A.
Avenida Brigadeiro Luís Antônio, 3025
01401-000 – São Paulo – SP – Brasil
Telefax: (0__11) 3885-8388
www.editoraperspectiva.com.br
2001

Sumário

Prefácio 9

Introdução – Por que os Desvios para o Vermelho são a Chave
para a Astronomia Extragaláctica? 15

1. Observações em Raios X Confirmam Desvios para o
Vermelho Intrínsecos 27

2. Galáxias Seyfert como Fábricas de Quasares 63

3. Desvios para o Vermelho em Excesso
do Começo ao Fim por Toda a Parte 99

4. Desvios para o Vermelho Intrínsecos nas Estrelas! 147

5. O Superaglomerado Local 177

6. Aglomerados de Galáxias 213

7. Lentes Gravitacionais 253

8. Quantização dos Desvios para o Vermelho 289

8 ✪ O Universo Vermelho

9. Cosmologia 333
   Apêndice A 375
   Apêndice B 377
   Apêndice C 377

10. Academia 379

Epílogo 411

Gravuras 421

Glossário 433

Índice Remissivo 445

Prefácio

Meu objetivo ao publicar este livro[1] é o de comunicar informações que de outra forma não estariam acessíveis. Cerca de dez anos atrás apareceu meu primeiro livro sobre este assunto: *Quasars, Redshifts and Controversies* — Quasares, Desvios para o Vermelho e Controvérsias. Este primeiro livro tinha sido escrito na verdade entre 1984 e 1985, mas

---

1. As Notas dos Tradutores, como esta, são indicadas por números. As outras notas indicadas por * são do autor. Sobre o título: O título original, em inglês, é *Seeing Red*, com subtítulo *Redshifts, Cosmology and Academic Science*. Arp faz um trocadilho que caracteriza bem seu estilo de escrever e o conteúdo da obra como um todo. Há dois significados para a expressão "seeing red". O primeiro, literal, "vendo vermelho", refere-se às observações astronômicas de espectros de radiação eletromagnética, sistematicamente deslocados "para o vermelho", ou, dito de outra maneira, para comprimentos de onda maiores, relativamente aos espectros correspondentes obtidos em laboratório. O segundo, menos comum, pode ser encontrado, por exemplo, no *Webster's*. "To see red" significa também "ficar furioso", "encolerizar-se". É mais ou menos o análogo a "ficar roxo de raiva", em português. Arp quer desta forma revelar o seu sentimento íntimo ante as demonstrações de intolerância científica de seus colegas de profissão, que não aceitam idéias diferentes daquelas decorrentes do paradigma científico em voga. Como traduzir toda esta riqueza de conceitos para o português? Optamos por *O Universo Vermelho*, também carregado de dois sentidos. O primeiro, análogo ao "vendo vermelho", isto é, a observação de alguns corpos astronômicos com espectros de radiação deslocados em direção ao vermelho. O segundo, denotando um universo de idéias em conflito, em guerra... A cor vermelha é freqüentemente associada com o "estado de guerra", tendo inclusive motivado, em astronomia, a adoção do nome do deus grego da guerra, Marte, para o célebre "planeta vermelho". É este "vermelho", portanto, e seus múltiplos significados, que trazemos para o "universo" dos leitores.

10 ❂ O Universo Vermelho

levou dois anos aparentemente intermináveis para publicá-lo, pois um número incontável de editoras o recusou. Uma editora universitária, aquela da universidade que cursei, estava entusiasmada com ele até que o deram a um membro da faculdade de Astronomia para ler. Uma outra, Cambridge University Press, recusou-se a publicá-lo, mas depois que foi impresso comprou um número grande de cópias a um preço muito baixo para vendê-lo através de seu sistema de distribuição (ao menos a distribuição foi um passo útil).

Finalmente, Donald Goldsmith veio salvar o que encaro como liberdade acadêmica de comunicação e o publicou sob a égide de sua pequena companhia, Interstellar Media. Senti-me enormemente grato a ele por permitir que o material observacional fosse apresentado, independente do que ele ou qualquer outra pessoa pensasse sobre o resultado final do debate. Obviamente, eu esperava que, uma vez que toda a evidência estivesse correlacionada e descrita numa forma não permitida pelos árbitros[2], os cientistas iriam voltar seus instrumentos e poder de análise para investigar vários objetos cruciais que contradiziam a teoria atual.

Em vez disto, o livro tornou-se uma lista de tópicos e objetos a serem evitados a todo custo. A maioria dos astrônomos profissionais não tinha intenção de ler sobre coisas que eram contrárias ao que *sabiam* serem corretas. O interesse deles usualmente só ia até o ponto de usar o exemplar da biblioteca para ver se seus nomes constavam do índice. Mas antes que este desapontamento ficasse gravado comigo, aconteceu uma coisa bem maravilhosa. Comecei a receber cartas de cientistas em universidades pequenas, de disciplinas diferentes, de amadores, estudantes e de pessoas leigas. Os amadores em particular me impressionaram e me deliciaram, pois ficou evidente que eles realmente *olhavam* as fotos, conheciam vários objetos e pensavam por si próprios enquanto mantinham um ceticismo saudável em relação às interpretações oficiais. Como um exemplo, estudantes de física canadenses me trouxeram da Europa para que eu falasse em sua convenção anual. Fiquei estupefato quando me introduziram numa sala com uma mesa empilhada com cópias de meu livro para autografar. Percebi que

---

2. *Referees*: Árbitros ou assessores de revistas científicas, especialistas em geral mantidos no anonimato, escolhidos pelos editores, que dão pareceres recomendando ou não a publicação dos trabalhos técnicos nos periódicos.

eram volumes que haviam comprado por sua própria iniciativa e com seu próprio dinheiro. No final, o livro foi traduzido para o italiano e espanhol, e ainda ouço de pessoas em todo o mundo que estão interessadas em como tudo vai terminar. Assim, apesar das dificuldades e frustrações, e não interessa o que mais aconteça, sinto que esse livro foi a coisa mais importante e o trabalho mais recompensador que já tenha feito.

Mais de dez anos já se passaram e, apesar da oposição determinada, acredito que a evidência observacional tenha se tornado esmagadora, e que o *Big Bang*[3] tenha na realidade sido derrubado. Há hoje uma necessidade de comunicar as novas observações, as conexões entre os objetos e as novas percepções sobre o funcionamento do universo — todas obrigações primárias da ciência acadêmica, que geralmente tem tentado suprimir ou ignorar tais informações dissidentes. Apesar do — ou devido ao — sucesso do primeiro livro, é ainda mais necessário agora garantir uma publicação independente e efetiva destes tipos de livros de ciência. Este volume é um livro maior com vistas a uma circulação mais ampla. Levando em conta tais aspectos, com aconselhamento e ajuda de Don Goldsmith, sinto-me feliz de que o atual editor, Roy Keys, esteja apresentando este novo volume, *O Universo Vermelho: Desvios para o Vermelho, Cosmologia e Ciência Acadêmica*.

Um aspecto útil deste livro é que ele ilustra o que pode ser desenvolvido a partir de uma suposição simples, tal como a natureza dos desvios para o vermelho extragalácticos. Os dois lados na disputa têm visões complexas, muito bem trabalhadas, que acreditam ser confirmadas empiricamente e logicamente necessárias. Contudo, um dos lados deve de estar completa e catastroficamente errado. Isto nos faz meditar, talvez com proveito, se há outras suposições incertas nas quais baseamos muito de nossas vidas, e todavia nela depositamos inocentemente confiança excessiva.

Este livro com certeza enraivecerá numerosos cientistas acadêmicos. Muitos de meus amigos profissionais ficarão muito atormentados. Por qual motivo então o escrevo? Em primeiro lugar, todo mundo tem de dizer a verdade como a vê, especialmente sobre coisas importantes. O fato de a maioria dos profissionais ser intolerante até mesmo em relação a *opiniões*

---

3. *Big Bang*: Grande explosão. Ver glossário ao final do livro. Será utilizada nesta tradução o termo em inglês, pois este já se popularizou em nossa língua.

12 ✪ O Universo Vermelho

discordantes torna a mudança uma necessidade. Aqueles amigos meus que também lutam para trazer de volta ao caminho a corrente principal da astronomia sentem, em sua maioria, que apresentar evidências e defender novas teorias é suficiente para causar mudança, e que é impróprio criticar uma empreitada a que pertencem e que sobremaneira valorizam. Eu discordo, pois penso que se não entendermos por qual motivo a ciência está falhando em autocorrigir-se, não será possível consertá-la.

Em poucas palavras, minha visão é a de que a ciência nunca amadureceu completamente durante a "época do Iluminismo." Quando a sociedade finalmente aprendeu que as principais decisões eram muito importantes para serem deixadas nas mãos dos reis e generais, um processo mais democrático foi desenvolvido. Mas a ciência sempre insistiu em que apenas aqueles que possuíam conhecimento arcano eram capazes de decidir o que era verdadeiro e o que não era verdadeiro no mundo dos fenômenos naturais.

Agora temos uma situação em que novos fatos são julgados vendo se eles se adequam a velhas teorias. Caso contrário, são condenados com o julgamento: "Não há maneira de explicar estas observações, logo elas não podem ser verdadeiras".

Isto encoraja o dissidente a vir com uma explicação de como esta pode ser verdadeira. A explicação discorda da convenção. Então, fecha-se o cerco da armadilha e rotula-se a teoria com: "[...]evidência imediata de que o proponente é um excêntrico e de que a evidência é falsa".

Isto, então, é a crise para os membros razoáveis da profissão. Com tantas alternativas, teorias contraditórias, muitas delas se adequando muito mal às evidências, abandonar a teoria aceita é um passo amedrontador em direção ao caos. Neste ponto, creio que temos de procurar a salvação com os não-especialistas, amadores e pensadores interdisciplinares — aqueles que formam julgamento baseados na força da evidência, aqueles que são céticos em relação a qualquer explicação, em particular às oficiais, e acima de tudo são tolerantes em relação às teorias dos outros. (Quando a resposta completa não é conhecida, num certo sentido todo mundo é excêntrico!)

A única esperança que vejo é a de que os profissionais mais éticos e mais atentos combinem seus esforços com os não profissionais de mente aberta, para com isto formar uma ciência mais democrática com melhor julgamento e transformar lentamente o assunto numa atividade mais culta e útil à sociedade. Eis o motivo mais profundo pelo qual escrevi este livro e, embora isto cause angústia, creio que um debate dolorosamente honesto é o único exercício capaz de galvanizar uma mudança significativa.

Se cabe qualquer crédito por tudo isto, devo mencionar que, quando deixei os Estados Unidos em 1984, vim para o Max-Planck Institut für Astrophysik (Instituto Max-Planck de Astrofísica), primeiro com a bolsa para Cientista Sênior Alexander Humboldt; desde então fiquei como cientista convidado. Tenho de reconhecer que se não fosse pelo uso das instalações do Instituto, pela hospitalidade, apoio e amizade dos pesquisadores, não teria sido capaz de desenvolver o presente trabalho. Tive a impressionante boa sorte de que muitos dos objetos ativos mais importantes que observei com os grandes telescópios na Costa do Pacífico estavam então sendo observados com o telescópio de raios X de última geração, do Max-Planck Institut für Extraterrestrische Physik (Instituto Max-Planck de Física Extraterrestre [MPE]). Ele distinguia os objetos mais energéticos facilmente e o telescópio ainda era pequeno o suficiente para ter um campo bastante grande de modo a incluir os objetos cruciais que estavam relacionados com as galáxias progenitoras centrais.

Todos os funcionários e professores foram enormemente gentis e prestativos. Escolhendo alguns nomes: Rudi Kippenhahn, que me indicou inicialmente para a bolsa Humboldt e arranjou para que eu aí permanecesse desde então; Hans-Christoph Thomas meu vizinho de sala, que estive sempre pronto a ajudar-me nos problemas computacionais complexos; e Wolfgang Pietsch do MPE, que me ensinou os rudimentos do processamento de imagens em raios X que fui capaz de aprender e me mostrou suas muitas descobertas observacionais. Todos temos nossas crenças preciosas e a maior coragem é a de respeitar uma crença diferente. Aqui encontrei pessoas que acreditavam que a maneira de fazer ciência era principalmente ética e, com justiça poética, penso que isto leva aos maiores avanços.

Este livro apresenta a seguinte organização: os dois primeiros capítulos estabelecem que os quasares com alto desvio para o vermelho emergem dos núcleos ativos das galáxias próximas. Os dois capítulos seguintes mostram que as companheiras menores das galáxias próximas também têm desvios para o vermelho intrínsecos (não devidos à velocidade), que persistem até nas estrelas e no gás que formam a galáxia. O

14 O Universo Vermelho

Capítulo 5 discute como o Superaglomerado Local é composto de grupos e tipos de objetos similares, e mostra como seus desvios para o vermelho intrínsecos diminuem a partir dos quasares até as galáxias mais velhas. O Capítulo 6 introduz a evidência surpreendente de que grupos fracos do céu compostos de objetos com alto desvio para o vermelho de fontes não pontuais não são, em geral, aglomerados distantes de galáxias normais, mas, em vez disto, são provavelmente componentes intrinsecamente desviados para o vermelho de quasares fragmentados.

O Capítulo 7 discute como as lentes gravitacionais não podem explicar a associação no céu entre os quasares e as galáxias com menor desvio para o vermelho. Os argumentos apresentados afirmam que os quasares não são objetos do fundo obtidos por efeitos de lentes gravitacionais mas sim material mais jovem que emerge de fato do objeto central. O Capítulo 8 apresenta a evidência para a quantização, um fenômeno que não poderia ocorrer se os desvios para o vermelho fossem causados por velocidades. O Capítulo 9 discute a teoria. Ele aponta como o universo em expansão de Friedmann/Einstein (o assim chamado "*Big Bang*") é baseado numa suposição errada — e por qual motivo ele não pode explicar as observações. Nele, é apresentada uma solução mais geral das equações básicas e é discutido como ela prevê a criação observada de quasares e sua evolução para galáxias normais.

Finalmente, o Capítulo 10 relata inúmeros exemplos em que a Ciência Acadêmica foi incapaz de modificar suas teorias e compromissos para acomodar novos fatos observacionais. Encaminhamentos de mudanças possíveis também são discutidas de um modo sucinto.

Mas sinto que o texto não é tão importante quanto as fotografias. Se os não-especialistas julgarem partes do texto muito técnicas, recomenda-se que folheiem estas seções. Na verdade, as fotos contam a história. Pode-se olhar para algumas das fotografias mais relevantes e entender simplesmente, por analogia com a experiência cotidiana, os aspectos importantes de como os objetos estão relacionados entre si e como eles devem se desenvolver com o tempo. De fato, todo o livro pode ser reduzido a umas poucas fotografias em que a habilidade da pessoa em reconhecer padrões e seqüências seria de molde a comunicar a maior parte da informação significativa. Se os indivíduos têm confiança no que "vêem", podem viver serenamente com o conhecimento de que ainda não possuem a compreensão final.

Introdução — Por que os Desvios para o Vermelho são a Chave para a Astronomia Extragalática?

Desvios para o Vermelho: Se observamos a luz de um objeto após ela ter sido distribuída desde os comprimentos de onda curtos até os longos, veremos picos e vales devidos a emissão e absorção de seus elementos atômicos. Uma coisa que então podemos medir é o quanto estas características estão deslocadas em relação a seus comprimentos de onda padrão no laboratório.

Acontece que quando observamos galáxias e quasares, estas características estão geralmente desviadas em direção aos comprimentos de onda mais longos, em alguns casos por quantidades que chegam a 4 ou 5 vezes os valores do laboratório. Considera-se que este deslocamento das linhas no espectro em direção ao vermelho aumenta com a distância e que é a informação mais significativa que temos sobre as manchas fracas, que se supõe representarem os objetos mais distantes que podemos ver no universo. Mas, se a causa destes desvios para o vermelho é mal compreendida, então as distâncias podem estar erradas por fatores de 10 a 100, e as luminosidades e massas estarão erradas por fatores de até 10.000. Teríamos então uma visão totalmente errada do espaço extraláctico e nos defrontaríamos com um dos malogros mais embaraçosos de nossa história intelectual.

Pelo fato de os objetos em movimento no laboratório, ou estrelas binárias orbitando ou galáxias girando, mostrarem todos desvios Doppler para o vermelho em direção aos comprimentos de onda mais longos quando estão se afastando, supôs-se na astronomia que os desvios para o vermelho apenas e sempre significaram velocidade de recessão. Não é possível nenhuma verificação direta desta suposição e, ao longo dos anos surgiram e foram ignoradas muitas contradições. A evidência apresentada aqui é — espero — convincente, pois ela oferece muitas provas diferentes de desvios para o vermelho intrínsecos (não devidos à velocidade) para qualquer categoria de objeto celeste — de estrelas até quasares, galáxias e aglomerados de galáxias. Além disto, este observável chave nos levará no final a considerar um universo governado pelos efeitos não locais da massa inercial e da mecânica quântica, mais do que pela dinâmica local da relatividade geral.

Cosmologia: Porque diz respeito a nossas origens fundamentais e a nossos futuros destinos, muitas pessoas estão interessadas na natureza do universo em que vivemos. Chamamos de cosmologia a esta visão de nosso ambiente no sentido mais amplo possível.

Hoje em dia está na moda um conjunto de crenças relacionadas ao funcionamento do universo, propagandeadas como o *Big Bang*, que são, creio, amplamente incorretas. Mas para permitir que as pessoas possam fazer seus próprios julgamentos sobre esta questão, precisamos examinar um grande número de observações. Na ciência as observações são a autoridade primária e final. Neste livro pretendo discutir tres observações com tantos pormenores quantos serão necessários para entendê-las. Se não houvesse uma resistência tão feroz aos dados básicos feita pelos cosmólogos convencionais, os detalhes não precisariam ser discutidos extensivamente. Mas, na situação atual, cada bloco no edifício tem de ser defendido contra objeções sem fim. Além do mais, é a conexão entre muitos resultados diferentes que fornece credibilidade no final a toda esta nova visão. As observações separadas têm de ser relacionadas entre si, e para isto é necessário paciência e esforço, embora seja excitante ver no fim as peças se encaixarem. Para tornar este processo mais estimulante, conto algumas das reações pessoais e humanas que acompanharam estes eventos. Isto, espero, ajudará o leitor a entender não apenas os fatos, mas o motivo pelo qual foram recebidos desta maneira. Afinal de contas, a ciência é uma empreitada humana e as pessoas só tomarão conhecimento de evidência científica detalhada se alguém falar abertamente sobre o que ela significa no contexto de seres humanos reais.

Academia: Especialistas na ciência física são treinados hoje em dia quase exclusivamente nas universidades. Nossa sociedade apóia financeiramente cientistas teóricos e os equipamentos de laboratório, principalmente através da hierarquia acadêmica.

Assim, há um outro motivo pelo qual não é suficiente apenas relacionar novos resultados fatuais. As crenças atuais são o coroamento das conquistas de nossa pesquisa e das instituições do saber, e se elas estão tão completamente erradas — e têm estado por tanto tempo na presença de evidência muito clara do contrário — então cabe considerar se houve um colapso esmagador do nosso sistema acadêmico. Se isto aconteceu, temos de encontrar o que houve de errado e se é possível consertá-lo.

Para colocar as observações pertinentes em perspectiva apropriada, apresento a tabela seguinte, que fornece um amplo perfil da cosmologia moderna:

Tabela I-1: *Eventos chave em cosmologia*

1911	W. W. Campbell	Desvios para o vermelho de estrelas OB (efeito K)
1922	A. Friedmann	Solução das equações de campo de Einstein
1924-	E. Hubble	Universos ilha e
1930		relação do desvio para o vermelho
1948	J. Bolton	Radiofontes com lóbulos duplos
1963	Palomar	Quasares
Década de 1970	G. de Vaucouleurs	Superaglomerado Local
1980-	Satélite	Raios X
Década de 1990	Observatórios	Raios gama

1911	W.W. Campbell	Desvios para o vermelho de estrelas OB (efeito K)
	Telescópios de Raios Cósmicos	Raios cósmicos de ultra alta energia
Futuro:	Desvio para o vermelho como uma função da idade	
	Quantização do desvio para o vermelho	
	Criação episódica de matéria	
	Mach generaliza Einstein	
	Massa como uma freqüência de ressonância	

Eventos-chave em Cosmologia — A Teoria

Acredita-se atualmente que a cosmologia rigorosa começou no início da década de 1920 após Einstein escrever as equações da relatividade geral. Estas representavam essencialmente a conservação de massa, energia, momento *etc.* no sistema de coordenadas mais geral possível. Em 1922 o matemático russo A. Friedmann "resolveu" estas equações, *i.e.*, mostrou como o sistema se comportaria no tempo. É interessante notar que inicialmente Einstein achou que esta solução era incorreta. Mais tarde ele disse que era correta, mas sem qualquer aplicação prática. Finalmente aceitou a validade desta solução, mas estava tão insatisfeito com o fato de não ser uma solução estável, *i.e.*, ela ou colapsava ou se expandia, que ele manteve a constante cosmológica que havia introduzido antes para deixar o universo estático. (Esta constante foi referida mais tarde como o fator cosmológico de "ajeitamento".)

Em 1924 Hubble convenceu o mundo de que as "nebulosas brancas" eram de fato extragalácticas e poucos anos mais tarde anunciou que os desvios para o vermelho de suas linhas espectrais aumentavam à medida que se tornavam mais fracas. Esta relação de magnitude aparente-desvio para o vermelho para galáxia tornou-se conhecida como a lei de Hubble (com falta de rigor, é muitas vezes referida como a relação de distância-desvio para o vermelho). Neste ponto Einstein retirou sua constante cosmológica como sendo um grande erro e adotou a visão segundo a qual suas equações estavam lhe dizendo por todo o tempo, que o universo estava se expandindo. Assim nasceu a teoria do *Big Bang*, de acordo com a qual todo o universo foi criado instantaneamente a partir do nada, há 15 bilhões de anos.

Isto realmente é a teoria sobre a qual toda a nossa concepção da cosmologia tem se apoiado nos últimos 75 anos. Contudo, é interessante notar que Hubble, o observador, até na sua palestra final na Royal Society (Sociedade Real Inglesa), sempre manteve aberta a possibilidade de que o desvio para o vermelho não significava velocidade de recessão mas poderia ser causado por alguma outra coisa.

Eventos-chave em Cosmologia — As Observações

Em 1948 John Bolton descobriu radiofontes no céu. Martin Ryle, um sábio da época, defendeu ferozmente a opinião de que elas estavam dentro de nossa própria galáxia. Obviamente aconteceu de serem, em sua grande maioria, extragalácticas. O fator curioso é que elas tendiam a ocorrer aos pares e logo notou-se que havia galáxias entre os pares. Lembro-me dos principais especialistas da época assegurando-nos de que tais pares não tinham nada a ver com as galáxias.

Foram encontrados, então, filamentos de radiofontes conectando estes pares (mais tarde eles foram chamados de lóbulos de rádio) às galáxias centrais, que eram em geral radiofontes mais fracas. Sem nunca levantar uma taça de champanha, as pessoas começaram a pensar que sempre souberam que as radiofontes foram ejetadas em direções opostas por alguma atividade explosiva na galáxia central. Isto mudou fundamentalmente nossa visão das galáxias: em vez de amplos e plácidos agregados de estrelas, poeira e gás orbitando majestosamente, tornou-se claro que seus centros eram os lugares de enormes e variáveis emissões de energia. Provavelmente esta mudança conceitual ainda não penetrou completamente na mente de muitos astrônomos. É impressionante notar a grande correspondência entre os pares de raios X ao redor das galáxias e os pares de rádio emitidos, e como as pessoas se recusam tão obstinadamente a aceitá-los como ejetados.

A Figura I-1 mostra uma radioimagem de uma das primeiras radiogaláxias descobertas com lóbulo duplo, a Cisne A. Vendo os jatos finos saindo para fora em direção aos lóbulos que se espalham além deles não deixa dúvida de que isto é resultado de ejeção a partir do objeto central. Alguma coisa inicialmente pequena e associada com rádio emissão deve ter saído do centro desta galáxia. Os quasares também são freqüentemente fontes de rádio e muitos exemplos serão mostrados neste livro de pares de objetos com grande desvio para o vermelho, emitindo ondas de rádio e raios X, obviamente ejetados das galáxias centrais ativas. O motivo, é claro, para a rejeição da evidente formação em pares dos quasares é a suposição hoje em dia sagrada de que todos os desvios para o vermelho extragalácticos são causados pela velocidade e indicam distância. A associação tem de ser negada, pois os quasares têm um desvio para o vermelho muito maior do que as galáxias das quais se originaram.

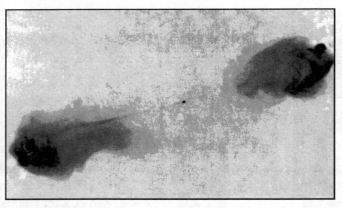

Fig. I-1. A radiogaláxia Cisne A mostrando a ejeção de material emissor de rádio de alta energia em direções opostas do objeto central. Este mapa foi medido a 5 Ghz com o Arranjo de Longa Base em Socorro, Novo México, por Rick Perley.

Quasares

Em 1963 estavam sendo estudadas espectroscopicamente algumas radiofontes que haviam sido identificadas como estrelas aparentes. Contudo, o que então eram espectros estelares enigmáticos, de repente, se descobriu serem linhas de emissão de espectros galácticos desviados em direção aos comprimentos de onda muito longos. Houve alguma hesitação inicial em aceitar estes desvios para o vermelho como sendo devidos a velocidades de recessão que se aproximavam da velocidade da luz, pois isto indicaria grande distância. Em suas distâncias estimadas pelos desvios para o vermelho, estes objetos tinham de ser 1.000 (e eventualmente 10.000) vezes mais brilhantes do que os objetos extragalácticos conhecidos anteriormente. Mas nenhum outro mecanismo que causasse desvio para o vermelho foi considerado provável e logo todo mundo se acostumou a estas luminosidades extraordinárias.

Embora as posições das radiofontes viessem de vários observatórios, a identificação espectroscópica foi feita principalmente no refletor de 200 polegadas de Palomar. Eu estava observando em Palomar naquela época, mas as posições eram distribuídas privadamente. Assim, em vez disto empreendi um estudo de vários anos das galáxias peculiares com o objetivo de estudar como as galáxias foram formadas e evoluíram. Quando o *Atlas* estava completo, descobri que havia entre as minhas galáxias peculiares mais perturbadas, pares de radiofontes. Muito bem. Obviamente a perturbação havia sido causada pela ejeção das radiofontes. Veio, então, o choque: algumas das radiofontes mostraram ser quasares! E as galáxias não estavam muito distantes, mas relativamente próximas.

De repente, são trinta anos mais tarde. Estou vivendo na Alemanha, fazendo minhas observações por meio de satélite (processando por computador os dados) e escrevendo sobre todos os excitantes novos pares de quasares de raios X situados de lado e de outro lado das galáxias ativas que estão sendo desvendados pelo telescópio do satélite ROSAT, cujo centro de operações está localizado no instituto vizinho. Há apenas uma pequena falha na minha boa sorte idílica: existe um esforço incansável para banir todas estas novas observações adoráveis das conferências e para impedir as publicações. A compensação é que uns poucos cientistas corajosos e oficialmente desacreditados estão se encontrando e se comunicando uns com os outros para explorar o significado fundamental que esta nova informação nos reserva.

Radiação de Alta Energia e o Aglomerado Local

Desde a década de 1980 os telescópios de satélite têm estado não apenas telemetrando os dados de raios X, como também recentemente os dados de raios gama de energia mais alta têm sido coletados e hoje em dia detetores na Terra de raios cósmicos de energia ultra-alta estão relatando radiação de energia ainda mais alta. A seguir, num capítulo separado, discutiremos a concentração desta energia no centro de nosso Superaglomerado Local e seu possível significado. Mas primeiro devemos descrever brevemente o Superaglomerado Local já que, contrariamente à crença comum, esta pode ser a única região do universo sobre a qual temos mais conhecimento.

Os resultados empíricos dos catálogos de galáxias já mostraram na década de 1950 que as galáxias não estavam distribuídas uniformemente pelo céu. Contudo, as análises de Gerard de Vaucouleurs mostrando a distribuição das galáxias ao longo do equador supergaláctico e a sua concentração ao redor do centro do aglomerado de Virgem foram ridicularizadas secretamente, até que, de repente, no início da década de 1970 todo mundo descobriu que durante todo esse tempo já tinha conhecimento disto. Acontece que encontraremos lá as galáxias mais velhas — e a radiação mais energética — apontando talvez para a criação de matéria atual. Virgem pode assim ser um lugar muito especial para entendermos o que podemos ver atualmente do nosso universo.

Eventos Futuros

Na parte inferior da Tabela I-1 estão listadas algumas investigações atuais. A investigação do desvio para o vermelho como uma função da idade já havia começado no início da década de 1970; e a quantização dos desvios para o vermelho, um pouco depois; e a criação de matéria talvez, na década de 1980. Como nem mesmo a existência destes efeitos é aceita hoje em dia, podemos apenas dizer que, se eles forem aceitos algum dia, são aspectos de uma ciência em processo de elaboração que marcará época.

A quantização do desvio para o vermelho e a criação episódica de matéria combinam-se para oferecer a compreensão empírica mais promissora dos objetos extragalácticos, como será explicado nos capítulos seguintes. Para uma rápida apresentação prévia de como nascem as galáxias, podemos dizer que elas são ejetadas de galáxias mais velhas como objetos compactos com massas pequenas. À medida que estas galáxias novas envelhecem e crescem em massa e tamanho, elas emitem por sua vez novas gerações num processo em cascata. Poderemos de fato mostrar no Capítulo 8 como grupos de algumas dúzias de quasares ativos se dividem cada vez mais em objetos que, por sua vez, acabam evoluindo em aglomerados com um grande número de galáxias. Os desvios para o vermelho, que são muito altos quando a matéria nova criada emerge a partir de seu estado de massa-nula, continua a diminuir à medida que cresce a massa da matéria. Degraus discretos no desvio para o vermelho estão presentes por todo lado, mas se tornam menores quando o desvio para o vermelho global tornar-se menor. Estes agregados de matéria desenvolvem-se em galáxias normais, como a nossa própria, e aquelas ao nosso redor no Grupo Local e no Superaglomerado Local. Tudo isto é quase diametralmente oposto à visão convencional de galáxias condensando-se a partir de um gás quente tênue, que impregna homogeneamente o espaço. É um processo que está acontecendo em nosso próprio Superaglomerado Local e, contrariamente ao que é afirmado pelos teóricos do *Big Bang*, pouco sabemos sobre o que pode existir a distâncias cósmicas. Acontece que para o que podemos ver atualmente, mas não entendemos, a essência está nas mudanças que estão ocorrendo aí.

As possibilidades finais para uma compreensão mais fundamental da natureza da matéria como uma função da freqüência e do tempo serão discutidas no final do livro. Uma compreensão completa pode ser a recompensa última de uma análise cuidadosa de todas as observações. Contudo, é claro que se é para progredirmos nesta área, não poderemos esperar pela ciência estabelecida até que ela aceite algum dia, talvez, os resultados empíricos.

As Estrelas em 1911

Quando os primeiros telescópios estavam sendo construídos sob céu claro e começaram as observações espectroscópicas sistemáticas — por exemplo, com o refrator de 36 polegadas no Observatório Lick em Monte Hamilton — era natural observar aquilo que podíamos. Isto significava estrelas brilhantes. Uma das coisas que podia ser medida de modo preciso era o desvio das linhas nos espectros estelares. Enquanto os dados se acumulavam, notou-se que as estrelas azuis brilhantes (OB), as estrelas luminosas quentes, tinham linhas que eram ligeiramente, embora mensuravelmente, desviadas em direção ao vermelho. Em 1911, o Diretor do Observatório, W. W. Campbell, deu o nome enigmático de "efeito K" ao fenômeno. (Na verdade K representava o termo de expansão na fórmula que descrevia o movimento de todas as estrelas medidas.)

Como todas as outras estrelas em nossa galáxia moviam-se razoavelmente juntas, *não* foi concluído que vivemos no centro de uma casca em expansão composta de estrelas OB. O efeito ficou sem explicação até a década de 1930, quando Robert Trumpler encontrou novamente o efeito em aglomerados de estrelas jovens em nossa galáxia. Ele pensou que podia explicá-lo com um desvio gravitacional para o vermelho na superfície destas estrelas mais quentes e mais luminosas, mas isto falhou quando se mostrou que a gravidade superficial era muito fraca. Mais tarde Max Born e Erwin Finlay-Freundlich tentaram explicá-lo com base na luz cansada. Mas esta explicação não pegou. Assim as observações foram novamente enterradas e esquecidas.

Penso ser uma suprema e deliciosa ironia o fato de, 85 anos após o Diretor do Observatório Lick anunciar o efeito K, Margaret Burbidge, uma professora sênior na Universidade da Califórnia, ir ao Monte Hamilton numa noite de inverno para o mesmo Observatório Lick. Ela observou dois quasares para os quais os maiores e mais avançados telescópios no mundo haviam deliberadamente se recusado a olhar. Ao fazê-lo, resolveu o enigma do efeito K — e, ao mesmo tempo, colocou a última flor no túmulo da cosmologia do *Big Bang*.

Olhando agora para trás, especialmente do ponto de vista dos capítulos seguintes, podemos ver que se os relativistas tivessem prestado atenção nas observações publicadas, indo até uma década antes de suas revelações teóricas, talvez eles tivessem decidido que o universo não estava necessariamente explodindo a partir de nós em todas as direções.

Minha carreira nos Observatórios em Pasadena sobrepôs-se ligeiramente à de Edwin Hubble. Ele deu a mim, pessoalmente, meu primeiro emprego: ajudar na determinação da escala de distância, problema este crucial em cosmologia. Como resultado vivi por dois anos em Monte Wilson medindo as novas na Nebulosa de Andrômeda (M31).

Depois observei variáveis Cefeidas na África do Sul e, finalmente, estou agora apresentando evidência para uma escala de grandes distâncias muito diferente, talvez mais verdadeira, derivada dos quasares e das galáxias jovens.

Em seu livro seminal *Realm of the Nebulae (O Reino das Nebulosas)* Hubble escreveu: "Por outro lado, se a interpretação como desvios devido à velocidade for abandonada, encontraremos nos desvios para o vermelho um princípio até agora incompreendido cujas implicações são desconhecidas". Nos anos seguintes a evidência discutida neste livro cresceu ao ponto de ficar claro que a interpretação de velocidade pode agora ser abandonada em favor de um novo princípio que se apóia numa base observacional e teórica firme.

Após quase 45 anos, sei agora que, se os teóricos acadêmicos não tivessem forçado naquela época suas observações em modelos em voga, poderíamos ao menos não ter começado a cosmologia com uma suposição fundamental errada. Poderíamos estar muito avançados na compreensão de nossa relação com um universo muito maior e mais velho — um universo que está continuamente desabrochando a partir de muitos pontos dentro dele mesmo.

1. Observações em Raios X Confirmam Desvios para o Vermelho Intrínsecos

Apenas um outro caso isolado. Seu olho passa por cima desta frase já que você queria ver se o árbitro iria recomendar a publicação. A resposta foi: não no *Astrophysical Journal Letters*. A mensagem por trás das frases seguras e suaves era clara: "Não interessa quão conclusiva a evidência, temos o poder de minimizá-la e de suprimi-la".

Qual era a evidência desta vez? Apenas duas fontes de raios X emparelhadas inequivocamente de lado a lado de uma galáxia bem conhecida por sua atividade eruptiva. O artigo relatava que estas fontes compactas de emissão de alta energia eram ambas quasares, objetos parecendo estrelas com um desvio para o vermelho muito maior do que a galáxia central, NGC4258. Obviamente eles haviam se originado da galáxia, contradizendo todas as regras oficiais. Astutamente, o árbitro observou que "como não há causa conhecida para estes desvios para o vermelho em excesso, intrínsecos, o autor deverá incluir um breve esboço de uma teoria que os explica".

Minha mente fez um retrospecto dos últimos trinta anos de evidência, ignorada por pessoas que estavam certas de suas suposições teóricas. A raiva era minha única opção honesta — mas mais forte do que aquela provocada pelas "análises de colegas" muito piores, já que este não era nem meu artigo. Não tinha de parar e me preocupar se minha reação estava regida por um ego pessoal machucado.

Como começou este último conflito? Muitos anos atrás um astrônomo de raios X veio à minha sala com um mapa do campo ao redor de

28 ❂ O Universo Vermelho

NGC4258. Havia duas fontes de raios X proeminentes emparelhadas de lado a lado do núcleo da galáxia. Perguntou-me se sabia onde ele poderia obter uma boa fotografia do campo, de tal forma que pudesse checar se havia quaisquer objetos ópticos que podiam ser identificados com as fontes de raios X. Fiquei muito contente de ser capaz de girar minha cadeira para as estantes atrás de mim e pegar uma das melhores fotografias existentes deste campo particular. Eu a havia obtido com o telescópio de 4 metros do Observatório Nacional de Kitt Peak, uns 12 anos antes. Fora conseguida com uma exposição muito longa, já que estava pesquisando esta galáxia ativa em busca de características de ejeção com baixo brilho superficial e objetos associados com altos desvios para o vermelho.

Wolfgang Pietsch rapidamente descobriu uma pequena correção pontual das posições do satélite e estabeleceu que seu par de raios X coincidia com os objetos estelares azuis de aproximadamente 20ª magnitude aparente (Figura 1-1). Naquele instante eu sabia quase com certeza que os objetos eram quasares e mais uma vez experimentei aquela euforia que surge no momento em que você vê um longo caminho em direção a um futuro diferente. Em vista da óbvia natureza destes objetos penso que Pietsch mostrou coragem e integridade científica ao publicar o comentário: "Se a conexão destas fontes com a galáxia é real, elas podem ser matéria ejetada bipolarmente a partir do núcleo".

Então começou a dança da evasão. Era necessário obter espectros ópticos dos candidatos estelares azuis para confirmar que eles eram quasares e determinar seus desvios para o vermelho. Foi solicitada uma pequena quantidade de tempo no telescópio europeu apropriado. O pedido foi negado. Os olhos de Pietsch evitaram os meus quando ele disse "creio que não expliquei de forma suficientemente clara". O diretor do maior telescópio do mundo nos EUA solicitou uma observação breve para obter os desvios para o vermelho. Ela não foi concedida. O Diretor do Instituto de Raios X solicitou a confirmação. Ela não foi feita. Finalmente, após quase dois anos, E. Margaret Burbidge com um refletor relativamente pequeno de 3 metros do Monte Hamilton, numa noite de inverno, contra o brilho do céu noturno de San José, registrou os espectros de ambos os quasares. Foi uma sorte que a aposentadoria compulsória já tivesse sido abolida nos EUA e que nesta época Margaret Burbidge tinha mais de 50 anos de experiência observacional.

Observações em Raios X Confirmam Desvio para o Vermelho Intrínsecos ⊛ 29

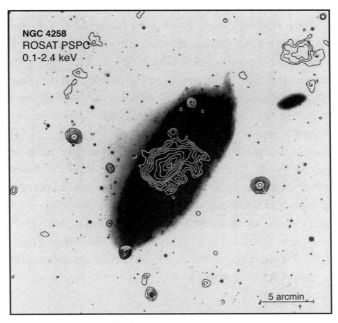

Fig. 1-1. A galáxia Seyfert NGC4258 é conhecida por estar ejetando material a partir de um núcleo ativo. Uma fotografia de longa exposição é mostrada aqui superposta com contornos de emissão de raios X (W. Pietsch e outros). As duas fontes pontuais de raios X de ambos os lados do núcleo coincidem com objetos estelares azuis (*blue stellar objects* — BSOs).

É claro que o parecer do árbitro a que me referi estava direcionado contra o artigo que relatava esta nova observação importante. Em seu estilo firme, mas típico das damas inglesas, Margaret Burbidge retirou seu artigo do *Astrophysical Journal Letters* e submeteu-o ao periódico europeu *Astronomy and Astrophysics Letters*.

O que era particularmente assustador sobre esta série de eventos é que Margaret Burbidge era uma profissional que havia prestado um serviço longo e notável para a comunidade científica, sem falar de suas contribuições como professora na Universidade da Califórnia, diretora do Observatório Real de Greenwich e presidente da Associação Americana para o Progresso da Ciência, entre outras. Parece que era admissível deixá-la voar para qualquer parte do mundo realizando tarefas administrativas caras, mas não era admissível conceder o respeito científico elementar e o tratamento justo a seus feitos científicos.

30 ✪ O Universo Vermelho

Alguns podem argumentar que este é um caso especial, devido ao clima de discussões onde estão localizados os escritórios do *Astrophysical Journal Letters*. Mas, como deixam claros os eventos nos capítulos seguintes, este problema está difundido por toda a astronomia e, contrariamente à sua imagem idealizada, é endêmico em toda parte na maioria da ciência atual. Os cientistas, particularmente nas instituições de maior prestígio, suprimem regularmente e ridicularizam descobertas que contradizem suas teorias e suposições atuais.

Como a pesquisa científica no final é financiada quase completamente por verbas públicas, cabe a nós cidadãos estar cientes se este dinheiro é gasto sabiamente em relação às necessidades reais e possibilidades do futuro da sociedade. O objetivo central deste livro é explorar este tópico e retornaremos muitas vezes a ele. Mas, no caso em questão, maior progresso pode ser obtido discutindo as observações reais de como opera a natureza e as más maneiras com que a ciência freqüentemente as interpreta e representa.

Apenas outra Experiência Crucial — NGC4258

A sátira inconsciente do árbitro, "apenas um outro caso isolado" foi acompanhado por afirmações depreciativas como "os quasares não estão tão bem alinhados" e "eles não estão exatamente espaçados ao redor do núcleo da galáxia". É claro que uma pessoa normal iria simplesmente dar uma olhada no par de fontes de raios X dos dois lados de NGC4258 e perceber que eles estavam fisicamente associados. O astrônomo mais desavisado, contudo, iria olhar para elas e começar a argumentar que podem ser acidentais, pois os astrônomos hoje em dia se sentem compelidos a acomodar as observações à teoria e não *vice versa*.

Por conseguinte, para enfrentar os rumores depreciadores que passam por avaliação científica, alguém tinha de calcular uma probabilidade numérica. Basicamente, isto significava calcular em média a densidade das fontes de raios X associadas no plano do céu para brilhos superficiais dados. Tive então de me perguntar: Qual é a probabilidade de uma fonte com um brilho dado estar tão próxima de um ponto arbitrário no céu? Dada a probabilidade de a primeira delas encontrar-se acidentalmente tão próximo da distância medida, temos então de multiplicar pela probabilidade de que a segunda fonte se encontre em sua distância observada. (*i.e.* se uma em dez tem uma fonte tão próxima quanto no caso real então apenas uma em cem terá duas destas fontes.) Para as duas fontes de lado a lado de NGC4258 esta probabilidade mostrou ser 5×10^{-2} (*i.e.* cinco chances em cem). É claro que isto não inclui a improbabilidade de que elas estariam alinhadas de lado a lado do núcleo de NGC4258 dentro de 3,3 graus entre os 180° possíveis. Também não inclui a improbabilidade de que elas estariam tão igualmente espaçadas ao redor do núcleo. Tampouco inclui as potências e distribuições de energia similares das duas fontes (o que não seria esperado de fontes não relacionadas, aleatórias). Com tudo incluído a probabilidade deste emparelhamento de fontes de raios X dos dois lados de NGC4258 ser acidental é de apenas 5×10^{-6} (cinco chances em um milhão).

Quando foi confirmado que ambas as fontes eram quasares, seus desvios para o vermelho tornaram-se disponíveis. Ficou imediatamente aparente para qualquer pessoa experiente com espectros de quasares que estes dois eram invulgarmente similares (Figura 1-2). Uma probabilidade conservadora para esta similaridade pode ser estimada como 0,08. Portanto, a probabilidade total desta associação ser acidental torna-se < 4×10^{-7} (menor do que quatro em dez milhões).

Os cientistas afirmam que, para um rigor científico aceitável, as probabilidades numéricas têm de ser calculadas. Mas não interessa quão intimidadoramente complexo seja o cálculo ou quão pequena possa ser a probabilidade acidental, o cálculo não diz a você se o resultado é ou não verdadeiro. Na verdade, independente de quão significativo seja o número, os cientistas não acreditarão se eles não quiserem. Quando submeti o artigo com os cálculos sobre NGC4258 que se alegou serem cientificamente necessários, ele não foi nem mesmo recusado, apenas colocado num padrão de espera indefinido e nunca produziu efeito até hoje.

Contudo, no caso de NGC4258, a maioria dos astrônomos negligenciou um fato muito importante — o de esta galáxia não ser apenas um outro objeto num mar de objetos idênticos. Ela é uma das mais ativas galáxias espirais próximas conhecidas. De fato, em 1961, quando o astrônomo francês G. Courtès descobriu braços gasosos brilhantes emergindo do centro de seu núcleo Seyfert concentrado (ver Figura 1-3), isto levou a obser-

32 ○ O Universo Vermelho

vações com o radiotelescópio Westerbork que revelaram que estes protobraços espirais eram também fontes de radiação síncrotron (elétrons de alta energia espiralando ao redor de linhas de força magnética. No passado

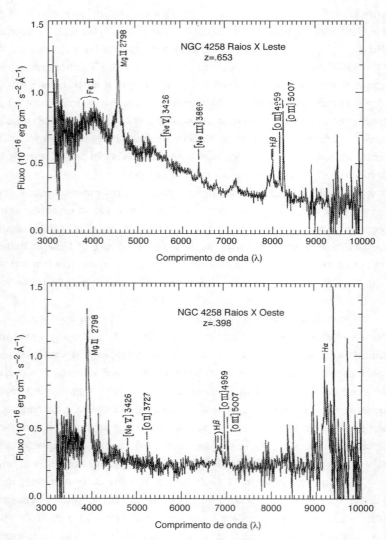

Fig. 1-2. Espectros dos dois BSOs de raios X de lado a lado de NGC4258 obtidos com o telescópio de 3 metros do Observatório Lick por Margaret Burbidge mostrando a similaridade dos quasares.

discuti com Jan Oort, o descobridor da rotação em nossa própria galáxia, se os braços espirais eram causados por ejeções opostas a partir de núcleos ativos. NGC4258 foi o único caso em que ele alguma vez admitiu que protobraços espirais estavam sendo ejetados do centro.

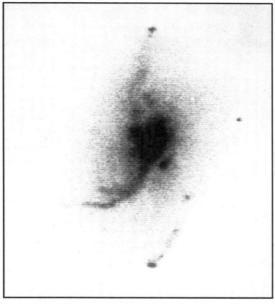

Fig. 1-3. NGC4258 fotografada na luz de emissão de hidrogênio alfa mostrando gás excitado emergindo das regiões nucleares (P. Roy e outros).

A conclusão mais simples e mais óbvia era a de que o par de quasares de raios X estava também sendo ejetado desta galáxia atipicamente ativa. Um fato interessante é que, um pouco depois da descoberta do par de quasares, foi descoberto que pontos maser[4] de água (emissão das moléculas de H_2O) no interior dos 0,008 segundos de arco mostravam desvios para o vermelho de mais ou menos ~1.000 km/s em relação ao desvio para o vermelho do núcleo. Um modelo convencional explicava que isto era causado por um buraco negro girando com massa 40 vezes

---

4. Maser, abreviação de Microwave Amplification by Stimulated Emission of Radiation (amplificação de microondas pela emissão estimulada de radiação).

maior do que até mesmo a maior que já havia até então sido suposta. Mas uma simples olhada nas observações (Figura 1-4) mostrava que, em vez disto, parece ser material que está sendo levado para fora em ambos os lados na direção aproximada dos quasares. Observe a concordância quantitativa com as conclusões de Van der Kruit, Oort e Mathewson (*Astronomy and Astrophysics* 21, 169, 1972): "[...]nuvens expelidas do núcleo em duas direções opostas no plano equatorial cerca de 18 milhões de anos atrás, com velocidades no intervalo de 800-1.600 km/s."

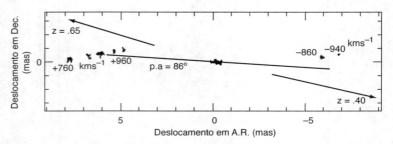

Fig. 1-4. Pontos de emissão maser de água no núcleo mais interno de NGC4258 (M. Miyoshi e outros) mostrando um alinhamento aproximado na direção dos quasares e diferenças de desvio para o vermelho da ordem de ± 1000 km/s correlacionadas com as velocidades de ejeção dos quasares.

Mesmo se a hipótese convencional dos buracos negros fosse sustentável e o suposto mecanismo de ejeção bipolar fosse válido para eles, as observações ainda comprovariam a enorme atividade de NGC4258 e apoiariam assim a associação com os quasares. Prefiro pessoalmente o conceito de um "buraco branco", um lugar de onde as coisas saem irreversivelmente em vez de ir para dentro deles. Para mim, a lição essencial do *Atlas of Peculiar Galaxies* (Atlas de Galáxias Peculiares) é a de que as galáxias estão geralmente ejetando material. Mas a mania de fusão leva à primeira tentativa de explicação baseada numa olhada apressada das galáxias. Também penso que as observações ainda não são detalhadas o suficiente para sugerir um mecanismo específico de ejeção. Em vez disto, tem de ser encarada a evidência marcante da associação dos quasares de altos desvios para o vermelho com galáxias de baixos desvios para o vermelho. É mais provável que estas observações levem a uma compreensão dos mecanismos de ejeção quando realizadas responsavelmente.

É claro que a evidência de associação tem sido rejeitada implacavelmente por trinta anos pelos astrônomos influentes. No caso que acabamos de descrever de NGC4258, a probabilidade de uma associação acidental é de apenas uma em 2,5 milhões! Uma resposta razoável seria notar tal caso e pensar, "Se eu vir mais uns poucos casos como este terei de acreditar que é real". A maioria dos astrônomos pensa, no entanto, que, "Isto viola a física comprovada [*i.e.* suas suposições] e, portanto, tem de estar errado. Afinal de contas, não interessa quão improvável, é apenas um caso". Então, quando se deparam com outro caso eles o consideram e o rejeitam *de novo* com o mesmo argumento. Contudo, os cientistas profissionais têm a responsabilidade de conhecer os casos anteriores. Quando os deixam de fora é um caso claro de falsificação dos dados para obter uma vantagem pessoal — uma violação da ética primária na ciência.

Numa perspectiva mais ampla, pode ser dito que a capacidade ímpar da inteligência humana é o reconhecimento de padrões. E esta é a tarefa mais difícil para um computador realizar. Na verdade, a tal respeito cabe dizer que os avanços seminais na ciência e talvez nos assuntos humanos em geral, tenham sido feitos ao se reconhecer padrões nos fenômenos naturais.

Outros Casos de Associações Galáxia-Quasar

Para evitar o argumento segundo o qual NGC4258 é "apenas um outro caso isolado," percebi que cabia mais ou menos a mim tentar publicar um artigo que estabelecesse sua relação com outros casos similares. Também seria necessário calcular probabilidades numéricas em cada caso. Como mencionado antes, este é um exercício obrigatório que os próprios críticos não gostam de fazer, mas insistem sobre ele em qualquer artigo de descoberta. Uma vez concluído o argumento ritual da estatística — é 10^{-5} ou 10^{-6}? — ele é abstrato o suficiente para que as pessoas que queiram descrer do resultado possam ignorá-lo, quando, na verdade, seria embaraçoso fazê-lo por um julgamento imediato após olhar a fotografia.

Obviamente, o objetivo mais importante era juntar mais exemplos do mesmo tipo de emparelhamento. Isto decidiria a questão. A Tabela 1-1 reproduzida aqui é tirada do artigo que nunca apareceu no *Astronomy*

36 ⚙ O Universo Vermelho

and Astrophysics. Já naquela época, ela mostrava cinco casos envolvendo apenas pares de quasares de raios X ao redor de objetos com desvio para o vermelho menores, cada um deles com uma probabilidade menor do que uma em um milhão de ser acidental.

Tabela 1-1. *Alguns pares de raios X ao redor de galáxias*

Galáxia central	Z_G	r_1	r_2	$\Delta\theta$	$F_{x,1}\times10^{-13}$	$F_{x,2}\times10^{-13}$	z_1	z_2	p_1	p_{tot}
NGC4258	0,002	8',6	9',7	3°	1,4 cgs	0,8 cgs	0,40	0,65	5×10^{-2}	$<4\times10^{-4}$
Mark205	0,07	13',8	15',7	44°	2,3	2,7	0,64	0,46	2×10^{-2}	conectados
PG1211+143	0,085	2',6	5',5	8°	0,2	1,4	1,28	1,02	1×10^{-2}	$<10^{-6}$
NGC3842	0,02	1',0	1',2	33°	1,0	0,3	0,95	0,34	7×10^{-5}	6×10^{-8}
NGC4472	0,003	4°,4	6°,0	1°	~ 3.000	~ 800	0,004	0,16	2×10^{-4}	$<10^{-6}$

O subscrito 1 designa a fonte mais próxima; $\Delta\Theta$ representa a precisão do alinhamento; os F_x são estimados no intervalo 0,4–2,4 keV exceto os últimos dados que se referem a M87 e 3C273 e são intervalos de 2–10 keV, HEAO 1; p_1 designa probabilidade acidental de encontrar estas fontes de intensidade F_x em r_1 e r_2; $1 - p_{tot}$ fornece a probabilidade estimada de associação física.

PG1211+143

Um dos casos na Tabela 1-1 tornou-se disponível na seguinte forma: durante o tempo que levou para que as medidas do desvio para o vermelho dos quasares de NGC4258 fossem reveladas, viajei para o National Radio Observatory (Rádio Observatório Nacional) onde fiz uma palestra. Depois disto, Ken Kellerman veio até mim e disse, "Aqui está um quasar brilhante que parece ter uma linha de radiofontes passando através dele — e uma das radiofontes é um quasar com desvio para o vermelho mais alto". Tão logo retornei para a minha sala em Munique pedi a meu amigo e especialista em computadores na sala vizinha, H. C. Thomas, para mostrar-me como pesquisar os arquivos para encontrar quaisquer observações em raios X sobre o assunto. (Após um ano todas as observações registradas são colocadas num arquivo público — mas, considerando a quantidade de conhecimento especializado que necessitamos para ter acesso a estes arquivos, o termo "público" é bem eufemístico.)

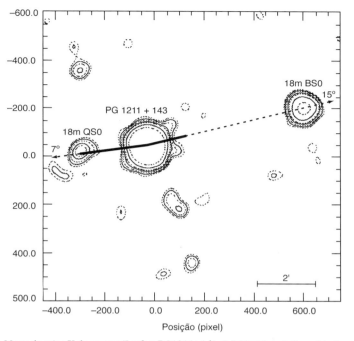

Fig. 1-5. Mapa de raios X do quasar/Seyfert PG1211+143. O BSO (*blue stellar object* — objeto estelar azul) de raios X a oeste[5] foi confirmado como um quasar devido a um esforço cooperativo entre o Observatório de Pequim e o Instituto Indiano de Astrofísica em Pune. A linha cheia mostra que este par de quasares coincide com a linha de radiofontes que são aceitas convencionalmente como tendo sido ejetadas.

Foi encontrada uma observação e, ansiosamente, reduzi os aproximadamente 4 megabytes de dados para formar uma imagem em raios X do campo. Como mostra a Figura 1-5, o objeto central é intenso em raios X e o radioquasar a leste é proeminente. Mas, mais excitante, ainda é a presença da procurada fonte de raios X intensa justo no lado oposto, para oeste. Fui imediatamente para as fotografias de levantamento do céu e encontrei que esta última fonte de raios X coincidia com um objeto azul de aparência estelar (BSO). Um outro par de quasares dos dois lados de

---

5. Convencionalmente as direções astronômicas são imagens espelhadas das terrestres (pois a imagem do céu no telescópio é invertida em relação ao que vemos sem telescópio). Assim, o leste é o que está à esquerda e o oeste é o que está à direita. O norte continua para cima e o sul para baixo.

38 ⚙ O Universo Vermelho

um objeto ativo! E este estava alinhado com radiofontes que atualmente são aceitas como ejetadas das galáxias ativas!

Mas agora o mesmo velho problema: como obter um espectro confirmador e o desvio para o vermelho? Os grandes observatórios estavam obviamente fora de questão. Contudo, o candidato a quasar era bem brilhante e provavelmente podia ser observado com um telescópio menor. Mandei os mapas obtidos a Jayant Narlikar, diretor do Centro Interuniversitário de Astronomia e Astrofísica em Pune, Índia. Ele interessou um jovem pesquisador a obter o espectro com o telescópio Vainu Bappu de 1 metro. Contudo, a observação foi programada para abril e a monção aconteceu. Desespero — não foi possível naquele ano!

Jayant disse que havia solicitado ao Observatório de Pequim para fazer a observação, mas não considerei isto seriamente, já que pelo meu conhecimento a China não tinha equipamento adequado. Contudo, um mês depois fiquei deliciado ao receber uma mensagem de que o espectro havia sido obtido pelos chineses. Após a normalização da contagem de fótons foi possível calcular um desvio para o vermelho de $z = 1,015$.

Era particularmente obrigatória a confirmação deste BSO de raios X como um quasar, já que PG1211+143 havia sido notado devido ao fato de ter uma linha de radiofontes através dele. Como já discutimos, radiofontes flanqueando são interpretadas usualmente como surgindo de processos de ejeção. De que outra forma podia ter surgido este par de quasares de raios X exatamente ao longo da mesma linha?

O valor numérico deste desvio para o vermelho também se mostrou ser um resultado importante. Quando incluído na Tabela 1-1, apontou que a diferença dos desvios para o vermelho entre os quasares nos três primeiros e melhores pares era de 0,25, 0,18 e 0,26. Em outras palavras, interpretando os quasares como matéria ejetada, as velocidades de ejeção projetadas seriam de 0,082c; 0,058c e 0,060c, em km/s. A coincidência de três determinações independentes fornecerem aproximadamente a mesma velocidade de ejeção é muito encorajadora para esta interpretação. (As velocidades só podem ser adicionadas como em $(1 + z_i)(1 + z_v) = (1 + z_t)$ onde i = intrínseco, v = velocidade e t = total, como será descrito no Capítulo 8.) Para um ângulo de projeção médio de 45 graus, isto fornece uma velocidade média de ejeção real de 0,094c ou 28.200 km/s.

Radiopares de 1968

Muitos meses após submeter este resultado e enquanto lidava com um árbitro em geral hostil e um editor nervoso, lembrei-me de um fato surpreendente. Voltando a 1968, eu investigava pares de radiofontes no céu, algumas das quais se mostraram ser quasares*. A partir da idade estimada de perturbações conspícuas na galáxia central e da separação medida entre os quasares e a galáxia de onde se originaram, eu havia calculado velocidades de ejeção de 0,1c. *De fato, eu havia calculado por um método completamente diferente velocidades de ejeção, cinco anos após os quasares terem sido descobertos e obtivera valores que agora concordavam bem com as novas medidas!*

É claro que, mesmo bem cedo neste jogo, havia sido levantada uma tormenta tão grande contra os quasares locais que não havia possibilidade de se publicar nada a respeito num periódico normal. Como resultado publiquei no Periódico da Academia de Ciências da Armênia, *Astrofyzika*. Viktor Ambarzumian foi um herói da ciência na Armênia. Concordamos com seu ponto de vista inicial de que as galáxias eram formadas por ejeção a partir de galáxias mais velhas. Naquela época ele não acreditava na minha evidência de que os desvios para o vermelho não eram indicadores de velocidade. Mas, como um tributo a sua justiça, não hesitou por um momento em publicar meu artigo. As 12 figuras daquele artigo são uma prova dramática de que os resultados de raios X de 1994 haviam sido previstos em detalhe pelos radioquasares em 1968. O artigo também foi um testemunho do fato de que uma análise sensata das observações estava sendo bloqueada e ignorada enquanto os periódicos de alta estima estavam cobertos com uma avalanche de elaborações de suposições incorretas que impediam qualquer um de lembrar-se de alguma coisa importante por muitos anos.

A Figura 1-6 que mostra um par de quasares apareceu no artigo 1968. O par contém as radiofontes mais brilhantes no campo, e é tão

---

*.   Isto inverteu o procedimento de descoberta original de 1966. Em vez de encontrar pares de radiofontes com alto desvio para o vermelho ao redor de galáxias perturbadas, procurei pares de radiofontes no céu e então tentava ver se havia galáxias entre elas. É claro que muitas das radiofontes nos pares foram reconhecidas como sendo quasares.

notável que fica difícil manter qualquer idéia de que seja uma casualidade. Então, é claro, há a galáxia perturbada IC1767 incidindo no centro do par: qual é a probabilidade de que isto seja uma casualidade? Eu não conhecia os desvios para o vermelho quando este par foi publicado em *Astrofizika*, mas subseqüentemente eles foram determinados como valendo 0,67 e 0,62. Finalmente, entre todos os intervalos possíveis de radioquasares com desvios para o vermelho de $0,1 < z < 2,4$, qual é a probabilidade de se obter dois quasares não relacionados com desvios para o vermelho que difiram de 0,05 um do outro? Este resultado foi então publicado no *Astrophysical Journal*, também não resultando em nada. Em face da evidência acumulada em 28 anos, continuar afirmando que os quasares estão nos confins do universo parece imperdoável.

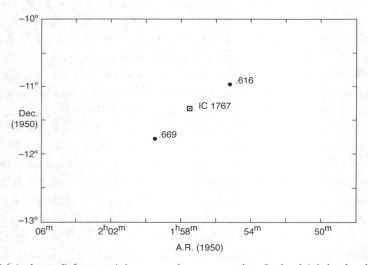

Fig. 1-6. As duas radiofontes mais intensas na área apresentada estão dos dois lados da galáxia espiral perturbada IC1767. Os desvios para o vermelho destes radioquasares de z = 0,62 e 0,67 estão tão próximos que confirmam sua relação física (H. Arp, *Astrofizika*, 1968).

Markarian 205

O segundo registro na Tabela 1-1, que fornece uma velocidade de ejeção projetada de 0,058c, vem de uma associação famosa e controversa de um objeto tipo quasar (Mark205) com uma galáxia espiral rompida violentamente (NGC4319). Ele é apresentado em cores na capa do meu livro *Quasars, Redshifts and Controversies*, e a longa campanha para desmentir a conexão entre os dois objetos está descrita nele. A conexão foi mostrada pela primeira vez em 1971, mas até agosto de 1995 ainda havia uma troca de correspondência no *Sky and Telescope*, na qual um dos contestantes originais continuava a manter que a ponte não existia.

As observações listadas na Tabela 1-1 envolvem dois quasares e duas conexões novas que foram descobertas em 1994. Em 1990, o Max-Planck Institut für Extraterrestrische Physik (MPE) lançou o telescópio de raios X ROSAT — Röntgen Observatory Satellite Astronomical Telescope (Observatório Röntgen de Telescópio Astronômico em Satélite). Na verdade o telescópio, um trabalho excelente de engenharia, foi lançado pelo foguete Delta de Cabo Kennedy pelo qual (e devido a um instrumento) os EUA reivindicaram 50% do tempo de observação, deixando a Alemanha com 38% e a Grã-Bretanha com 12% por construir uma pequena câmara ultravioleta. O tempo de observação era dado a propostas de cada país por comitês de distribuição do país. Por uma imensa boa sorte, eu era então um membro do Instituto Alemão e podia submeter propostas ao comitê de seleção alemão. Embora estivesse na Europa há quatro anos, ainda ouvia de amigos nos EUA como minhas solicitações anteriores de tempo em telescópios terrestres e em telescópios espaciais atuais haviam se saído. Algumas avaliações de segunda mão relatavam uma raiva intensa e o ridículo expresso pelo grupo seleto dos mais respeitáveis (mas em geral anônimos) astrônomos que formam os grupos de distribuição dos EUA.

Minhas propostas ao comitê alemão foram mal classificadas, mas pelo menos o caso não era sem esperança. Nas primeiras programações apenas recebi tempo para uma proposta muito inofensiva. Mas alguns dos especialistas do MPE, vizinhos de sala, ajudaram-me muito na preparação de propostas no formato mais aceitável possível e, nas programações posteriores, recebi tempo para alguns objetos "quentes." Um destes foi Mark205.

A proposta era ver se a ponte ligando NGC4319 a Mark205 aparecia em raios X. Como ocorre freqüentemente, o objetivo principal falhou. (Creio hoje que a conexão até a galáxia é muito antiga para aparecer bem em alta energia). *Mas o que apareceu foram dois filamentos de raios X saindo dos dois lados de Mark205 e terminando em fontes de raios X pontuais (Figura 1-7 e Gravuras coloridas 1-7 e 1-7a)!* Obtive imediatamente mapas celestes impressos e superpus mapas de raios X em escala para ver se eram identificáveis opticamente. Isto terá surpreender! Eles eram não apenas objetos estelares azuis, mas invulgarmente brilhantes em magnitude aparente.

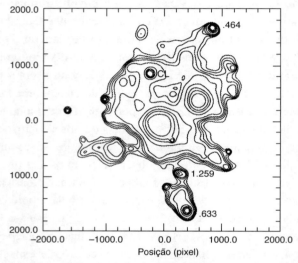

Fig. 1-7. Filamentos de raios X emergindo da galáxia Seyfert Markarian 205 e terminando em quasares com desvios para o vermelho de z = 0,46 e 0,64 (muito similares ao par com z = 0,40 e 0,65 dos dois lados de NGC4258). Esta observação é apresentada também nas Gravuras coloridas 1-7 e 1-7a.

Obviamente eles eram quasares, mas como obter a indispensável espectroscopia que forneceria os desvios para o vermelho? O mesmo problema de sempre: todos os telescópios estavam ocupados estudando objetos *distantes* com altos desvios para o vermelho. Então uma verificação de rotina em quasares catalogados trouxe uma boa sorte inesperada. Aconteceu que um time de pesquisadores já havia investigado campos ao redor de objetos com raios X intensos e encontrado um excesso de fontes ao redor de Mark205. As fontes em excesso mostraram-se ser em sua maioria quasares com desvios para o vermelho mais altos, mas os pesquisadores rejeitaram a significância disto baseados em que Mark205 era conhecida anteriormente como uma região ativa (!??!). Quase pude per-

Observações em Raios X Confirmam Desvio para o Vermelho Intrínsecos ❂ 43

doá-los por esta lógica invertida, pois estava muito feliz em ver a espectroscopia das fontes no campo. Verificou-se que havia três (!) quasares confirmados no filamento de raios X saindo de Mark205, que eu havia descoberto nas observações do ROSAT. Os dois maiores nas extremidades dos dois filamentos estão listados na Tabela 1-1 com seus desvios para o vermelho, que fornecem uma velocidade projetada de 0,06c para cada (velocidade não projetada média de 0,08c). Como enfatizado anteriormente, isto torna-se agora uma confirmação muito importante das velocidades de ejeção calculadas para os radioquasares 27 anos atrás.

Mas, naturalmente, o aspecto formidável das observações do ROSAT era que os dois quasares com desvios para o vermelho de 0,63 e 0,45 estão de fato ligados fisicamente por uma conexão luminosa a um objeto com baixo desvio para o vermelho de z = 0,007. Quando mostrei isto aos especialistas locais, houve olhares alarmados seguidos de aborrecimento. "Naturalmente, se você for a detalhes suficientemente fracos irá encontrar características de ruído ou imperfeições dos instrumentos que conectam todas as coisas." O aspecto assustador desta reação é que eles estavam dizendo "Se a conexão entre estes objetos não puder ser atribuída ao ruído, tem de haver alguma coisa errada com o instrumento". A última possibilidade, e mesmo sua menção, é o suficiente para congelar qualquer participante de um projeto bem financiado em suas ambições.

Argumentei naturalmente que como os filamentos de Mark205 eram suficientemente largos e apresentavam características coerentes, não podiam obviamente, ser ruídos. Também reduzi uma exposição de uma estrela de raios X brilhante da mesma forma que com Mark205 e mostrei que os níveis mais fracos não exibiam imperfeições, mas apenas se dispersavam em ruído aleatório como era esperado. Qualquer não especialista iria raciocinar simplesmente que defeitos instrumentais provavelmente não se originariam apenas de um objeto ativo e certamente não haveria motivos para que eles terminassem nos quasares do campo.

Apesar disto, era clara a necessidade de realizar a melhor apresentação possível dos dados, o que não era fácil. Ambos colaboradores iniciais resolveram ficar de fora, pois mencionei a palavra "ejeção" em conexão com os filamentos terminando nos quasares. Isto foi logo antes da palavra ser mencionada em conexão com o par de fontes de raios X dos dois lados de NGC4258, que mais tarde se descobriu serem quasares. Na verdade fiquei um pouco preocupado com o fato de o par de ambos os lados de Mark205 não estar bem alinhado. Ao tentar explicar isto apontei que os filamentos que os conectavam partiam de Mark205 inicialmente em direções opostas, mas que aquele ao N [Norte] curvara-se em direção ao quasar a NO [Noroeste]. Foi apenas alguns anos mais tarde que percebi que o modelo de Narlikar/Das dos quasares ejetados, que exigia que o aumento da massa do objeto ejetado diminuísse sua alta velocidade inicial, ajustava-se muito bem às observações de raios X ao redor das galáxias Seyfert. Então fez-se a luz: o quasar ao N ao ir para fora havia sido atraído gravitacionalmente pela galáxia companheira a NO de NGC4319 e havia dado a volta nela na direção observada.

Mas o árbitro [da revista] reclamou, pois as tabelas de dados não estavam arranjadas numa certa ordem e que os objetos não eram discutidos numa certa seqüência, e que não havia sido "provado" que as conexões e extensões não eram ruído. O ritual inevitável foi mantido e o artigo foi engavetado indefinidamente.

O Simpósio IAU

Felizmente, a International Astronomical Union (União Astronômica Internacional [IAU]) estava tendo sua reunião trienal na Holanda em agosto de 1994. A ela se anexou um simpósio de quatro dias intitulado "Examinando o *Big Bang* e a Radiação de Fundo Difusa". Minha participação sempre tinha sido uma questão duvidosa, mas desta vez não havia um número suficiente de membros do comitê organizador que falasse contra minha participação e que me impedisse de ser convidado a apresentar um artigo curto. Percebi que podia colocar a maior parte dos dados observacionais importantes sobre os novos casos de quasares de raios X associados com galáxias de baixo desvio para o vermelho nas cinco páginas de um artigo pronto para ser impresso. Embora levasse mais de um ano para aparecer nos *Anais* pouco lidos, era ao menos uma publicação em que os pesquisadores interessados poderiam ver as fotos vitais dos dados de raios X reais.

Retornando mais cedo da paz das férias familiares nos Alpes Franceses, apanhei minhas transparências e diagramas e fui entreter a elite no

Observações em Raios X Confirmam Desvio para o Vermelho Intrínsecos ❂ 45

poder com "idéias malucas", deliciosamente proibidas. (As autoridades instituídas sempre confundem dados estabelecidos com teorias.) Havia uns poucos dissidentes na platéia a quem era muito importante comunicar as novas observações. Jayant Narlikar fez uma apresentação rigorosa de como uma matéria nova podia ser "criada" nas vizinhanças de uma matéria velha. Geoff Burbidge apresentou sua atualização penetrante usual da evidência de que alguns quasares estavam muito mais próximos do que indicava suas distâncias de desvios para o vermelho. O simpósio avançou inflexivelmente em direção a seus pontos altos. A autoridade habitual em teoria extragaláctica foi escalada para apresentar o inevitável sumário do estado atual do conhecimento. Sempre afligiu-me que, embora todo mundo soubesse o que ia ser dito, a ele era dado quase uma hora, enquanto às novas observações que destruíam as premissas e conclusões da apresentação nunca tinham tempo suficiente para serem apresentadas em 15 ou 20 minutos (e usualmente não tinham tempo nenhum). Claramente, o principal objetivo destas "palestras de revisão da teoria" era o de fixar com firmeza na mente de todo mundo qual era a linha do partido de tal forma que as observações pudessem ser interpretadas apropriadamente.

O revisor escolhido foi naturalmente Martin Rees — tendo passado recentemente sem esforço de professor plumiano a astrônomo real da Inglaterra. Após a defesa padrão do *Big Bang* (embora não precisasse ser defendido) o único comentário substancial da audiência veio do perceptivo veterano prof. Jean-Claude Pecker. Ele apontou inconsistências no uso da evolução das galáxias como um parâmetro ajustável com o objetivo de evitar comportamentos inesperados com o desvio para o vermelho no *Big Bang*.

O último dia consistia num painel de nove membros escolhidos por representar o grupo de tópicos cobertos durante o simpósio. De frente para a audiência na extremidade direita estava Martin Rees, na metade esquerda Geoffrey Burbidge e na extremidade esquerda, eu mesmo. Rees iniciou sua apresentação com um forte ataque às observações que eu havia mostrado em minha curta palestra alguns dias antes. Quando chegou na minha vez de fazer um pronunciamento inicial, mostrei imagens observacionais ainda mais surpreendentes que contradiziam os modelos convencionais. A discussão foi então aberta para o

46 ☼ O Universo Vermelho

público e um jornalista holandês, Govert Schilling, levantou-se para fazer uma pergunta a Martin Rees.

A questão, parafraseada era aproximadamente: "Tendo em vista a evidência apresentada pelo Dr. Arp, por qual motivo as principais instalações não foram utilizadas para observar ainda mais estes objetos?". Martin virou-se para mim e estourou num ataque pessoal cáustico. Disse que não entendo a evidência dos movimentos superluminais, que não acredito na idade das galáxias e mais inúmeras outras falhas elementares. Fiquei estupefato pela veemência de sua resposta e creio que o público também ficou espantado. Após um momento repliquei que as velocidades superluminais não seriam um problema se se colocasse os objetos em suas distâncias corretas e que eu, entre todas as pessoas, devia acreditar na idade das galáxias já que, como um estudante de pós-graduação, havia medido as inúmeras estrelas em aglomerados globulares que ajudaram a estabelecer a única idade que temos para as galáxias. Mas, mais importante do que tudo, acrescentei que "Tenho consciência que a responsabilidade primária de um cientista é encarar e resolver as observações discrepantes".

Um Amador Observa Mark205

O que aparentemente abalou Rees na resposta à questão do jornalista é que havia sido mencionado que um amador havia observado a conexão NGC4319-Mark205 com o Telescópio Espacial Hubble. Desde 1971 este era considerado um objeto crucial na prova dos desvios para o vermelho discordantes dos quasares e no simpósio eu havia mostrado evidência nova para a associação de quasares com desvios para o vermelho ainda mais altos com o mesmo sistema. Como o Telescópio Espacial era considerado capaz de responder a todas as questões, muitas pessoas haviam insistido conosco para observar este objeto-chave novamente. Eu e Jack Sulentic, um colaborador de longa data neste projeto, preparamos uma proposta de observação complexa e que consumia tempo — do tipo que automaticamente deixa de fora os intrusos. Ela foi não apenas recusada como atacada pelo comitê de distribuição de tempo. Tanto esforço por este exercício de futilidade. Fui informado mais tarde numa carta que "é política da Nasa não dar a público os nomes das listas de assessoramento científico". Minha primeira imagem foi a de meus colegas com barbas falsas e óculos escuros entrando furtivamente na sala de reuniões. Então me ocorreu um pensamento menos cômico — que uma grande quantidade de dinheiro público estava sendo distribuída por um comitê secreto.

Não demorou muito para que começasse a circular uma história deliciosa. Os administradores do Telescópio Espacial haviam decidido deixar 10% do tempo disponível para a comunidade de astrônomos amadores. Isto é na verdade um reconhecimento bem merecido a uma comunidade entusiástica, conhecedora e importante. O rumor era que eles haviam solicitado tempo para observar Mark205. Realmente não acreditei nisto até que passados vários anos o próprio autor da proposta entrou em minha sala e colocou as observações sobre minha mesa. Ele era um professor secundário capaz e bem informado que havia confirmado de forma bem competente a ponte entre NGC4319 com baixo desvio para o vermelho e Mark205 com alto desvio para o vermelho. Insisti com ele para que publicasse suas conclusões, mas até hoje não as vi impressas e não sei que dificuldades ele pode ter encontrado.

Comentário a parte: Um especialista observou a galáxia NGC1073 com os três quasares em seus braços com o Telescópio William Herschel em La Palma. Pensei ter visto alguns filamentos associados com os quasares, mas ainda não vi nada publicado. Finalmente, foi atribuído tempo a um amador para observar espectroscopicamente o quasar que é ligado por um filamento luminoso a uma galáxia chamada 1327-206. Mas a Nasa apontou o Telescópio Espacial no objeto errado! Um pouco depois disto, o Instituto de Ciência Telescópio Espacial anunciou que estava suspendendo o programa amador, pois exigia "um esforço muito grande de seu pessoal especializado".

Contudo, um embaraço ainda maior era que todos estes objetos haviam sido extraídos do meu livro *Quasars, Redshifts and Controversies*, cujo conteúdo os comitês de distribuição da Nasa estavam evitando a todo custo. Como teremos ocasião de mencionar inúmeras vezes durante este livro, os amadores têm uma compreensão muito melhor das realidades da astronomia já que eles realmente *olham* as fotografias de galáxias e estrelas. Os profissionais começam com uma teoria e só olham para os detalhes que podem ser interpretados em termos desta teoria.

48 ⚙ O Universo Vermelho

Este é um dos motivos por trás do ponto sensível que o jornalista levantou com Martin Rees no painel de discussão final. A questão é tão desconfortável porque as pessoas influentes no campo conhecem o que as observações prognosticam, mas estão muito comprometidos para voltar atrás. O resultado certamente será levar a ciência acadêmica inexoravelmente em direção a uma posição similar àquela da igreja medieval. Mas se esta é a solução evolucionariamente necessária, então talvez devêssemos acelerar o processo de substituição do sistema atual por uma maneira mais efetiva de fazer ciência.

Observações em Raios X de Pares Galáxia-Quasar

Além disto, relatei, pela primeira vez no Simpósio IAU 168, os resultados de observações de longa exposição do ROSAT de quatro pares adicionais galáxia-quasar que estavam visivelmente próximos no céu (Ver Tabela 1-2). A probabilidade destas associações ser acidental já era muito pequena na década de 1970, e quando as observações revelaram extensões de raios X indo das galáxias em direção aos quasares, isto não apenas estabeleceu a associação física destes objetos com desvios para o vermelho amplamente diferentes, mas também confirmou a origem do quasar como sendo por ejeção da galáxia.

Tabela 1-2. *Associações galáxia-quasar investigadas em raios X em 1995*

Galáxia	Quasar	Desvio para o vermelho	Separação	Probabilidade
Mark474/NGC5682	BSO1	$z = 1{,}94$	$1'{,}6^{(1)}$	$5 \times 10^{-3(2)}$
NGC4651	3C275.1	0,557	3,5	3×10^{-3}
NGC3067	3C232	0,534	1,9	3×10^{-4}
NGC5832	3C309.1	0,904	6,2	7×10^{-4}
NGC4319	Mark205$^{(3)}$	0,070	0,7	$2 \times 10^{-5(4)}$

1. Separação do quasar medida a partir do núcleo de NGC5682.
2. Probabilidade de Burbidge e outros (1971).
3. Na hipótese cosmológica Mark205 é 0,5 mag. menos luminoso do que a definição de um quasar.
4. Probabilidade de uma galáxia Seyfert cair num ponto arbitrário no céu. seria de $0'{,}7$.

Um destes pares, NGC 4319-Mark205, já foi discutido aqui, mas os outros são mencionados a seguir devido ao que eles adicionam para a compreensão da natureza da relação galáxia-quasar. Os dois casos mais constrangedores serão discutidos primeiro.

NGC4651/3C275.1

O quasar brilhante em rádio 3C275.1 está situado a apenas 3,5 minutos de arco da galáxia espiral de magnitude aparente brilhante NGC4651. A probabilidade de que isto ocorreria por acaso é de apenas 3 casos em 1.000. Mas o que ninguém nunca calculou era a probabilidade composta de que a galáxia da qual ele estava tão próximo ser aquela galáxia espiral entre as 7.000 mais brilhantes que tinha emergindo dela o jato mais notável. Isto reduzia a probabilidade acidental para menos do que 1 em um milhão. Ora Allan Sandage, que havia fotografado esta galáxia em 1956, percebeu nervosamente a implicação, mas imediatamente forçou sobre mim o argumento de que o jato da galáxia não estava apontando para o quasar, o que provava que ele não tinha nada a ver com o quasar. Naturalmente, ele apontava apenas 20 graus fora do quasar, e placas de exposição mais longa revelaram que havia material preenchendo as imediações do jato até uma direção apenas 6 graus fora do ângulo de posição do quasar. (Ver Figura 7-11, infra p. 270). Mas por este tempo a configuração havia sido relegada à categoria de associações refutadas.

Na verdade, há uma história engraçada sobre a associação estatística de todo o grupo dos radioquasares brilhantes 3C com as galáxias de magnitudes aparentes brilhantes que Geoffrey Burbidge, E. M. Burbidge, P. M. Solomon e P. A. Strittmatter (B^2S^2) estabeleceram. Eles encontraram uma chance menor do que 5 em 1.000 de associação acidental para todo o conjunto. Quando mostrei a extensão de raios X desde o núcleo de NGC4651 até quase a posição do quasar para o prof. J. Trümper, o Diretor da seção de raios X do *Max-Planck Institut für Extraterrestrische Physik* (MPE), mencionei que esta era uma entre a classe de galáxias que se conhecia estarem associadas estatisticamente com quasares. Ele estava muito cético até que avisei que o resultado B^2S^2 havia sido confirmado por Rudi Kippenhahn (antigo diretor do Max-Planck Institut für

Astrophysik). Após isto ele apenas queria análises nesta última forma! Mas à medida que trouxe cada vez mais resultados ele disse:"Bem sei que você não pode estar certo, mas vou ajudá-lo onde posso". Tive de pesarosamente admitir que ele não foi completamente desalentador — de fato, foi o maior encorajamento que recebi.

A Figura 1-8 mostra que o material em raios X se alonga do núcleo da galáxia em direção a posição do quasar, onde o material do quasar se estende quase até encontrá-lo. Se a exposição de 10,5 quilosegundos tivesse sido apenas um pouco mais longa, ela poderia ter mostrado que a ponte era contínua. Mas será que isto realmente importa, considerando a baixa probabilidade de contiguidade acidental, a baixa probabilidade que um tal jato galático ativo esteja acidentalmente envolvido, e a probabilidade quase nula de que um jato de raios X iria sair acidentalmente do núcleo da galáxia e estaria apontando diretamente para o quasar? Parece-me que uma ciência saudável tentaria se lembrar vigorosamente de todos os outros casos indicando a mesma conclusão e avançaria com o trabalho de descobrir o motivo para isto.

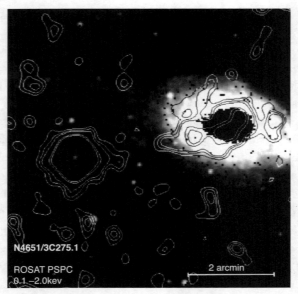

Fig. 1-8. A galáxia espiral NGC4651, que possui jato óptico, mostrando um jato em raios X emergindo de seu núcleo diretamente em direção ao quasar com desvio para o vermelho de z = 0,557. Observar também a Fig. 7-11 para uma área maior de visão ao redor da galáxia.

A Figura 1-9 mostra uma outra tendência característica destes objetos ativos, a saber, a de exibir alinhamento de fontes que emanam deles. A figura também revela uma tendência das linhas se cortarem quase em ângulos retos — algo que veremos muitas vezes. A primeira tendência é fácil de visualizar num modelo onde as fontes são ejetadas das galáxias e quasares ativos. É difícil imaginar uma causa para a última tendência, mas, quando tivermos um mecanismo que forneça tais ejeções, pode ser uma indicação de que estamos nos aproximando da compreensão. (Robert Fosbury, o especialista do ESO em galáxias Seyfert, me diz que os cones de ejeção óptica a partir destas galáxias ativas têm ângulos não-projetados de abertura com aproximadamente 80°.)

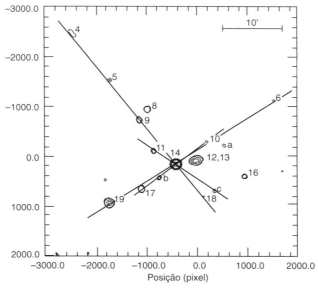

Fig. 1-9. Um mapa em raios X da área ao redor de NGC4651/3C275.1 mostrando alinhamento de fontes de raios X a partir do quasar. A fonte número 4 é um quasar catalogado com z = 1,477.

Mark474 e o Grupo de NGC5689

Este é um protótipo dos grupos que acredito representar as unidades constituintes que formam nosso universo conhecido. Como os grupos de galáxias das quais mais sabemos, o Grupo Local e o grande grupo mais próximo, o M81, o grupo de NGC5689 tem uma galáxia espiral do tipo Sb como sua galáxia dominante. Na verdade, NGC5689 é classificada como uma Sa, mas apresenta o mesmo tipo morfológico de uma galáxia com muita massa que gira com um grande bojo central de estrelas velhas (Figura 1-10).

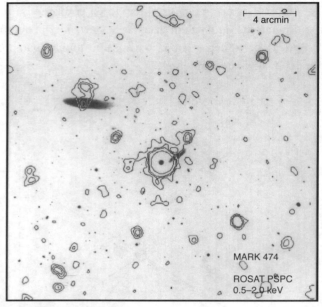

Fig. 1-10. O grupo de NGC5689, uma associação típica de objetos ativos ao redor de uma grande galáxia com baixo desvio para o vermelho. Contornos de raios X indicam que a Markarian 474 seria uma Seyfert muito ativa com um filamento de raios X saindo em direção a um quasar com desvio para o vermelho de z = 1,94. A galáxia companheira, NGC5682, está justamente no lado direito superior de Mark474.

Minha atenção havia inicialmente sido direcionada a ele por Edward Khachikyan, um amigo astrônomo armênio. B. E. Markarian, um outro astrônomo armênio, havia descoberto esta rica galáxia ultravioleta, com um brilho superficial muito alto, chamada agora de Mark474. Ao lado dela estava a galáxia com brilho superficial menor NGC5682, que era, como se verificou, uma companheira da grande NGC5689 e, caracteristicamente, tinha um desvio para o vermelho cerca de 100 km/s maior.

Mark474 tinha um desvio para o vermelho, cerca de 10.000 km/s ainda maior. Senti que a companheira deveria ter um quasar associado e procurei nas placas Palomar Schmidt por um objeto azul na vizinhança. Encontrei-o, mas ele estava fraco demais para o pobre espectrógrafo no telescópio de 200 polegadas. Pedi a Joe Wampler do Observatório Lick para obter o espectro e ele mostrou ser um quasar com desvio para o vermelho de z = 1,94. (Maarten Schmidt criticou-me por ter ido fora dos Observatórios Hale para obter este espectro num telescópio menor, mas respondi que Joe era o único que havia construído um espectrógrafo bom o suficiente — o Wamplertron — para observar o objeto.)

Agora eu tinha um grupo de três objetos incomuns próximos que quase certamente estavam associados, apesar de seus desvios para o vermelho serem enormemente diferentes. Enquanto estava reunido num grupo de trabalho do MPE, meus ouvidos se aguçaram ao ouvir que pelo levantamento feito haviam descoberto ser este objeto Markarian uma fonte abundante de raios X. Argumentando que uma fonte de tal intensidade merecia ser observada, fui capaz de obter uma exposição de 12.862 segundos no modo de baixa resolução. A redução inicial mostrou tudo que eu havia esperado. O quasar era bem visível nos raios X e estava conectado e alongado na direção oposta da Seyfert intensa em raios X, (Figura 1-10). (Na verdade, é raro ver um quasar com alto desvio para o vermelho com magnitude aparente tão fraca detectado em raios X.)

A Figura 1-10 também mostra que o material emitindo raios X está sendo ejetado ao longo do eixo menor da galáxia "progenitora" no sistema NGC5689. A implicação interessante aqui é que, embora as galáxias agora ativas no grupo evoluam provavelmente com rapidez em entidades mais tranqüilas, a galáxia original no grupo é capaz de episódios de ejeção subseqüentes. Também é aparente que há outras fontes relativamente intensas de raios X alinhadas num padrão em "X" ao redor de Mark474. A maioria delas é identificada com objetos estelares azuis (BSOs) e representam claramente quasares adicionais associados com este grupo ativo.

Os contornos de raios X suavizados de forma otimizada estão ampliados na Figura 1-11. Os céticos argumentam imediatamente que se colocarmos duas distribuições de fótons próximas uma a outra, elas se fundirão formando uma conexão aparente. Contudo se pensamos sobre isto por um momento, percebemos que elas se misturam apenas nas isó-

54 ❂ O Universo Vermelho

fotas exteriores para formar algo tipo ampulheta. A Figura 1-12 mostra aqui um contorno isofotal de duas funções de espalhamento pontuais instrumentais adjacentes. Fica claro que apenas as isófotas exteriores se fundem numa forma de ampulheta e que todas as isófotas interiores retornam imediatamente para a forma circular. Isófotas interiores alongadas reais, conexões filamentares e jatos parecem visivelmente diferentes, independente do ruído adicionado*.

Na Figura 1-11 pode-se ver que a conexão entre Mark474 e o quasar passa próximo da galáxia companheira NGC5682, a galáxia que pensei de início ser a origem do quasar. Agora, contudo, um colaborador na sala vizinha à minha, H. G. Bi, aplicou um programa de deconvolução aos dados com o objetivo de melhorar a resolução e descobriu uma fonte de raios X bem intensa localizada na periferia da galáxia Markarian. Esta fonte de raios X foi prontamente identificada com um objeto azul compacto, mas deformado. Emergiu então o aspecto decisivo — este novo objeto tipo quasar estava alinhado quase exatamente com o quasar conhecido do outro lado de Mark474! (Figura 1-13). Tendo em vista os emparelhamentos próximos de quasares de lado a lado das galáxias Seyfert que vieram à tona até agora, este parece ser apenas um outro par siutuado de lado a lado de uma galáxia Seyfert!

O grupo de NGC5689 também é típico no padrão dos desvios para o vermelho dos objetos no grupo. A galáxia maior tem o desvio para o vermelho mais baixo; o companheiro menor tem uma porcentagem maior de estrelas jovens e um desvio para o vermelho maior em centenas de km/s. Há uma galáxia muito ativa com um desvio para o vermelho milhares de km/s maior e finalmente quasares com desvio para o vermelho muito alto emergindo desta última. Este tema será repetido inúmeras vezes. Em capítulos posteriores, quando considerarmos a diminuição dos desvios para o vermelho à medida que os objetos envelhecem, tentaremos sugerir algumas possíveis razões para este padrão hierárquico e fractal.

---

*. Devido a não familiaridade com as técnicas de detecção de baixo brilho superficial juntamente com a falta de expectativa de características estendidas, quase nenhum uso desta informação foi feito pelos observadores de raios X. Os arquivos de raios X são atualmente uma mina de ouro em informação não descoberta esperando que alguém com acesso e competência computacional colha os dados.

Observações em Raios X Confirmam Desvio para o Vermelho Intrínsecos ◐ 55

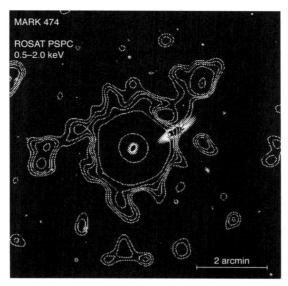

Fig. 1-11. Uma visão mais próxima da galáxia Seyfert Mark474 mostrando o material de raios X conectado ao quasar no lado direito superior (ponto pequeno dentro do contorno menor). Observe o material estendendo-se a partir do quasar numa direção oposta à Seyfert.

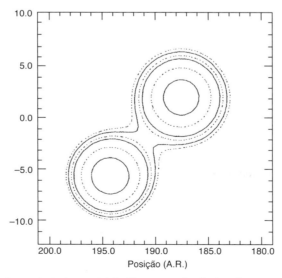

Fig. 1-12. Espalhamento instrumental de fótons ao redor de duas fontes pontuais não relacionadas. Apenas as isófotas exteriores ficam na forma de ampulheta enquanto as curvas de nível interiores retornam rapidamente para a simetria.

56 ○ O Universo Vermelho

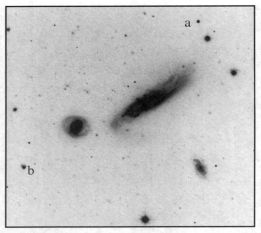

Fig. 1-13. Fonte de raios X (b) descoberta por H. G. Bi ao de-convoluir uma imagem intensa de Mark474. O resultado importante é o alinhamento quase exato deste peculiar objeto azul de raios X através do núcleo da Seyfert com o quasar (a). O que um espectro revelaria sobre (b)?

Contudo, seria útil saber se o desvio para o vermelho do objeto azul compacto está do lado oposto de Mark474 em relação ao quasar, como mostra a Figura 1-13. Há também uma região intrigante situada a meio caminho entre a galáxia dominante e Mark474. Ela consiste numa fileira de galáxias vermelhas (sendo que uma fileira é uma configuração fora do equilíbrio que não pode ter a mesma duração que a idade das galáxias) contendo um BSO (objeto estelar azul) de raios X. Uma galáxia anã peculiar está afastada por menos de 1 minuto de arco. A fotografia deste último grupo é apresentada na Figura 1-14 e também na publicação dos anais do Simpósio IAU 168 (ed. M. Kafatos e Y. Kondo). Quanto tempo levará até que alguns dos vários telescópios grandes ao redor do mundo sejam utilizados para observar estes objetos curiosos e intrinsecamente informativos?

NGC3067 e o Quasar 3C232

Este par galáxia-quasar teve uma história absolutamente fascinante. Voltando a 1971, Burbidge e outros calcularam uma probabilidade de associação acidental menor do que um em três mil. A. Boksenberg e

Observações em Raios X Confirmam Desvio para o Vermelho Intrínsecos ◉ 57

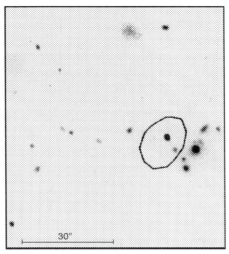

Fig. 1-14. Configuração de não equilíbrio de galáxias mais um BSO (objeto estelar azul) de raios X próximo de Mark474. Qual é o desvio para o vermelho do candidato a quasar? Qual é a natureza da anã com brilho superficial extremamente baixo bem ao norte?

W. L. W. Sargent encontraram linhas de absorção da galáxia no espectro do quasar em 1978 e supuseram que ele era um quasar de fundo, distante, brilhando através da galáxia, uma coincidência casual. Em 1982 Vera Rubin e outros foram além, atribuindo o desvio espectral das linhas de absorção da galáxia à rotação ao redor de uma galáxia com muita massa numa distância invulgarmente grande de seu núcleo. Naturalmente, o último cálculo produziu uma massa de matéria "escura" (não detectável) de quase 16 vezes a massa estimada da matéria visível. Apesar da grandiosidade deste fator, ele foi considerado como uma prova da existência de enormes quantidades de matéria invisível no universo. Mas a galáxia patentemente não era uma galáxia ordinária. Ela era uma galáxia com contornos nítidos, com um brilho superficial muito alto, "com um surto de formação estelar" — um tipo raro e ativo de galáxia, que tornaria a associação acidental com um quasar centenas de vezes menos provável. Além disto, fotografias da galáxia revelaram uma morfologia explosiva, despedaçada, com emissão de filamentos (Figuras 1-15 e 1-16). Sob quaisquer circunstâncias ela não poderia ser uma galáxia normal em rotação de equilíbrio, o que requereria o cálculo de uma massa significativa. A

58 ● O Universo Vermelho

grande massa calculada era uma completa ficção! Por qual motivo, então, eles não olharam para a galáxia? (Na verdade, mandei fotografias, mas sem qualquer proveito).

Um desenvolvimento ainda mais surpreendente ocorreu em 1989 quando C. L. Carilli e outros observaram um filamento de hidrogênio neutro partindo da extremidade oeste da galáxia e indo diretamente para o quasar e para além dele! (Figura 1-17). O hidrogênio tinha claramente partido da galáxia ativa — de que outra forma senão arrancado pela ejeção do quasar? E observe que o quasar está justamente no ponto mais denso da distribuição de hidrogênio com contornos de um gás menos denso indo de volta em direção a galáxia.

Este resultado extraordinário devia ter estabelecido sem qualquer dúvida a realidade da associação, mas se afirmou, mais tarde, que a configuração era meramente acidental. J. Stocke e outros defenderam que o hidrogênio neutro no desvio para o vermelho da galáxia absorvia luz contínua do quasar, mas não mostrava linhas de emissão óptica excitadas, provando que o quasar estava bem distante, atrás do filamento de hidrogênio. Como os outros argumentos pelos quais estávamos lidando com uma outra associação física entre uma galáxia e um quasar eram tão irresistíveis, revi muito cuidadosamente os cálculos complexos que haviam feito. Lá estava: uma "ligeira" extrapolação. Os fótons que eles precisavam para ionizar o hidrogênio no filamento e fazer com que fluorescesse tinham um comprimento de onda menor do que os presentes no espectro. Eles extrapolaram então para uma porção não observada do espectro. Extrapolei e obtive a metade do valor deles. Mas, independente da quantidade de radiação do quasar que havia sido *extrapolada* ser considerada menor do que o comprimento de onda necessário, a quantidade real seria determinada pela quantidade de hidrogênio nos desvios para o vermelho intermediários entre o quasar e o filamento de hidrogênio, pela intensidade em que o filamento era composto de nuvens pequenas densas e pelo ângulo radiante relativo entre os comprimentos de onda ultravioleta e de rádio do quasar. Se, em vez disto, o paradigma convencional exigisse que o quasar e o filamento fossem adjacentes, qual destas configurações plausíveis teria sido anunciada como uma nova "descoberta"?

A brincadeira com raios X havia apenas começado. Quando o Satélite Laboratório Einstein foi lançado, o quasar foi observado já que ele

Observações em Raios X Confirmam Desvio para o Vermelho Intrínsecos ◎ 59

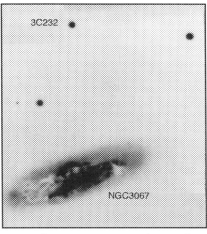

Fig. 1-15. Fotografia de NGC3067 obtida com o telescópio de 4 metros de Kitt Peak mostrando alto brilho superficial e aparência despedaçada dos filamentos de absorção.

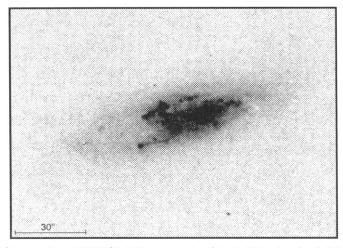

Fig. 1-16. Fotografia de NGC3067 obtida com o telescópio de 200 polegadas de Palomar na luz de emissão do hidrogênio alfa mostrando filamentos gasosos quentes ejetados.

era um objeto bem brilhante. Numa conferência no European Southern Observatory (Observatório Europeu Austral [ESO]), apontei que havia uma cauda de raios X partindo do quasar numa direção oposta à galáxia. Martin Elvis do Cambridge Center for Astrophysics (Centro de Astrofísica de Cambridge [CFA]) pulou e disse: "Isto é ruído". Argumentei que se podia ver que não era ruído. Ele disse, "Verei isto e relatarei o que encontrar". Não houve retorno.

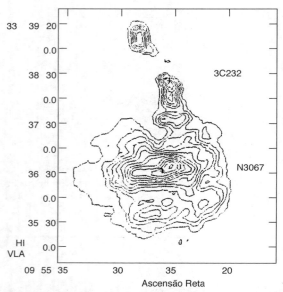

Fig. 1-17. Radiomapa do hidrogênio neutro em NGC3067 mostrando um filamento partindo da galáxia perturbada até o quasar. Mapa de Carilli, Van Gorkom e Stocke.

Quando obtive a exposição relativamente curta de 5.600 segundos com o ROSAT, havia uma extensão em raios X ao norte do quasar! De fato, havia uma outra extensão em cruz de raios X (Figura 1-18) — bem similar à configuração ao redor de Mark474. Mas o resultado mais excitante foi que havia um jato de raios X saindo dos dois lados do núcleo da galáxia com surto de formação estelar, NGC3067 (Figura 1-19). Quantas galáxias encontramos com estes jatos bipolares conspícuos de raios X? Quando mostrei isto aos meus colegas do MPE, irritaram-se comigo por dizer que eu pensava que o jato estava curvando-se ligeiramente à medida que se estendia para NE, ainda mais em direção ao quasar e que uma exposição mais longa poderia mostrá-lo indo diretamente para o quasar. Outros disseram que pensavam que as extensões de raios X do quasar eram apenas ruído. Propostas de observações adicionais em raios X do objeto foram rejeitadas pelo comitê de distribuição.

Observações em Raios X Confirmam Desvio para o Vermelho Intrínsecos ○ 61

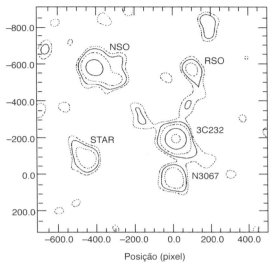

Fig. 1-18. Emissão de raios X integrada de baixo brilho superficial ao redor do par galáxia/quasar NGC3067/3C232. Isto representa uma outra extensão em "cruz" do material de raios X partindo dos objetos ativos.

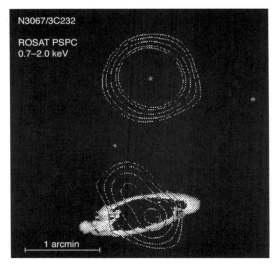

Fig. 1-19. Um jato bipolar de raios X partindo do núcleo de NGC3067E, sendo que um lado dele se estende na direção geral de 3C232. Esta é uma exposição curta de 5000 segundos com o ROSAT. Uma exposição mais longa com alta resolução foi rejeitada pelo comitê de distribuição.

NGC5832 e 3C309.1

A última das cinco observações apontadas que obtive com o ROSAT foi uma exposição muito curta de 4.300 segundos sobre um dos pares galáxia/radioquasar de Burbidge e outros. Apenas o quasar foi registrado e não a galáxia, relativamente distante a 6,2 minutos de arco. Contudo, a distribuição de fontes de raios X no campo era muito interessante. Como mostra a Figura 1-20, há novamente uma intensa linha de fontes indo de NE a SO através do quasar e a insinuação de uma linha saindo numa direção quase perpendicular. Esta configuração foi criticada, pois algumas das fontes tinham apenas de três a seis contagens. Argumentei de volta que se o fundo é suficientemente fraco, apenas algumas contagens já tornam as fontes significativas, como pode ser bem julgado visualmente.

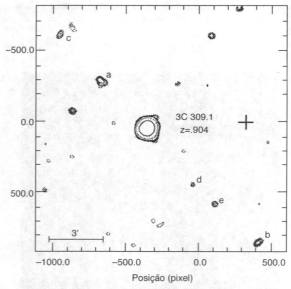

Fig. 1-20. Uma exposição muito curta em raios X de 4.300 segundos mostra apenas o quasar 3C309.1, mas não a galáxia próxima NGC5832 (sinal positivo). Contudo, pequenas fontes de raios X no campo formam uma linha e possivelmente uma cruz através do quasar.

2. Galáxias Seyfert como Fábricas de Quasares

A evidência de que os quasares estavam associados fisicamente com galáxias de baixo desvio para o vermelho já havia se acumulado desde 1966 (ver *Quasars, Redshifts and Controversies* para a história até ao redor de 1987). O ano seguinte viu provas adicionais se acumularem, principalmente de observações em raios X e elas foram relatadas agora no capítulo anterior. Mas parece que quanto mais forte a evidência, mais as atitudes endurecem para aceitar tais observações.

Contudo, com a descoberta do par de quasares de lado a lado de NGC4258 um novo nível de comprovação emergiu. Se pudessem ser encontrados mais destes pares notáveis ao redor de galáxias ativas, seria difícil resistir à conclusão final. Qual a classe mais óbvia a inspecionar senão aquelas similares a NGC4258, a saber, galáxias Seyfert?

Galáxias Seyfert

O astrônomo americano Karl Seyfert descobriu esta classe de galáxias na década de 1950 ao olhar nas fotografias e perceber que algumas galáxias tinham núcleos brilhantes e bem delineados. O espectro das linhas de emissão destas galáxias significava que grandes quantidades de energia estavam sendo liberadas em seu núcleo. Por um longo tempo, ninguém se preocupou em saber de onde vinha esta energia.

Quando o problema foi finalmente percebido, os "discos de acreção" vieram para salvar — um tipo de equivalente cósmico do ato de lançar uma outra tora numa fogueira. Mas as linhas de emissão proeminentes não permitiram aos astrônomos fazer algo no qual eles são bons — classificar e catalogar sistematicamente estes objetos.

Como as galáxias Seyfert produziam uma intensa emissão de raios X, por volta de 1995 a maior parte das mais brilhantes tinham sido observada com o satélite ROSAT. Isto significou uma oportunidade para investigar uma classe de galáxias ativas que havia sido previamente definida e observada de modo mais ou menoscompletos.As observações existentes podiam ser analisadas para ver se existiam mais casos de pares de quasares ao redor dos núcleos ativos tal como havia sido observado na galáxia Seyfert NGC4258.

Uma busca nas observações de raios X arquivadas revelou que, entre todas as Seyfert conhecidas, as observações estavam 74% completas até a 10ª magnitude aparente e 50% completas até a 12ª. Após terem sido eliminados alguns campos contaminados, estavam disponíveis um total de 26 campos.

Agora vinha a tarefa formidável de acessar e de analisar estes campos. Como mencionado anteriormente, é necessária uma quantidade enorme de conhecimento especializado para entrar nos arquivos "públicos". Encontrei o candidato perfeito para colaborar comigo neste trabalho: um astrônomo alemão chamado Hans-Dieter Radecke. Ele havia acabado de realizar um trabalho muito importante e corajoso nas observações de raios gama na região do Superaglomerado de Virgem, que será discutido mais tarde. Mas estava sem trabalho — e o problema era encontrar para ele algum financiamento. Parecia sem esperança, mas como última tentativa perguntei a Simon White, nosso novo diretor no Max-Planck Institut für Astrophysik (MPA) se ele podia ajudar. Para nossa felicidade obteve apoio por seis meses e isto tornou possível o que espero que será reconhecido como um passo à frente crucial em nossa compreensão da física e da cosmologia.

Radecke produziu listas de fontes, de suas intensidades e posições, para cada um dos 26 campos Seyfert. Então, usando exatamente o mesmo algoritmo de detecção, reduziu a 14 campos de controle. Os campos de controle estavam dentro do mesmo intervalo de latitudes galácticas e foram tratados identicamente aos campos Seyfert. Portanto, quando um excesso significativo de fontes de raios X foi encontrado ao redor das galáxias Seyfert, não havia dúvida de que estas fontes de raios X pertenciam às galáxias ativas. As fontes eram de 10 a 100 vezes mais luminosas do que as fontes encontradas usualmente nas galáxias, como as estrelas binárias ou os remanescentes de supernovas e estavam bem fora dos limites da galáxia (geralmente de 10 a 40 minutos de arco fora ou várias centenas de quiloparsecs na distância média da Seyfert). A experiência prática garantia que estas fontes de raios X seriam confirmadas como quasares. *O aspecto bonito deste resultado era de que qualquer astrônomo podia simplesmente olhar neste gráfico de intensidade de raios X versus o número por grau ao quadrado (como na Figura 2-1) e perceber que quando estas fontes em excesso — que claramente pertenciam às Seyferts — fossem medidas, quase todas viriam a ser quasares.*

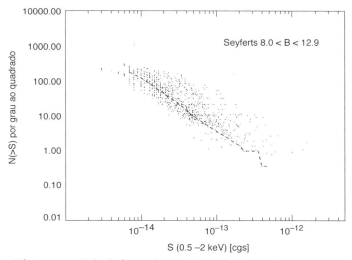

Fig. 2-1. Número acumulado de fontes de raios X mais brilhantes do que a intensidade (S) ao redor de uma amostra quase completa de galáxias Seyfert brilhantes. A linha tracejada representa contagens em campos de controle de não-Seyfert.

Com um diagrama econômico havíamos provado que as galáxias Seyfert *como uma classe* estavam associadas fisicamente aos quasares! Isto aumentou enormemente o significado dos pares ao redor das Seyferts como em NGC4258, já que agora os dados estavam nos dizendo *de que forma* os pares estavam relacionados à galáxia ativa. Em seções posteriores discutiremos a relação óbvia dos pares de quasares com os pares de fontes de rádio que, desde a década de 1950, são reconhecidos como tendo sido ejetados pelos núcleos das galáxias ativas. Naturalmente, nesta amostra de 24 Seyferts (omitindo as duas mais brilhantes como estando muito próximas para se ajustar na amostra média — ver Figura 2-2), foram encontrados muitos outros pares de fontes de raios X. Contando tudo, havia 21 pares de fontes de raios X envolvendo 53 BSOs — objetos estelares azuis (alguns pares ou alinhamentos envolviam fontes múltiplas de raios X). Quase toda Seyfert tinha um par de BSOs, sendo que estas, na maioria viriam a ser, portanto, quasares! Contudo, antes de discutirmos alguns destes novos pares é interessante comentar como tais desenvolvimentos foram recebidos.

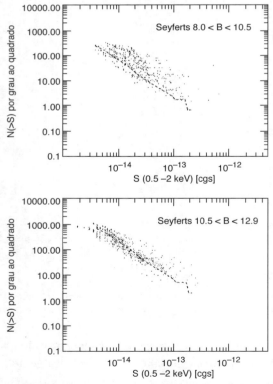

Fig. 2-2. Fontes de raios X ao redor das Seyferts de duas classes de brilho mostrando como as fontes associadas tornam-se menos brilhantes à medida que as Seyferts ficam mais distantes.

Espalhando a Boa Nova

Os astrônomos estão sempre tendo reuniões e à medida que os periódicos ficam sufocados com tantos artigos, as reuniões são cada vez mais o lugar onde se comunicam os novos resultados (exceto pelas matérias liberadas para publicação em jornais, que pelo exagero têm de ser altamente desconsideradas). As reuniões constituem tradicionalmente os lugares onde as relações de poder são colocadas em ordem. É doloroso para mim participar delas já que há uma conformidade quase total em relação às suposições obsoletas. Mas sou antiquado o suficiente para acreditar que quando resultados novos verdadeiramente importantes aparecem, os organizadores da conferência têm uma obrigação moral de fazer com que esses sejam apresentados.

Com os novos resultados em mãos, fiquei otimista pois julgava que ao serem comunicados iriam finalmente persuadir os pesquisadores a começar a reavaliar os fundamentos do campo. Muitos dos resultados novos discutidos no Capítulo 1 estavam disponíveis na época do bem conhecido Simpósio do Texas sobre Astrofísica Relativística, que aconteceu no instituto adjacente em Munique, em dezembro de 1994. Submeti o resumo de um artigo que pretendia apresentar. O programa foi apresentado, mas meu nome estava faltando. Aproximadamente 14 anos atrás o Simpósio do Texas havia acontecido em Munique e viajei da Califórnia para apresentar um artigo sumário sobre a evidência de associações de quasares com galáxias de baixo desvio para o vermelho. O artigo causou alguma impressão naquela época. Mas, agora, fico triste em dizer que, após todo este tempo, quando a evidência havia ficado muito mais forte, não seria permitida a apresentação da evidência mais recente. Algum tempo depois houve uma conferência internacional de raios X na cidade próxima de Würzburg. Novamente fui excluído.

Finalmente, em 1996 recebi um convite de cientista eminente para ir ao Japão por três meses. Foi sugerido que podia escolher a época de minha visita para coincidir com uma conferência internacional sobre raios X que iria acontecer em Tóquio. Havia acabado de sair os novos resultados sobre as famílias de quasares ao redor das Seyferts. Assim, mandei um resumo e preparei-me para ir durante este período. Estava realmente feliz com a idéia de que esta informação importante podia ser

68 ❂ O Universo Vermelho

comunicada nestas circunstâncias e que algum tipo de reconciliação podia acontecer com as pessoas que estavam realmente interessadas em fazer avançar o conhecimento. Justo quando estava arrumando minhas malas, apareceu o programa da conferência sem a inclusão de meu nome.

Ora, sou experiente o suficiente para saber como os comitês organizadores escolhem os oradores para as conferências. E tenho uma idéia aproximada de quem, particularmente nos países mais avançados, exerce pressão para manter o que consideram pesquisa rival fora dos programas. Mas fico extremamente triste de perceber que os membros dos comitês organizadores locais cedem a estas pressões imperialistas.

Um Novo Par Notável

Era divertido apenas examinar todos os novos pares de fontes de raios X com boa aparência ao redor das Seyferts nos mapas obtidos dos arquivos. Uma amostra destes mapas é apresentada aqui nas Figuras 2-3, 4 e 5. Observe que os raios X estão representados graficamente exatamente como detectados e não foi feita uma média para fornecer suas posições médias, o que em geral tem uma precisão de alguns segundos de arco. Embora as imagens aumentem à medida que elas ocorrem mais para fora do eixo, suas disposições em relação a Seyfert central e o brilho relativo de raios X das fontes aparecem muito claramente.

Um par notável foi observado imediatamente dos dois lados de NGC2639. As duas fontes de raios X eram muito intensas (26 e 38 contagens por quilosegundo). As identificações com BSOs foram precisas e sem ambigüidades (na verdade, uma era um quasar catalogado que eu havia descoberto próximo de uma companheira de NGC2639 em 1980). De novo, havia a necessidade de obter o espectro do outro membro do par — mais uma vez Margaret Burbidge apareceu para socorrer. Este par de desvios para o vermelho era de fazer pular da cadeira de emoção! Como mostra a Fig. 2-4, os desvios para o vermelho eram de $z = 0{,}307$ e $0{,}325$, uma diferença de apenas $0{,}018$. Estes eram os mais próximos que qualquer dos pares havia estado em termos de desvio para o vermelho. Naturalmente, o que tornava excitante era que dois quasares de raios X não relacionados tinham apenas aproximadamente uma chance em 100

Galáxias Seyfert como Fábricas de Quasares ◎ 69

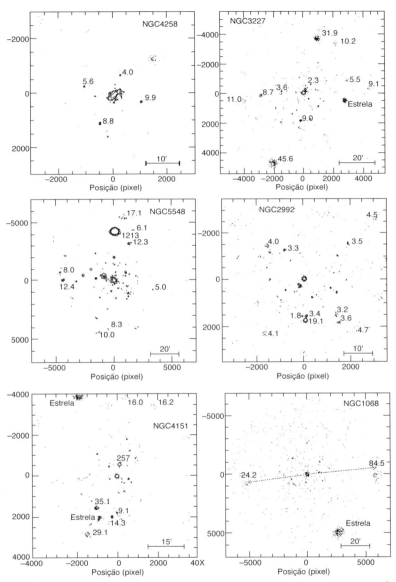

Fig. 2-3. Uma amostra dos pares de fontes de raios X descobertos ao redor de galáxias Seyfert brilhantes. Fótons de raios X são representados graficamente da maneira como foram detectados de tal forma que é conspícuo o espalhamento das imagens com o aumento da distância a partir do centro do campo. Os números representam contagens por quilosegundo. As linhas no campo de NGC1068 representam a direção das fontes maser de água no núcleo central.

70 ◎ O Universo Vermelho

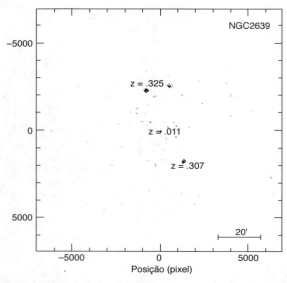

Fig. 2-4. Um novo par de quasares dos dois lados da Seyfert NGC2639 — o mais similar em termos de desvio para o vermelho encontrado até agora! Obtido das medições de E. M. Burbidge.

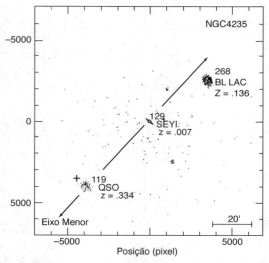

Fig. 2-5. Fontes de raios X muito intensas (268 e 119 contagens/quilosegundo) dos dois lados da Seyfert NGC4235. Identificações catalogadas apontam para um quasar e um objeto BL Lac. O sinal positivo indica a posição de uma Seyfert 1 com z = 0,080 identificada anteriormente, mas que não foi registrada neste mapa de raios X do ROSAT.

de estarem acidentalmente tão próximos em termos de desvio para o vermelho. Esta probabilidade vezes a probabilidade quase nula de encontrar tal par de intensas fontes de raios X dos dois lados de um ponto arbitrário no céu tornou todo o cálculo uma perda de tempo — aqui havia claramente um outro par físico dos dois lados de uma Seyfert.

Fontes mais fracas podem ser vistas na Figura 2-4 alinhadas em direção oposta ao quasar com z = 0,307 e estendendo-se em direção ao quasar com z = 0,325. Com isófotas mais fracas numa visão ampliada desta região são identificados quatro BSOs e representarão claramente um rastro de quasares indo em direção ao quasar com z = 0,325 quando confirmados (ver mais para a frente a Figura 3-26).

Um Outro Maser de Água

Enquanto os desvios para o vermelho dos quasares estavam sendo medidos, chegou a informação de que havia sido observada emissão estimulada de moléculas de H_2O no núcleo de NGC2639 — o mesmo efeito maser de água que havia sido observado no núcleo de NGC4258. Isto significava que os dois melhores pares de quasares dos dois lados de uma Seyfert estavam ao redor de Seyferts conhecidas por ter atividade de "buraco negro" das mais intensas. As linhas de maser de água em NGC2639 eram particularmente variáveis, mostrando flutuações de velocidade de cerca de 7 km/s num ano.

Havia mencionado que pontos de emissão maser de água no núcleo de NGC4258 estavam distribuídos aproximadamente ao longo de linhas na direção dos dois quasares (Figura 1-4 do Capítulo anterior). Fiquei assim muito feliz quando Margaret e Geoff Burbidge escreveram um pequeno artigo juntando toda a evidência de que NGC4258 estava ejetando material aproximadamente nestas direções (em contradição com a interpretação convencional, que colocava o eixo de rotação de um buraco negro a 90 graus com relação a esta direção). Em seguida a isto, *um outro* maser de água foi descoberto no centro de NGC1068. Como mostra o quadro do lado direito inferior na Figura 2-3, a orientação dos pontos de maser de água (linha cheia) aponta *novamente* na direção de um par de BSOs intensos em raios X alinhados de lado a lado do núcleo de NGC1068. Ora, pode acontecer que a atividade maser seja comum em Seyferts, assim como o é a atividade de ejeção, mas ela também parece estar correlacionada com a intensidade ou direção da principal atividade de ejeção na galáxia.

Por hora, a melhor conjetura sobre o que excita as moléculas de água é energia radiante no feixe associado com a ejeção dos quasares. Pode ser uma questão mais difícil saber por qual motivo uma molécula "fria" está presente nas regiões mais centrais de tais galáxias ativas.

Um Novo Par de Fontes de Raios X Extremamente Intensas — NGC4235

Quando vi pela primeira vez um mapa de raios X do campo ao redor de NGC4235, estava certo de que o par de fontes pertencia à Seyfert, já que a probabilidade de encontrar acidentalmente tais fontes intensas é de apenas 4 em 1.000. Levando em conta o alinhamento e o espaçamento igual obtém-se uma probabilidade total do par ser acidental de apenas 6 em 100.000!

Mas fiz uma suposição apressada — a saber, que elas eram tão intensas em raios X que seriam galáxias de raios X. Assim apenas cheguei catálogos de galáxias de raios X conhecidas e quando não as encontrei, supus que elas teriam de ser medidas. Após o artigo ter sido submetido encontrei as duas fontes catalogadas, uma como um quasar muito brilhante com $z = 0,334$ e a outra como um objeto BL Lac caracteristicamente brilhante em raios X com $z = 0,136$. (Ver Figura 2-5.) A descoberta de objetos BL Lac em pares associados é extremamente importante. Mostraremos em seções posteriores que os BL Lac fornecem, devido à sua raridade, uma prova poderosa das associações e portanto dos desvios para o vermelho intrínsecos. Eles também desempenharão um papel importante na discussão dos aglomerados de galáxias no Capítulo 6.

A Questão da Velocidade de Ejeção

No primeiro capítulo enfatizamos o fato de que as observações dos pares de quasares nos permitiria calcular uma velocidade de ejeção

Galáxias Seyfert como Fábricas de Quasares ⊙ 73

projetada de aproximadamente 0,07c. O par de NGC4235 que está sendo discutido apoiaria isto ao fornecer uma velocidade de ejeção projetada de 0,08c. (Isto é, o desvio para o vermelho intrínseco do quasar seria de z = 0,235, mas a velocidade em nossa direção diminuiria de z = 0,099 e a velocidade em direção oposta a nós adicionaria de z = 0,099.) Contudo, no Capítulo 1 mostramos um caso onde os desvios para o vermelho no par eram de z = 0,62 e 0,67, gerando uma velocidade projetada de apenas 0,015c. A separação no céu para este caso era de aproximadamente 1,3 graus, cerca de 50% maior do que a de outros pares associados com galáxias nesta distância aproximada até nós. Isto tornava plausível argumentar que estávamos vendo a situação inevitável de que a ejeção fora perpendicular à nossa linha de visão e as componentes da velocidade em nossa direção e em direção oposta eram muito reduzidas.

Foi divertido observar que quando o par NGC4258 estava sendo discutido pela primeira vez num colóquio, Günther Hasinger me desafiou a prever os desvios para o vermelho dos prováveis quasares. Claramente os convencionalistas procuravam uma maneira de escapar da obrigação de aceitar a associação dos quasares. Quando eles foram medidos com z = 0,40 e 0,65 fui encorajado pelo fato de que eles estavam tão próximos, e os convencionalistas aliviados por eles não estarem mais próximos. Mas eles não deviam estar aliviados, pois se os quasares estivessem muito mais próximos, não teria havido velocidade suficiente para retirá-los do núcleo da galáxia.

Contudo, o par dos dois lados de NGC2639 com z = 0,307 e 0,325 representa uma situação mais interessante. Isto só permitiria uma componente de velocidade de 0,007c na linha de visão. Para uma ejeção a 0,1c, podíamos esperar obter uma tal orientação perpendicular à linha de visão em apenas cerca de 9% dos casos, um número que só pode ser checado por medidas de muitos outros pares.

Mas há um outro aspecto muito interessante sobre este problema. Representam as velocidades de ejeção uma velocidade de escape constante que permite aos quasares ir para o espaço entre as galáxias; ou eles diminuem de velocidade na medida em que alcançam distâncias maiores em relação a galáxia ejetora? Eles continuam ou param?

O Modelo Narlikar-Das para a Ejeção de Quasares

Ao redor da década de 1980 eu havia fornecido forte evidência estatística de que os quasares apresentavam densidades excessivas ao redor de galáxias ativas e de companheiras mais jovens. Jayant Narlikar e P. K. Das resolveram fazer um modelo dinâmico que pudesse explicar isto. Assumindo propriedades razoáveis para os quasares, o problema era encontrar uma maneira de manter os quasares na vizinhança espacial da galáxia ejetora. O modelo deles fez isto muito bem (*Astrophysical Journal* 240, 401).

Uma previsão quantitativa do modelo deles era a de que um quasar atingiria um apogeu máximo a partir da galáxia de aproximadamente 400 kpc. Ora é muito interessante que na distância de desvio para o vermelho de NGC2639, os dois quasares estão justo ao redor de 400 kpc da Seyfert. Isto significaria que a velocidade de ejeção havia sido perdida e os quasares estariam movendo-se muito lentamente. Portanto, pode-se esperar que os quasares a distâncias maiores de suas galáxias de origem tenham desvios para o vermelho equiparando-se mais proximamente independente da orientação da direção de ejeção em relação a linha de visão. Um outro aspecto que será discutido em capítulos posteriores, é que provavelmente os quasares se desenvolvem no sentido de terem desvios para o vermelho intrínsecos menores à medida que envelhecem. Neste caso seria esperado que os quasares com desvio para o vermelho menores teriam geralmente menores componentes de velocidade de ejeção ou "peculiares" — semelhantes às galáxias para as quais estão evoluindo.

A Galáxia Seyfert NGC1097

NGC1097 tem os jatos ópticos com baixo brilho superficial mais extensos do que qualquer galáxia conhecida. A Fig. 2-7 mostra a composição em cores verdadeiras devida a Jean Lorre a partir um conjunto das placas de exposição, as mais longas já obtidas com o telescópio de 4 metros em Cerro Tololo, Chile. Num lado, justo entre os jatos ópticos mais brilhantes, há uma concentração de cinco ou seis quasares brilhantes. Foi mostrado que estes representam um excesso por um fator de 20 sobre os valores de fundo esperados e foi demonstrado que cerca de 40 quasares estão concentrados ao redor da galáxia (*Quasars, Redshifts and Controversies*, págs. 48-53 e 64). A Figura 2-6 mostra todos os candidatos a quasar na região central com 2,85 × 2,85 graus de uma placa de prisma-objetiva obtida pelo telescópio U.K. Schmidt na Austrália. O astrônomo chinês X.T. He selecionou estes candidatos pela aparência de seus espectros. Num programa de observação de dois anos no Chile, fui capaz de verificar com os espectros individuais que sua precisão na identificação de quasares foi de impressionantes 94%. É importante observar que quando este trabalho considerável feito por várias pessoas foi publicado em 1983 e 1984, ele já *estabeleceu, naquela época, a associação dos quasares ao redor desta galáxia Seyfert, o que estamos encontrando agora ser uma característica das Seyferts como uma classe.*

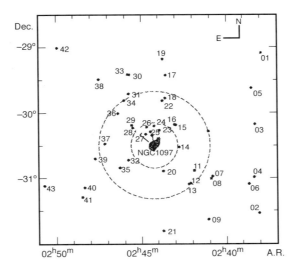

Fig. 2-6. Todos os candidatos a quasar numa região ao redor de NGC1097 identificados por X.T. He com uma placa de prisma-objetiva Schmidt. O tamanho dos campos PSPC e HRI investigados com raios X são representados pela linha tracejada.

Contudo, em 1993 e 1994 recebi meus próprios resultados de raios X sobre esta associação galáxia-quasar muito excitante. Os dados vieram de todos os três modos ROSAT, os modos apontados de baixa e alta resolução e o de vista geral. (O tamanho dos campos cobertos por PSPC e HRI é apresentado na Figura 2-6.) Quando reduzi os dados de raios X pela primeira vez, fiquei imediatamente perplexo pelo grande número de fontes de raios X no campo. Fontes mais brilhantes no campo de NGC1097 estavam mais do que 50% em excesso em relação aos campos de controle médios. As fontes de raios X detectadas pelo ROSAT confirmaram as observações anteriores feitas pelo observatório de raios X Einstein e, em particular, confirmaram que os quasares mais brilhantes estavam justamente entre os jatos ópticos mais intensos e ao longo deles. *Como não é difícil acreditar que os jatos ópticos foram ejetados, é óbvio que os quasares também foram ejetados de NGC1097.*

Estas observações também mostraram linhas e pares de fontes de raios X mais fracas saindo da região nuclear da Seyfert (Figuras 2-7, 2-8 e Gravura 2-8). Havia um grande excesso de fontes de raios X ao redor da região em disco da galáxia e evidência de uma grande absorção da componente mole de raios X de muitas das fontes fracas. Como se sabe dos estudos ópticos da galáxia que há grande absorção no disco da galáxia (Figura 2-9), era razoável supor que os metais nesta mistura de poeira e gás também estivessem enfraquecendo a banda mole das fontes de raios X. Não sendo absorvidas, as fontes de raios X seriam suficientemente brilhantes de tal forma que era razoável supor que fossem quasares. A conclusão é que estas observações sugerem que muitos quasares com desvios para o vermelho mais altos estão sendo ejetados e que muitos podem estar envolvidos em casulos espessos. Evidentemente, esta é uma fábrica de quasares em atividade, um lugar interessante para investigar no vermelho distante e no infra-vermelho.

Veremos mais tarde que quasares com alto desvio para o vermelho ($z = 2$) são geralmente mais fracos do que os quasares no intervalo de $z = 0,3$ a $1,5$. Contudo, já mencionamos que os quasares parecem nascer com alto desvio para o vermelho, os quais diminuem com a idade. Como muitos quasares brilhantes com estes desvios para o vermelho menores estão associados com NGC1097 é razoável sugerir que as fontes de raios X mais fracas são quasares mais jovens com alto desvio para o vermelho, muitos dos quais estão justamente emergindo das regiões centrais e empoeiradas da Seyfert.

Por exemplo, as observações em raios X com alta resolução (ROSAT HRI) mostram um par de fontes pontuais emparelhadas de lado a lado do núcleo de NGC1097 (designadas como (6) e (a) na Figura 2-8). Estas fontes não são identificadas em placas sensíveis azuis com longa exposição. Provavelmente elas seriam identificáveis com a potência penetrante das técnicas de infra-vermelho nos telescópios novos de grande abertura. Que projeto útil para estes equipamentos caros!

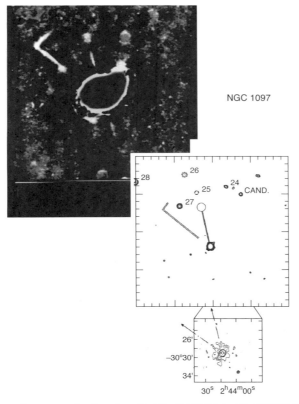

Fig. 2-7. Fotografias compostas (por Jean Lorre), ampliadas e com estrelas removidas de NGC1097 mostrando jatos luminosos cruzados. No centro está o mapa de raios X PSPC do campo, com os quasares de raios X conhecidos numerados de 24 a 28. Observe as fontes de raios X fracas e não identificadas do outro lado dos quasares brilhantes de raios X. Na parte debaixo à direita o mapa ampliado nos comprimentos de onda de rádio marca as direções dos dois jatos mais intensos.

A Figura 2-8 também mostra material com baixo brilho superficial estendendo-se para fora do núcleo de NGC1097, entre os jatos, em direção à localização dos quasares mais brilhantes. Não é claro que este seja um material de raios X, já que ele não aparece nas observações PSPC mais sensíveis. Mais provavelmente é luz ultravioleta vazando através de um filtro imperfeito. (Esta possibilidade foi questionada quando publiquei inicialmente a evidência, mas mais tarde foi verificado um vazamento numa medida do filtro.) De qualquer forma o aspecto importante deste material é que ele tem de surgir de alguma forma de gás quente que foi ejetado junto com os quasares! (Uma tentativa de obter os espectros com o satélite explorador ultravioleta falhou por um erro administrativo e a outra tentativa falhou quando um giroestabilizador desligou-se.)

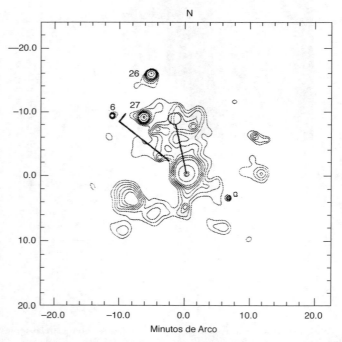

Fig. 2-8. O mapa em raios X de alta resolução (HRI) de NGC1097. Observe o material preenchendo o espaço na direção dos quasares brilhantes 26 e 27. Observe também as novas fontes pontuais de raios X (6) e (a) alinhadas a partir do núcleo na direção do jato mais brilhante.

No campo amplo, obtido pelo modo levantamento do ROSAT, mostrado na Figura 2-10, há uma fonte de raios X muito intensa (A) identificada a cerca de 1,9 graus a SO. De fato, ela é mais intensa do que a própria brilhante NGC1097. Ela é identificada com um objeto de aparência provavelmente estelar brilhante (magnitude aparente 16,5). Tony Fairall obteve um espectro com o telescópio sul-africano de 74 polegadas que demonstrou que ela tinha uma distribuição de energia contínua, azul, identificando-a assim como um objeto BL Lac. Esta espécie importante de objeto de tipo quasar será discutida imediatamente abaixo, mas primeiro gostaria de apontar para uma descoberta importante no levantamento de raios X deste campo.

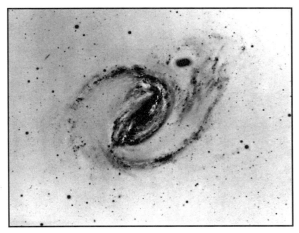

Fig. 2-9. Fotografia da espiral barrada NGC1097 mostrando regiões interiores com filamentos opacos e nuvens de poeira. Foi aplicada uma técnica para enfatizar contrastes em regiões com alto brilho superficial, mas preservando características com baixo brilho superficial. (Esta técnica foi chamada originalmente de sombreamento automático, mas é chamada hoje de máscara difusa.)

Como mostra a Figura 2-11 ampliada, o objeto BL Lac está sobre uma linha de fontes a SO de NGC1097, que coincide muito aproximadamente com o contrajato em relação ao jato óptico mais intenso para NE. Contudo, ao longo deste jato óptico principal para NE está um dos quasares de raios X mais brilhantes pertencentes a NGC1097. *As isófotas de raios X deste quasar estendem-se para frente e para trás ao longo da linha do jato óptico mais intenso.* Como este alinhamento não é obviamente acidental e como o jato óptico originou-se, é claro, pela ejeção do núcleo ativo, esta é *uma outra* prova de que o quasar também originou-se pela ejeção do núcleo! Além do mais, o objeto BL Lac intenso em raios X do outro lado do núcleo tem de representar então o outro componente do par ejetado.

80 ◎ O Universo Vermelho

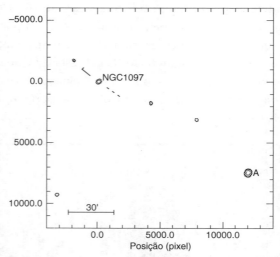

Fig. 2-10. O mapa de raios X obtido pelo levantamento de todo o céu pelo ROSAT mostra uma fonte de raios X muito brilhante a cerca de 1,9 graus a SO, aproximadamente ao longo da linha que liga o contrajato (linha tracejada) ao jato mais brilhante (linha cheia). Um espectro obtido por Tony Fairall identifica a fonte A como um objeto BL Lac.

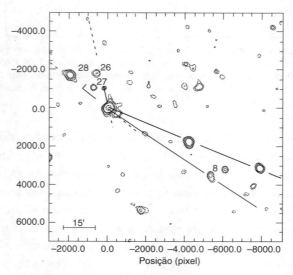

Fig. 2-11. Uma parte ampliada do mapa do levantamento anterior em raios X mostra fontes ao longo da linha geral em direção ao objeto BL Lac. Talvez de importância ainda maior, o quasar mais brilhante de número 28 está ao longo da linha do jato mais brilhante e seus contornos de raios X estão estendidos em ambas as direções ao longo da linha deste jato!

O Império Contra-ataca

Como o artigo sobre NGC1097 continha tabelas cheias de novas identificações de fontes a partir da análise de três campos diferentes centrados na importante galáxia Seyfert NGC1097, pensei que seria rotineiro publicá-lo no periódico europeu que estava divulgando a maior parte dos resultados de raios X com dados de arquivo. Como estava errado! O relato do árbitro voltou acusando-me de "manipular os dados" e de tentar reivindicar uma associação de quasares com galáxias que "havia sido refutada há muito tempo". O editor mandou-me estes comentários e rejeitou o artigo baseado no fato de não ver necessidade em reabrir o debate. O aspecto extraordinário foi que quatro artigos além do meu tinham acabado de aparecer no mesmo jornal apresentando forte evidência adicional exatamente para estas associações! As figuras aparecem aqui pela primeira vez e os dados de raios X tabelados ainda não foram publicados.

Objetos BL Lac

Estes objetos têm este nome porque o protótipo foi classificado originalmente como uma estrela variável dentro de nossa própria galáxia. Mas foi então descoberto que, em muitos casos, linhas fracas desviadas para o vermelho podiam ser detectadas sobre o intenso espectro contínuo. Freqüentemente estes objetos também mostravam bordas nebulosas fracas em suas imagens. Os BL Lacs são conhecidos hoje em dia por serem emissores intensos de rádio e de raios X, sendo altamente variáveis.

Eles também são muito raros e quando apareceram num campo Seyfert ROSAT, eram muito notáveis devido à sua intensa emissão de raios X. A Figura 2-12 mostra um exemplo de um objeto BL Lac próximo da grande Seyfert espiral padrão NGC1365. Enquanto inspecionava os 26 campos de arquivo Seyfert discutidos anteriormente, ficou claro para mim que o número encontrado de tais objetos era significativamente maior do que seria esperado em campos sem Seyfert. Não há uma necessidade real de calcular probabilidades — mas isto pode ser feito facilmente! A probabilidade de encontrar BL Lacs de raios X tão brilhantes e tão

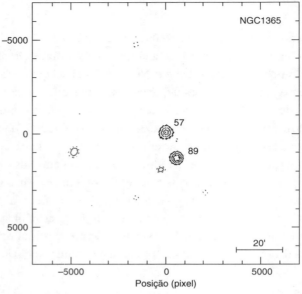

Fig. 2-12. Mapa em raios X da grande espiral austral NGC1365. A intensa fonte a SSO da Seyfert é um objeto BL Lac com desvio para o vermelho de z = 0,308.

próximos da Seyfert vai de 10^{-2} a 10^{-4}. (Ver Tabela 2-1). Portanto, a probabilidade de encontrar os primeiros cinco era de aproximadamente 3×10^{-5} e, se contamos o objeto próximo de NGC3516 como um BL Lac, a probabilidade é de apenas cerca de 3 em dez milhões! Um árbitro argumentou que devido à densidade incerta dos BL Lacs brilhantes, esta probabilidade era incerta — refutando assim a associação! Mas mesmo se ela fosse de apenas uma em um milhão, o resultado é super significativo. Além do mais, a averiguação está restrita apenas aos cinco BL Lacs definitivos encontrados até agora e mais são indicados na amostra completa de 26 campos.

"Ridículo!", bufou o astrônomo convencional. Quem acreditaria numa probabilidade tão pequena? Correto! O que está errado? Bem ela é *a posteriori*, calculada após ter encontrado o efeito. Assim vamos jogá-la fora! Ah, mas junto com isto veio uma dose grande de boa sorte. Em 1979 Jack Sulentic e eu havíamos testado a proximidade dos conhecidos BL Lacs para as galáxias do Catálogo Shapley-Ames de magnitude aparente brilhante e encontrado um excesso na separação de aproximadamente 1 grau (a mesma que nos campos Seyfert). Assim o resultado Seyfert não foi *a posteriori*, mas uma confirmação de um resultado previsto anteriormente. A lição cautelosa aqui parece ser a de que não interessa quão significativo seja o resultado, é costume tentar inventar um motivo para descartá-lo se ele não se ajusta às expectativas. O jogo aqui é juntar todas as observações anteriores numa "hipótese" e então afirmar que não há uma segunda observação confirmando-a.

Tabela 2-1 *Resumo atual dos objetos BL Lac em campos Seyfert*

Seyfert	BL Lac de raios X	R	IPC F_X	P(BL)	V	z
Cen A	(570) contagens ks^{-1}	114'	168×10^{-13}	$1,5 \times 10^{-3}$	17,0 mag.	0,108
NGC 1365	89	12	6,7	$4,2 \times 10^{-3}$	18,0	0,308
NGC 4151	257	4,5	14,8	$4,1 \times 10^{-4}$	20,3	0,615
NGC 5548	1213	35	(88,5)	$4,1 \times 10^{-3}$	16	0,237
NGC 4235	268	36	(19,6)	$2,2 \times 10^{-2}$	16	0,136
NGC 3516	156 (SI)	22	13,6	—	16,4	0,089

Mas, mais importante de tudo: Faz sentido o resultado? Faz e de fato é esperado em bases empíricas. Considere um dos quasares no par associado com NGC2639 que acabamos de discutir. Sua magnitude aparente era V = 18,1 mag e seu desvio para o vermelho de z = 0,307. Compare isto com o objeto BL Lac dentro de 12 minutos de arco da Seyfert NGC1365. Este objeto BL Lac tinha uma magnitude aparente de V = 18,1 mag e z = 0,308. O fluxo de raios X do quasar era intenso, mas o fluxo do objeto BL Lac era 3,5 vezes maior — sem dúvida, um sinal do contínuo não térmico intenso que reduz as linhas espectrais características dos objetos BL Lac para um contraste baixo.

Mas os objetos BL Lac são notoriamente variáveis. Então a implicação é que um BL Lac pode transformar-se num quasar muito facilmente e *vice-versa*, pois eles já são muito similares. O ponto-chave aqui é que os BL Lacs são um tipo raro de quasar que pode ser reconhecido facilmente devido a sua intensa emissão de raios X. Portanto, é facilmente provado que eles estão associados com galáxias ativas — confirmando as provas de que os tipos relacionados de objetos, os quasares, também estão associados.

84 ◎ O Universo Vermelho

É interessante inspecionar os mapas de hidrogênio neutro da espiral barrada de estrutura padrão NGC1365. A Figura 2-13a mostra a fotografia óptica. A Figura 2-13b mostra como o hidrogênio concentra-se nos braços espirais a sudoeste da galáxia. (Podemos ver os braços múltiplos ejetados ao norte da galáxia os quais, à primeira vista, acabam com várias décadas de teoria de onda de densidade para a formação dos braços.) Mas a Figura 2-13c mostra como este hidrogênio está estendido perto da direção do BL Lac próximo. No caso seguinte de NGC4151 veremos na verdade uma conexão a um BL Lac.

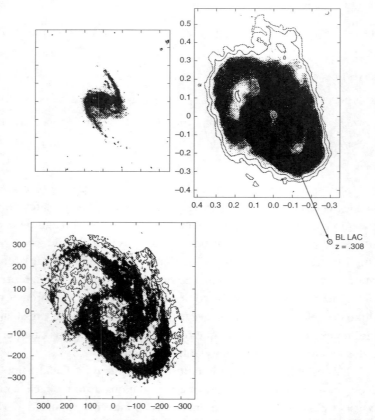

Fig. 2-13. a) Acima à esquerda: Fotografia óptica da espiral barrada NGC1365. b) Embaixo à esquerda: Mapa em hidrogênio neutro obtido por Jörsäter e Van Moorsel com fracos braços ópticos sobrepostos (escala em unidades de segundos de arco a partir do núcleo) c) Acima à direita: Os contornos mais fracos de hidrogênio com indicação de distância e direção do objeto BL Lac.

A Galáxia Seyfert NGC4151

Uma outra galáxia Seyfert famosa e extremamente ativa é NGC4151. Na Figura 3-18 do próximo capítulo é mostrado um mapa dela e das companheiras ao redor. Apresenta-se aqui na Figura 2-14 o mapa em raios X que mostra que há uma linha de fontes de raios X estendendo-se através da galáxia ativa central para o NNO e SSE. As duas a NNO são bem intensas, com 16,0 e 16,2 contagens por quilosegundo, mas elas estão relativamente desfocadas, a 33,1 e 33,9 minutos de arco do centro do campo. Portanto, elas parecem bem espalhadas. Agora elas e as fontes opostas a elas com 14,3 + 9,1 e 35,1 contagens/ks são todas identificadas com objetos estelares azuis (BSOs). Portanto, temos um caso de dois pares de quasares altamente prováveis alinhados de lado a lado desta Seyfert, ambos alinhados bem próximos na mesma direção. (Também pode-se considerar isto uma ejeção com um estreito ângulo de cone de abertura.)

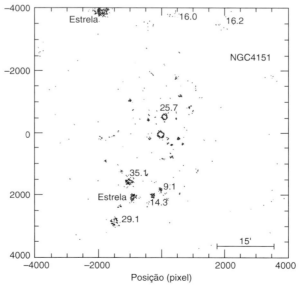

Fig. 2-14. Um mapa em raios X de uma região com 1,1 × 1,1 grau centrada na grande Seyfert NGC4151 (ver Fig. 3-18). Um intenso BL Lac (257 contagens/ks) está situado a 4,5 minutos de arco ao N da galáxia. Fontes de raios X mais externas também estão distribuídas geralmente ao longo desta linha.

86 ❂ O Universo Vermelho

Ao longo desta linha, cerca de 4,5 minutos de arco a NNE de NGC4151, existe uma fonte muito intensa de raios X, medida a 257 contagens/ks (comparada à própria Seyfert a 570 contagens/ks). Trata-se de um objeto BL Lac. Como aquela a incidir nas proximidades da Seyfert NGC1365, é muito improvável que tenha sido encontrada por acaso. Neste caso a probabilidade é de apenas 2×10^{-5} (ver Tabela 2-1). Mas o objeto também é muito incomum, já que foi descoberto primeiro num mapeamento de rádio nas redondezas de galáxias brilhantes próximas pelo telescópio Westerbork. Jan Oort havia recomendado este projeto a mim em colaboração com dois radioastrônomos de Leiden, Tony Willis e Hans de Ruiter. Identificamos esta fonte de rádio bem intensa no campo de NGC4151 com um objeto estelar muito fraco. Ele era tão fraco que tivemos de usar o espectrômetro de multicanais no telescópio de 200 polegadas de Palomar durante muitas exposições longas para determinar seu desvio para o vermelho. Só pude registrar uma linha e adivinhei que era Lyman-alfa com um desvio para o vermelho próximo de z = 2. Isto mostrou-se errado, pois John Stocke e colaboradores mediram mais tarde o objeto e encontraram um desvio para o vermelho de z = 0,615.

O enigma é este: Que tipo de objeto podia ser tão fraco opticamente e ter uma grande emissão de rádio e de raios X? Como mencionado, era altamente provável que ele pertencia a NGC4151 e da Figura 2-14 podemos ver que ele está no canal aparente de ejeção desta Seyfert ativa. Mas haveria qualquer interação em raios X devido à proximidade espacial deste intenso BL Lac e da Seyfert? Pesquisando os arquivos, Radecke e eu encontramos algumas exposições HRI (alta resolução) deste campo e me pus a observar os contornos externos das duas imagens. *As regiões mais externas de NGC4151, de brilho superficial mais baixo, revelaram uma extensão filamentar que conectava diretamente ao objeto BL Lac, como apresentado na Figura 2-15.*

Identificar conexões luminosas entre objetos com desvios para o vermelho muito discrepantes é uma maneira decisiva de estabelecer suas características independentes da velocidade, como vimos nas conexões anteriores a quasares de Mark205, Mark474 e NGC4651. Poderia ter uma colheita rica de informação adicional se os astrônomos de raios X reconhecessem o aumento de detecção que seria ganho ao integrar seus dados sobre superfícies extensas. Isto está relacionado com a velha arte de fotometria de brilho superficial, mas necessitaria contratar pessoas que fossem experientes ou motivadas.

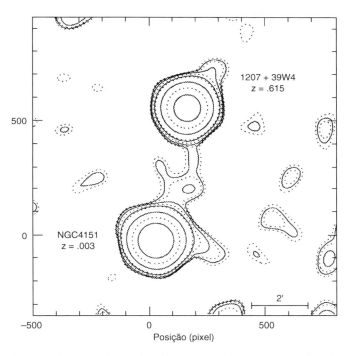

Fig. 2-15. Mapa em alta resolução de raios X (HRI) mostrando uma conexão de baixo brilho superficial entre NGC4151 com z = 0,003 e o BL Lac com z = 0,615.

Finalmente, chamamos atenção na Figura 2-16 para a estrutura de *rádio* mais interna de NGC4151. Na alta freqüência de 5 Gigahertz a resolução é tão boa que objetos de menos do que 1/4 de segundo de arco podem ser vistos emergindo sobre uma linha de ambos os lados do núcleo central, C4. Os raios X não podem fornecer uma resolução tão alta, mas mostram extensão na mesma direção. *Alguns objetos compactos de alta energia estão sendo ejetados em direções opostas deste núcleo compacto — o que mais eles podem ser senão protoquasares?* Esta direção de ejeção obviamente gira com o tempo, assim apenas os caminhos de ejeção mais velhos estariam apontando para os quasares associados mais externos. Mais tarde atacaremos a questão de saber qual é o estado da matéria quando inicia sua jornada, mas a inferência importante agora é que entidades pequenas são ejetadas dos núcleos das galáxias ativas e se desenvolvem em quasares e objetos aparentados com altos desvios para o vermelho.

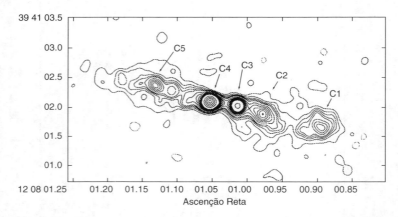

Fig. 2-16. Um radiomapa de alta resolução (5 Gigahertz) do núcleo de NGC4151 obtido por A. Pedlar e outros. Considera-se a condensação C4 como sendo a fonte central.

ESO416-G002

Na época em que os rumores estavam circulando sobre o par de Wolfgang Pietsch de fontes de raios X de lado a lado de NGC4258, a reação inevitável era:"Bem, isto é apenas uma curiosidade; não há quaisquer outros". Mas, além de todos os outros casos já descritos neste capítulo, ele havia observado em seus próprios programas várias outras galáxias Seyfert que pareceram ser tão devastadoras quanto esta.

Uma está apresentada aqui na Figura 2-17. Há apenas três fontes de raios X intensas no campo. A fonte no centro é uma Seyfert com z = 10.000 km/s e as outras duas, emparelhadas quase exatamente de lado a lado dela, estão centradas precisamente sobre objetos com aparência estelar. De algum modo, após mais de dois anos de esforços constantes, nunca foi possível obter seus espectros. Talvez isto fale mais eloqüentemente do que qualquer comentário adicional que pudesse ser feito. (Recentemente Pietsch, com colaboradores, confirmou o mais fraco do par como um quasar com aproximadamente z = 0,6 e o mais intenso como um objeto BL Lac.)

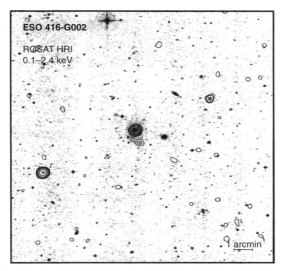

Fig. 2-17. A galáxia Seyfert ESO416-G002 tem um desvio para o vermelho aproximado de z = 0,03. As duas fontes de raios X alinhadas estão identificadas com objetos estelares azuis cujos espectros foram observados apenas recentemente. (Observações de Wolfgang Pietsch.)

Outros Exemplos

Agora que as galáxias Seyfert foram identificadas como fábricas de quasares, é fácil olhar para trás e reconhecer todas as outras Seyfert encontradas no passado como as origens de quasares associados. Entre os dois primeiros quasares que estavam associados com galáxias companheiras (ver *Quasars, Redshifts and Controversies*, págs. 22-23), o quasar no grupo NGC5689 veio a estar associado com a Seyfert Mark474 (ver Capítulo 1 deste livro) e o quasar no grupo NGC7171 veio a estar associado com uma Seyfert. Mark205 é tecnicamente uma Seyfert, embora seja chamado freqüentemente de quasar e PG1211+143 é chamada arbitrariamente um quasar, mas é muito similar a Mark205 (desvios para o vermelho de z = 0,070 e 0,085, respectivamente).

Há um quasar GC0248+430 que — se você está preparado para isto — é descrito na literatura como "possivelmente um quasar obtido com microlentes gravitacionais atrás de um braço de maré de uma galáxia em

90 ❂ O Universo Vermelho

processo de fusão." A galáxia mostrou-se ser uma Seyfert 3 e o quasar tem um desvio para o vermelho de z = 1,31. Muitas outras destas galáxias associadas com quasares podem muito bem vir a ser Seyferts quando as pessoas resolverem medi-las. Isto não quer dizer que apenas as Seyferts ejetem quasares. Alguns bons exemplos de galáxias "com surto de formação estelar" que dão origem a quasares são NGC520, M82 e NGC3067. Mas neste caso as galáxias com surto de formação estelar são muito aparentadas com as Seyferts e as classes podem evoluir muito rapidamente. Há também a probabilidade de que as erupções ocorram intermitentemente e após uma galáxia ter liberado alguns quasares pode tornar-se tranqüila.

Um exemplo de uma mina de ouro ainda não explorada é a galáxia com surto de formação estelar NGC7541. Descrita por Arp no artigo de 1968 do *Astrofyzika* como estando entre um par de radiofontes brilhantes, subseqüentemente encontrou-se quasares com z = 0,22, 0,62, 1,05 e 1,97 ao redor dela. Do levantamento do ROSAT, há um par de fontes de raios X de lado a lado dela e medições de rádio em níveis mais fracos mostram fontes de rádio adicionais agrupadas próximos ao seu redor. A galáxia principal tem um braço espiral reto, que parece uma ejeção e tem um espectro de absorção do tipo estelar jovem. Uma galáxia companheira próxima, NGC7537 parece ativa e pode bem ser uma Seyfert ou algum tipo aparentado. Este é o tipo de região que requer um programa de observação completo — o tipo de programa que costumava ser possível na era dos telescópios pequenos, mas é impensável na era dos grandes telescópios.

Resumo da Evidência Empírica

Apesar de um esforço deliberado em evitá-los, acumulou-se um grande número de casos de quasares inegavelmente associados com galáxias com desvios para o vermelho muito menores. Com base na discussão dos dois primeiros capítulos deste livro, a conclusão inevitável, colocada tão claramente quanto possível, é a seguinte:

É claro que, espectroscopicamente, um quasar se parece com uma pequena porção de um núcleo (tipo Seyfert) ativo. Isto apóia a conclusão, a partir de sua tendência de emparelhamento onipresente de lado a lado dos núcleos ativos, de que eles foram ejetados em direções opostas a partir deste ponto central, que mostra condições físicas similares. Como explicado na introdução, começando ao redor de 1948, tornou-se uma questão de forte crença que as galáxias ejetam em direções opostas material com emissão de rádio. Os quasares apresentam freqüentemente emissão de rádio assim como outros atributos de matéria num estado energético, como emissão de raios X e linhas de emissão óptica excitadas. *A única conclusão possível a partir desta evidência observacional é a de que os quasares são condensações energizadas de matéria que foram ejetadas recentemente dos núcleos de galáxias ativas.*

Contudo, veremos mais para frente que será necessário considerar o quasar como sendo feito de matéria criada mais recentemente para dar conta de seu desvio para o vermelho intrínseco mais alto.

Terminologia

É interessante relatar como surgiu a confusão atual entre algumas Seyferts e quasares. Quando as luminosidades dos quasares foram calculadas supondo que eles estavam em suas distâncias de desvio para o vermelho, aconteceu de haver uma continuidade com as galáxias neste parâmetro assim como em outras propriedades. Maarten Schmidt decidiu que $M_v = -23,0$ mag era um brilho suficiente para uma galáxia e que qualquer coisa mais brilhante do que isto devia ser chamada de um quasar. Naturalmente, acontece de os quasares serem, na verdade, *mais fracos* do que as galáxias e deviam ser classificados com base nos critérios empíricos de compacidade e excitação espectral.

Um outro exemplo da penalidade que as pessoas pagam por não usar definições operacionais é o termo "AGN" (*active galaxy nuclei* — núcleos ativos de galáxias). Uma vez, quando estava entrando num avião em Santiago indo de volta para Pasadena, encontrei Bruce Margon vindo em direção oposta para uma rodada de observação no Chile.

"Oh, Chip", entusiasmou-se, "acabei de decidir a nova terminologia para todos estes objetos: vamos chamá-los AGNs". Ele estava usando seu conhecimento teórico de que os quasares eram núcleos enormemente brilhantes de galáxias enormemente distantes.

92 ✪ O Universo Vermelho

"Absolutamente terrível", repliquei, "se você fizer isto vai destruir a classificação empírica".

Eventualmente, todo mundo passou a acreditar que os quasares tinham galáxias hospedeiras. John Hutchings, Susan Wyckoff, Peter Wehinger e outros encontraram galáxias hospedeiras. Supondo que os quasares estavam em suas distâncias de desvio para o vermelho, encontraram galáxias hospedeiras que eram muito grandes — e alguns exemplos em que eram muito pequenas. Tomando uma média, relataram que seus tamanhos eram bem corretos. Quando o Telescópio Espacial começou a tirar fotografias de alta resolução dos quasares, John Bahcall convocou uma conferência de imprensa para relatar que inúmeros deles não tinham quaisquer galáxias hospedeiras! *Quasares nus!!*

A comunidade ficou horrorizada. O que iria sustentar a enorme emissão luminosa dos quasares distantes se eles não tinham galáxias hospedeiras para lhes abastecer com combustível? Reuniões privadas aconteceram imediatamente e surgiu o rumor de que estava envolvida uma redução incorreta das imagens. O julgamento de morte! A ironia aqui é que Bahcall estava atuando como Gengis Khan, Tammerlane e Vlad, o Empalador sobre qualquer pessoa que duvidava da distância de desvio para o vermelho dos quasares. Bahcall então produziu alguns quasares com galáxias "hospedeiras" e todo mundo decidiu ocultar o assunto do público.

Não havia necessidade deste caos já que o primeiro quasar descoberto (3C48 por Matthews e Sandage, sendo que 3C273 foi apenas o primeiro a ter seu desvio para o vermelho determinado) tinha uma nebulosa indistinta ao redor dele, com cerca de 12 segundos de arco de extensão. Numa distância convencional correspondendo a seu desvio para o vermelho de $z = 0,367$, isto traduzia-se num diâmetro de 35 a 70 quiloparsecs, dependendo da escolha da constante de Hubble. Isto é maior do que as grandes galáxias sobre as quais mais conhecemos, *i.e.* M31 e M81. Mas foram observados muitos quasares com um $z = $ em torno de 0,3 que tinham brilho central 3 ou mais magnitudes mais fracas do que as 16,2 mag de 3C48. Observados com mais acuidade do que 1 segundo de arco, muitos não mostraram qualquer indistinção, de forma

---

6. Tradução adotada aqui do termo técnico *seeing*.

que qualquer galáxia hospedeira teria de ser anormalmente pequena. A Figura 2-18 mostra uma longa exposição de 3C48 — não com o Telescópio Espacial, mas com um telescópio com uma abertura relativamente pequena de 2,2 metros no Havaí e algum processamento de imagem. Ela mostra que o quasar se moveu completamente para fora da suposta galáxia hospedeira! Que maneira de abastecer com combustível um quasar! O que é pior, qualquer um que se preocupasse em olhar veria que uma grande envoltória de baixo brilho superficial está ao redor do par. A galáxia parece-se muito com uma anã próxima!

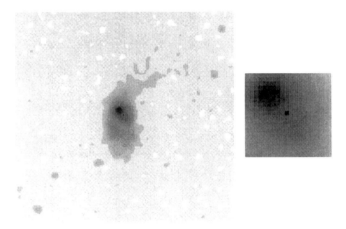

Fig. 2-18. O quasar próximo 3C48 como registrado em fotografias superpostas com o telescópio havaiano de 2,2 metros por Allan Stockton e outros. Observe o quasar movendo-se para fora do núcleo da "hospedeira" na ampliação à direita. Na fotografia à esquerda aparece uma superfície envoltória estendida de baixo brilho ao redor do sistema que parece uma galáxia anã.

Se os cientistas tivessem apenas prestado atenção nas palavras de Percy Bridgeman sobre a necessidade de usar escrupulosamente definições operacionais na ciência, seria agora natural descrever uma seqüência empírica do desenvolvimento do quasar, desde objetos inicialmente pontuais com magnitudes aparentes relativamente fracas, transformando-se em objetos compactos com desvio para o vermelho mais baixo com "indistinção" ao redor de seus perímetros, que seriam transformados, então, em galáxias pequenas de alto brilho superficial com mais material ao redor delas e, finalmente, em galáxias tranqüilas normais.

Tentando Parar a Debandada

Quando são conhecidos apenas os membros mais proeminentes das classes definidas operacionalmente, é usualmente mais fácil ver as relações globais entre eles. A Figura 2-19 mostra o diagrama de Hubble que publiquei em junho de 1968 (*Astrophysical Journal* 152, 1101). O diagrama mostrava que as galáxias compactas (transições morfológicas entre galáxias e quasares pontuais) tinham espectros ativos, tipo Seyfert, e formavam uma continuidade física óbvia entre as galáxias Seyfert e os quasares. Mas, como mostra a Figura 2-19, *esta classe de objetos viola claramente a relação de Hubble de magnitude aparente de desvio para o vermelho.*

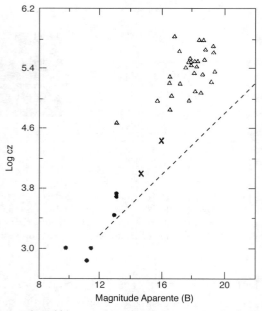

Fig. 2-19. O diagrama de Hubble para objetos com espectro tipo Seyfert publicado por Arp em 1968. Os círculos cheios representam galáxias Seyfert próximas, as cruzes representam galáxias compactas com espectros tipo Seyfert e os triângulos representam quasares conhecidos na época. Esta classe de objetos viola obviamente a linha tracejada de Hubble na qual objetos da mesma luminosidade têm de obedecer num universo em expansão.

Apesar disto, assume-se esta mesma relação de Hubble para calcular as luminosidades para estes objetos. As luminosidades são então utilizadas para reclassificá-los em base de uma propriedade teórica, que leva ao caos descrito acima. Em seguida ao artigo de junho, publiquei uma versão expandida em julho de 1968 (*Astrophysical Journal* 153, L33) no qual mostrei mais membros destas classes que também eram uniformes nas propriedades de cor e violavam mais notavelmente a inclinação da linha Hubble. Mas meu esforço desesperado nem mesmo freiou a pressa em expressar todas as quantidades medidas em termos de grandes distâncias num universo em expansão. A força irresistível tem continuado a ganhar importância até os dias de hoje.

3C48 como uma Chave para o Paradigma

Mostraremos no Capítulo 5 que 3C273 (o primeiro quasar a ter seu desvio para o vermelho medido e, na suposição de distância-desvio para o vermelho, intermitentemente o mais luminoso) é um membro importante do aglomerado de Virgem relativamente próximo. Mas o primeiro quasar descoberto foi 3C48 e dele podia-se deduzir corretamente que era uma fonte de rádio muito intensa e um objeto com magnitude aparente brilhante e parecendo estelar. Também podia-se supor que de todos os membros desta classe de objetos, estava entre os mais próximos de nós. Então, se os capítulos anteriores têm qualquer significado, esperaríamos ser identificável uma galáxia *muito* brilhante e com baixo desvio para o vermelho como sua progenitora a uma distância não muito grande dele no céu.

Ora, uma das galáxias mais brilhantes em nosso Grupo Local de galáxias é M33, uma companheira para a dominante M31. M33 é uma galáxia companheira com uma população estelar bem jovem, justamente o tipo de galáxia que primeiro se associa com quasares (ver *Quasars, Redshifts and Controversies*). O quasar 3C48 está afastado apenas de 2,5 graus — excepcionalmente próximo para tais objetos brilhantes! A Figura 2-20 mostra a configuração com um outro quasar brilhante na região. Se M33 fosse removida para a distância do aglomerado de Virgem, a separação angular de 3C48 e do quasar emparelhado seria de 7,1 e 12,9 minutos de arco da galáxia. Este é justamente o intervalo de separações que estávamos encontrando para os quasares no início deste capítulo, ao redor de galáxias que estavam na média a aproximadamente a mesma distância do centro do Superaglomerado Local.

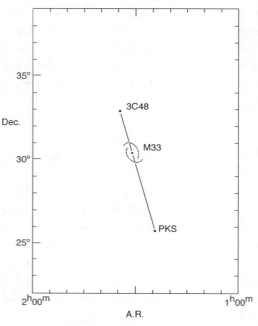

Fig. 2-20. Esta figura ilustra a proximidade do primeiro quasar descoberto, 3C48, da brilhante M33, companheira do grupo Local. Do outro lado de M33 está o quasar com alto desvio para o vermelho, excepcionalmente brilhante, PKS0 123+25 com V = 17,5 mag e z = 2,353 (ver texto).

E sobre o quasar do outro lado de 3C48? Seu desvio para o vermelho é de z = 2,353 e ele é uma intensa fonte de rádio com magnitude aparente muito brilhante V = 17,5 para um tão grande desvio para o vermelho. (Mais além, na região e nesta direção, vemos uma extensão de mais quasares com alto desvio para o vermelho, que aparentemente pertencem a M33, como apresentado em *Quasars, Redshifts and Controversies*, págs. 72-73). Mas também sabemos, pelo trabalho que acabamos de citar, que os quasares com altos desvios para o vermelho são menos luminosos do que os quasares com desvios para o vermelho menores. Isto apóia o resultado surpreendente de que os quasares com desvios para o vermelho até aproximadamente z = 1,5 podem ser vistos até a dis-

Galáxias Seyfert como Fábricas de Quasares ❂ 97

tância do aglomerado de Virgem, mas quasares com z maior do que cerca de 1,8 em geral não são vistos muito além dos limites do Grupo Local. Na verdade, o quasar PKS na Figura 2-20 é provavelmente uma ejeção secundária. O candidato para a ejeção contrária de 3C48 seria um BL Lac brilhante (15,7 mag, desvio para o vermelho não conhecido) a 1h 09m 24s e 22° 28' 44" (1950). Devido à evolução rápida dos quasares com altos desvios para o vermelho (z ao redor de 2 ou maior), esperaríamos que eles fossem vistos bem mais próximos de suas galáxias de origem. A última previsão é corroborada vigorosamente pelos sete quasares com alto z ao redor da galáxia Seyfert 1, 3C120, que parece ser a galáxia ativa mais próxima da nossa própria no Grupo Local. (Ver pág. 130 de *Quasars, Redshifts and Controversies*. Este livro também contem um capítulo sobre a distribuição no espaço de quasares com alto desvio para o vermelho (Capítulo 5), que mostra suas localizações no Grupo Local, com concentração maior a SO de M33 (parte inferior à direita na Figura 2-20).

De Volta ao Início

Por volta de 1951 eu estava escolhendo um tópico para a tese de doutorado. Havia sido cativado pelos relatos iniciais da descoberta de Karl Seyfert de galáxias com núcleos compactos brilhantes. Fiquei particularmente intrigado com o fato de que estes núcleos eram ricos em luz ultravioleta. Creio que percebi que aqui era onde havia alguma ação, algum mistério. Como tese propus fotografar estas galáxias na luz ultravioleta para ver que conexão tinha o núcleo com a galáxia e se havia quaisquer outros objetos ultravioletas ao redor.

Rudolf Minkowski, que era o braço direito de Walter Baade, disse que isto era uma tese terrível e que eu não ia produzir nada. Acabei medindo milhares de pequenos grupos de grãos de prata (imagens fotográficas de estrelas em aglomerados globulares) com o objetivo de calibrar indicadores de distância nos quais Baade estava vitalmente interessado. Vinte anos depois, eu estava encontrando quasares ao redor de galáxias ativas ao fotografá-las na luz azul e ultravioleta e obtendo espectros daqueles candidatos com excesso ultravioleta. Ocasionalmente pensava naquelas noites. Se tivesse feito aquela tese, talvez tivesse descoberto quasares dez anos antes de eles terem sido descobertos com posições de rádio. Que diferença isto teria feito no curso da cosmologia? Então, novamente, talvez eu não tivesse descoberto — e não teria tido a oportunidade mais tarde.

Embora o trabalho de tese dos aglomerados globulares ajudasse a levar a estimativas da idade das estrelas mais velhas, e, portanto, para a idade de nossa galáxia, Baade estava duvidoso da minha confiabilidade e não me recomendou para uma posição no corpo docente. Foi Allan Sandage que pressionou com sucesso a minha indicação, pois pensou que eu seria de grande ajuda na determinação do Santo Graal da escala de distância que era a pedra fundamental da cosmologia. Mas quando comecei a ter opiniões independentes sobre os tipos de população estelar, opiniões estas que se mostraram muito competitivas para Allan, ele quis livrar-se de mim. Quando isto não aconteceu, recusou-se a falar comigo por dez anos. Mais tarde começou a sentir-se sozinho e nos tornamos por um tempo confidentes próximos. Um dia sentou-se na minha sala e disse, "Chip, você é a única pessoa com quem posso falar". Bem a situação também melhorou e piorou bastante após isto. Mas, no final, independente de tudo o mais, sinto-me próximo a ele — uma pessoa que você tem estado ao lado durante uma guerra dura. Isto transcende as discussões, e mesmo os lados opostos, mesmo porque ninguém além de nós compreende bem a situação.

3. Desvios para o Vermelho em Excesso do Começo ao Fim por Toda a Parte

Conta-se uma história de um cosmólogo que dava uma palestra pública. Após a apresentação, uma senhora levantou-se e disse: "O universo real apóia-se nas costas de uma tartaruga." Ele replicou rapidamente: "Bem, em que a tartaruga está se apoiando?". "Jovem," respondeu a senhora, "há tartarugas por todo o canto daí para baixo".

Para os astrônomos que estão querendo considerar os quasares muito mais próximos do que indicam suas distâncias de desvio para o vermelho, há um grande obstáculo. Esta obstrução é a certeza incutida de que as galáxias "normais" só podem ter desvios para o vermelho devido à velocidade. Quando se chega nos desvios para o vermelho intrínsecos nas galáxias, a maioria dos astrônomos consideraria isto como "tartarugas por todo o canto".

Contudo, já vimos sinais de que os quasares não são os únicos objetos no universo que têm desvios para o vermelho intrínsecos. Isto quase tem de ser a regra apenas por considerações de continuidade. Há uma progressão contínua óbvia de características empíricas desde quasares não resolvidos com alto desvio para o vermelho, passando por objetos compactos com desvio para o vermelho menores até finalmente as galáxias normais. Podemos argumentar que isto é simplesmente evolução na idade, pois os objetos compactos têm de ser jovens — tanto por sua tendência a expandir devido à pressão da energia concentrada, quanto pelo fato de a alta energia tender a decair a não ser quando alimenta-

100 ✪ O Universo Vermelho

da fortemente com combustível. Apesar disto, fui levado de fato a procurar desvios para o vermelho intrínsecos em companheiras das galáxias grandes por uma série de resultados empíricos.

Galáxias Companheiras

O *Atlas de Galáxias Peculiares* continha uma classe muito interessante de galáxias, chamada de espirais, com companheiras (galáxias menores) nas extremidades dos braços. Como elas chegaram lá? Certamente não por colisão acidental nem pelo início de um processo de fusão, razão que tem sido utilizada conforme a moda para "explicar" tudo no reino extragaláctico. (Li de fato uma vez no *Astrophysical Journal* que galáxias duplas são galáxias em processo de fusão e galáxias isoladas são galáxias que já se fundiram.) Eu havia argumentado que, como as galáxias caracteristicamente ejetam material que eventualmente forma novas galáxias, se a ejeção acontecesse no plano galáctico, então ela iria arrancar material na forma de um braço espiral ligado à companheira. A Figura 3-1 aqui é a número 49 em meu *Atlas de Galáxias Peculiares* e sugere bem claramente o que está acontecendo.

A fim de saber se isto era ou não verdade, decidi examinar os desvios para o vermelho das companheiras para ver se, por acaso, eles eram sistematicamente maiores do que os das galáxias maiores. Eles o eram. Isto deu início a uma outra longa batalha que levou finalmente a uma prova quantitativa da dependência do desvio para o vermelho com a idade.

Os indícios começaram no Grupo Local de galáxias centrado em nossa gigante Sb espiral M31, conhecida historicamente como "A Nebulosa de Andrômeda". M31 é a galáxia com maior massa em nosso grupo e é classificada como Sb devido a seu amplo bojo central de estrelas vermelhas velhas. Toda companheira principal (por inferência, incluindo nossa própria galáxia, a Via Láctea) apresenta um desvio positivo para o vermelho, como vista a partir de M31. O próximo grupo maior, mais próximo de nós, o grupo M81, está centrado no mesmo tipo de galáxia Sb com grande massa e, novamente, toda companheira principal está desviado para o vermelho em relação a ela!

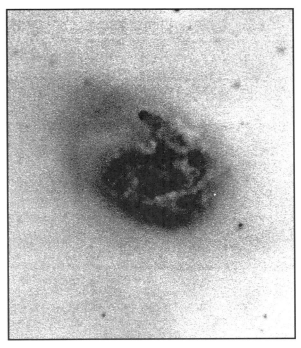

Fig. 3-1. O número 49 no *Atlas de Galáxias Peculiares* mostra um objeto compacto deixando um rastro de material atrás dele à medida que atravessa o disco da galáxia.

Por volta de 1987 havia uma dúzia de investigações diferentes, e todas elas mostravam galáxias companheiras que eram sistematicamente desviadas para o vermelho (ver Tabela 7-1 de *Quasars, Redshifts and Controversies*). Em 1992, havia na literatura publicada 18 referências diferentes de estudos que mostraram este efeito. Apesar de tudo isto, apareceu então um artigo no *Astrophysical Journal* que interpretava os desvios para o vermelho das companheiras como velocidades para calcular massas das galáxias de origem — e nem sequer citava os 18 artigos que mostravam que a suposição de velocidade era insustentável. Fiquei encolerizado com isto e, após uma longa batalha, consegui publicar um artigo resposta no mesmo periódico (*Astrophysical Journal* 430, 74, 1994). A Figura 3-2 apresentada aqui é parte deste artigo.

Um desenvolvimento interessante ocorreu ao se encontrar um novo membro do Grupo Local, IC342. Esta espiral pequena estava a baixa latitude galáctica (Figura 3-3) e se obtivera só recentemente uma absorção e distância precisas. Ela tornou-se um membro do Grupo Local a uma distância aproximada de 1,2 Mpc de nós do outro lado de M31. Com um desvio para o vermelho de + 289 km/s com relação a M31, ela tinha o maior desvio para o vermelho em excesso. (Na verdade, este desvio para o vermelho era muito próximo de quatro vezes a quantização básica dos desvios para o vermelho de 72,4 km/s, um assunto que será discutido mais para frente.) Esta descoberta elevou a contagem a 22 afora as 22 principais companheiras, todas tinham desvios para o vermelho mais altos do que a galáxia dominante, nos dois grupos mais próximos e mais bem conhecidos. *A probabilidade deste arranjo de galáxias orbitando aleatoriamente ao redor de suas galáxias centrais com números iguais de velocidades de aproximação e de afastamento era de apenas um em 4 milhões!*

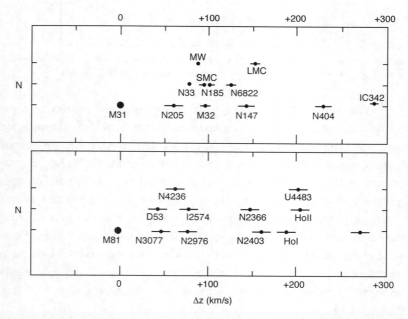

Fig. 3-2. O Grupo Local (M31) e o próximo grupo maior mais próximo (M81). As galáxias companheiras menores têm todas um desvio para o vermelho maior; esta distribuição que tem apenas uma chance em 4 milhões de ser acidental.

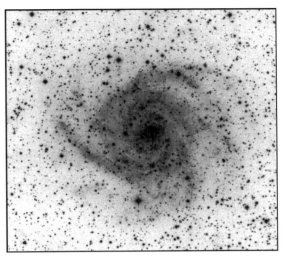

Fig. 3-3. Uma espiral com grande diâmetro aparente vista próxima ao plano da Via Láctea. IC342 é o membro mais novo e mais distante do Grupo Local.

Principais Aglomerados de Galáxias

Se as galáxias companheiras nos grupos têm sistematicamente desvios para o vermelho maiores, o que dizer das galáxias (menos luminosas) companheiras nos aglomerados? Pode-se argumentar logicamente que grandes aglomerados, como o Superaglomerado Local, foram originados de muitos grupos menores como os grupos M31 e M81. De fato, é verdade que se olhamos no aglomerado de Virgem (*i.e.* o centro do Superaglomerado Local), encontramos todos os tipos morfológicos usuais de galáxias. E as galáxias menores estão desviadas sistematicamente para o vermelho com relação as maiores!

Pode-se ver este efeito de duas formas. Primeiro pode-se calcular o desvio para o vermelho médio das galáxias do aglomerado de Virgem relacionando o desvio para o vermelho de cada galáxia com o brilho da galáxia. Se a luminosidade é proporcional à massa, obtemos então o desvio para o vermelho da massa média do aglomerado, a única quantidade significativa do ponto de vista dinâmico. Este cálculo fornece um desvio para o vermelho médio para o aglomerado de Virgem de + 863 km/s. Agora o valor calculado, assumindo que todas as galáxias têm a mesma

104 ✪ O Universo Vermelho

massa, está entre 1.000 e 1.200 km/s. *Qual o motivo desta diferença marcante? É simplesmente porque as galáxias menores têm sistematicamente desvios para o vermelho mais alto.*

A segunda forma de ver este efeito é observar que as galáxias de tipo tardio (espirais e espirais jovens) são desviadas sistematicamente para o vermelho nos aglomerados. Como as espirais são geralmente menos luminosas do que as gigantes E, e, além disto, como suas razões de massa para luminosidade são menores, isso mostra de uma forma diferente que galáxias companheiras (de massas menores) nos aglomerados são sistematicamente desviadas para o vermelho.

O Desvio para o Vermelho do Aglomerado de Virgem e a Constante de Hubble

Algumas vezes penso que a astronomia não é tanto uma ciência, mas uma série de escândalos. Um dos mais notórios é o cálculo do valor da constante de Hubble a partir do aglomerado de Virgem. Têm havido inumeráveis manchetes sobre novas determinações de distância ao aglomerado nas décadas passadas e mais recentemente a partir de matérias liberadas para jornal ligadas ao Telescópio Espacial. O debate oscila entre a escala de distância "longa" (um pouco mais do que 20 megaparsecs) e a distância "curta" (ao redor de 16–17 Mpc). A distância mais longa é usada pelos proponentes de $H_0 = 50$ km/s/Mpc. A distância mais curta é usada pelos proponentes de H_0 ao redor de 80, o último valor tendo a conseqüência drástica de que o universo é então mais jovem do que as estrelas mais velhas que ele contém. (A não ser que tragamos de volta a constante cosmológica *etc. etc.*)

Embora ambos os lados utilizem médias de desvio para o vermelho diferentes para Virgem (aquelas que favoreçem seu lado preferido: ver *Astronomy and Astrophysics* 202, 70, 1988), nenhum deles presta qualquer atenção ao fato de que ambos cometem um erro elementar ao calcular esta média. Na física, aprendemos a calcular o centro de massa de um conjunto de partículas ponderando cada partícula. Como podemos calcular o desvio para o vermelho médio do centro de massa de um aglomerado de galáxias sem ponderar a massa das galáxias? Naturalmente, os astrônomos insistem em supor que as galáxias de baixa massa e de alta massa têm o mesmo desvio para o vermelho médio. Se isto fosse assim, eles iriam obter sua resposta usual e não deveriam ter objeções em tornar o cálculo mais rigoroso. De fato, se eles definissem o centro dinâmico como as galáxias mais luminosas e com maior massa (o que não deve desviar do resto do aglomerado), eles não seriam capazes de mudar o desvio para o vermelho médio do aglomerado adicionando ou não galáxias desprezivelmente pequenas em relação as quais há uma discordância óbvia se são ou não membros dele.

Um outro "ajuste" que empurra a constante de Hubble calculada para valores mais altos é a noção de que a massa do aglomerado de Virgem atrai nosso próprio Grupo Local. Sua conseqüente "velocidade de queda" tem, então, de ser adicionada para obter a velocidade de recessão cósmica verdadeira do aglomerado de Virgem. A "velocidade de queda" é o suposto resultado da atração gravitacional do aglomerado de Virgem sobre o Grupo Local. Mas se as massas das galáxias foram geralmente superestimadas, ou se as velocidades peculiares entre os grupos são muito pequenas — serão defendidos mais tarde ambos os casos —, então este ajuste não pode ser usado para aumentar a constante de Hubble, como é feito no cálculo convencional. Além do mais, se as galáxias no lado mais próximo do aglomerado de Virgem estivessem caindo em direção ao centro, então as galáxias mais brilhantes teriam os desvios para o vermelho mais positivos. Na verdade o oposto é verdadeiro. Portanto, o desvio para o vermelho sistemático de 1.400 km/s utilizado nos cálculos da constante de Hubble muito propagandeados está muito longe dos 863 km/s medidos de fato. (Na verdade, 863 km/s é uma avaliação excessiva já que deveriam ser utilizadas luminosidades medidas em comprimentos de onda vermelhos e também as espirais deviam pesar menos.)

Galáxias Espirais de Tipo Tardio como Companheiras Mais Jovens

Desde o início, observamos o desvio para o vermelho em excesso das companheiras ao redor das galáxias centrais com muita massa e que têm grandes componentes de estrelas velhas. A implicação era a de que

106 ✪ O Universo Vermelho

estas estrelas velhas haviam estado lá desde o início do grupo e que companheiras mais jovens, muito menores, haviam sido ejetadas intermitentemente com a passagem do tempo. Estas galáxias centrais tinham tipos morfológicos principalmente de Sa, Sb e gigante E. As companheiras menores variavam entre os tipos morfológicos restantes, mas se destacavam anãs Es (mostrando indicações espectroscópicas de uma mistura de uma população de estrelas mais jovem do que nas gigantes Es) e espirais de tipo tardio (SBbc, Sc, Sd e Im). Os últimos tipos são marcados pelos números notáveis de estrelas jovens brilhantes. Estas espirais de tipo tardio resultaram em ter massas baixas a partir de suas características de rotação e baixas razões de massa para luminosidade, indicativas de estrelas de formação relativamente recente. Empiricamente os bojos nucleares menores e as estruturas espirais abertas das espirais de tipo tardio marcaram-nas como galáxias tipo "companheiras" mais jovens e de massa menor.

Um tipo especial de espiral supostamente com alta luminosidade, designada ScI, será discutido mais tarde como sendo, na verdade, de baixa luminosidade por causa de um excesso de desvio para o vermelho devido à sua idade mais jovem. Mas, para o propósito aqui de investigar o comportamento do desvio para o vermelho das companheiras nos principais aglomerados de galáxias, será útil identificar as companheiras por suas classificações morfológicas como espirais de tipo tardio.

Espirais de Tipo Tardio nos Principais Aglomerados de Galáxias

A Figura 3-4 mostra o desvio para o vermelho em excesso das companheiras como função de seus tipos morfológicos nos dois grupos mais próximos, M31 e M81. As espirais de tipo mais tardio têm clara e sistematicamente desvios para o vermelho mais altos. A Figura 3-5 mostra o mesmo diagrama para todo o aglomerado de Virgem, sendo evidente o mesmo padrão. Isto nos permite checar outros aglomerados principais, como apontado nas Figuras 3-6 e 3-7. O resultado final é que as espirais mais jovens nos grupos mais próximos, assim como nos 4 ou 5 principais aglomerados de galáxias, *todas* mostram sistemáticos desvios para o vermelho positivos. Parece não haver escapatória deste resultado.

Desvios para o Vermelho em Excesso do Começo ao Fim por toda a Parte ⊙ 107

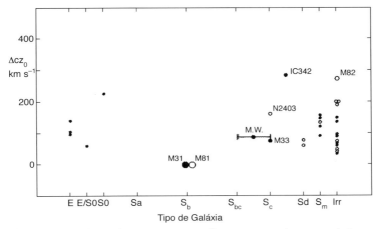

Fig. 3-4. São apresentados os desvios para o vermelho em excesso das companheiras como função de seus tipos morfológicos.

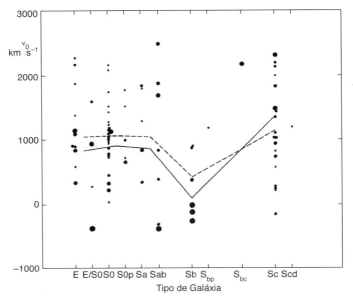

Fig. 3-5. Desvios para o vermelho das galáxias no aglomerado de Virgem como função do tipo morfológico. A linha cheia é a luminosidade média ponderada e a linha tracejada o número médio. Os tamanhos dos símbolos são proporcionais às magnitudes aparentes. Observe que, como nos grupos próximos, as galáxias ao redor do tipo Sb são as com desvio para o vermelho mais baixo e tendem a estar entre as mais brilhantes.

108 ◯ O Universo Vermelho

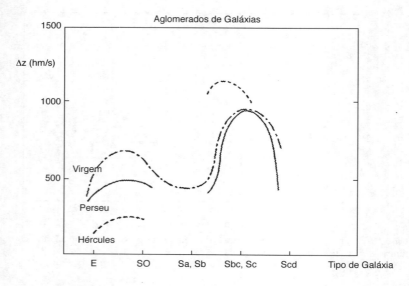

Fig. 3-6. Resumo das relações desvio para o vermelho — tipo de galáxia para os principais aglomerados de galáxias obtido por Giraud (1983).

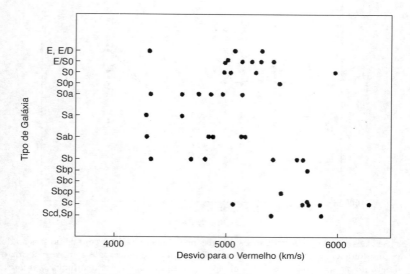

Fig. 3-7. Um gráfico do desvio para o vermelho versus tipo de galáxia mais brilhante do que a 15ª magnitude no aglomerado Abell 262 (de Tifft e Cocke 1987).

De Volta ao Aglomerado de Virgem

O que é realmente mais claro nas Figuras 3-4 e 3-5 é o desvio para o vermelho mínimo exibido pelas Sbs mais brilhantes. No aglomerado de Virgem, as galáxias deste tipo morfológico têm desvio para o vermelho predominantemente baixo ou mesmo *negativo*. Poderíamos obter um desvio para o vermelho muito baixo para o aglomerado se as aceitássemos como galáxias dominantes no aglomerado.

As SOs (uma espécie de galáxias de disco sem estrelas jovens brilhantes), que são o tipo de galáxia mais numerosa no aglomerado, mostram, na verdade, um gradiente contínuo de desvio para o vermelho desde as mais brilhantes até as mais fracas. A Figura 3-8 apresenta a relação magnitude aparente versus desvio para o vermelho para elas. Novamente poderíamos escolher o desvio que quiséssemos para o vermelho para o aglomerado de Virgem, dependendo da magnitude aparente da SO que escolhermos ser a representativa da massa média. *Convencionalmente, se assume que as SOs definem uma linha horizontal na Figura 3-8!* Tendo em vista esta incerteza, o melhor procedimento seria fazer uma integração ponderada da luminosidade das galáxias no aglomerado e esperar que esta média se aproxime da idade de nossa própria galáxia Via Láctea, de tal forma que não haja desvio para o vermelho diferencial induzido por idade.

É encorajador observar que o valor + 863 km/s calculado desta forma é muito próximo do valor obtido para a galáxia maior, mais brilhante e aparentemente mais velha no centro geométrico do aglomerado de Virgem, M49 (também conhecido como NGC4472). Esta parece ser a melhor aposta de que é a galáxia atualmente dominante e tem um desvio para o vermelho de + 822 km/s. Considerando-se a escala curta de distância para o aglomerado de Virgem de 16–17 Mpc (na minha opinião a mais correta) obtemos uma constante de Hubble, H_0, próxima de 50 km/s/Mpc. Veremos no Capítulo 9 que este valor se ajusta quantitativamente com um universo que não está se expandindo no qual o desvio para o vermelho é uma medida da idade da galáxia.

E sobre os desvios para o vermelho negativos em Virgem (*i.e.* desvios para o azul)? As pessoas sempre perguntam: Se os desvios para o vermelho intrínsecos são uma função da idade, pode haver desvios para o vermelho negativos. A resposta é: Sim, é necessário se a galáxia é mais velha do que somos, na forma como a vemos. Além do Grupo Local onde M31 é a progenitora e a vemos como desviada para o vermelho negativamente por — 86 km/s, há apenas seis galáxias principais com desvio para o vermelho negativo no céu. Todas as seis estão no aglomerado de Virgem e são obviamente seus membros. Elas são principalmente as grandes Sas e Sbs que já aprendemos a associar com as galáxias dominantes originalmente. Portanto, é provável que sejam um pouco mais velhas do que qualquer uma das galáxias em nosso Grupo Local e podem representar as galáxias originais em Virgem. É até mesmo possível que nosso grupo Local tenha se originado delas. [É tocante especular que, ao olhar a galáxia de Andrômeda, estejamos olhando para nossa mãe. Talvez em Virgem possamos fitar nossos avós.]

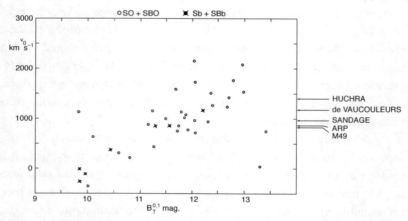

Fig. 3-8. Diagrama desvio para o vermelho versus magnitude aparente para todas as galáxias S0 (círculos vazios) e Sb (círculos cheios), que são os membros mais certos do aglomerado de Virgem. O desvio para o vermelho médio para o aglomerado obtido por vários autores está indicado na ordenada vertical. O valor de Huchra inclui uma velocidade de queda.

Mais tarde, discutiremos agregados de numerosas manchas fracas que são chamados de aglomerados de galáxias distantes, ressalvando, no entanto que eles são geralmente diferentes dos grandes aglomerados de galáxias como a nossa própria galáxia.

Confusão nos Diagramas Celestes

Uma enorme quantidade de tempo dos telescópios modernos e de pessoas é utilizado para medir desvios para o vermelho de fracas manchas no céu. Isto é chamado de "sondar o universo". De fato, é gasto tanto tempo, que não há algum tempo disponível para investigar muitos objetos cruciais que refutam a suposição segundo a qual o desvio para o vermelho mede distância. Ainda assim, algo deve ser feito com os desvios para o vermelho, depois de medidos. Mas, o que se faz é, numa área selecionada de céu, disponibilizar todas as medidas num gráfico como função de seus desvios para o vermelho.

Como exemplo, o gráfico na Figura 3-9 mostra o aspecto bem conhecido do aglomerado de Virgem. Que choque! Há um grande "Dedo de Deus" apontando diretamente para nós, o observador. Naturalmente, isto é explicado, de imediato como devido a altas velocidades orbitais para as galáxias no centro do aglomerado, o que invalida seu uso como critério de distância. Mas não é apenas o centro do aglomerado que mostra estas velocidades "peculiares", todo o aglomerado está na mesma situação. Além disto — e este é o ponto notável —, as galáxias mais brilhantes estão de preferencia nos menores desvios para o vermelho. Isto é mostrado com toda a evidência na Figura 3-10, onde os desvios para o vermelho negativos em Virgem podem ser representados graficamente. As galáxias mais fracas e as espirais de tipo tardio distribuem-se de modo assimetrico com desvios para o vermelho muito maiores. *Se tivesse sido tomada a precaução elementar de representar graficamente estes pontos proporcionalmente a seu brilho, teria ficado óbvio que as galáxias mais fracas tinham desvios para o vermelho intrínsecos.*

Uma outra característica óbvia da Figura 3-9 é que a cauda de maior desvio para o vermelho segue numa direção diferente do centro do aglomerado de Virgem. Isto não pode ser devido à dispersão de velocidade no centro do aglomerado. Estas têm de ser galáxias menores numa parte algo diferente do aglomerado, mas com uma continuidade de desvio para o vermelho crescente. Esta característica, por si só, é uma refutação da hipótese do desvio para o vermelho ser igual a velocidade.

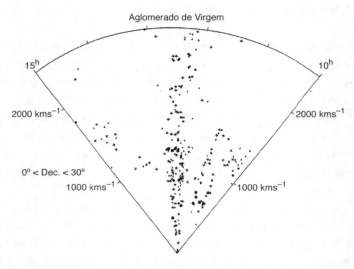

Fig. 3-9. Um diagrama em forma de pizza para todas as galáxias listadas como membros do aglomerado de Virgem no Catálogo Shapley Ames Revisto, obtido por Sandage e Tammann, representado graficamente como função de seus desvios para o vermelho. As cruzes são espirais e tipos mais tardios, o sinal de mais indica os tipos restantes. O tamanho dos símbolos diminui com a redução do brilho aparente.

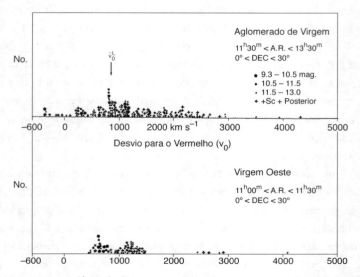

Fig. 3-10. As mesmas galáxias do diagrama anterior, mas agora representadas graficamente em função da distribuição dos desvios para o vermelho que permite incluir desvios para o vermelho negativos. A luminosidade ponderada média está indicada por uma flecha.

Apesar disto, uma região após outra do céu aparecem em artigos de periódicos e em palestras públicas que apresentam os Dedos de Deus como dispersões de velocidades e mostram como o universo é feito de bolhas e vazios. Quando as pessoas questionam ocasionalmente esta orgia de universos de queijo suíço, a resposta é sempre a mesma: qualquer pessoa que não acredita nos desvios para o vermelho como medidas de distâncias é denominada de um "artefato psicocerâmico."

Fazendo Bolhas e Cavando Vazios

Considerando o que se sabe sobre um grupo ou aglomerado de galáxias, veremos por um momento como sua representação num diagrama de pizza distorce o panorama. A Figura 3-11 mostra no centro as grandes galáxias com baixo desvio para o vermelho, com as galáxias menores desviadas para o vermelho intrinsecamente distribuídas ao redor delas. Tão logo as representamos graficamente com o desvio para o vermelho como um indicador de distância, as galáxias grandes com baixo desvio para o vermelho saem do centro, deixando um anel ou uma bolha.

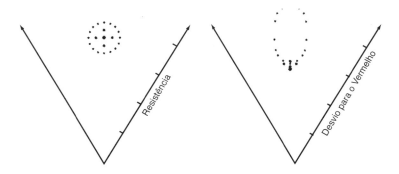

Fig. 3-11. Ilustração do que acontece quando consideramos um aglomerado esférico de galáxias com as galáxias mais brilhantes com menor desvio para o vermelho no centro. Em seguida representamos esse aglomerado graficamente num diagrama de pizza, assumindo que o desvio para o vermelho é uma medida da distância.

Há muitas maneiras de discutir acerca da figura acima. Se as galáxias mais fracas têm órbitas de queda, isto alongaria o anel através da linha

114 ✿ O Universo Vermelho

de visão. Se há uma componente de órbita rotacional, isto engrossaria o anel em direção as bordas. Uma dispersão aproximada de velocidade misturada é reprersentada no quadro do lado direito da Figura 3-11. Naturalmente, tudo isto parte do pressuposto usual de que o aglomerado ou grupo está em equilíbrio. Poderíamos encontrar uma variedade de formas se os grupos de galáxias mais jovens estivessem movendo-se para fora da galáxia central.

Como sabemos agora que as galáxias centrais, maiores, têm os menores desvios para o vermelho intrínsecos, será necessário voltar e corrigir cuidadosamente as distribuições de galáxias inferidas em diferentes direções no céu.

Evidência Adicional de Desvios para o Vermelho em Excesso das Galáxias Companheiras

Um pouco depois da publicação de meu artigo de 1994 sobre o tema das companheiras descrito anteriormente, eu estava observando a estante de periódicos da biblioteca quando um artigo sobre "Arp105" chamou minha atenção. Curioso, folheei-o e rapidamente averigüei que, assim como com muitos outros objetos de meu *Atlas de Galáxias Peculiares* que eram exemplos primários de ejeção, este também estava sendo apresentado como um exemplo de colisão e fusão. Como comprovam a Figura 3-12 e a apresentação a cores na gravura 3-12, esta era uma interpretação particularmente imprópria, já que era um dos melhores exemplos de Ambarzumian de protogaláxias sendo ejetadas, tipo jato, de uma galáxia elíptica ativa. Exatamente oposta a esta consideração estava o jato contrário, uma projeção reta magnífica atravessando uma espiral partida. Fritz Zwicky, após olhar seus espectros dos nódulos no jato, observou que estas eram as únicas galáxias que conhecia que não eram resolvidas com o telescópio de 200 polegadas. Allan Stockton havia descoberto um quasar com desvio para o vermelho de $z = 2,2$ tão próximo a esta galáxia ejetora que a chance de uma ocorrência acidental era menor do que uma em mil.

Já estava na hora de retornar o artigo para a prateleira com irritação quando notei que os autores haviam medido os desvios para o ver-

Desvios para o Vermelho em Excesso do Começo ao Fim por toda a Parte ❸ 115

melho da maioria das companheiras. O que haviam negligenciado e que saltava para fora da página, era que todas elas estavam desviadas positivamente para o vermelho com relação à galáxia dominante. Como os autores afirmavam que estas companheiras estavam colidindo com o que chamaram de uma "gigante E", não havia dúvida de que eles acreditavam que as galáxias que haviam medido eram companheiras legítimas na mesma distância que Arp105. Não interessava se estavam orbitando na galáxia central, caindo nela, ou sendo ejetadas para fora – deveríamos esperar aproximadamente o mesmo número de velocidades relativamente positivas e negativas na média. Como revela a Figura 3-13, todas as nove com menores desvios para o vermelho (na verdade dez se fôssemos incluir aquela com desvio para o vermelho relativo de + 1.100 km/s) têm um desvio para o vermelho maior do que o da galáxia central. Tínhamos aqui um outro caso, como os grupos Local e de M81, onde os desvios para o vermelho em excesso intrínsecos das companheiras haviam ultrapassado a faixa pequena de mais ou menos a dispersão de velocidades.

Um dos motivos pelos quais esta constituia uma confirmação particularmente satisfatória era que ela era um tipo de galáxia central um pouco diferente, pega no ato da ejeção. Tinha um desvio para o vermelho médio muito mais alto do que o dos grupos mais locais que haviam sido testados. Além disto, havia um número invulgarmente grande de companheiras.

Enquanto estava escrevendo este resultado para comunicação, um artigo que ainda não havia sido publicado passou pela minha mesa. Uma nova investigação do aglomerado de Hércules havia mostrado que em toda subseção do aglomerado, as espirais de tipo tardio (companheiras) tinham conspicuamente desvios para o vermelho mais altos do que as galáxias de tipo recente no mesmo setor. Isto era impressionante já que era uma confirmação *circunstanciada* dos resultados para companheiras em aglomerados.

Por fim, simultaneamente com isto, um estudante na Holanda mandou-me um dos achados secundários na sua tese. Enquanto estava investigando galáxias no vazio de Bootes, descobriria que 78% das companheiras ao redor de suas galáxias tinham desvios para o vermelho positivos em relação à galáxia dominante. A Figura 3-14 mostra esta confirmação muito forte numa ampla amostra de galáxias.

116 ◎ O Universo Vermelho

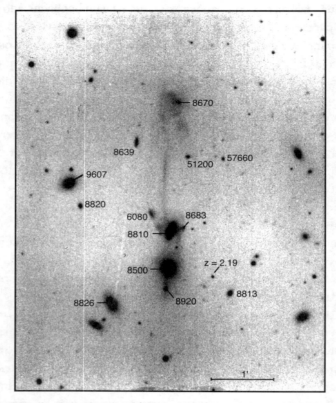

Fig. 3-12. Fotografia de Arp105 (NGC3561B). Um nódulo de Ambarzumian é visto ejetado bem para o Sul desta elíptica ativa e uma ejeção oposta na direção Norte parece estar furando a espiral perturbada. Estão indicados os desvios para o vermelho das galáxias medidos por Duc e Mirabel e o desvio para o vermelho de $z = 2,19$ do quasar descoberto por Alan Stockton.

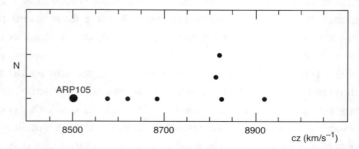

Fig. 3-13. Distribuição dos desvios para o vermelho das galáxias companheiras ao redor da "elíptica com grande massa" Arp105, medidos por Duc e Mirabel.

Desvios para o Vermelho em Excesso do Começo ao Fim por toda a Parte 117

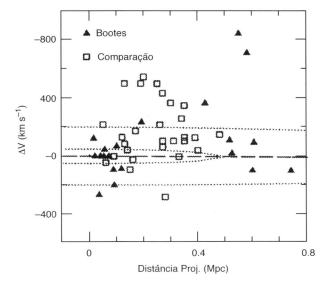

Fig. 3-14. Desvio para o vermelho em excesso para as companheiras numa amostra de galáxias no vazio de Bootes e campos de comparação, medidos por Arpad Smozuru. Estão representados graficamente como função da distância a partir da galáxia central.

Tentando Publicar Resultados Adicionais

Todos estes resultados juntos pareciam me oferecer uma prova decisiva dos desvios para o vermelho em excesso nas companheiras. Mas o autor que utilizou os desvios para o vermelho das companheiras como velocidades, sem citar a evidência contrária, escreveu uma carta irada para o editor reclamando que eu havia sido rude na maneira de apontar o fato. Dois outros astrônomos publicaram um artigo de refutação afirmando que órbitas complexas podiam explicar a preponderância dos desvios para o vermelho positivos das companheiras! Quando o artigo "Further Evidence" — (Evidência Adicional) foi para o árbitro, ele sugeriu que as galáxias interatuantes ao redor de Arp105 pertenciam a uma outra galáxia fora da área fotografada. Havia indícios de que o estudante que encontrou os desvios para o vermelho das companheiras em excesso em sua tese estaria em grande apuro. Após segurar o artigo por três meses, um árbitro mandou uma cópia de um livro de 1902 sobre mecâ-

118 ● O Universo Vermelho

nica celeste mais um gráfico mostrando a lua orbitando ao redor de seu baricentro. Um outro árbitro disse que um estudo de fracos aglomerados de galáxias mostrava que as galáxias maiores tinham o mesmo desvio para o vermelho que seus aglomerados. Quando analisei estes dados, apareceu o mesmo resultado — as galáxias mais brilhantes tinham um desvio para o vermelho menor em — de 355 km/s. O árbitro respondeu ao editor: "Talvez o autor não tenha entendido que rejeitei o artigo"! O editor o rejeitou.

Numa conferência, um destes árbitros deu uma palestra bem surpreendente (para as crenças convencionais) de como não se pode confiar na análise de Fourier e mencionou que a ergodicidade não assegurava que a média do conjunto era igual à média temporal! Disse que estava ansioso por mais dados sobre este assunto importante das companheiras!! Mas após *quatro anos*, esta evidência adicional não foi publicada num periódico importante. O único resultado é uma pilha de cartas insultantes dos árbitros e editores.

Apesar disto uma coisa foi alcançada. Compreendo agora o que deve ser chamado de estatística do niilismo. Ela pode ser resumida a um axioma muito simples: "Não interessa quantas vezes alguma coisa nova foi observada, ela não pode ser confiável até que tenha sido observada novamente". Também reduzi minha atitude em relação a esta forma de estatística a um axioma: "Não interessa quão ruim seja a coisa que você diz sobre isto, não é ruim o suficiente".

Grupos Compactos de Galáxias

O primeiro grupo compacto foi descoberto com o telescópio Marseille em 1877 por M. E. Stephens. Em 1961, Margaret Burbidge e Geoffrey Burbidge mediram os desvios para o vermelho das cinco galáxias e mostraram que eles eram de 800, 5.700 e três de 6.700 km/s (ver Figura 3-19). Acontece que as galáxias de 5.700 e 6.700 estavam entrelaçadas. Se os desvios para o vermelho fossem interpretados como velocidade, isto significaria que elas estariam se separando a 1.000 km/s. Mesmo em termos convencionais, as galáxias não se movem tão rapidamente. Mesmo se o fizessem, a chance de pegá-las exatamente no momento da colisão seria muito pequena. E, naturalmente, o gás não iria manter duas velocidades diferentes. A partir daquela época devia ter ficado claro que estávamos lidando com desvios para o vermelho que não eram devidos à velocidade. Mas como você podia supor, o quadro tornou-se cada vez mais confuso com fusões, matéria escura e lentes gravitacionais, enquanto quaisquer desvios para o vermelho que não se ajustam a uma teoria são atribuídos à parte da frente ou à parte de trás dos grupos. Há qualquer coisa nova? Bem, um avanço observacional foi feito por Paul Hickson, que catalogou, fotografou e mediu os desvios para o vermelho numa amostra de 100 grupos compactos. (Um grupo compacto é definido como quatro ou um número maior de galáxias, mais comprimidas do que suas redondezas locais por um fator de 10 a 30.) O *Catálogo* tornou possível testar a seguinte proposição: Como os grupos compactos são em muitos casos versões mais densas de grupos normais em que as companheiras têm desvios para o vermelho em excesso, teriam os grupos compactos com uma galáxia dominante companheiras sistematicamente desviadas para o vermelho? A Figura 3-15 responde a esta questão mostrando que, à medida que a diferença na magnitude aparente entre a galáxia mais brilhante e a próxima galáxia mais brilhante torna-se maior, o número de companheiras desviadas positivamente para o vermelho torna-se maior. Isto faz sentido, já que se as galáxias têm todas o mesmo brilho, não sabemos qual é a dominante e o efeito não é analisável. *Mas o fato de que o efeito aparece quando uma galáxia torna-se claramente dominante demonstra que efeitos não devidos à velocidade estão presentes nos grupos compactos de galáxias, assim como em todo outro grupo testado.*

Este ponto é ilustrado de forma impressionante na Figura 3-16 onde a distribuição dos desvios para o vermelho das companheiras nos grupos compactos com as galáxias mais claramente dominantes é comparado ao Grupo Local. Na verdade, a maior parte dos grupos têm companheiras com desvio para o vermelho maior chegando até 800 km/s e é óbvio que faltam companheiras no Grupo Local acima de uns 300 km/s. O motivo é muito simples — a saber, os astrônomos não estão querendo chamar qualquer galáxia com mais do que 300 km/s acima de M31 de um membro do Grupo Local já que isto torna embaraçosamente óbvia a preponderância dos desvios para o vermelho positivos.

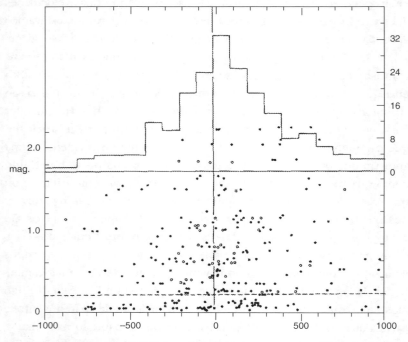

Fig. 3-15. Pelo catálogo de Paul Hickson dos grupos compactos de galáxias, a quantidade pela qual a galáxia mais brilhante brilha mais do que a segunda mais brilhante é designada Δmag. É chamado de Δcz o desvio para o vermelho de cada galáxia no grupo menos o desvio para o vermelho da mais brilhante no grupo. O histograma mostra que para Δmag > 0,2 mag as companheiras mais fracas são sistematicamente desviadas para o vermelho.

Contudo, se examinarmos como aparecem no céu as galáxias mais brilhantes, fica imediatamente claro que há uma vaga linha ao longo delas partindo de M31, atravessando M33 e terminando perto de 3C120 próximo do disco de nossa galáxia. (Ver Figura 8-1 num capítulo posterior). Estas galáxias têm desvios para o vermelho de até 900 km/s e são obviamente membros do Grupo Local. Um grupo de espirais de tipo tardio chamado de Grupo de Escultor está localizado mais perto de nós do que o grupo M81. Como mostra o último quadro na Figura 3-16, ele também tem companheiras com maiores desvios para o vermelho. (Os detalhes estão disponíveis em *Quasars, Redshifts and Controversies*, pág. 131, e em *Journal of Astrophysics and Astronomy*, Índia, 1987, 8, 241.)

Desvios para o Vermelho em Excesso do Começo ao Fim por toda a Parte ○ 121

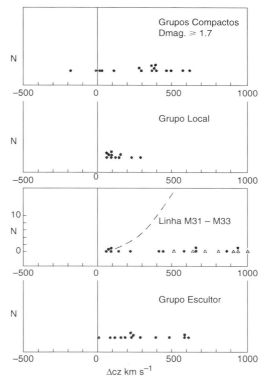

Fig. 3-16. Esta figura compara os desvios para o vermelho em excesso das galáxias companheiras nos grupos compactos *versus* aqueles dos membros aceitos no grupo Local (M31), a seguir com as companheiras mais fracas no alinhamento de M31 e finalmente com o pequeno Grupo de Escultor que está entre o grupo M31 e M81.

Um estudo anterior do que chamei de "galáxias interatuantes múltiplas" incluiu os exemplos mais marcantes daquilo que mais tarde veio a ser chamado de "grupos compactos". O que apontei naquele estudo original era que estes grupos interagentes múltiplos ocorrem preferencialmente na proximidade de galáxias grandes com baixo desvio para o vermelho. Em alguns casos, por exemplo NGC3718, o grupo interatuante com alto desvio para o vermelho podia ser visto, de fato, curvando para trás os braços espirais da galáxia maior. (Consulte a fotografia na pág. 94 de *Quasars, Redshifts and Controversies*.) Este resultado deixou claro que os grupos compactos e interatuantes eram apenas um conjunto mais concentrado de galáxias companheiras jovens fora do equilíbrio que haviam sido ejetadas mais recentemente da galáxia progenitora, sendo compostos de material com desvio para o vermelho maior. Além de ser empiricamente verdadeira, esta interpretação resolve todos os paradoxos convencionais do fracasso das galáxias sobre a fusão numa única galáxia numa escala de tempo cósmica e também explica a presença insuportável de desvios para o vermelho "discordantes". Naturalmente, nada disto é admitido pelo exército convencional.

Grandes Desvios para o Vermelho em Excesso nos Grupos Compactos

Acabamos de ver que os assim chamados membros concordantes do grupo (definidos como tendo desvios para o vermelho diferentes do grupo de menos do que 1.000 km/s) demonstram novamente que os membros mais fracos têm os maiores desvios para o vermelho. Mas o mais chocante de tudo é que há inúmeras galáxias (na maioria) mais fracas que estão nestes grupos compactos e que têm desvios para o vermelho milhares ou dezenas de milhares de km/s maiores do que o grupo (Figura 3-17).

A consternação ocasionada por esta clara caracterização como membros destas galáxias altamente discordantes levou a uma enxurrada de artigos argumentando que, apesar das aparências, elas eram apenas galáxias de fundo projetadas. Apenas para prevenir, também era argumentado que elas eram objetos de fundo focadas gravitacionalmente. Para estar triplamente seguro, também era argumentado que estávamos vendo filamentos com galáxias até o fim — como estar olhando através de um canudo com uma galáxia presa na outra extremidade. O único problema é que no famoso Sexteto Seyfert o comprimento do canudo tinha de ser aproximadamente 26.000 vezes seu diâmetro (ver *Astrophysical Journal* 474, 74, 1997)!

Contudo, a Figura 3-17 mostra com pequenos sinais de mais como as galáxias de fundo deviam crescer rapidamente em número com o aumento do desvio para o vermelho. Na verdade, os números de desvios para o vermelho discordantes diminuem precipitadamente nesta direção. Parece-me que de relance fica claro que as discordantes não são galáxias de fundo.

Desvios para o Vermelho em Excesso do Começo ao Fim por toda a Parte ◎ 123

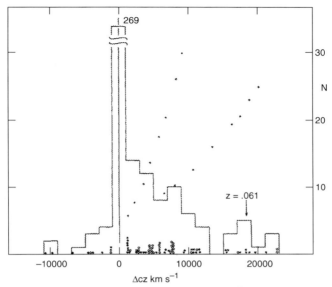

Fig. 3-17. Número de desvios para o vermelho discordantes (Δcz > 1.000 km/s) como função de Δcz para os grupos compactos. Linhas de sinais positivos mostram a distribuição esperada para os intrusos de fundo. As setas apontam para os picos de desvios para o vermelho preferidos de Δz = 0,061 encontrados em medidas de quasares e de objetos tipo quasar distribuídos por todo o céu.

Galáxias Companheiras com Altos Desvios para o Vermelho

Este é um elo muito importante no argumento segundo o qual material é ejetado de galáxias grandes, inicialmente com desvio para o vermelho intrínseco muito alto, que envelhece e se expande em galáxias compactas ativas com desvios para o vermelho moderadamente altos, transformando-se finalmente em companheiras normais com desvios para o vermelho apenas ligeiramente em excesso. Até agora mostramos que a grande evidência que já existia foi muito fortalecida pela nova evidência de que as "companheiras normais" pertencentes às galáxias dominantes têm desvios para o vermelho em excesso da ordem de centenas de km/s. Companheiras com excessos de desvios para o vermelho da ordem de milhares ou de dezenas de milhares de km/s estabelecem uma continuida-

124 ✪ O Universo Vermelho

de constrangedora com os quasares que começam ao redor de 20.000 km/s de excesso de desvios para o vermelho e vão até aproximadamente a velocidade da luz (se eles fossem realmente devidos a velocidades).

Infelizmente, não há muita coisa na forma de novos resultados para este grupo. Em 1982 foi publicada uma lista com 38 (sim, 38) destas companheiras com grandes desvios para o vermelho discordantes. Elas foram discutidas em dois artigos no *Astrophysical Journal* e num capítulo começando na página 81 de *Quasars, Redshifts and Controversies*. Contudo, apesar do fato de que quase todos estes objetos merecem por si próprios um estudo fascinante, não foi feito nenhum estudo adicional destes objetos chaves! *Certamente estas galáxias cruciais com desvios para o vermelho discordantes foram evitadas deliberadamente pelos maiores e mais caros telescópios do mundo.*

Para mencionar apenas dois exemplos com o objetivo de enfatizar a importância destes tipos de companheiras, mostro na Figura 3-18 um esquema da grande e ativa Sb, NGC4151. (Fotografias de longa exposição desta galáxia podem ser vistas em *Quasars, Redshifts and Controversies*, págs. 91 e 92). Vimos no Capítulo 2 como esta Seyfert estava flanqueada por dois pares de candidatos a quasar num cone aparente de ejeção, com um BL Lac intenso em raios X dentro deste cone. Mas também estão associadas ao redor de NGC4151 grandes companheiras com desvios para o vermelho entre 6.400 e 6.800 km/s. Duas destas companheiras, NGC4156 e G1, estão nas duas extremidades dos dois braços espirais principais. Com seus desvios para o vermelho similares, não são elas como os pares de quasares discutidos nos Capítulos 1 e 2? Não são elas remanescentes da ejeção no plano, com o material dos braços sendo arrastado atrás delas, como conjeturado no início deste capítulo?

Igualmente impressionante talvez seja o *valor numérico* dos excessos de desvios para o vermelho destas companheiras principais de NGC4151. Referindo-nos à Figura 3-19, vemos que três galáxias no Quinteto de Stephan também têm desvio para o vermelho de 6.700 km/s e as três galáxias aproximadamente do outro lado da grande galáxia Sb, NGC7331, têm desvios para o vermelho de 6.300, 6.400 e 6.900 km/s. As galáxias vêm em grupos e não há outro grupo importante ao qual estas companheiras com ~ 6.700 km/s possam pertencer senão às grandes galáxias no centro. Em capítulos posteriores mostraremos que as galáxias e quasares tendem a

Desvios para o Vermelho em Excesso do Começo ao Fim por toda a Parte ◎ 125

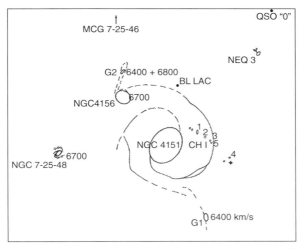

Fig. 3-18. Representação esquemática das características de interesse ao redor da Seyfert ativa NGC4151. Observe especificamente as galáxias companheiras com 6.400 e 6.700 km/s.

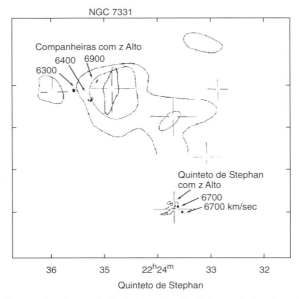

Fig. 3-19. Região ao redor da grande Sb, NGC7331 e do Quinteto de Stephan. As curvas de nível representam emissão de rádio. Observe especialmente as galáxias companheiras com 6.300 a 6.900 km/s ao redor de NGC7331 e as companheiras com 6.700 km/s ao redor de NGC7320, a galáxia com baixo desvio para o vermelho no Quinteto.

126 ✪ O Universo Vermelho

ocorrer com certos desvios para o vermelho preferenciais. Esta quantização implica que as galáxias não apresentam na sua evolução desvios para o vermelho que diminuem suavemente, mas que mudam em degraus.

As Espirais ScI como Galáxias Jovens com Baixa Luminosidade

A galáxia companheira NE de NGC4151 tem os braços espirais definidos nitidamente, o que a caracteriza como uma espiral Sc de luminosidade classe I. Foi designada esta classe de luminosidade mais alta porque estas galáxias têm caracteristicamente desvios para o vermelho moderadamente altos, que são considerados indicadores de grandes distâncias e altas luminosidades. Como ela está ligada com NGC4151 de baixo desvio para o vermelho (978 km/s), ela deve ter, na verdade, um desvio para o vermelho intrínseco e uma baixa luminosidade. O mesmo ocorre para NGC7319, uma galáxia ScI com alto desvio para o vermelho no Quinteto de Stephan, que tem de estar na distância de NGC7331 com baixo desvio para o vermelho (1114 km/s) (ver Figura 3-19).

Como podemos checar este resultado? Há um método de estimar distâncias para as galáxias, chamado Tully-Fisher, que utiliza a rotação da galáxia para julgar sua massa, e assim sua luminosidade e, por fim, sua distância por mais fraca que seja a sua imagem. Na Figura 3-20 vemos a diferença entre a distância por desvio para o vermelho e a distância de Tully-Fisher representada graficamente como função da suposta luminosidade da galáxia. Vemos que para espirais normais os dois métodos estão calibrados para fornecer a mesma distância, mas para as espirais de alta luminosidade (ScIs), a distância obtida para o desvio para o vermelho é maior em até quase 40 Mpc! Este erro enorme demonstra que os desvios para o vermelho das ScIs são muito altos.

Uma ilustração vívida de quão erradas são as estimativas dos astrônomos em relação aos tamanhos das galáxias ScI é apresentada na Figura 3-21. A galáxia grande é a espiral ScI NGC309 na sua suposta distância de desvio para o vermelho. A pequena inserção oval mostra o tamanho de uma das maiores galáxias das quais conhecemos uma distância precisa, M81. A gigante M81 foi reduzida a um nódulo no braço da

Desvios para o Vermelho em Excesso do Começo ao Fim por toda a Parte ◯ 127

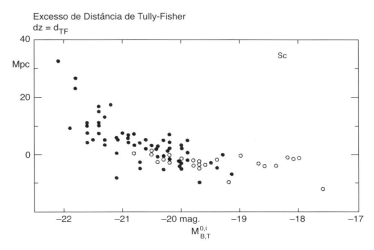

Fig. 3-20. O excesso da distância de desvio para o vermelho em relação à distância de Tully-Fisher representado graficamente como função da luminosidade das galáxias Sc. Círculos cheios representam desvios para o vermelho > 1.000 km/s. Este gráfico demonstra que, para os maiores desvios para o vermelho das Scs supostamente mais luminosas, os desvios para o vermelho fornecem distâncias maiores em enormes quantidades.

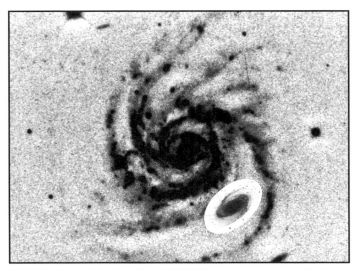

Fig. 3-21. A Sc de classe de luminosidade I, NGC309, se estivesse em sua distância convencional de desvio para o vermelho seria tão grande que engoliria uma das maiores galáxias das quais temos conhecimento certo, a Sb M81 (representada como uma inserção na parte inferior à direita entre os braços de NGC309).

inacreditavelmente grande ScI. Esta fotografia foi publicada no número de abril de 1991 de *Sky and Telescope* e os astrônomos profissionais que a viram ficaram perplexos.

Mas o artigo com a análise foi excluído do *Astronomical Journal* com grande prejuízo. Quando publicado no *Astrophysics and Space Science* 167, 183 ele detalhou inúmeros outros casos onde se podia mostrar que as ScIs eram galáxias de baixa luminosidade, desviadas para o vermelho intrinsecamente. Especulo que os braços nítidos e bem formados são ejeções jovens antes de terem tido tempo de serem deformados e espalhados, mas a maioria dos astrônomos está querendo suprimir esta evidência observacional com o objetivo de proteger a suposição-chave sobre o desvio para o vermelho extragaláctico de um reexame.

A Companheira "Não Interatuante" de NGC450

Um caso que foi mais pesquisado é o da espiral peculiar Sc NGC450, mostrada na Figura 3-22. Ela tem um desvio para o vermelho de 1.900 km/s e a companheira, aparentemente em interação, tem um desvio para o vermelho de 11.600 km/s. Justo no ponto de interação aparecem três enormes regiões HII no desvio para o vermelho da galáxia Sc. Estas eram tão grandes que os especialistas que localizaram primeiro este sistema supuseram simplesmente que elas eram estrelas em processo plano. Estas regiões brilhantes de gás hidrogênio excitado são tão excepcionais que francamente não posso ver como qualquer pessoa com razoável senso comum e bom julgamento não perceba logo que elas são o resultado de uma interação invulgarmente contígua com a companheira.

Apesar disto, um casal de astrônomos que mediu algumas curvas de rotação no sistema, as achou "normais" e publicou um artigo apregoando "Não Interatuantes" no título. Não haveria nada de novo a relatar se o astrônomo espanhol Mariano Moles, que estava há longo tempo intrigado com este sistema e, sem meu conhecimento, não houvesse conduzido um projeto observacional extremamente completo de fotometria, espectroscopia e de obtenção de imagens sobre ele com o telescópio de abertura moderada em Calar Alto. Sua análise demonstrou seis resultados observacionais diferentes, o que levavam todos à conclusão de que:"*[...] seria pre-*

ciso invocar uma enorme conspiração de acidentes para evitar a conclusão de que [a companheira] se tratava de uma galáxia com luminosidade moderadamente baixa interagindo com NGC450."

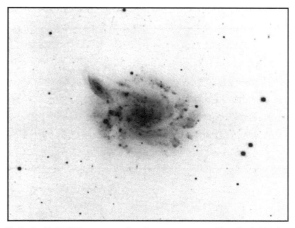

Fig. 3-22. A galáxia Sc NGC450 tem um desvio para o vermelho de 1.900 km/s e a galáxia menor a NE que está aparentemente interagindo com ela tem um desvio para o vermelho de 11.600 km/s. As três regiões HII em NGC450 próximas do ponto de contato com a galáxia de alto desvio para o vermelho são luminosas de maneira nunca vista e só podem ser explicadas razoavelmente via interação.

Um aspecto particular era especialmente agradável para mim, pois envolvia a circunstância de que, numa de minhas últimas missões com o telescópio de 200 polegadas em Palomar, havia medido os desvios para o vermelho das regiões brilhantes HII no lado da companheira de NGC450. Em particular, havia seguido a quarta e mais fraca região HII, que estava justamente na extremidade da companheira de alto desvio para o vermelho, onde a companheira se espalhava num efeito aparente de interação com a galáxia de menor desvio para o vermelho. Era uma observação difícil e eu tinha de usar o espectrômetro de multicanais Oke (chamado comumente de Cadillac de ouro). Mas as linhas de emissão eram intensas e obtive boas medidas, que reduzi antes de deixar a Califórnia e ir para a Europa. Os desvios para o vermelho mostraram diferenças maiores do que o normal de cerca de 100 km/s, mas a mais fraca, próxima da extremidade da companheira, apresentava um desvio para o vermelho positivo de 400 km/s, muito além da velocidade de escape de NGC450.

Esta medida de 400 km/s permitia que se construísse um modelo de interação muito satisfatório. Simplesmente NGC450 estava girando na direção dos ponteiros do relógio e a companheira estava aproximando-se por detrás dela. Na medida em que o braço espiral de NGC450 aproximava-se da companheira, seu gás estava sendo puxado para trás, se acumulando e formando as regiões HII muito grandes. A companheira, que está se introduzindo entre os braços espirais de NGC450, estava perto o suficiente de tal forma que a região HII mais próxima começava a cair em direção da extremidade mais próxima da companheira. A confirmação inesperada disto veio da imagem de emissão de hidrogênio, que mostrou uma trilha de gás excitado associado à quarta região HII que caía em direção à companheira com alto desvio para o vermelho (Ver Figura 3-23).

Fig. 3-23. A região HII que está na extremidade SO da galáxia companheira com alto desvio para o vermelho tem um desvio para o vermelho que indica que está caindo de NGC450 em direção à companheira. Esta fotografia mostra uma pequena cauda luminosa apoiando esta interpretação.

Os Árbitros Tornam-se Agressivos

Quando este novo artigo, com seis autores, foi enviado ao periódico trouxe à tona rejeições furiosas de dois árbitros numa fiada. Foram enviadas mensagens anônimas tais como "ridículo" e "conclusões bizarras baseadas em preconceitos extremos dos autores querendo encontrar desvios para o vermelho não-cosmológicos". Um árbitro sugeriu que os desvios para o vermelho indicavam, como se sabia, que as galáxias não podiam estar interagindo, o sistema deveria ser adotado como um controle para testar evidência de interação em outros grupos.

O autor principal ficou tão assustado que pensou em desistir de trabalhos em pesquisa, mas, por grande sorte, solicitou um terceiro árbitro, que veio a ser uma brisa de sanidade. Enumerando cuidadosamente todas as formas em que este novo estudo apresentava melhores observações do que os anteriores, o último árbitro mostrou como as conclusões foram obtidas apropriadamente a partir dos novos dados e também comentou que o segundo árbitro parecia muito imparcial para dar uma avaliação justa sobre o valor do artigo.

A exultação para o artigo ter sido finalmente publicado teve de ser temperada com a experiência fria de que muito menos do que 1/3 dos árbitros neste campo são objetivos. Também causa desapontamento o fato de que, embora este artigo observacional tenha sido publicado num periódico importante, não foi notado. Relato esta história em detalhes já que penso que revela de forma muito clara qual é a situação neste ramo particular da ciência. Os fatos podem ser consultados no *Astrophysical Journal* 432, 135 e em suas referências.

As Vizinhanças da Espiral Brilhante Média

Quando pressionados, os céticos usualmente queixam-se de que os exemplos são particulares, de que não representam uma amostra completa. Porem, quando isso é efetuado — por exemplo uma inspeção de 99 galáxias espirais brilhantes comparadas cuidadosamente com campos de controle não-galácticos, e que resulta em companheiras peculiares e interatuantes associadas significativamente com espirais centrais brilhantes (*Astrophysical Journal* 220, 47) — os resultados são ignorados. Não foi dado tempo de observação suficiente para se completar as medidas dos desvios para o vermelho, mas isto não era realmente necessário já que qualquer um podia dizer ao olhar para as galáxias que elas tinham de médios a altos desvios para o vermelho.

Um exemplo de uma galáxia é apresentado na Figura 3-24. A galáxia é NGC4448 e a análise do *Astrophysical Journal* 273, 167 mostra que as numerosas galáxias fracas peculiares têm desvios para o vermelho indo de 5.200 a 36.000 km/s, enquanto a galáxia central tem 693 km/s. Uma outra galáxia bem embutida numa nuvem densa de galáxias mais fracas, certamente com maiores desvios para o vermelho, é a poeirenta e com surto de formação estelar NGC1808 no hemisfério sul, apresentada na Figura 3-25.

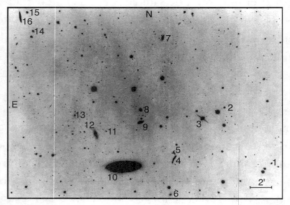

Fig. 3-24. A galáxia brilhante NGC4448 com um desvio para o vermelho de cz = 693 km/s cercada por companheiras fora de equilíbrio tendo desvios para o vermelho de 5.200 a 36.000 km/s.

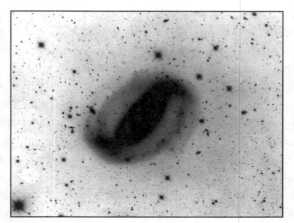

Fig. 3-25. A galáxia barrada, com surto de formação estelar, e poeirenta, NGC1808, está embutida numa densa nuvem de galáxias mais fracas que, sem dúvida, têm desvios para o vermelho muito mais altos.

A Origem das Galáxias Companheiras

A ejeção dos quasares das galáxias ativas documentada nos Capítulos 1 e 2 leva a uma síntese extraordinariamente importante que não avaliei de início de forma completa. Somente após os últimos capítulos sobre evolução dos aglomerados de galáxias a partir de aglomerados de quasares percebi que os dados estabeleciam a origem das galáxias companheiras como o ponto final na evolução dos quasares!

Para entender como chegamos a este resultado, temos de voltar a 1957 quando Viktor Ambarzumian, simplesmente ao olhar para as galáxias nas fotografias do Levantamento do Céu[7], propôs que as galáxias jovens nasciam de material ejetado das galáxias ativas mais velhas. Independentemente cheguei à mesma conclusão a partir de meu *Atlas de Galáxias Peculiares* em 1966. Em 1969 o astrônomo sueco muito respeitado Erik Holmberg estava visitando os Observatórios de Monte Wilson e Palomar em Pasadena. Após vinte anos estudando grupos de galáxias, estava de posse de uma evidência notável — a saber, que as galáxias companheiras estavam distribuídas preferencialmente ao longo do eixo *menor* (eixo de rotação) da galáxia dominante. Como um pesquisador jovem nos Observatórios, discuti com ele a evidência de Ambarzumian para a ejeção linear de novas galáxias, minha evidência para a ejeção de radioquasares e de pares de objetos de lado a lado de galáxias perturbadas, assim como minha evidência mais recente (1969) de que protocompanheiras ejetadas no plano de uma espiral paravam muito próximo da progenitora ejetora.

Ele concordou que este alinhamento de companheiras ao longo do eixo menor era uma forte evidência para a origem das galáxias companheiras como sendo por ejeção, mas ele não pronunciaria uma palavra sobre isto nos Observatórios com medo de ser ridicularizado. Fiquei desapontado já que precisava de muito apoio para minhas descobertas. Contudo, algum tempo após ter retornado para a Suécia, apareceu seu artigo no *Arkiv. f. Astronomie* de seu país. Para meu prazer, ele afirmou francamente: "[...] satélites físicos das galáxias espirais estão concentrados aparentemente em altas latitudes locais e [...] favorecem sistemas que têm [cores nucleares azuis] e contêm grandes quantidades de gás. *Os resultados apontam apa-*

---

7. Levantamento realizado no Observatório do Monte Palomar.

rentemente para uma interpretação: que os satélites foram formados a partir do gás ejetado pelas galáxias centrais." (Grifo meu)

O que os dados de quasares de raios X mostraram em 1996, e que não percebi imediatamente, era que *os quasares também eram ejetados preferencialmente ao longo do eixo menor!* Isto ficou claro pela primeira vez em NGC4258 onde os quasares estavam apenas a 13 e 17 graus fora do eixo menor (Fig. 1-1). Veio, então, NGC4235 (Figura 2-5), onde o par estava apenas a entre 2 e 12 graus fora do eixo menor de uma espiral bem definida e vista quase de perfil. Finalmente a NGC2639, apresentada aqui na Figura 3-26, mostra um grupo de sete fontes de raios X saindo exatamente ao longo do eixo menor a NE. Estas últimas fontes mais próximas foram ejetadas ao que parece mais recentemente. O par mais externo de quasares pode representar uma ejeção anterior quando o eixo menor estava voltado para uma posição algo diferente. Em geral, tal rotação do eixo menor pode explicar o espalhamento maior no alinhamento com o eixo menor das galáxias companheiras mais velhas, como resumido na Tabela 3-1.

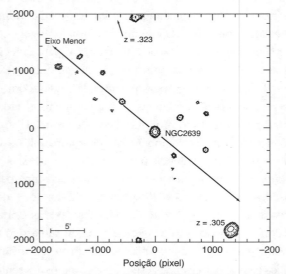

Fig. 3-26. Mapa de raios X da galáxia Seyfert NGC2639. Uma linha de fontes de raios X sai exatamente ao longo do eixo menor para NE e tem quatro BSOs e Bcgs[8] identificados (quasares a serem confirmados — ver texto para as posições). O par principal de quasares medidos por Margaret Burbidge está indicado com z = 0,323 e 0,305.

8. Bcg = *Blue compact galaxy*, galáxia compacta azul.

Desvios para o Vermelho em Excesso do Começo ao Fim por toda a Parte ☉ 135

Tabela 3-1. *Objetos Companheiros ao Redor das Galáxias Espirais*

Número	Companheiros	ΔQ_1	ΔQ_2	$r_1 \sim r_2$	Referência
2	Quasares ao redor de NGC4258	$13°$	$17°$	25-30 kpc	Pietsch e outros 1994
2 + (4)	Quasares ao redor de NGC2639	$0°$	$13° (31°)$	10-400	Figura 3-26
2	Quasares ao redor de NGC4235	$2°$	$12°$	500-600	Figura 2-5
4	Quasares mais próximos de NGC1097		$\sim 20°$	100-500	Arp 1987
6	Quasares mais próximos de NGC3516		$\pm 20°$	100-400	Chu e outros 1997
218	companheiros ao redor de 174 espirais		$\sim 35°$	40 kpc	Holmberg 1969
96	companheiros distribuídos ao redor de 99 espirais		$\sim 60°$	150	Sulentic e outros 1978
115	companheiros ao redor de 69 espirais		$\sim 35°$	500	Zaritsky e outros 1997
12	companheiros de M31		$\sim 0°$	(700)	Arp 1987

As fontes de raios X mais fracas saindo ao longo do eixo menor a NE de NGC2639 contêm quatro BSOs ou Bcgs identificados opticamente. Estes objetos estelares azuis e galáxias compactas são presumivelmente objetos menos luminosos e com desvio para o vermelho maiores em suas caminhadas para fora do núcleo de NGC2639. Na ingênua esperança de que algum dia eles possam ser observados espectroscopicamente, forneço suas posições exatas na Tabela 3-2.

Não é sempre possível obter casos de galáxias ejetoras onde o eixo maior (e, portanto, o menor) esteja bem definido. Um exemplo é NGC1097, uma espiral barrada, em que a posição do eixo maior é necessariamente incerta por uns 10 graus (ver Figuras 2-7 até 2-9). Contudo, dada esta incerteza, os quatro quasares mais próximos estão dentro de ± 20 graus do eixo menor estimado, como anotado na Tabela 3-1. Isto os coloca bem entre os longos jatos ópticos luminosos que emergem do núcleo e representam alguma forma de ejeção.

136 ⚙ O Universo Vermelho

Tabela 3-2. *Propriedades das fontes de raios X nos campos de NGC2639*

Nome	Raios X (contagens ks^{-1})	R.A.	Dec.	Fora do eixo	Ident.
	Fontes de raios X brilhantes na Figura 3-26		(minutos de arco)		
RX J08443+5031	37,8	08h44'19"0	+ 50° 31' 36"	20,6	QSO z = 0,323
NGC2639	13,5	8 43 37,9	50 12 19	0	Seyfert z = 0,011
NGC2639 U10	25,7	8 42 30,0	49 57 51	17,7	QSO z = 0,305
	Fontes de raios X a NE de NGC2639				
	2,4	8 44 46,1	50 22 54	14,9	BSO 19,2 mag.
	4,1	8 45 04,4	50 21 30	16,4	nenhuma ident.
	2,0	8 44 25,3	50 20 37	11,0	ambíguo
	1,3	8 44 48,7	50 20 34	13,8	BSO 19,9 mag.
	1,4	8 44 31,8	50 16 50	9,5	BSO 18,3 mag.
	2,6	8 44 07,2	50 16 28	6,0	BSO 18,8 mag.
	1,2	8 44 17,0	50 15 09	6,7	—

A evidência mais forte para a origem das galáxias companheiras é certamente o alinhamento coincidente delas com os quasares. *A Figura 3-27 mostra como os quasares e as galáxias companheiras ocupam o mesmo volume de espaço ao longo do eixo menor da galáxia ejetora.* Junto com os desvios para o vermelho em excesso menores, mas sistemáticos, das companheiras, não parece haver alternativa para a conclusão de que os quasares são ejetados e representam matéria criada mais recentemente e que seus desvios para o vermelho intrínsecos decaem com o tempo. A evidência morfológica e espectroscópica mostra que eles estão evoluindo em direção de galáxias mais normais. (Ejeção ao longo do eixo menor não envolve componente de movimento rotacional e portanto, os objetos permanecem em órbitas radiais à medida que envelhecem.) Será discutido no Capítulo 8 como os intervalos de quantização dos valores de desvios para o vermelho dos quasares também decaem nos valores de quantização menores observados nas galáxias companheiras.

Desvios para o Vermelho em Excesso do Começo ao Fim por toda a Parte ۞ 137

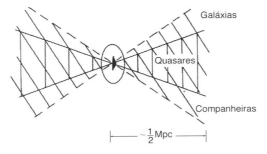

Fig. 3-27. Distribuição de galáxias companheiras e de quasares ao longo dos eixos menores das galáxias de disco ejetoras. As galáxias companheiras estão a ângulos de aproximadamente ± 35 graus (Holmberg 1969 e Zaritsky e outros 1997). As distribuições de quasares estão a ± 20 graus a partir dos dados recentes discutidos neste livro. O tamanho observado dos grupos de galáxias é de aproximadamente 1 Megaparsec (3,26 milhões de anos luz).

Discutiremos no Capítulo 9 como aplicando a teoria de Narlikar/Arp de criação de massa é possível prever a ejeção inicialmente rápida de objetos de baixa luminosidade com altos desvios para o vermelho intrínsecos, seguido por uma redução de velocidade e por uma parada final a cerca de 400 kpc – justamente o intervalo dentro do qual são encontrados os quasares e as galáxias companheiras. Ao mesmo tempo em que continuam a aumentar em luminosidade, eles começam lentamente a cair de volta, aproximadamente (se não perturbados) ao longo da linha de ejeção original. Eles também continuam a ter os desvios para o vermelho intrínsecos diminuídos, ao mesmo tempo que evoluem para galáxias normais, como aponta a Figura 9-3. Todas estas propriedades são observadas — e não podem ser explicadas com as suposições da teoria do *Big Bang*.

Confirmação Espetacular

Quando este livro estava sendo concluído, recebi uma informação do Prof. Yaoquan Chu de que ele havia medido com o telescópio de Pequim os novos candidatos de raios X ao redor da Seyfert extremamente ativa NGC3516. A Figura 11 do *A & A* 319, 36, 1997 mostra o mapa de raios X obtido por Arp e Radecke a partir das observações de arquivo. Há cinco fontes de raios X marcadas nele que Chu confirmou serem quasares. A Figura 9-7 mostra seus desvios para o vermelho. Uma verificação

138 ● O Universo Vermelho

rápida da direção do eixo menor revelou que todos estão dentro de cerca de ± 20 graus do eixo menor. Juntamente com o objeto brilhante tipo BL Lac a NO, isto significava *seis* quasares saindo ao longo do eixo menor desta Seyfert violentamente ativa, todas alinhadas mais proximamente do que a média de muitas companheiras verificadas por Holmberg.

Mas isto não exaure a dinamite na observação de Chu. Acontece que os quasares estavam ordenados, com os maiores desvios para o vermelho mais próximos de NGC3516 e os menores desvios para o vermelho mais distantes. Além disto, os desvios para o vermelho estavam todos muito próximos dos desvios para o vermelho quantizados que serão discutidos no Capítulo 8. Penso que o leitor já pode perceber o júbilo com que recebemos esta notícia. Aqui estava uma observação que preenchia toda as previsões a serem discutidas no Capítulo 9 e era uma confirmação incontestável da totalidade das observações passadas. Sabíamos que a notícia finalmente garantiria que trinta anos de luta teriam valido a pena.

Companheiras Ejetadas no Plano

Mencionei na abertura deste capítulo que era minha idéia inicial ao estudar as fotografias que, se as protogaláxias fossem ejetadas no plano de suas originadoras, elas atravessariam uma fase como companheiras nas extremidades dos braços espirais. Esta idéia foi estimulada por minha crença de que os braços espirais eram o resultado de processos de ejeção e que as companheiras em suas extremidades estavam relacionadas com os grandes "nódulos" que víamos freqüentemente ao longo dos braços espirais.

A Figura 3-1 mostra um objeto luminoso compacto emergindo do centro de uma galáxia arrastando material atrás de si. A Figura 3-28 mostra duas pequenas galáxias companheiras nas extremidades de dois braços retos longos. Ambas fotografias são do *Atlas de Galáxias Peculiares* de Arp. Isto significa que, já em 1966, tínhamos fotografias que mostravam à primeira vista que as galáxias ejetavam objetos compactos que evoluíam em galáxias companheiras. Como os nódulos nos braços espirais estavam em geral dominados por regiões HII, presumiu-se que eram excitados por estrelas quentes formadas recentemente. Haveria dentro alguma coisa fraca ou com desvio para o vermelho mais alto que seria mascarado por este gás da galáxia progenitora? Ou teria saído o projétil fazendo com que a condensação de estrelas acontecesse no gás da galáxia que levou consigo (talvez preso no tubo magnético do braço espiral)? Para responder a tais questões era necessário um duro trabalho observacional, que obviamente não estava por vir.

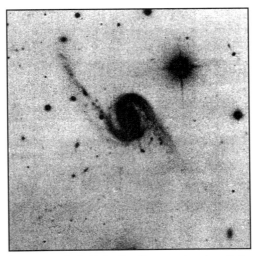

Fig. 3-28. Número 65 do *Atlas de Galáxias Peculiares* mostrando galáxias companheiras nas extremidades de dois braços retos longos uma forte sugestão de origem por ejeção.

Mas o grande impulso de inferências observacionais foi ajudado pelas observações de raios X relatadas nos dois primeiros capítulos. Lá vimos que os quasares criados recentemente e que foram bem para fora dos limites da galáxia tinham uma forte tendência de estar ao longo do eixo de rotação — ou, pelo menos, não no plano. Existiriam exemplos em que a ejeção de raios X havia acontecido no plano? Poderia haver alguns que ainda não foram reconhecidos, mas o astrônomo japonês Awaki chamou minha atenção para um caso claramente provável.

A Figura 3-29 mostra a espiral barrada NGC1672. Esta galáxia tem raios X intensos saindo de seu núcleo Seyfert assim como fontes de raios X saindo de dois pontos diametralmente opostos, justo nas extremidades da barra onde começam os braços espirais curvados. Sabemos que fontes de raios X são ejetadas dos núcleos de galáxias ativas. O que acontece quando elas são ejetadas no plano da galáxia? Qualquer que seja sua natureza, elas serão mais freiadas atravessando o material no plano do que se elas fossem ejetadas fora do plano. Isto significa que sua rápida evolução inicial ocorrerá nas proximidades de sua galáxia de origem. Se elas evoluíssem completamente numa galáxia companheira, elas poderiam tornar-se companheiras com desvios para o vermelho mais altos ligadas ou ainda interagindo com sua galáxia de origem.

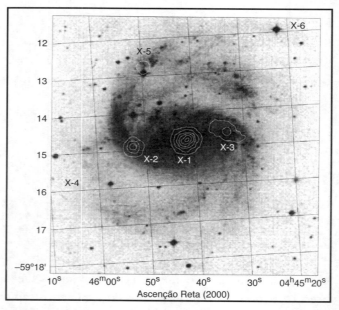

Fig. 3-29. A espiral barrada NGC1672 tem raios X intensos saindo de seu núcleo Seyfert. O par de fontes de raios X ao longo do diâmetro, de lado a lado de seu núcleo, sugere que um par de objetos foi ejetado no plano da galáxia e freiado pela interação. (Fotografia de W. N. Brandt, J. P. Halpern e K. Iawasawa)

O que vemos na posição das duas fontes de raios X em NGC1672? Não muito, em imagens rotineiras de baixa resolução — apenas o alto brilho superficial da barra, mas as galáxias contêm tipicamente muita poeira obscurecedora no plano, em particular as espirais barradas que freqüentemente têm espessas alamedas de poeira transbordando ao longo da barra (ver fotografia de NGC1097 na Figura 2-9). O telescópio de satélite japonês, Asca, que detecta raios X de maior energia, registra a fonte a oeste muito mais intensa do que os raios X de menor energia do ROSAT. Isto implica uma absorção por poeira muito grande. Se houvesse um objeto BL Lac altamente obscurecido na posição de X–3 na Figura 3-29, como o detectaríamos? Mesmo com equipamento infra-vermelho avançado em telescópios de grande abertura, poderíamos ter problemas em identificar um objeto fraco e em obter um espectro definitivo. Mas isto não significa que não devemos tentar — eventualmente devemos ter sucesso na identificação do que são estas fontes intensas de raios X.

Um outro exemplo do que consideraria como uma ejeção no plano é apresentado na Figura 3-30. A fotografia do Telescópio Espacial da galáxia Seyfert 2, Mark573, mostra um par de radiofontes ejetadas em direções opostas de um núcleo de rádio. Emissão de gás hidrogeneo α parece formar arcos de choque ao redor destas fontes ejetadas, mas o material da galáxia está claramente direcionado para estas ejeções.

Fig. 3-30. Fotografia do Telescópio Espacial da galáxia Seyfert 2 Mark573 obtida por Wilson, Falcke e Simpson. As curvas de nível representam posições de fontes de rádio. Observe que a emissão de gás hidrogênio α da galáxia está prolongada ao longo da linha de ejeção de rádio.

Isto Quase Nunca Aconteceu

Apesar de acreditar que as galáxias companheiras com desvios para o vermelho intrínsecos sejam importantes para a compreensão da

142 ⊙ O Universo Vermelho

natureza dos desvios para o vermelho cósmicos, devo lembrar que quase não tive a oportunidade de publicar nenhum trabalho sobre o assunto ou de verificar as implicações daí decorrentes. Era 1967 eu havia acabado de concluir o *Atlas de Galáxias Peculiares*. Utikizaria meu tempo de observação como membro do corpo docente para estudar os melhores exemplos de companheiras nas extremidades dos braços espirais e submeti um artigo cujo resumo[9] está reproduzido aqui:

Companion Galaxies on the Ends of Spiral Arms

H. ARP

Mount Wilson and Palomar Observatories, Carnegie Institution of Washington
California Institute of Technology

Received June 24, revised August 11, 1969

Photographic and spectroscopic observations are presented which show that companion galaxies on the ends of spiral arms of normal galaxies tend to have (1) high-surface brightness, (2) emission lines characteristic of excited gaseous material, and (3) early-type stellar absorption lines in their nuclei. One companion is shown to be expanding. Another is shown to be probably receding from the center of the larger galaxy.

The hypothesis advanced is that these companions have been recently ejected (10^7—10^8 years ago) from the parent galaxy. It is concluded that they are short-lived, and that many are now in the process of expanding and ejecting secondary material. Holmberg previously concluded that small companions were found only along the minor axis of spiral galaxies because their disks stopped ejection in the plane. The companions on the ends of spiral arms in the present paper are considered to be examples of this stopping mechanism. It is further suggested that ejection of material through the disks of rotating galaxies is generally important in the formation of spiral arms.

Key words: galaxies — spectra of galaxies — companion galaxies — peculiar galaxies — ejection

---

9 Galáxias Companheiras nas Extremidades de Braços Espirais
Observações fotográficas e espectroscópicas são apresentadas mostrando que galáxias companheiras nas extremidades dos braços espirais de galáxias normais tendem a ter (1) alto brilho superficial, (2) linhas de emissão características de material gasoso excitado, e (3) linhas de absorção estelares de tipos recentes nos seus núcleos. Outro registro mostra que uma companheira está se expandindo. Ainda outra fonte ilustrativa aponta que outra companheira está provavelmente se afastando do centro da galáxia maior.
A hipótese proposta é a de que estas companheiras foram ejetadas recentemente (10^7-10^8 anos atrás) a partir da galáxia progenitora. Conclui-se que elas têm existência breve, e que muitas estão agora no processo de expansão e de ejeção de material secundário. Previamente, Holmberg concluiu que pequenas companheiras eram encontradas somente ao longo dos eixos menores de galáxias espirais porque os seus discos obstruíam a ejeção no plano. As companheiras nas extremidades dos braços espirais no presente artigo são consideradas como exemplos deste mecanismo de obstrução. Adicionalmente, sugere-se que a ejeção de material através dos discos de galáxias em rotação seja geralmente importante na formação dos braços espirais.
Palavra chave: galáxias – espectros de galáxias – galáxias companheiras – galáxias peculiares – ejeção.

Desvios para o Vermelho em Excesso do Começo ao Fim por toda a Parte ⊙ 143

Era claro naquela época que o periódico no qual os artigos importantes eram publicados era o *Astrophysical Journal*. O editor deste periódico há muito tempo era Subrahmanyan Chandrasekhar, um teórico de grande renome e considerado como um guardião firme mas justo de sua reputação. Não sei agora como pude alguma vez imaginar que ele teria apreciado estes novos e interessantes resultados observacionais. Ele retornou o artigo com uma mensagem escrita a mão rabiscada no topo: "Isto está além de minha experiência".

Levou um pouco de tempo até que me desse conta de que ele havia recusado o artigo sem nunca mandá-lo para um árbitro. Senti de repente uma sensação forte de apreensão quando percebi que minhas perspectivas na astronomia não eram muito brilhantes se eu me indispusesse com o editor do *Astrophysical Journal*. O que fazer? Primeiro senti que tinha de salvaguardar as observações fazendo com que fossem publicadas em algum lugar onde pudessem ser lidas e citadas. A única possibilidade parecia ser o periódico que estava justamente começando na Europa chamado *Astronomy and Astrophysics*. Com alguma hesitação, submeti o artigo à apreciação. Após algumas semanas marcadas pela ansiedade o artigo voltou. Levei novamente um outro choque ao verificar que ele havia sido analisado por um outro astrônomo reconhecido e conservador, Jan Oort.

Forçando-me a continuar a ler o relatório, fiquei entusiasmado ao ver que, embora ele não concordasse com a interpretação, achou as observações valiosas e interessantes e aceitou o artigo para publicação. Nos anos seguintes cheguei a conhecer Oort melhor e achei-o um homem extraordinariamente cortês e simpático. Contudo, por baixo desta imagem tinha opiniões de aço e aparentemente nunca iria acolher uma solução que violasse as suposições usuais da astronomia. Muitos anos mais tarde quando estava se aproximando dos 90 anos, após um agradável jantar em sua casa, escreveu-me uma carta instando-me a abandonar minhas idéias radicais e a gozar novamente do privilégio de produzir meus trabalhos na corrente principal da astronomia. Agradeci a ele e lhe respondi com uma citação de minha esposa: "Se você estiver errado não faz diferença alguma, se você estiver certo, é extremamente importante."

Contudo, uma lembrança muito vívida que tenho vem da época em que estava sentado ao lado de Oort na reunião de Cracóvia da União Astronômica Internacional. Ambarzumian estava dirigindo a sessão e

144 ⊙ O Universo Vermelho

Oort virou-se para mim e cochichou: "Você sabe, Ambarzumian estava certo sobre absolutamente tudo!" Desde aquela época fico curioso por saber, caso Oort tivesse dito isto em voz alta e o endossado com sua enorme influência, se o paradigma da astronomia hoje em dia não seria muito diferente. E também fico curioso por saber se este não era seu entendimento real, intuitivo, fugindo por um instante da conformidade segura do dogma estabelecido. De qualquer forma, embora o incomodasse muito ver uma interpretação que era contrária à sua própria, nunca ocorreu a ele impedir um outro observador autêntico de falar ou publicar esta opinião. Dizer que esta era a ética de um cavalheiro à moda antiga é enfatizar que a ética mudou hoje em dia.

Mas isto não resolveu meu problema com o *Astrophysical Journal*. O diretor dos Observatórios Monte Wilson e Palomar chamou-me em seu escritório. Para meu pavor havia uma cópia de meu artigo sobre sua mesa. Chandrasekhar havia enviado a ele uma cópia do meu artigo queixando-se de que eu havia sido pego numa "fantasmagoria" (quem podia esquecer esta palavra) e sugeriu que meu diretor tomase alguma providência. Foi o que fez. Disse-me que meu contrato não seria renovado no ano seguinte.

Minha reação foi de descrença. Eu achava que, embora não oficialmente, meu posto nos Observatórios era vitalício. E, contudo, o que poderia fazer se ele não o fosse? Podia apenas lamentar e esperaria pela sua notificação por escrito. À medida que se passavam semanas e depois meses sem chegar a carta, meu pavor começou a diminuir e comecei a pensar que a crise havia passado, mas me sentia perseguido e ainda havia a questão de saber como faria para publicar as observações futuras.

No meio da tempestade, parecia haver só um princípio no qual me segurar — a justiça. Sabia que as observações eram corretas e que a interpretação estava baseada em raciocínio científico. O *Astrophysical Journal* tinha uma responsabilidade de comunicá-las aos outros astrônomos. Embora isto agravasse minha posição, decidi que tinha de protestar ante ao Conselho Editorial. Passou-se quase um ano e um dia ouvi que Chandrasekhar, após um longo e honroso serviço, havia finalmente decidido por renunciar ao encargo pesado de ser editor do *Astrophysical Journal*. Por esta época estava concentrado em outros programas observacionais e me lembro de ter pensado: "[...] bem, é um trabalho duro e

Desvios para o Vermelho em Excesso do Começo ao Fim por toda a Parte 145

ele estava nesta atividade há longo tempo, suponho que isto tinha de acontecer mais cedo ou mais tarde."

Poucos meses após a notícia, fui à reunião de sexta-feira à tarde do grupo da astronomia do Cal Tech. Havia um lugar vazio ao lado de Fred Hoyle no meio da longa mesa. Sentei-me ao lado dele e comecei a conversar tranqüilamente sobre as novas observações. Após um momento, Chandrasekhar, que estava lá para uma breve visita que não havia sido anunciada, entrou vagarosamente na sala e foi até o único lugar vazio na mesa, diretamente oposto ao meu. Após terminar a conversa com Fred, encontrei-me olhando diretamente para um outro Chandrasekhar, silencioso. Apenas para ser polido disse: "Você deve estar gostando do repouso de suas tarefas árduas como editor."

De repente houve um daqueles longos silêncios, com todos da mesa olhando diretamente para nós. Chandrasekhar levantou de sua cadeira umas poucas polegadas e disse irritadamente: "Como podia continuar a ser editor quando pessoas como você reclamavam de mim?".

Fiquei embaraçado, mas, pela primeira vez, antes ou depois desta situação pouco confortável, consegui responder imediatamente: "Espero que, apesar de nossas diferenças profissionais, mantenhamos nossa cordialidade em público".

A conversa voltou à mesa, mas não nos falamos mais. Pensando sobre isto, nunca tivemos oportunidade de conversar desde esta ocasião. Na verdade, estas foram as únicas palavras que trocamos em toda nossa vida.

Naturalmente, Chandrasekhar veio a receber o Prêmio Nobel por seu trabalho sobre as estruturas estelares interiores e assuntos correlatos. Por esta época estava numa reunião astronômica e assisti uma palestra que ele proferiu. Fiquei surpreso por ter gasto boa parte de seu tempo falando sobre seu relacionamento com um antigo professor seu, Sir Arthur Eddington. Nestes comentários, Chandrasekhar enfatizou o dano emocional que sofreu quando Eddington rejeitou fortemente suas idéias sobre os núcleos degenerados das estrelas anãs brancas. Ressaltou ainda o efeito debilitador que isto teve em seu trabalho durante um longo tempo. Fiquei surpreso, mas o admirei por ser capaz de falar sobre isto publicamente. Embora ao mesmo tempo tenha ficado ressentido ao perceber que ele repetiu o mesmo ato e deferiu um golpe semelhante em outro companheiro.

Uma Galáxia Casual

Um dia eu estava passando pelos laboratórios fotográficos do Observatório Europeu Austral e vi uma pilha de fotografias sendo descartadas. Selecionei o objeto apresentado na Figura 3-31, que se mostrou ser um objeto no Catálogo ESO de Galáxias Austrais, ESO161-IG24. Apenas uma galáxia casual, mas ela é demasiado eloqüente. Três braços espirais com uma companheira no final de cada braço. E, além disto, o braço maior tem uma série de grandes nódulos ao longo dele, que parecem simplesmente como companheiras nascentes. Naturalmente, seria engraçado examinar este sistema com alta resolução e com espectros. Mas isto é realmente necessário num sentido mais amplo? As duas companheiras maiores não estão obviamente caindo e sobre o que sabemos acerca de ejeção em muitas outras galáxias, estamos justamente sendo convidados a preencher as conexões evolucionárias. Um estudioso que conhece as galáxias irá algum dia identificá-la e observá-la. Enquanto isto, podemos prosseguir nossa investigação sobre as questões dos processos físicos fundamentais.

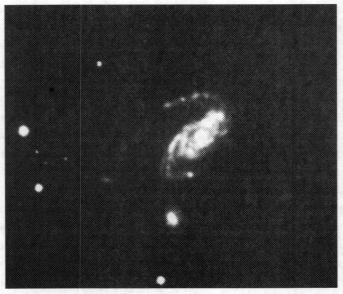

Fig. 3-31. Uma galáxia do Catálogo ESO de Galáxias Austrais, ESO161-IG24. Galáxias companheiras aparecem ligadas nas extremidades dos três braços espirais! Observações espectroscópicas detalhadas seriam extremamente interessantes.

4. Desvios para o Vermelho Intrínsecos nas Estrelas!

Se é para acreditar nos três capítulos anteriores, então a maioria dos objetos extragalácticos tem desvios para o vermelho intrínsecos – indo dos quasares com altos desvios para o vermelho e continuando até as galáxias com baixos desvios para o vermelho. Foi importante descobrir que galáxias com desvios para o vermelho baixos e médios também tinham desvios para o vermelho não devido à velocidade, já que isto significava que o efeito não pertencia apenas aos quasares, os quais podiam ser questionados como sendo exóticos e não bem compreendidos.Agora o fenômeno também poderia ser estudado em galáxias próximas tendo gás, poeira e estrelas que seria possível solucionar individualmente – porquanto acreditamos conhecer grande parte do que é significativo acerca de seus componentes.

As Nuvens de Magalhães

As duas galáxias mais próximas de nós foram relatadas como nuvens fracamente luminosas no Hemisfério Sul pelos exploradores antigos. Fui capaz de medir dez magnitudes mais fracas do que as estrelas mais brilhantes na Pequena Nuvem de Magalhães – *Small Magellanic Cloud* (SMC) mesmo com o telescópio de 74 polegadas na África do Sul em 1955. Mas foi apenas em 1980 que as estrelas supergigantes mais bri-

148 ◎ O Universo Vermelho

lhantes nas duas Nuvens foram medidas com grande dispersão espectroscópica.

Ora, as Nuvens de Magalhães fazem parte do Grupo Local de galáxias e, portanto, têm um desvio para o vermelho intrínseco em relação à galáxia mais velha no Grupo, M31. (Elas também têm desvios para o vermelho positivos com relação à nossa própria Galáxia Via Láctea, o que as distinguiria, por sua vez, como nossa descendência mais jovem.) Não podíamos deixar de levantar a hipótese de que o gás, poeira e estrelas nestes vizinhos menores não compartilhavam deste mesmo desvio para o vermelho em excesso — particularmente as supergigantes que vivem pouco e têm de ser, num certo sentido, mais jovens do que o restante da galáxia. Lembro-me vivamente quando, há muito tempo, cheguei pela primeira vez as galáxias companheiras para ver se elas estavam desviadas para o vermelho em relação à galáxia dominante. Senti naquele momento o mesmo sentimento de esperança que agora me dominava ao me aproximar da necessidade de checar as supergigantes nas Nuvens de Magalhães para ver se elas estavam, por acaso, desviadas para o vermelho em relação à sua própria galáxia.

Elas estavam! Os precisos desvios para o vermelho tabulados por John Hutchings em seu estudo de suas propriedades de perda de massa revelavam à primeira vista que havia um desvio para o vermelho sistemático. Tinha-se apenas de percorrer de cima a baixo com nossos olhos a coluna dos desvios para o vermelho! Naturalmente o desvio para o vermelho médio do gás nas Nuvens de Magalhães era conhecido com uma precisão de 2 km/s. O desvio para o vermelho médio das estrelas mais velhas, embora menos preciso, concordava muito bem com o do gás. Apenas as supergigantes brilhantes estavam sistematicamente desviadas para o vermelho e seria absurdo supor que apenas estas estrelas corriam para fora de sua galáxia na direção em que estávamos olhando.

Quando mostrei este resultado a alguns colegas eles responderam imediatamente que não se pode confiar nos desvios para o vermelho de estrelas com ventos de perda de massa. Eles estavam certos de que o que eu estava vendo era um efeito da velocidade destes ventos no desvio para o vermelho medido.

Ventos Estelares: Estrelas supergigantes brilhantes emitem tanta radiação que a pressão causa ventos de "perda de massa" que deixam a superfície. Quando olhamos para a estrela, o gás interveniente mais frio que produz as linhas de absorção no espectro está se movendo em nossa direção e, portanto, tem um desvio espectral negativo.

Como eu sabia muito sobre ventos estelares tive de esboçar, muitas e muitas vezes, uma imagem simples para eu me convencer de que os desvios para o vermelho medidos pelas linhas de absorção vindas em nossa direção, teriam de se tornar ainda *mais positivas*, através de uma uma correção devida a esta componente negativa da velocidade. Como as características espectrais haviam sido correlacionadas com a velocidade do vento estelar nestas estrelas supergigantes na SMC e na LMC (*Large Magellanic Cloud* – Grande Nuvem de Magalhães), era possível efetuar numericamente a correção em vez de considerar a velocidade de fluxo. Ao proceder a correção, todas as dez supergigantes na SMC e 20 das 24 na LMC estavam desviadas para o vermelho positivamente com relação a suas galáxias de origem. Essa constatação está representada na Figura 4-1.

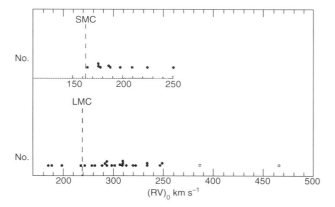

Fig. 4-1. Desvios para o vermelho das estrelas supergigantes na Pequena Nuvem de Magalhães (SMC) e na Grande Nuvem de Magalhães (LMC). Corrigidos em relação aos fluxos de vento estelar, vê-se que estas estrelas mais luminosas nas galáxias vizinhas mais próximas de nós estão desviadas para o vermelho sistematicamente em relação à média.

150 ❂ O Universo Vermelho

Este é um resultado devastador, já que basta olhar a distribuição dos desvios para o vermelho para perceber que isto não pode ser uma ocorrência casual. Meus colegas ainda insistiam que eu tinha de estar aplicando a correção do vento no sentido errado. Consultei assim o especialista mundial em perda de massa estelar, Rolf Kudritzki, que concidentemente dirigia o Observatório de Munique. Ele foi muito prestativo, convidou-me a dar um colóquio para seu grupo e verificou que as correções estavam sendo aplicadas corretamente. Na verdade, ele procurou nas observações de seu grupo, me fornecer desvios para o vermelho de supergigantes adicionais que foram feitas na base da fotosfera onde o vento estava justamente começando a acelerar em direção à sua velocidade final. Estas vieram a ser verificações independentes dos desvios estelares positivos.

Neste ponto lembro-me de quando assistia ao curso de astronomia de Bart Bok em Harvard e ouvindo-o descrever o misterioso efeito "K". Este é o efeito que W. W. Campbell descobriu em 1911, a saber, que as estrelas azuis brilhantes em nossa própria galáxia Via Láctea tinham sistematicamente desvios para o vermelho mais altos do que o restante das estrelas. Com minha autoconfiança de aluno de graduação pus-me a escrever para ele uma equação que demonstrava como as estrelas jovens estavam fluindo para fora de nossa galáxia. Com alguma dificuldade e uma grande dose de paciência ele, afinal, convenceu-me de que elas não deviam estar fluindo para fora partindo justamente da posição do nosso sol na borda da galáxia. Assim, de forma gradual, o problema foi esquecido. Mas, empiricamente este é o mesmo efeito que eu havia acabado de encontrar, quarenta anos mais tarde, nas Nuvens de Magalhães.

Na verdade o que me fez reviver minhas lembranças foi um artigo de um físico canadense, Paul Marmet. Ele estava defendendo a conjetura de que os fótons, ao atravessar o espaço interstelar e intergaláctico, perdiam parte de sua energia por colisões inelásticas. Ele havia feito um sumário bem satisfatório da evidência antiga do efeito K ao defender que a origem do desvio para o vermelho das galáxias e estrelas era a luz cansada.

Luz Cansada

Ao longo dos anos, muitos estudiosos têm defendido que os fótons perdem energia em sua longa viagem através do espaço. Esta é uma idéia totalmente plausível, já que as distâncias são as maiores com as quais temos experiência. Mas há vários argumentos observacionais que me convencem de que esta não é uma parte importante dos desvios para o vermelho cósmicos.

O primeiro é que à medida que olhamos para latitudes galácticas menores em nossa própria galáxia, vemos objetos através de uma crescente densidade de gás e poeira até eles serem quase totalmente obscurecidos. Nunca foi demonstrado nenhum aumento de desvio para o vermelho para os objetos vistos através desta quantidade crescente de material. Em segundo lugar, vimos que, se olharmos através do espaço extragaláctico, o exemplo de quasares ligados a galáxias com baixo desvio para o vermelho demonstra que dois objetos à mesma distância e com aproximadamente o mesmo comprimento de trajetória podem ter desvios para o vermelho bastante diferentes.

Finalmente, se dissermos que há nuvens de um meio que desvia para o vermelho ao redor de cada objeto individual, então deveria haver gradientes de desvio para o vermelho ao redor dos objetos determinados, que não são observados. Além disto, deveríamos ver silhuetas e efeitos de descontinuidade entre objetos adjacentes, que também não são observados. Talvez em algum nível a luz possa ficar cansada, mas isto não parece ser significativo nos desvios para o vermelho com os quais estamos lidando.

O Efeito K

Quando percebi que os desvios para o vermelho em excesso das estrelas jovens nas Nuvens de Magalhães forneciam uma confirmação do efeito K na Via Láctea, o fato lembrou-me que nenhuma explicação satisfatória havia sido proposta para o fenômeno. Quando fui consultar a literatura, ficou claro que a falta de uma explicação havia levado gradualmente a uma desconsideração das observações relacionadas com o problema.

Plaskett e Pearce em 1930 e 1934 haviam tentado explicá-lo como um movimento de fluxo de vento estelar, mas ele tinha de ocorrer num setor imenso de mais de 120 graus no céu. Smart e Green concluíram em 1936: "[...] o efeito K tem de ser considerado como uma correção siste-

152 ❂ O Universo Vermelho

mática da velocidade radial das estrelas tipo B[...]" Robert Trumpler, um astrônomo galáctico bem conhecido do Observatório Lick, tomou um caminho diferente, associando os desvios para o vermelho das estrelas OB não a uma grande quantidade de outras estrelas, e sim aos desvios para o vermelho dos aglomerados jovens aos quais elas pertenciam individualmente. Em 1935 ele relatou um desvio para o vermelho com excesso de 10 km/s de uma amostra de nove das estrelas mais luminosas em seis aglomerados.

Trumpler acreditava que tinha uma confirmação excitante da muito propagandeada teoria da relatividade geral (RG). Mas quando foi calculada a intensidade da gravidade na superfície destas estrelas, encontrou-se que era muito fraca para fornecer um desvio para o vermelho gravitacional tão grande quanto o observado. O restante da comunidade astronômica esqueceu prontamente o efeito K. Mas Trumpler seguiu confiante de que era um efeito gravitacional e continuou a medir mais estrelas. Em 1955, apresentou seus resultados acumulados numa conferência em Berna no 50º aniversário da teoria da relatividade. Havia 18 estrelas em dez aglomerados que forneciam um excesso médio de desvio para o vermelho de + 10 km/s ± 1 km/s. Este resultado tinha uma chance em cerca de 300 bilhões de ser acidental*.

Mas também devemos notar que Trumpler mediu suas estrelas O em relação às antigas estrelas B no aglomerado. Como apontou Finlay-Freundlich, as próprias estrelas B têm um efeito K, o que dobra aproximadamente o valor líquido de o excesso das estrelas O como relatado por Trumpler. Muitos outros pesquisadores encontraram este mesmo efeito em outras associações de estrelas luminosas jovens. Por exemplo, o renomado observador estelar Otto Struve mostrou que estes tipos de estrelas na Nebulosa de Orion tinham desvios para o vermelho em excesso de + 15 km/s. Quando corrigidos com relação aos ventos estelares, estes números ficavam próximos dos valores médios encontrados para a SMC de + 34 km/s e de + 29 para a LMC.

---

*. A maior parte dos astrônomos nunca soube deste resultado. O único motivo pelo qual sei sobre ele é que Jurgen Ehlers estava na conferência e deu-me a referência: *Helvetica Phys.Acta Suppl.*, IV, 106, 1956. É interessante ponderar as implicações.

h + Chi Perseu

Considerando resultados mais recentes, o agregado mais proeminente de estrelas supergigantes que vem imediatamente à mente é o aglomerado duplo que pode ser visto a olho nu como duas manchas fracas na constelação de Perseu, *i.e.* h + Chi Perseu. Ela está no próximo braço espiral externo ao nosso próprio e contém algumas das supergigantes azuis e vermelhas mais brilhantes conhecidas em nossa galáxia. Após consultar as medidas mais recentes sobre estas estrelas feitas por Roberta Humphreys, ficou óbvio para mim que as mais brilhantes entre estas estrelas jovens eram na média as mais desviadas para o vermelho.

A Figura 4-2 mostra como as mais brilhantes têm de novo excesso de desvio para o vermelho de + 15 km/s em relação às estrelas apenas pouco mais de duas magnitudes mais fracas. Sem dúvida, estas próprias estrelas mais fracas têm algum efeito K e naturalmente a correção de perda de massa que deve ser aplicada é ainda mais forte para a nossa galáxia já que ela é relativamente de alta metalicidade. Juntando tudo, a intensidade do excesso de desvio para o vermelho para as estrelas mais brilhantes neste aglomerado galáctico mais bem conhecido tem de estar em excesso de + 30 km/s, muito semelhante àquele relacionado às Nuvens de Magalhães.

Como um comentário paralelo, devemos observar que a não se levar em conta estas considerações, a cinemática do braço espiral calculada para a nossa própria galáxia tem de estar errada até certo ponto e devia ser recalculada. É interessante que quando enviei estes resultados ao pesquisador responsável em medir o espectro de h + chi Perseu e solicitei seus comentários, não houve resposta.

Efeito K em Outras Galáxias

O efeito K pode ser testado em outras galáxias próximas desde que haja evidência de estrelas jovens com alta luminosidade. O que aparece no espectro composto são linhas de absorção do hidrogênio, particularmente as linhas de excitação mais altas que são mais pronunciadas nas atmosferas rarefeitas das estrelas gigantes jovens. Como um exemplo, uma galáxia anã próxima chamada de NGC1569 é apresentada na Figura 4-3. Numa de

154 ✪ O Universo Vermelho

minhas últimas jornadas em Palomar obtive os espectros dos dois objetos com aparência estelar no centro desta anã peculiar. Gerard de Vaucouleurs havia pensado que eles eram radiação do gás de elétrons com alta energia (fontes síncrotron), mas para minha surpresa eles vieram a ter linhas espectrais pronunciadas exatamente como uma supergigante brilhante.

Mostra-se na Figura 4-4 que o espectro do mais brilhante destes objetos tem uma atmosfera de tão baixa densidade que as linhas de hidrogênio são tão estreitas que podem ser vistas facilmente até H12. Em estrelas com luminosidade mais baixa não se vê a série do hidrogênio tão estreita assim. Espectros compostos de galáxias, em geral, mostram principalmente apenas as linhas H e K do cálcio.

Com resolução mais alta estes objetos revelaram-se aglomerados compactos de estrelas* nos quais as velocidades estelares orbitais não eram altas o suficiente para alargar as linhas espectrais. (É intrigante que estes aglomerados sejam duplos, como é o aglomerado h + chi Perseu em nossa própria galáxia. Há muitos exemplos de objetos cósmicos duplos, mas é igualmente intrigante por que nunca se questionou nem se tentou dar uma resposta acerca deles.)

Com resolução espectral tão boa as linhas estreitas podem ser medidas precisamente e comparadas com as medidas de rádio precisas do hidrogênio neutro no qual a maior parte das galáxias jovens estão engastadas. No caso de NGC1569, como mostra a Tabela 4-1, as estrelas brilhantes neste jovem aglomerado duplo têm um desvio para o vermelho mais alto de cerca de + 35 km/s em relação ao hidrogênio na galáxia. Esta é a mesma situação que há nas Nuvens de Magalhães. E, naturalmente, a correção de perda de massa pode tornar este desvio para o vermelho em excesso ainda maior.

Encontrar evidências óbvias para desvios para o vermelho intrínsecos em inúmeras análises independentes de objetos sobre os quais pensamos conhecer muito, como as estrelas, é um empreendimento sensacional. Além do mais, como veremos mais tarde, a relação entre idade jovem, baixa razão massa-luminosidade e desvio para o vermelho cada vez maior é crucial para descobrir a causa do desvio para o vermelho intrínseco.

---

*. Quando escrevemos um artigo sobre esta observação Sandage votou pela interpretação de aglomerado de estrelas e eu votei por estrelas isoladas: Sandage estava certo.

Desvios para o Vermelho Intrínsecos nas Estrelas! 155

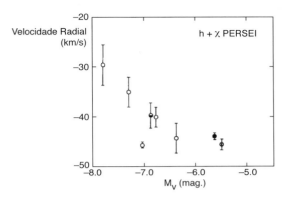

Fig. 4-2. Desvios para o vermelho dos membros mais luminosos dos aglomerados de estrelas h + chi Perseu em nossa galáxia. Os círculos vazios referem-se à classe de luminosidade Ia, os círculos preenchidos pela metade à classe Iab, os círculos cheios à Ib e o círculo com cruz à classe MIa-b. Novamente as estrelas mais jovens estão sistematicamente desviadas para o vermelho. Correções relativas ao vento devem acentuar o efeito.

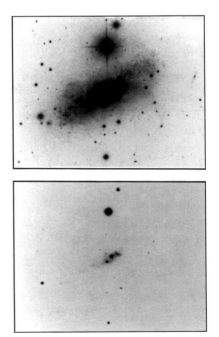

Fig. 4-3. Exposições mais longas mostram a morfologia anã desta galáxia ativa próxima. A exposição mais fraca aponta para os dois aglomerados de estrelas jovens que dominam o interior da galáxia. Estes aglomerados estão desviados para o vermelho por 36 e 35 km/s com relação à média da galáxia.

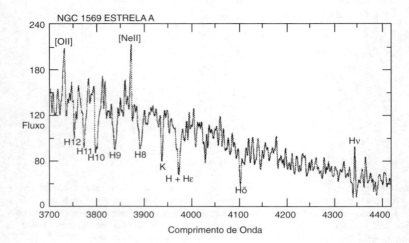

Fig. 4-4. O espectro do aglomerado de estrelas mais brilhante em NGC1569, mostrando as estreitas linhas de absorção de hidrogênio que distinguem as estrelas como evolucionariamente jovens.

Tabela 4-1. *Desvios para o vermelho intrínsecos das estrelas nas galáxias próximas*

Galáxia	Objetos	Efeito K + Perda de Massa	= total (cΔz) (km/s)
Via Láctea	estrelas O-B	0,6 a 22 + (17)	= 28
Via Láctea	H + chi Per	(15) + (17)	= 32
LMC	Supergigantes	7 + 22	= 29 ± 6
SMC	Supergigantes	17 + 17	= 34 ± 8
NGC1569	Aglomerado A	36 + –	≥ 36 ± 17
NGC1569	Aglomerado B	35 + –	≥ 35 ± 22
NGC2777	Espectros de tipos recentes	31 + –	≥ 31 ± 8
NGC4399	Espectros de tipos recentes	25 + –	≥ 25 ± 15
M31	Variáveis azuis irregulares	(100) + –	≥ (100)
M33	Variáveis azuis irregulares	21 + –	≥ 21

Ver *Mon. Not. Roy. Astr. Soc.* 258, 800 e *Ap. J.* 375, 569 para análise.

Não é uma Descoberta até que tenha sido Comunicada

Todo o material antes apresentado sobre desvios para o vermelho estelares em excesso forneceu uma demonstração bem impressionante do efeito. Os desvios para o vermelho em excesso das Supergigantes das Nuvens de Magalhães foram especialmente notáveis, pois os desvios para o vermelho médios das galáxias eram conhecidos com muita precisão. Por conseguinte, julguei apropriado submeter o material ao editor francês do *Astronomy and Astrophysics*, já que ele era um especialista nas Nuvens e havia acabado de terminar um amplo estudo sobre o gás de hidrogênio nelas encontrado.

Como fui ingênuo! O artigo retornou com uma rejeição não apenas rude, mas selvagem. Para responder uma objeção, realizei uma tarefa enorme de diferenciar o desvio para o vermelho de cada supergigante do hidrogênio local em sua vizinhança imediata. Naturalmente, o resultado foi o mesmo. O artigo voltou com uma rejeição ainda mais forte e com a sugestão de que devia apresentá-lo como uma prova da incorreção das medidas espectroscópicas de desvio para o vermelho.

O aspecto que mais me perturbava era que estes dados científicos muito importantes estavam sendo censurados por um editor cuja responsabilidade primária era a de comunicar tais dados. Contudo, após uns pensamentos angustiados, ocorreu-me estabelecer o princípio de que a principal obrigação de um editor era antes de tudo, publicar dados científicos válidos mais do que apenas comunicar os dados.

Como em outros casos, convenci-me de que se as pessoas confrontadas com casos claros de conduta imprópria não assumiam uma posição, não haveria esperança para uma mudança e todos os fatos subseqüentes tendiam a ser piores. Assim comecei o trabalho desanimador de descobrir quem eram os membros do conselho editorial, escrever um sumário, incluir o material pertinente e fazer um protesto oficial. Aconteceu que o então diretor do Instituto onde havia me refugiado como um cientista convidado estava numa conferência do Conselho Europeu que analisou a reclamação. Ele nunca se pronunciou a respeito, mas um dos meus colegas ouviu sobre o assunto e ficou furioso comigo. Tanto quanto sei, meu protesto não levou à nada. Mas descobri que o editor em questão fazia parte de comitê de visita à minha instituição hospe-

158 ✪ O Universo Vermelho

deira. Senti-me miserável sobre todo este incidente, mas ainda sinto que fiz o que tinha de fazer.

Naturalmente, tudo isto não resolveu o problema de divulgar os dados. Com hesitação, submeti então o artigo para o *Monthly Notices of the Royal Astronomical Society*. Grande dia! Tive um árbitro que aceitou o artigo, embora um pouco irritado. Creio que o artigo representou um caso impressionante quando finalmente foi publicado (MNRAS 258, 800), mas a publicação, pensei, esgotou-se nisto — um outro desenvolvimento importante caiu no buraco negro da teoria.

Fiquei surpreso algum tempo depois quando recebi um telefonema do principal especialista em estrelas luminosas na Via Láctea, Adrian Blaauw. Como um astrônomo mais velho, pertencia à era em que os astrônomos estudavam e realmente conheciam as estrelas de nossa própria galáxia. Ele disse: "Este artigo devia ter sido escrito dez anos atrás". Senti-me eufórico. Mais tarde veio à minha sala e conversamos longamente sobre o tema do artigo. Convidou-me para ministrar uma palestra para seus estudantes, mas a maioria deles permaneceu em silêncio e um ou dois dos alunos tentaram reelaborar as observações para que se ajustassem às suposições convencionais.

Após isto o caso se precipitou de uma maneira que é instrutivo relatar. Dois dos astrônomos modernos ainda trabalhando no efeito K estavam medindo estrelas O e B menos luminosas (eles haviam esgotado as mais luminosas). Além do mais, eles não fizeram correções relativas aos efeitos de vento, de tal forma que encontraram naturalmente um efeito menor. Eles fizeram então o anúncio mais satisfatório de todos: "Com as medidas de uma amostra maior o efeito anômalo desapareceu".

Por esta época Geoffrey Burbidge estava começando a incluir os resultados do efeito K em suas palestras como uma evidência adicional dos desvios para o vermelho intrínsecos. Em uma delas, um jovem astrônomo levantou-se entre o público e disse: "Oh, estes efeitos de vento positivos foram observados no Sol e são facilmente explicáveis." Conversei com ele após a palestra e ele não compreendia qualquer coisa sobre o sol ou sobre as supergigantes. Após uma outra palestra no IAU, um dos astrônomos que havia chegado à conclusão errada a partir de um teste do efeito Trumpler com estrelas mais fracas veio até Geoff e disse: "Caro amigo, após fazer a investigação moderna mais completa, provei que o efeito K não existe." Geoff foi um herói ao incluir em seus seminários a evidência de desvios para o vermelho não devido à velocidade, submetendo o assunto a uma platéia não desposta a ouvir tais constatações; mas é compreensível que tenha abandonado o efeito K em suas apresentações.

A Manobra das Plêiades

Freqüentemente quando um defensor do ponto de vista tradicional é ameaçado por evidência contrária, solicita observações adicionais. Isto atrasa a decisão, mas é uma posição científica incontestavelmente apropriada. Contudo, ela tem a tendência de operar da seguinte forma: Digamos que um especialista acredita num universo completamente homogêneo e o aglomerado de estrelas Plêiades é uma observação embaraçosa. Ele diz que há um número muito pequeno de estrelas para ser significativo estatisticamente — assim devemos testar esta hipótese obtendo uma amostra maior. Ele, então, mede todas as estrelas até a 21ª magnitude (não do aglomerado, de fundo) e relata de modo triunfal que a aglomeração diminuiu a ponto de não ser significativa! Isto deixa o não especialista médio olhando para o céu e acidentalmente se perguntando como este grupo de estrelas brilhantes pode ter sido assim tão notável.

NGC2777

Um sistema que merece atenção especial é este que contém uma galáxia principal, NGC2775, e uma galáxia companheira, NGC2777. A companheira tem medidas muito precisas de seu espectro estelar de tipo recente. O sistema está representado na Figura 4-5, e o espectro de NGC2777 é apresentado na Figura 4-6. Neste espectro a linha K indicadora de metais está praticamente ausente, *caracterizando a galáxia como tão jovem que gerações sucessivas de evolução estelar ainda não tiveram tempo de enriquecer o conteúdo metálico*. Novamente encontramos as estrelas mais jovens com um excesso de desvio para o vermelho medido com precisão (efeito K) de + 31 km/s (Tabela 4-1). De novo não se adicionou a correção de perda de massa. (Embora em estrelas pobres de metal a opacidade atmosférica seja menor e os ventos estelares não soprem tão forte.)

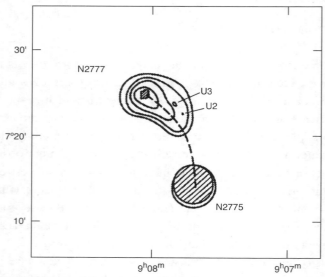

Fig. 4-5. NGC2775 é uma grande galáxia Sa que, como mostram os contornos de gás hidrogênio, parece estar ejetando a companheira com surto de formação estelar NGC2777 que tem um desvio para o vermelho superior em + 139 km/s. U3 e U2 são objetos ricos em emissão ultravioleta cujos espectros ainda não foram medidos.

Este sistema é um exemplo particularmente forte de uma companheira com um desvio para o vermelho maior do que sua progenitora (+ 139 km/s em relação a NGC2775, a galáxia Sa grande vizinha). A companheira tem até mesmo um "cordão umbilical", um feixe de hidrogênio neutro (H I) indo até a galáxia maior. É um exemplo aprimorado de uma galáxia companheira ligeiramente mais jovem, ligeiramente mais desviada para o vermelho, acabando de emergir de sua galáxia de origem (como descrito no capítulo anterior), mas vemos agora uma geração mais jovem de estrelas dentro dela tendo desvios para o vermelho ainda mais altos.

Naturalmente, a escola fusão/colisão interpreta isto como uma colisão recente entre duas galáxias da mesma idade.

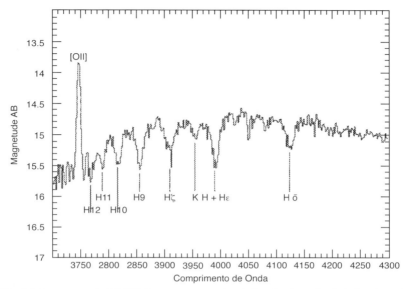

Fig. 4-6. O espectro de NGC2777 mostra as estreitas linhas de absorção de hidrogênio de estrelas supergigantes jovens. A linha K do cálcio é excepcionalmente fraca neste espectro indicando que é desprezível a contribuição das estrelas mais velhas nesta companheira com surto de formação estelar.

A Ânsia para Fundir

Como mencionado no capítulo anterior, alguns astrônomos viram galáxias peculiares vizinhas uma da outra, e supuseram imediatamente que a peculiaridade havia sido causada pelas galáxias estarem caindo uma em direção à outra. Ao ignorar a evidência empírica da ejeção das galáxias, eles ilustraram uma tendência infeliz na ciência, a saber, que, quando se confrontam com duas possibilidades, os cientistas tendem a escolher a errada. Mais tarde podemos explorar a teoria por trás desta observação, mas primeiro examinaremos os motivos pelos quais a colisão seria um modelo insatisfatório para sistemas como NGC2775/2777.

- O HI de NGC2777 volta diretamente em direção ao centro de NGC2775, implicando que a companheira se originou diretamente deste núcleo. Duas galáxias caindo cada uma em direção da outra teriam alguma componente transversal de velocidade e, portanto, não cairiam cada uma na direção da outra diretamente, mas teriam um encontro parabólico.

- As companheiras ao redor de uma galáxia principal teriam de orbitar por uns 15 bilhões de anos e apenas ocasionalmente cairiam cada uma delas em direção da outra para um encontro. Elas teriam de ser como a imensa nuvem de Oort de cometas, que fornece um visitante ocasional ao sistema planetário interno. Não são observados grandes reservatórios de companheiras ao redor de galáxias centrais.
- Há agora uma quantidade enorme de evidência de que as companheiras são sistematicamente desviadas para o vermelho. A hipótese fusão/colisão exige o mesmo número de companheiras se aproximando quanto se afastando.

Por que Não Publicá-lo?

O artigo intitulado "As propriedades de NGC2777:As galáxias companheiras são jovens?" levou dois anos e três meses para ser publicado no *Astrophysical Journal*. Os árbitros começaram com comentários como: "teorias malucas","julgamento distorcido","bem sem sentido","conjeturas revolucionárias" e "conjeturas sem base."Após cinco revisões, reclamações formais ao conselho editorial e intervenção editorial detalhada para lidar com reclamações como "muito difícil de ler" e "mal organizado," foi finalmente publicado. (Minha reclamação favorita foi a de que NGC2777 não havia sido identificada como uma companheira — aparentemente este árbitro não havia lido o título ou o resumo, nem mesmo olhado a figura.)

Contudo, um árbitro contribuiu com um sorriso simpático quando objetou que era ridículo imaginar novas galáxias sendo ejetadas como "pipoca" de galáxias velhas.

O Problema de Formação das Estrelas

O campo de pesquisa que as observações de NGC2777 haviam ofendido tão profundamente era o de cenários de fusão. Mas havia mais

Desvios para o Vermelho Intrínsecos nas Estrelas! ❂ 163

do que isto, já que NGC2777 era claramente uma galáxia "com surto de formação estelar" na qual estava ocorrendo formação atual, rápida, de estrelas. Uma das bases fundamentais da teoria convencional é que as estrelas são formadas como resultado da colisão de duas regiões com gás e poeira. (Grosseiramente, a idéia é a de que o gás seria comprimido pelo choque e os glóbulos colapsariam para formar estrelas.)

Ora, eu e meu co-autor, Jack Sulentic, fomos desrespeitosos o suficiente por sugerir que esmagar junto dois volumes de gás era a pior maneira possível de fazer estrelas. Isto simplesmente aqueceria o gás e geralmente faria com que as condensações se dissipassem*. Sugerimos em vez disto que a chave para a formação de estrelas era confinar o gás à medida que esfriava, como nos braços espirais das galáxias, que confinam o gás ionizado em tubos magnéticos que definem os braços. Quaisquer ejeções direcionadas a partir de um núcleo ativo iria esticar as linhas de campo magnético do interior em tubos de fluxo. A rotação da galáxia iria girar estes tubos originando os braços espirais. Estamos de volta ao meu velho cenário favorito: os braços espirais como ejeções que se tornam então os locais de nova formação de estrelas. Nas galáxias com surto de formação estelar de forma amorfa, talvez um disco rotacional de material ainda não tenha sido formado.

Ao tentar publicar a evidência de uma origem por ejeção da companheira com surto de formação estelar NGC2777, havíamos pisado em inúmeras suposições sagradas incluindo fusões, formação de estrelas induzidas por fusões e todas as galáxias como sendo velhas e tendo apenas desvios para o vermelho em decorrência da velocidade. Era lisonjeiro que a maioria dos estudiosos no campo tentasse de tudo para bloquear uma discussão destes problemas, mas foi também terrivelmente desencorajador quando, depois de finalmente publicado (*Astrophysical Journal* 375, 569, 1991), não despertasse discussão alguma.

---

*.   Isto lembra a Hipótese Planetesimal de Chamberlain-Moulton, que era a teoria aceita da formação de nossos planetas nos primeiros anos de 1900. A idéia era a de que uma estrela em trânsito arrancou um filamento do nosso sol que se condensaria nos planetas. Um aluno de escola elementar poderia ter dito que "uma bola quente de gás vai se dissipar e não condensar". Não sei se este foi o motivo da queda da teoria, mas ela foi subseqüentemente substituída por acreção planetária de material frio.

164 ✪ O Universo Vermelho

Galáxias com Surto de Formação Estelar

Agora que mencionamos estas galáxias que todos concordam conter muitas estrelas jovens, devemos fazer alguma tentativa de relacioná-las empiricamente a outras galáxias nos grupos característicos nos quais elas ocorrem, como a maioria das outras galáxias. Isto é feito na Tabela 4-2 onde estão listadas todas as galáxias com surto de formação estelar mais bem conhecidas. Os acadêmicos não gostam desta maneira de resolver a situação. Ela é tão simples — basta listar os exemplos mais proeminentes e ver se eles fornecem uma tendência clara. Não podemos nos lembrar de todos os casos em que isto foi feito, mas se a tendência é clara, uns poucos casos não vão mudá-la. Se vamos para exemplos menos proeminentes, provavelmente eles também confirmarão a relação — e se eles não o fizerem, temos de checar se eles são o mesmo tipo de objeto. Este método requer apenas uma boa familiaridade sobre o que o céu contém e pode ser feito apenas mentalmente.

Há uma tendência clara. A Tabela 4-2 lista as galáxias mais brilhantes e mais bem conhecidas que são classificadas como com surto de formação estelar (Am = *amorphous morphology* — morfologia amorfa, usualmente com alto brilho superficial, tipo espectral estelar jovem e cores infravermelhas "quentes", que todos concordam ser um critério de formação corrente de estrelas). As duas últimas colunas da tabela mostram claramente que estas galáxias com surto de formação estelar são companheiras de algumas das maiores e mais bem conhecidas galáxias centrais no céu, sendo que elas estão quase sempre desviadas para o vermelho com relação a estas galáxias.

Resumo Preliminar

O resultado mais importante até agora é o de que toda evidência empírica discutida neste livro estabelece um padrão pelo qual uma galáxia velha e grande ejetou material mais jovem, que formou galáxias companheiras menores e mais jovens ao redor dela. As galáxias mais jovens por sua vez, ejetam material, que dão origem a quasares e objetos BL Lac ainda mais jovens.

Desvios para o Vermelho Intrínsecos nas Estrelas! ⊙ 165

Tabela 4-2. *Galáxias Próximas com Surto de Formação Estelar*

Galáxia e tipo	Espectro óptico	Razão de fluxo infra-vermelho (60/100 μm)	Situação da companheira	
			$c\Delta z$ relativo à galáxia principal	Identificação
NGC2777 Am	Absorção muito recente + emissão	0,58	$+139 \pm 9$ ks s^{-1}	NGC2775
M82 Am	Absorção recente + emissão	1,02	$+286 \pm 5$	M81
NGC3077 Am	Absorção recente + emissão	0,59	$+57 \pm 6$	M81
NGC404 SO$_{pec}$	Absorção recente + emissão	0,49	$+228 \pm 10$	M31
NGC1569 S$_m$IV (Am)	Absorção muito recente + emissão	0,91	$+157 \pm 8$	M31
NGC5195 SBO (Am)	A-F	1,7	$+11 \pm 8$	M51
NGC5253 Am	Absorção recente + emissão	1,06	(-104 ± 9)	NGC5128
NGC1510 Am	Absorção recente + emissão	0,63	$+69 \pm 9$	NGC1512
NGC520 Am	A-F	0,66	...	Incerto
NGC1808 SB$_c$ pec	...	0,72	...	Incerto
Galáxias dominantes em grupos para comparação				
M81 S$_b$ I-II	Normal tipo tardia	0,27	...	...
NGC2683 S$_b$ I-II	Normal tipo tardia	0,20	...	...
NGC7331 S$_b$ I-II	Normal tipo tardia	0,24	...	...

A hierarquia etária é evidente a partir das propriedades dos objetos nos grupos característicos em que aparecem as galáxias. A origem por ejeção dos objetos mais jovens é clara a partir de seu emparelhamento que ocorre de lado a lado dos núcleos ativos, de suas conexões luminosas de volta até os centros ativos e da propensão geral para ejeção de material emitindo rádio, raios X e gás excitado.

Numa correspondência um a um com a hierarquia etária, há uma hierarquia de desvio para o vermelho. Toda linha de evidência analisável mostra que quanto mais jovem é o objeto dentro do grupo, mais alto é

166 ❂ O Universo Vermelho

seu desvio para o vermelho intrínseco. Mas agora temos de lidar mais rigorosamente com o que significa "jovem" para estrelas e galáxias.

Idades das Estrelas

A formação convencional de estrelas acontece num meio gasoso quando uma flutuação de densidade contrai gravitacionalmente o material até o ponto de ignição para a radiação de fusão nuclear. O gás poderia estar em existência há longo tempo, mas se considera que a vida da estrela começa no momento da ignição. Se então uma estrela evolui, digamos, por uns poucos bilhões de anos até uma luminosidade mais fraca, pensa-se usualmente nela como uma estrela "velha". Manteremos o termo "idade" como um indicador de seu estágio evolucionário, mas também introduziremos o conceito da idade do material do qual é feita a estrela ou galáxia. Na teoria do *Big Bang*, toda a matéria foi feita ao mesmo tempo há uns 15 bilhões de anos. Assim, não há conceito de matéria "jovem" e "velha" na fraseologia atual, mas aqui teremos de falar de um quasar sendo feito de matéria jovem (matéria criada mais recentemente) com o objetivo de dar conta de seu desvio para o vermelho intrínseco.

Como isto funcionaria no caso das galáxias reais, digamos M31 e nossa própria galáxia, ou a Via Láctea e as Nuvens de Magalhães? A Figura 4-7 mostra uma galáxia progenitora criada há 17 bilhões de anos. Diferente da teoria do *Big Bang*, que supõe que toda a matéria foi criada instantaneamente, sugerimos que é muito mais realístico criar qualquer protogaláxia dada num pequeno intervalo de tempo — ao redor de 6 milhões de anos como indicado pela distribuição gaussiana na Figura 4-7. (O intervalo de criação seria de 0,03% da idade da progenitora.) Agora suponha que cerca de 8 milhões de anos após a criação da progenitora, a progenitora ejete material novo que eventualmente vai desenvolver-se numa galáxia companheira. Como indica a Figura 4-7, esta companheira mais jovem tem uma extensão similar na idade de seu material. *Então, as estrelas formadas mais recentemente na companheira serão de preferência compostas da matéria formada mais recentemente.*

Isto explicaria o fato de as estrelas mais brilhantes nas Nuvens de Magalhães terem pequenos desvios para o vermelho intrínsecos e das estrelas mais brilhantes em nossa galáxia Via Láctea terem a mesma ordem de desvios para o vermelho intrínsecos. Pensaremos sobre este ponto um tanto difícil numa seção posterior, mas primeiro devemos explicar que o resultado empírico pelo qual os objetos "mais jovens" têm desvios para o vermelho intrínsecos maiores tem uma explicação teórica. Na verdade, a explicação nos permite testar a relação *numérica* entre idade e desvio para o vermelho.

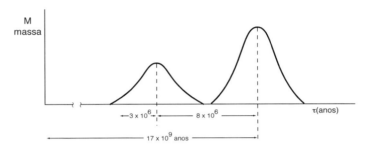

Fig. 4-7. Representação esquemática de uma galáxia com grande massa criada há 17×10^9 anos atrás. A galáxia companheira menor foi criada 8×10^6 anos mais tarde. A matéria nas estrelas OB mais brilhantes na companheira é criada 3×10^6 anos após a época de criação da companheira.

Por qual motivo a Matéria Mais Jovem tem Maior Desvio para o Vermelho?

Em 1966, quando ficou claro que o quasar 3C273 estava no aglomerado de Virgem e que outros quasares estavam associados com galáxias próximas, a questão intimidadora sobre o que causava seus desvios para o vermelho lançou uma sombra agourenta sobre tudo. Rapidamente ficou evidente que a não ser que houvesse uma explicação plausível, o resultado nunca seria aceito independentemente de quão forte fosse a evidência observacional. E se o resultado não fosse aceito, as observações que levariam a uma explicação seriam interrompidas. Este é o dilema insolúvel que limita a Academia.

Mas um padrão de reconhecimento empírico simples nas observações mostrou que havia uma transição física contínua entre os quasa-

168 ☯ O Universo Vermelho

res compactos com alto desvio para o vermelho passando pelas galáxias companheiras ativas com alto brilho superficial e indo finalmente até as galáxias com aparência normal mais relaxadas. Isto, empiricamente, também era uma seqüência contínua na idade desde os mais jovens com maiores desvios para o vermelho, até os mais velhos com os menores desvios para o vermelho. Mas qual era a causa, qual era a razão pela qual os mais jovens tinham os maiores desvios para o vermelho?

Em 1964, Fred Hoyle e Jayant Narlikar propuseram uma teoria da gravitação (preferia agora chamá-la de uma teoria de massa) que tinha sua origem no princípio de Mach. Segundo esta teoria toda partícula no universo deriva sua inércia do restante das partículas no universo. Imagine um elétron que acabou de nascer no universo antes de ele ter tido tempo de "ver" quaisquer outras partículas em sua redondeza. Ele tem massa nula já que não há nada em relação a qual possa medi-la operacionalmente. À medida que passa o tempo ele recebe sinais de um volume de espaço que cresce na velocidade da luz e contém cada vez mais partículas. Sua massa cresce na proporção da quantidade e intensidade dos sinais que recebe.

Agora vem um ponto-chave: Se a massa de um elétron saltando de uma órbita atômica excitada para um nível mais baixo é menor, então a energia do fóton de luz emitido é menor. Se o fóton é mais fraco, ele é desviado para o vermelho. Exploraremos isto rigorosamente no capítulo sobre Cosmologia, mas é suficiente aqui entender que *elétrons de menor massa darão maiores desvios para o vermelho e se esperava que elétrons mais jovens tivessem massa menor.* (Naturalmente as massas de todas as partículas crescem juntas, mas é principalmente uma mudança na massa do elétron que determina a mudança no comprimento de onda, ou desvio espectral, do fóton emitido numa transição.)

Previsões Quantitativas

Foi um grande alívio possuir o respeito lógico de que a matéria criada recentemente tivesse de início altos desvios para o vermelho. Esta idéia ajustava-se muito bem a toda série de dados importantes. Além do mais, se a teoria do *Big Bang* convencional criou matéria uma vez, não havia razão que impedisse de ela ser criada de novo em épocas posteriores. Na verda-

Desvios para o Vermelho Intrínsecos nas Estrelas! ⊙ 169

de, não seria exatamente uma nova criação, mas mera materialização de massa-energia a partir de uma localização diferente, talvez difusa.

Contudo, o credo da ciência incutido nas escolas diz: "As teorias científicas reais prevêem resultados numéricos que podem ser medidos – quanto maior o número de decimais, melhor!" Fiquei receoso se a relação idade-desvio para o vermelho seria alguma vez formulada durante a minha vida com detalhes suficientes para prever relações numéricas. Então aconteceu uma coisa da qual inicialmente não fiquei ciente. Em 1977, Jayant Narlikar generalizou as equações sagradas da relatividade geral (*Annals of Physics* 107, 325). As conseqüências, acredito, são profundas e as discutiremos detalhadamente no capítulo de cosmologia. Mas a essência da solução era muito simples:

(1) $m = at^2$ onde a = constante

Isto significa que a massa da partícula, m, varia com a sua idade ao quadrado. Como o desvio para o vermelho varia inversamente com a massa, temos uma relação numérica entre a idade de uma partícula e seu desvio para o vermelho:

(2) $(1 + z_1)/(1 + z_0) = t_0^2/t_1^2$

onde z_0 é o desvio para o vermelho da matéria criada t_0 anos atrás e z_1, o desvio para o vermelho da matéria criada t_1 anos atrás. Seja t_0 a idade da matéria mais velha criada e, por referência, seja seu desvio para o vermelho $z_0 = 0$. A primeira parte da Tabela 4-3 lista o desvio para o vermelho em excesso calculado para a matéria que é de 1 a 9 milhões de anos mais jovem do que a matéria de que consiste a galáxia progenitora.

É claro que para a matéria 3 milhões de anos mais jovem do que o material médio na galáxia, o desvio para o vermelho intrínseco é de cerca de 35 km/s. Três milhões de anos é muito próximo do quanto mais jovem estimaríamos ser a matéria nas supergigantes mais luminosas. Como fazemos esta estimativa? Olhando para a Figura 4-8 vemos (essencialmente) o diagrama luminosidade-temperatura para a SMC com as supergigantes mais brilhantes assinaladas como círculos vazios. As linhas tracejadas indicam caminhos ao longo dos quais elas evoluem rapidamente. As estrelas atravessam o caminho superior em aproximadamente três milhões de

Tabela 4-3. *Cálculos a partir da Eq. (2) dos Desvios para o Vermelho Intrínsecos-Idade*

cz_1 (desvio para o vermelho intrínseco) (km/s)	$t_0 - t_1$ (diferença de idade da matéria mais jovem em anos)	
12	1×10^6	Algumas estrelas evoluídas
35	3×10^6	Estrelas supergigantes
71	6×10^6	Companheiras do Grupo Local
106	9×10^6	Companheiras do Grupo Local
8.000	$6,7 \times 10^8$	Companheira de NGC7603
28.000	$2,2 \times 10^9$	Companheira de NGC1232

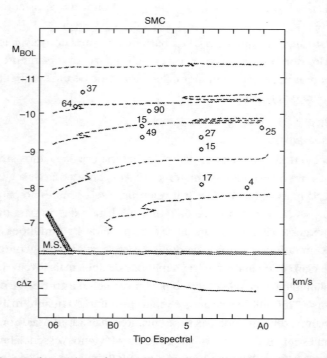

Fig. 4-8. Os caminhos evolucionários das estrelas de massa alta no diagrama Herztsprung-Russell (magnitude absoluta temperatura). As estrelas mais brilhantes evoluem fora da seqüência principal (*main sequence* – M.S.) num tempo de apenas cerca de 3×10^6 anos. Os círculos vazios representam supergigantes jovens na Pequena Nuvem de Magalhães. Seus excessos de desvio para o vermelho são representados em km/s.

anos. Ora as estrelas feitas de matéria com a idade média da galáxia vão preencher o diagrama com caminhos de estrelas de uma dada luminosidade e mais fracas. Estrelas feitas de matéria 3 milhões de anos mais jovem vão preencher estes mesmos caminhos com *mais um caminho mais brilhante cerca de 3 milhões de anos mais jovem do que o caminho da matéria velha mais brilhante.* Como há um limite superior para a luminosidade devido à pressão de radiação e velocidade da evolução, quando olhamos para as estrelas mais luminosas numa galáxia vamos ver as estrelas feitas da matéria mais jovem. A diferença de idade será de cerca de 3 milhões de anos. Isto prevê um desvio para o vermelho intrínseco de aproximadamente 35 km/s, que é aproximadamente o efeito K que medimos para as estrelas mais luminosas no grupo de galáxias discutidas anteriormente.

As Idades das Galáxias Companheiras

E sobre as idades das galáxias companheiras? Discutimos em capítulos anteriores como as galáxias, particularmente em seus estágios mais jovens e ativos, ejetam objetos e material que mais tarde evoluem em galáxias companheiras. Vamos argumentar mais adiante que é a criação de matéria nova que causa a ejeção., mas, independente do processo de ejeção, se o material ejetado prossegue sem impedimento ao longo dos pólos e então cai de volta para uma órbita próxima ou se atravessa o plano e emerge lentamente, o material é ao menos um pouco mais jovem do que a galáxia progenitora.

O quanto mais jovem só pode ser julgado determinado para as estrelas na companheira. A Figura 4-9 mostra como o diagrama cor-magnitude da maior parte das estrelas numa galáxia apareceria se pudéssemos representar graficamente suas luminosidades e cores individuais. As estrelas mais velhas evoluíram para baixas luminosidades e cores vermelhas. À medida que vamos para magnitudes absolutas mais brilhantes, as estrelas tornam-se geralmente mais azuis até que encontramos as supergigantes mais brilhantes que, como vimos na Figura 4-8, têm tempos de vida muito curtos de apenas uns poucos milhões de anos. Mas quando olhamos para uma galáxia que está muito distante para resolver estrelas

172 ✪ O Universo Vermelho

muito fracas, temos de lidar com um espectro composto que é uma integração de todas as estrelas em um espectro.

Se o espectro composto é dominado por espectros estelares de tipo recente, então sabemos que a maioria das estrelas são jovens e a própria galáxia é provavelmente bem jovem (desconsiderando um surto, necessariamente raro, de formação de estrelas numa galáxia velha). Se o espectro composto é dominado pelas estrelas de baixa luminosidade, sabemos que a galáxia é velha, mas é difícil dizer exatamente quão velha. Por exemplo, se o último caminho, o caminho evolucionário de 10 bilhões de anos na Figura 4-9, estivesse faltando, o espectro composto pareceria aproximadamente o mesmo; contudo, a galáxia seria muito mais jovem.

Se olharmos detalhadamente as galáxias companheiras em nosso Grupo Local, as anãs mais relaxadas do ponto de vista dinâmico, mais vermelhas, como M32 ou NGC205 (ver Figura 3-1) mostram alguma indicação de mais luz ultravioleta, o que indica que elas são pouco mais jovens do que uma velha galáxia E gigante — mas não muito. Se dissermos que elas são entre dez e cem milhões mais jovens do que a progenitora M31, então pela Tabela 4-1 elas deveriam ter entre 100 e 1.000 km/s de desvio para o vermelho intrínseco. Isto é próximo do que é observado, como demonstram as Figuras 3-13 e 3-16 no capítulo anterior.

Naturalmente, aquelas com mais indicadores de estrelas jovens, como NGC404, IC342 e M82, mostram desvios para o vermelho em excesso maiores do que os espectros compostos mais velhos. Se vamos para as companheiras ao redor de galáxias com desvio para o vermelho mais altos, como as companheiras ao redor de NGC7603 e NGC1232, observamos na parte inferior da Tabela 4-3 que elas teriam de ser cerca de 0,7 e 2 bilhões de anos mais jovens respectivamente do que sua galáxia de origem.

A companheira de NGC7603, como apresentada na Figura 4-10 (e Gravura 4-10), está claramente ligada ao centro da galáxia ativa Seyfert, mas sempre me incomodou que o espectro integrado parecesse velho. Agora, contudo, podemos ver na Tabela 4-3 que ela só parecesse ser 0,7 bilhões de anos mais jovem — isto é, apenas cerca de 4% mais jovem do que a idade suposta de 15 bilhões de anos de sua progenitora – o que seria o suficiente para dar conta de seu espectro.

Desvios para o Vermelho Intrínsecos nas Estrelas! ◯ 173

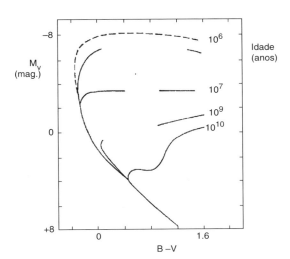

Fig. 4-9. Um diagrama Hertzsprung-Russell esquemático de uma galáxia com seqüências rotuladas de estrelas de idades diferentes. Estrelas formadas há 3×10^6 anos antes do que a idade média da galáxia apenas se desviariam dos caminhos evolucionários mais brilhantes e mais jovens como está indicado pela linha tracejada.

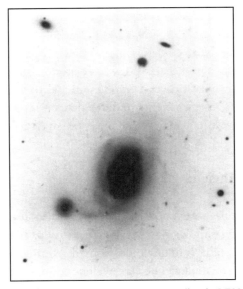

Fig. 4-10. A galáxia NGC7603 tem um desvio para o vermelho de 8.700 km/s. Ligada a ela está uma companheira com desvio para o vermelho de 17.000 km/s. Trata-se de NGC7603, uma galáxia Seyfert.

174 ✪ O Universo Vermelho

Mesmo na companheira azul de NGC1232 (a companheira é identificada por uma seta branca na capa de trás de *Quasars, Redshifts and Controversies* e discutida na pág. 88), a época de criação exigida é de apenas cerca de 2 bilhões de anos mais tarde (12%) do que a criação da espiral de origem. Contudo, na companheira azul de NGC1232 o espectro é anormalmente azul. Certos indicadores de estrelas velhas como absorção de Na I e Mg I estão faltando — indicando talvez que a era de formação das estrelas mais velhas foi trazida para tempos visivelmente mais recentes do que nas galáxias normais.

Estes dois últimos objetos são objetos importantes a serem investigados com espectroscopia e obtenção de imagens de alta resolução, que são possíveis com os novos telescópios gigantes do mundo. Ambos são intrinsecamente fascinantes e seu estudo forneceria a oportunidade de explorar quantitativamente as escalas de tempo e os processos físicos da criação dos elementos mais fundamentais em nosso universo.

No total, já existem 38 casos conhecidos de companheiras com alto desvio para o vermelho em excesso como mencionado no Capítulo 3. Eles vão de + 4.000 a + 36.000 km/s de desvios para o vermelho mais altos do que suas galáxias de origem. Qualquer pessoa que vir os exemplos de *Quasars, Redshifts and Controversies* ou os artigos originais, *Astrophysical Journal* 239, 469, 1980 e 256, 54, 1982 — qualquer um que simplesmente olhar cuidadosamente as interações e conexões entre estas galáxias com altos e baixos desvios para o vermelho sabe que elas estão associadas. A maior parte das companheiras tem espectros indicando componentes invulgarmente grandes de estrelas jovens e deveriam ter sido investigadas nos maiores detalhes possíveis há muito tempo.

A Teoria Explica as Observações?

Em essência, uma teoria apenas relaciona todos os fatos conhecidos na forma mais simples possível. Fomos forçados pelas observações a considerar o que faria com que o desvio para o vermelho do material da galáxia diminuísse à medida que ela envelhecia. A única possibilidade simples parecia ser a de que as massas das partículas elementares aumentassem com o tempo. Vimos que isto satisfaz os limites fundamentais da física como atualmente entendemos o assunto, *i.e.*, é uma solução válida das equações de campo de Einstein generalizadas.

São diversas as observações que precisam ser explicadas, indo das estrelas jovens com excesso do efeito K e baixo desvio para o vermelho até os imensos desvios para o vermelho intrínsecos dos quasares. A idade da matéria formando as estrelas que exibem efeito K pode ser inferida da teoria de evolução estelar. A fórmula idade-desvio para o vermelho permite calcular seu desvio para o vermelho intrínseco. É impressionante verificar quando o desvio para o vermelho previsto concorda com o desvio para o vermelho observado até uma precisão melhor do que uma ordem de grandeza.

Agregados de estrelas na forma de galáxias companheiras podem ter suas idades estimadas pela natureza de seus espectros compostos. Acontece que estas estimativas mostram seus desvios para o vermelho intrínsecos observados dentro da ordem de grandeza. Em capítulos posteriores apresentaremos que os desvios para o vermelho muito altos dos quasares também são previstos pelas idades jovens inferidas para eles.

Em resumo, é recompensador observar que usamos a maior parte do que é conhecido sobre as estrelas — sua composição e estrutura, espectros, aglomerações, evolução e relação com a morfologia da galáxia – para calcular o que está causando seus desvios espectrais não devidos à velocidade. Este corpo de conhecimentos, considerado como um todo, indicou-nos uma propriedade fundamental da massa. É difícil imaginar como uma faixa tão ampla de fenômenos observados pode ser explicada tão satisfatoriamente se este princípio for incorreto. Nos capítulos seguintes será excitante ver quais reflexões ele nos proporcionará sobre a natureza da criação e da evolução no universo.

5. O Superaglomerado Local

Um dos catalogadores de galáxias mais dedicados foi Gerard de Vaucouleurs. Na década de 1950 ele começou a notar que as galáxias brilhantes estavam ao longo de um grande círculo no céu. Vaucouleurs percebeu que as galáxias estavam distribuídas num disco achatado, e que sua concentração mais forte estava na direção da constelação de Virgem. Estamos em algum lugar próximo da borda deste superaglomerado de galáxias e vemos seu centro como o aglomerado de Virgem distante cerca de 17 Mpc (55 milhões de anos -luz). Como isto violava suas suposições de homogeneidade para o universo, outros catalogadores zombaram dele inicialmente, mas, hoje em dia, determinações de latitude e de longitude supergalácticas são uma forma aceita de localizar objetos no Superaglomerado Local. Portanto, o aglomerado de Virgem é o centro do maior agregado físico de galáxias que podemos estudar detalhadamente. Veremos que ele contém a maior série de tipos de objetos, idades e energias. É nele que podemos observar melhor uma ampla gama de processos físicos e a relação dos diferentes objetos entre si.

No Capítulo 3 vimos que as galáxias (companheiras) menores no aglomerado de Virgem tinham sistematicamente desvios para o vermelho maiores do que as galáxias mais velhas e maiores. Podemos testar e estender nossas conclusões anteriores sobre as relações idade-desvio para o vermelho ao tentar entender como está estruturado o aglomerado de Virgem e como ele está evoluindo. Uma das análises mais informativas foi feita por C. Kotanyi e está apresentada aqui na Figura 5-1. O quadro superior esquerdo mostra a distribuição das elípticas gigantes. M49 é a mais brilhante no centro do aglomerado e há uma linha de elípticas brilhantes acima dela.

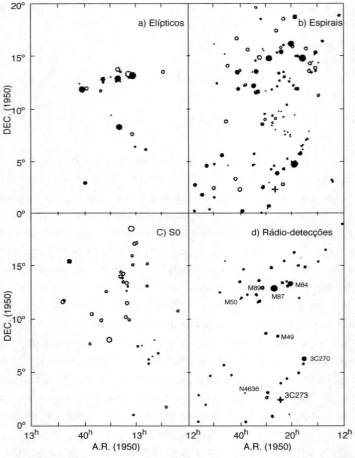

Fig. 5-1. Radiogaláxias no aglomerado de Virgem estão indicadas por círculos cheios. Os tamanhos dos símbolos aumentam com a luminosidade óptica em a), b) e c). Os tamanhos dos símbolos aumentam com o brilho de rádio em d) (Kotanyi 1981).

Os quadros mais interessantes estão no lado direito superior e inferior, que mostram respectivamente as galáxias espirais e as radiogaláxias. As galáxias espirais são notáveis por seu brilho, estrelas jovens e espectros integrados de tipo recente. As radiogaláxias estão emitindo radiação devido ao movimento rápido das partículas carregadas, uma atividade que geralmente seria esperada diminuir com a idade. Como resultado disto, a configuração das galáxias nestes dois quadros parece muito com uma espiral gigante, com os objetos mais jovens para fora em direção das extremidades dos braços.

A posição de 3C273 teve de ser adicionada como um sinal de mais na Figura 5-1d já que, embora fosse o quasar mais notável no céu, os astrônomos insistiram que seu desvio para o vermelho o colocava a uma distância 54 vezes maior ao fundo.

Um Modelo para o Aglomerado de Virgem

A explicação convencional para as galáxias espirais é a de que elas estão numa rotação de equilíbrio e de que uma onda espiral move-se ao longo do disco condensando o gás e formando novas estrelas. Este modelo é necessário para evitar que os braços espirais materiais, como eles parecem ser, terminem num círculo após umas poucas rotações (apenas uma pequena porcentagem da idade convencional da galáxia). Esta solução foi proposta por um matemático, C. C. Lin, virando moda rapidamente. Contudo, há inúmeros argumentos observacionais contra este modelo (*IEEE Transactions on Plasma Science*, vol. PS–14, Dez. 1986, pág. 748). O modelo alternativo é que o material é ejetado em direções opostas do núcleo da espiral e, ou a ejeção gira, ou uma rotação diferencial no disco deixa o caminho de ejeção com uma forma espiral.

A galáxia mais brilhante no centro do aglomerado de Virgem, M49, é ativa. Sua atividade é comprovada por sua emissão bem intensa de rádio e raios X. Se ela tivesse ejetado no passado, algum material aproximadamente na direção norte-sul e, então, se tivesse continuado a ejetar à medida que girava na direção anti-horária, por cerca de 1/8 de volta, esperaríamos um padrão aproximado de espiral como o observado para as espirais e detecções de rádio na Figura 5-1.

O que pode ter sido ejetado da galáxia central do aglomerado de Virgem? Esbarrei na resposta em 1966 enquanto estava completando o

Atlas de Galáxias Peculiares. A Figura 5-2 mostra que, alinhadas diretamente de lado a lado de M49 (número 134 no *Atlas*), aproximadamente na direção norte-sul, estão duas das fontes de rádio mais brilhantes no céu, 3C273 e 3C274 (M87). A improbabilidade disto ser uma associação casual foi calculada em 1967 como sendo por volta de uma em um milhão. Talvez ainda mais convincente era a questão de senso comum. É significativo que o radioquasar mais brilhante no céu esteja no aglomerado dominante no céu — e forme um par com a radiogaláxia mais brilhante no aglomerado, alinhados quase exatamente ao redor da galáxia mais brilhante no centro do aglomerado? O resultado foi publicado na *Science* em 1966 e no *Astrophysical Journal* em 1967. É incompreensível para mim como as pessoas da área podiam continuar acreditando que os quasares estavam em suas distâncias de desvio para o vermelho mesmo depois deste resultado. Há mais de trinta anos a astronomia apostou, contra chances de um milhão para uma, que esta observação era um acidente.

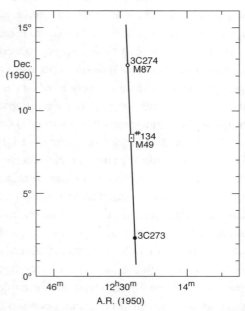

Fig. 5-2. Uma das radiogaláxias mais brilhantes no céu, 3C274 (M87), e o radioquasar mais brilhante no céu, 3C273, estão emparelhados de um lado e de outro lado da galáxia mais brilhante no centro do aglomerado de Virgem, M49 (Arp134). O alinhamento está dentro da precisão das medidas.

Linhas de Galáxias ao longo das Direções de Ejeção

Em 1968, após terem sido identificadas no céu as radiogaláxias mais brilhantes, olhei simplesmente para as menores galáxias em suas redondezas e as vi alinhadas conspicuamente de lado a lado da galáxia central. Na maioria dos casos este alinhamento coincidia com a direção de ejeção do material de rádio a partir da galáxia central (*Pub. Astr. Soc. Pacific* 80, 129, 1968). Numa carta pessoal, de Vaucouleurs disse que havia alguma coisa muito significativa nisto, mas nunca pôde dar o passo óbvio de que as galáxias desta linha tinham uma origem por ejeção a partir da radiogaláxia grande.

Na Figura 5-3, a linha das galáxias E através de M87 (também conhecida como 3C274 e Virgem A) está reproduzida do artigo de 1968. Ela mostra como as galáxias E menores se alinham ao longo do famoso jato azul descoberto em 1918. Contudo, durante todo este tempo nunca foi considerada a inferência evidente: que os nódulos azuis neste jato estão conectados com protogaláxias novas emergindo. A Figura 5-4 mostra a distribuição das fontes de raios X mais brilhantes nesta região do aglomerado de Virgem. A mesma linha está marcada pelos objetos de raios X ativos! É interessante ver que a fonte de raios X brilhante na extremidade ONO da linha do jato não é outra senão o quasar brilhante PG1211+143 discutido no Capítulo 1. Lá se observou que o objeto é definido não-operacionalmente como um quasar, embora ele seja realmente mais uma galáxia Seyfert com alto desvio para o vermelho ($z = 0,085$). E como muitas outras Seyferts discutidas naquele Capítulo, ela está ejetando quasares com desvio para o vermelho ainda mais altos ($z = 1,02$ e 1,28). Assim, temos M87 ejetando uma Seyfert, que por sua vez está ejetando quasares. Vemos uma hierarquia de geração, os objetos mais jovens tendo desvios para o vermelho cada vez maiores.

Retornando para a estrutura do aglomerado de Virgem, é importante notar que na Figura 5-1 as espirais formam uma oval vazia justamente ao redor da linha das galáxias E. Novamente o catalogador experiente do aglomerado de Virgem, de Vaucouleurs, observou isto, mas atribuiu em geral as espirais a um aglomerado separado *atrás* do aglomerado de Virgem já que elas tinham sistematicamente maiores desvios para o vermelho. Sabemos agora (alguns de nós de qualquer forma) que as espirais têm maiores desvios para o vermelho porque elas são mais jovens. E que mais pode significar a oval vazia senão que elas foram ejetadas como protogaláxias a partir da linha das galáxias E mais velhas? Aparentemente vemos pelo menos três gerações de galáxias no aglomerado de Virgem, e se as poucas galáxias com desvio para o vermelho negativo são ainda mais velhas, talvez tenhamos ainda mais gerações.

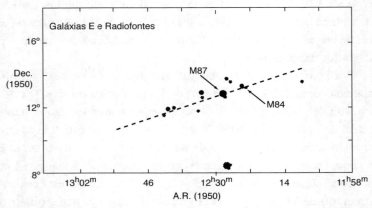

Fig. 5-3. Um gráfico de todas galáxias E na parte Norte do aglomerado de Virgem. Estão marcadas as fontes intensas de rádio, M87 e M84.

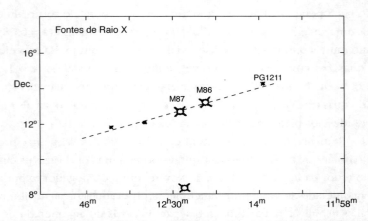

Fig. 5-4. Uma ampliação da região anterior com fontes intensas de raios X marcadas por x. PG1211 é o quasar/Seyfert discutido no Cap. 1 e está ao longo da linha do jato a partir de M87.

A Linha de Centauro A

Uma outra radiogaláxia gigante, o exemplo mais próximo de nós, deve servir para solidificar este quadro já que ela mostra a mesma estrutura que Virgem A. A Figura 5-5 apresenta uma grande área no céu de 40 40 graus. Seis entre as sete galáxias mais brilhantes estão ao longo de uma linha centrada na radiogaláxia Cen A, que é a mais brilhante. As radiofontes mais brilhantes (marcadas por setas) estão ao longo desta mesma linha. Há um jato de rádio bem evidente no interior de Cen A (NGC5128) e, como em Vir A, um jato intenso de raios X coincidente com o jato de rádio (ver Quasars, Redshifts and Controversies, pág. 139). Esta mesma referência mostra que há uma rotação de cerca de 1/8 de volta a partir da direção da linha mais externa de galáxias e filamentos em relação a direção dos jatos mais internos. Esta é quase a rotação inferida da ejeção de M49 no centro do aglomerado de Virgem.

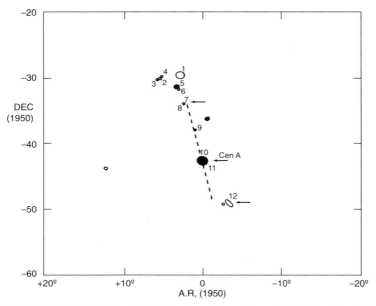

Fig. 5-5. Seis entre sete galáxias mais brilhantes nesta grande região do céu estão de lado a lado da radiogaláxia gigante Centauro A. As setas marcam as radiogaláxias mais brilhantes na região. Os números se referem a várias Seyferts e galáxias ativas que estão ao longo desta linha e que estão identificadas no texto. Jatos de rádio e de raios X no centro de Cen A estão girados ligeiramente em relação à esta direção.

184 ⚙ O Universo Vermelho

Os desvios para o vermelho das galáxias companheiras ao longo desta linha variam de valores próximos ao da galáxia central até cerca de 4.000 km/s mais altos. Mas, como mostra a Tabela 5-1, há inúmeras galáxias Seyfert ao longo desta linha que têm desvios para o vermelho ainda mais altos. O exemplo primoroso é IC4329A (número 3 na Figura 5-5) que é uma fonte de raios X muito intensa. Esta Seyfert é uma companheira de IC4329, uma galáxia E mais brilhante com desvio para o vermelho mais baixo em 560 km/s. IC4329A tem quasares identificados e candidatos ao seu redor esperando por medidas de desvios para o vermelho. Podemos ter aqui uma réplica da ejeção por M87 da Seyfert PG1211+143 que, por sua vez, está ejetando um par de quasares de raios X.

Tabela 5-1. *Identificação das Galáxias Ativas na linha de Cen A (Fig. 5-5)*

N°	Objeto	Desvio para o vermelho	Mag.Ap.	Classe	Comentários
1	M83	0,0009	$B_T = 8,51$	SBc	Radiofonte intensa
2	IC4329	0,014	$B = 12,60$	S0	Raios X fraco
3	IC4329A	0,016	$V = 13,66$		Raios X intenso, Seyfert 1
4	IRAS 13454-2956	0,130	$V = 17,71$		Radiofonte, Seyfert
5	NGC5253	0,0005	$B_T = 11,11$	HII	Com surto de formação estelar, rádio, raios X
6	MS13351-3128	0,082	$V = 19$		Raios X, Seyfert 1
7	IC4296	0,011	$B_T = 11,6$	E0	Radio galáxia com lóbulo duplo
8	MCG-06.30.015	0,008	$V = 13,61$		Radiogaláxia, Seyfert 1
9	Tol 1326-379	0,029	$V = 15,02$		Rádio, Seyfert 3
10	Cen A (NGC5128)	0,0008	$B_T = 7,89$	Epec	Rádio, raios X, jatos
11	NGC5090	0,009	$B_T = 12,6$	E2	Rádio, raios X, Comp.
12	NGC4945	0,0009	$B_T = 9,6$	Sc	Rádio, raios X, Seyfert

Em Cen A, temos novamente três gerações de galáxias com desvios para o vermelho intrínsecos crescentes à medida que são mais jovens. Contudo, não há quaisquer galáxias com desvio para o vermelho negativo na região de Centauro e o grupo parece ter uma porcentagem maior do que o aglomerado de Virgem de objetos jovens e com altos desvios para o vermelho. Portanto, poderíamos considerar a proposta de que Cen A foi ejetada como parte da evolução do aglomerado de Virgem. Cen A está próxima do plano do Superaglomerado Local e apenas a 53 graus ao sul em Longitude Supergaláctica. Nosso próprio Grupo Local de Galáxias, assim como outras galáxias brilhantes próximas, estão muito próximos do mesmo plano e bem poderiam estar associados com Cen A. Eles podem compartilhar uma origem comum a partir do centro do Superaglomerado Local, que é o aglomerado de Virgem.

O Centro do Aglomerado de Virgem

Se a estrutura do aglomerado de Virgem é determinada principalmente pela ejeção da galáxia central, M49, poderíamos nos perguntar se ela está se esgotando ou se está numa fase tranqüila transitória. Contudo, é verdade que, embora M49 não seja uma fonte de rádio e de raios X tão intensa quanto M87, M49 ainda é uma galáxia bem ativa nestes comprimentos de onda e pode ser esperada alguma atividade continuada. Deve ser observado na Figura 5-1 que M49 parece ter seu pequeno acompanhamento de espirais próximas a NO.

Se procurássemos quasares, os objetos mais jovens que podemos identificar, iríamos encontrar a situação intrigante representada na Figura 5-6. O quadro da esquerda mostra um mapa com todos os quasares catalogados na área. Exatamente como a maioria dos especialistas esperaria, há um grupo de pontos aparentemente aleatórios. Mas se representamos graficamente apenas os quasares mais brilhantes no intervalo de 1/2 magnitude entre 17,4 e 17,9 mag., aparece magicamente uma linha de quasares emergindo de M49! As magnitudes aparentes são um indicador de distância. Considerando-as úteis neste sentido, particularmente levando em conta que os desvios para vermelho não são indicadores tão bons de distância. Os desvios para o vermelho nesta linha têm uma correspondência próxima intrigante com os picos de desvio para o vermelho preferidos de z = 0,30, 0,60, 0,96, 1,41 e 1,96 (falaremos mais a sobre eles depois). Há também alguns pares de desvios para o vermelho numericamente muito próximos.

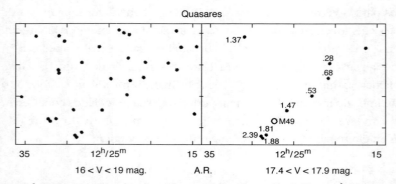

Fig. 5-6. Quasares catalogados na região central do aglomerado de Virgem. À esquerda, não há seleção nas magnitudes aparentes. À direita, estão os quasares brilhantes dentro de um intervalo de meia magnitude. A linha de quasares vindo de M49, central, contém alguns emparelhamentos próximos em desvio para o vermelho (escritos ao lado do símbolo) e também quasares próximos aos valores quantizados discutidos no Capítulo 8.

Devemos também olhar na direção oposta da longa linha de quasares. Os quasares emergem de M49 numa direção NO entre os ângulos de posição[10] a.p. = 310 — 320 graus. Mas ao redor de 180 graus na direção oposta, no ângulo de posição de 140 graus, há uma galáxia anã perturbada, UGC6736. (Este é o indício que me fez colocar M49 no *Atlas de Galáxias Peculiares* como número 134). A meio caminho entre M49 e a anã, há uma nuvem de hidrogênio que Jimmy Irwin e Craig Sarazin argumentam ter tanta massa que deve estar em sua maioria na forma de moléculas. Eu inferiria que alguma coisa tem de ter sido lançada ou arrastada numa direção oposta à ejeção dos quasares, como nos padrões de emparelhamento típicos que temos visto ao longo de todo este livro.

É também fascinante observar que os desvios para o vermelho dos quasares alinhados tendem a diminuir à medida que aumentam suas

---

10. "*p. a.*" no original vem de "*position angle*" em inglês, ou seja, ângulo de posição.

distâncias de M49. Este é justamente o comportamento mostrado a partir da composição de todas as associações de quasares na Figura 9-3 e confirmado tão dramaticamente pela Seyfert na Figura 9-7.

Quasares no Aglomerado de Virgem

Os quasares não deviam estar lá, o que torna este assunto muito delicado. Mas se mostrou em 1966 que 3C273, o quasar mais brilhante no céu, pertence ao aglomerado de Virgem apenas três anos após a descoberta dos quasares (Figura 5-2). Em 1970, foi apresentado que no Hemisfério Norte os radioquasares mais brilhantes estavam associados com as galáxias mais brilhantes — que definem naturalmente o aglomerado de Virgem (Figura 5-7). Então uma busca no aglomerado de Virgem com um prisma-objetiva trouxe à tona novos quasares, sendo que os mais brilhantes entre estes também estavam associados a ele num nível probabilístico de cerca de um em dez mil (Figura 5-8). Veio então um levantamento sobre o Hemisfério Norte de todos quasares brilhantes selecionados por suas cores ultravioletas. Este levantamento foi feito por duas pessoas que acreditavam fortemente em quasares "distantes cosmologicamente," Maarten Schmidt e Richard Green. Eles não perceberam que seus quasares brilhantes estavam concentrados inequivocamente ao redor do aglomerado de Virgem. Jack Sulentic realizou uma análise cuidadosa em 1988 e os resultados aparecem na Figura 5-9.

Estes são dados observacionais primários — simplesmente posições catalogadas de quasares — apenas fótons como função de x e de y. E, contudo, parece não ter causado impressão alguma na maioria dos astrônomos que insistem em acreditar que os quasares estão igualmente espalhados nos confins do universo.

Campos Magnéticos no Superaglomerado Local

Uma outra prova dos quasares estarem engastados no Superaglomerado Local veio em 1988. Ao mesmo tempo, ela forneceu informação valiosa sobre o meio intergaláctico no aglomerado.

> *Rotação de Faraday*: A componente polarizada da emissão de rádio de um quasar gira à medida que atravessa um plasma magnetizado. A rotação do plano de vibração dos fótons é chamada de rotação de Faraday e é proporcional à quantidade de plasma atravessado.

Como se supunha que os quasares eram os mais distantes objetos conhecidos, havia interesse em ver se os seus fótons polarizados apresentavam qualquer evidência de ter atravessado um plasma magnetizado em sua viagem até nós através do espaço extragaláctico. Astrônomos japoneses liderados por Y. Sofue mostraram em 1968 que isto era de fato verdadeiro. Após uma correção cuidadosa da rotação de Faraday devido à passagem por vários caminhos em nossa própria galáxia, Philip Kronberg e Judith Perry produziram uma lista de 115 quasares, dentre os quais 92 estão mapeados na Figura 5-10. Inicialmente argumentou-se que o valor absoluto médio da rotação de Faraday aumentava com o desvio para o vermelho do quasar. Isto levou à excitante conclusão que as distâncias aos quasares poderiam ser medidas por sua rotação de Faraday média. Mas então veio o desastre! A rotação média para os quasares ao redor de $z = 2$, em vez de ser duas vezes a dos quasares ao redor de $z = 1$, era de apenas da ordem de 1/3! Mas o que era um desastre para a distância convencional obtida por desvio para o vermelho, era justamente o que exigiam os quasares locais.

Examinando a Figura 5-10 revela-se que a característica principal é uma grande rotação de Faraday para quasares ao redor de $z = 1$. Isto ajusta-se perfeitamente às descobertas descritas em *Quasars, Redshifts and Controversies*, p. 67, onde mostra-se que ao redor de $z = 1$ os quasares têm suas maiores luminosidades e portanto podem ser vistos a maior distância. (A alta rotação para uns poucos quasares com $z = 2$ ou mais é devida provavelmente a camadas densas de poeira/plasma ao redor destes proto-objetos.) Assim as rotações de Faraday *podem* medir distância — elas confirmam justamente as distâncias fora de moda.

Como podemos ver os quasares com $z = 1$ a maiores distâncias e eles estão associados com galáxias a distâncias comparáveis às das galáxias do aglomerado de Virgem, seria interessante ver se o pico de $z = 1$

O Superaglomerado Local ⬥ 189

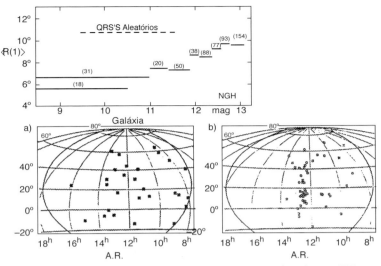

Fig. 5-7. O quadro inferior à esquerda mostra os radioquasares conhecidos em 1970 e o quadro inferior à direita mostra a distribuição das galáxias mais brilhantes no céu e como elas delineiam o plano supergaláctico. O quadro superior mostra como a distância média destes quasares das galáxias diminuem à medida que as galáxias mais brilhantes são consideradas.

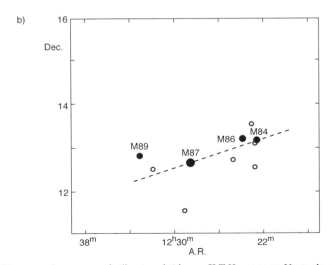

Fig. 5-8. Um mapa dos quasares brilhantes obtido por X.T. He na parte Norte do aglomerado de Virgem com placas de prisma-objetiva. Galáxias brilhantes são indicadas por círculos cheios. A associação dos quasares com a linha de galáxias de M87 tem cerca de uma chance em 10.000 de ser acidental.

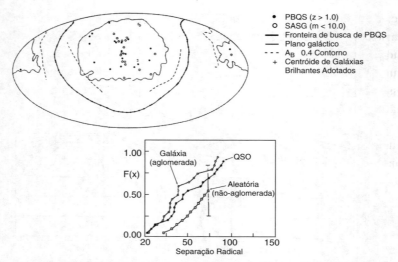

Fig. 5-9. a) Círculos cheios representam o Levantamento de Quasares Brilhantes de Palomar (Palomar Bright Quasar Survey — PBQS). Círculos vazios representam galáxias brilhantes. Perfis irregulares representam os limites de busca do PBQS. O sinal de mais é o centro aproximado do aglomerado de Virgem. b) A distribuição cumulativa das separações quasar galáxia contra as separações de objetos distribuídos aleatoriamente. Observe que os quasares estão claramente associados com as galáxias, mas menos aglomerados do que elas. Análise de Jack Sulentic.

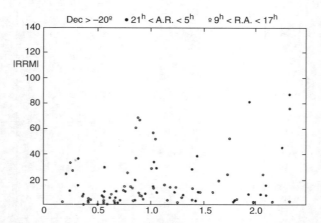

Fig. 5-10. A rotação de Faraday (campo magnético) de inúmeros quasares medidos por Kronberg e Perry. Círculos vazios representam quasares no hemisfério galáctico norte e mostram um salto na polarização na direção do aglomerado de Virgem ao redor de z = 1. Isto acaba com a expectativa de que quasares com maior desvio para o vermelho mostrariam a maior rotação de campo magnético por estarem mais distantes.

acontece em alguma área particular do céu. Impressionante! Os círculos vazios na Figura 5-10 mostram que eles vêm da direção do Superaglomerado Local. O editor da *Nature* acreditou nos árbitros quando disseram que eu havia alterado os dados e os observadores perderam interesse no assunto quando não forneceu as respostas esperadas. Mas, na verdade, havia muito mais nos dados do que as distâncias.

A Figura 5-11 exibe os quasares com z entre 0,7 e 1,1 mapeados numa região do hemisfério galáctico norte. Podemos ver imediatamente sua concentração ao redor do aglomerado de Virgem. Além do mais, os

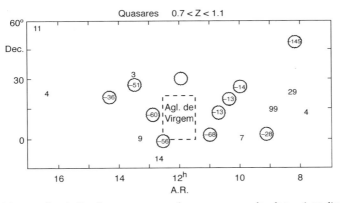

Fig. 5-11. As rotações de Faraday para o grupo de quasares ao redor de z = 1 na direção do aglomerado de Virgem mostram grandes valores negativos indicando que há um campo magnético direcional no aglomerado.

círculos circundam valores negativos da rotação de Faraday e é evidente que os quasares de Virgem mostram predominantemente grandes rotações negativas. Isto é excitante, pois significa que o campo magnético que está causando a rotação não aponta alternadamente para uma direção e depois para outra, mas aponta dominantemente numa direção. Descobrimos um campo magnético orientado sistematicamente no centro do Superaglomerado! É até mesmo possível estimar a intensidade do campo como sendo B = 3 × 10^{-7} gauss ou maior (ver *Phys. Lett. A* 129, 135). Este valor é apenas um pouco menor do que os campos magnéticos medidos em galáxias e até distâncias superiores a duas ordens de grandeza maiores (volumes cem milhões de vezes maiores). Esta descoberta vai ter um interesse particular para nós quando considerarmos

192 • O Universo Vermelho

logo em seguida a radiação de alta energia extensiva em raios gama e raios cósmicos que está vindo em nossa direção a partir do centro do Superaglomerado Local. É evidente que os quasares de alta energia que estão embutidos no centro do Superaglomerado estão injetando energia num meio interaglomerado magnetizado.

Evidência Adicional da Distância de 3C273

Em 1989, Riccardo Giovanelli e Martha Haynes anunciaram a descoberta de uma nuvem de hidrogênio muito peculiar no aglomerado de Virgem. Como todo mundo, eu ouvira rumores sobre isto, mas Geoff Burbidge telefonou-me e disse-me que ela estava a apenas 3/4 de grau de 3C273. Portanto, fiquei muito interessado em assistir a um colóquio dado por Riccardo no ESO um pouco depois. Ofeguei quando ele lançou o mapa da nuvem na tela. A nuvem era longa e estreita e apontava diretamente para 3C273! Mencionei isto e houve um momento de silêncio. Então um outro membro da audiência perguntou bem sarcasticamente, "Para onde aponta o jato em 3C273?". "Ele aponta perfeitamente ao longo da linha da nuvem", respondi. Houve um momento ainda maior de silêncio.

Corri de volta para a minha sala e representei graficamente a posição de 3C273 e do jato numa cópia da nuvem que Riccardo me deu. A linha do jato de 3C273 estava apenas 3 graus fora do eixo da nuvem, ainda mais perto do que eu havia imaginado. A probabilidade da nuvem apontar acidentalmente para a posição do quasar vezes a improbabilidade de o jato apontar ao longo desta mesma linha era desprezível e, naturalmente, estes eram objetos únicos no céu. Mas a importância imediata deste resultado reside no fato de que o desvio para o vermelho da nuvem era de z = 1275 km/s, próximo do desvio para o vermelho de M87 e, portanto (todo mundo concordou), ela era um membro do aglomerado de Virgem. *Se a nuvem estava conectada com 3C273, isto significava que 3C273 estava no aglomerado de Virgem.*

A Figura 5-12 ilustra as simetrias envolvidas no aglomerado de Virgem. Em primeiro lugar, há a simetria de 3C273 e 3C274, tão próximos no céu que têm números de catálogo sucessivos — e alinhados de um lado e de outro de M49 (NGC4472). Em segundo lugar, ambos têm os jatos ópticos mais notáveis entre quaisquer objetos no céu, os dois com quase exatamente 20 segundos de arco de comprimento. Ao longo da linha do jato de M87 há uma radiogaláxia com isófotas de raios X estendendo-se para um lado indicando movimento para fora e ao longo da linha do jato. Em 3C273, para fora ao longo da linha de seu jato, está a nuvem de hidrogênio como sendo o traço de alguma coisa que passou por lá. As diferenças também são interessantes. Há mais objetos do aglomerado, mais velhos e com menores desvios para o vermelho no lado de M87, enquanto no lado de 3C273 os objetos têm espectros de energia mais altas e maiores desvios para o vermelho, como se este lado representasse uma versão atrasada da ala M87. Existem também pequenas fontes de rádio e fontes de raios X associadas obviamente com o jato de 3C273 que devem ser sistematicamente investigadas.

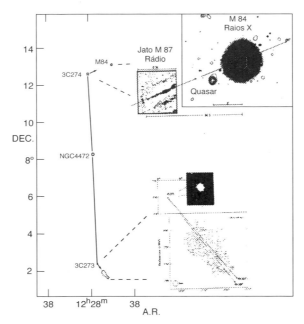

Fig. 5-12. A nuvem de hidrogênio alongada com um desvio para o vermelho próximo daquele do aglomerado de Virgem está alinhada dentro de 3 graus com o jato de 3C273. No outro lado da galáxia central no aglomerado de Virgem encontramos 3C274, que tem um jato de tamanho similar apontando para a radiogaláxia M84, com contornos de raios X estendendo-se para um lado indicando que a galáxia está se movendo para fora e ao longo da linha do jato.

194 ✪ O Universo Vermelho

Geoff e eu publicamos o material sobre 3C273, seu jato e a nuvem no *Astrophysical Journal Letters* e falei de minhas idéias sobre o assunto na revista popular de Patrick Moore, *Astronomy Now*. Mas basicamente foi encerrado o assunto. Ele nunca foi considerado conjuntamente com toda outra evidência que foi coletada aqui sobre o Superaglomerado Local. Um dos pontos importantes deste livro é o de não ignorar a enorme quantidade de evidências significativas apresentadas que se suportam mutuamente, todas apontando para a mesma conclusão.

A Associação Estatística Mais Recente de Quasares com Virgem

Em 1995 os astrônomos chineses Xinfen Zhu e Yaoquan Chu analisaram o Grande Levantamento de Quasares Brilhantes na região do aglomerado de Virgem. A Figura 5-13 apresentada aqui é do trabalho deles. Ela ilustra sem qualquer dúvida que os 178 quasares estão claramente mais próximos das galáxias dos aglomerados do que seria o caso se estivessem distribuídos aleatoriamente e que não estão correlacionados com as galáxias de fundo. Para os fãs de estatística, o nível de significância chega tão alto quanto 7,7 sigma em alguns intervalos. Seria muito difícil refutar uma evidência como esta apontada na Figura 5-13. Estes são quasares catalogados por uma outra pessoa *versus* galáxias catalogadas por outro grupo diferente. Os membros e não membros das galáxias foram determinadas previamente, e exatamente o mesmo programa de correlação foi rodado para as duas categorias de objetos.

Como a região está tão cheia de galáxias, é difícil reconhecer os pares individuais de quasares separados por mais de 20 minutos de arco de suas galáxias progenitoras. Assim um resultado adicional importante foi obtido por estes autores ao correlacionar quasares com magnitudes aparentes diferentes com galáxias de aglomerados com magnitudes aparentes diferentes. Eles encontraram que, quanto maiores a massa e a luminosidade da galáxia, mais numerosos serão os quasares em suas redondezas. Os quasares mais brilhantes no entanto, eram os mais separados de suas galáxias. Ambos os resultados concordam com a análise das galáxias Seyfert relatada no Capítulo 2.

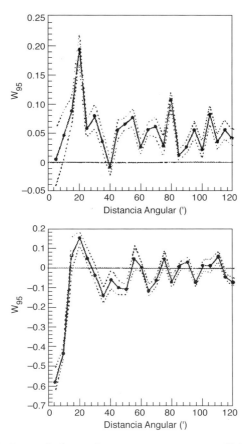

Fig. 5-13. A função de correlação angular entre os quasares e as galáxias pertencentes ao aglomerado de Virgem. Acima está a função de correlação entre os quasares e as galáxias não pertencentes na mesma área do aglomerado de Virgem. Análise feita pelos astrônomos chineses Zhu e Chu.

Mas seus resultados também forneceram evidência contra um dos mais caros bastiões contra os quasares que é o de estarem associados fisicamente com galáxias próximas — a saber, lentes gravitacionais. Eles mostraram que não havia associação em separações muito pequenas, onde a atuação das lentes gravitacionais é mais favorecida. Naturalmente, a ampla separação dos quasares brilhantes é grande demais para a ação das lentes gravitacionais. Estes dois astrônomos demonstraram uma enorme habilidade e integridade ao lidar não apenas com a correlação presente nos

196 ✪ O Universo Vermelho

quasares, mas também com a natureza periódica de seus desvios para o vermelho. Deixo para o leitor adivinhar por qual motivo a versão do artigo deles que apareceu no periódico europeu *Astronomy and Astrophysics*, diverge da versão no *Astronomy and Astrophysics* chinês, que não continha as críticas à ação das lentes gravitacionais.

Análise de Raios X do Aglomerado de Virgem

Em 1993 um grupo de astrônomos de raios X do *Max-Planck Institut für Extraterrestrische Physik* mapeou os fótons de raios X recebidos da área do aglomerado de Virgem. Eles publicaram o resultado no renomado periódico *Nature*. Era um artigo muito bem estruturado mostrando que todo o aglomerado estava cheio de emissão de raios X estendida, a qual interpretaram como gás quente. Um dos diagramas deste artigo é apresentado aqui como Figura 5-14. Adicionei apenas uma coisa — um rótulo mostrando que o quasar brilhante em raios X a sudoeste de M49 tem um desvio para o vermelho de z = 0,334. Eles haviam identificado este objeto numa figura anterior como um quasar e mencionaram no texto que existiam alguns quasares de fundo no campo, mas nesta figura o quasar está simplesmente presente com pelo menos quatro isófotas de raios X confluindo para leste e conectando-o diretamente com M49 no centro.

Todos que tiverem a oportunidade de ler este artigo na *Nature* podem ver que há uma linha de fótons de raios X conectando este quasar, com 100 vezes o desvio para o vermelho do aglomerado de Virgem, até à galáxia central do aglomerado. O que poderia fazer com que um objeto de fundo não relacionado se comportasse assim? E certamente todos os astrônomos envolvidos haviam ouvido sobre a evidência de que justamente estes tipos de quasares pertenciam fisicamente ao aglomerado de Virgem. Qual foi o aspecto mais significativo desta publicação?

Vi esta imagem em seus estágios iniciais de preparação e fiquei excitado com possíveis implicações que esta fiigura despertaria. A emissão de raios X descendo pela espinha do aglomerado estava indo mais ou menos para o sul, em direção ao quasar mais famoso de todos, 3C273, que eu sabia estar justamente abaixo do corte da moldura da imagem.

Tentei promover uma extensão do mapa para o sul mas não obtive resposta. Assim, solicitei o uso das observações do levantamento ROSAT que desciam para esta área. Os autores foram muito amáveis e transferiram os dados para os arquivos do meu computador e deram-me uma cópia do programa usado para reduzir os fótons individuais nas isófotas de emissão de raios X estendidas. Usando o mesmo programa que utilizaram na parte superior do aglomerado, produzi o mapa estendido para o sul apresentado na Figura 5-15.

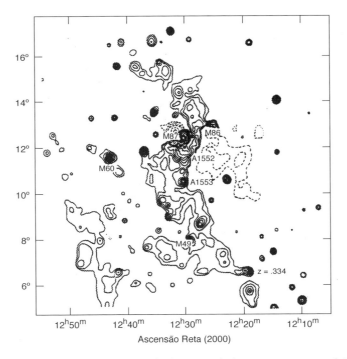

Fig. 5-14. Mapa em raios X do aglomerado de Virgem do levantamento ROSAT obtido por Böhringer, Briel, Schwarz, Voges, Hartner e Trümper. Marquei o desvio para o vermelho da fonte brilhante em raios X abaixo de M49. Ver Fig. 6-1a para identificações ulteriores.

Havia uma pequena diferença, já que a radiação de raios X ficava mais dura (energia mais alta) à medida que ia para o sul. Assim em vez de usar 0,4 a 2,4 keV como haviam feito, usei fótons com energia de 1,0 a 2,4 keV. Mas fiquei muito contente de ver que meus contornos de isointensidade se ligavam exatamente com os deles. Pode-se ver nas Figuras 5-14 e 15 como as características individuais continuam através do mapa deles até o meu. E, naturalmente, havia 3C273 bem no final de um intenso filamento contínuo conectado até M49!

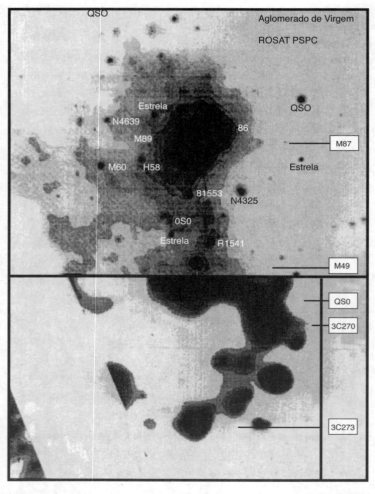

Fig. 5-15. Mapa em raios X indo mais para o Sul no aglomerado de Virgem mostrando a conexão do quasar famoso 3C273 até a emissão de raios X no centro. Observe como a análise de Arp dos mesmos dados do Levantamento e com o mesmo algoritmo de redução utilizado na parte superior da Figura (obtida pelos autores da Figura anterior) liga-se suavemente com suas características.

O Superaglomerado Local ❂ 199

Não sei bem como descrever a reação que senti com esta imagem quando mostrei para alguns dos meus colegas — talvez tivesse sido como as pessoas preveêm um terrível acidente automobilístico na estrada. Mas eu tinha um plano. Sabia que a parte superior do mapa de raios X de Virgem seria finalmente publicada. Simplesmente guardei o mapa da parte inferior até a publicação. Levou um longo tempo, mas quando finalmente apareceu, ataquei. Na carta de submissão de meu artigo, enfatizei para o editor da *Nature*, John Maddox, que como eu havia utilizado os mesmos dados do levantamento ROSAT e o programa de redução idêntico, se a imagem deles que acabara de ser publicada era válida, então a minha também tinha de ser.

Que plano! O editor simplesmente me enviou de volta dois relatos de árbitros, cada um mais arrogante do que o outro. Pensei que certamente poderia tê-lo publicado em *Astronomy and Astrophysics* e remendei o texto para tornar o resultado menos discordante. Três árbitros o recusaram. O mais gentil sugeriu que o levasse aos especialistas que haviam produzido o mapa superior de Virgem, de tal forma que eles pudessem me explicar o que eu havia feito de errado.

Tendo em vista todas as outras evidências conhecidas que mostravam que os quasares, 3C273 em particular, pertenciam ao aglomerado de Virgem, cheguei à conclusão irônica de que *se você escolher uma pessoa altamente inteligente e lhe der a melhor educação possível, provavelmente você terminará chegando a um acadêmico que é insensível à realidade.*

Meu mapa de raios X foi finalmente publicado em *Phys. Lett. A* 203, 161 e nas atas do Simpósio IAU 168 (neste último foi apresentado no painel de discussão que tanto irritou Martin Rees). A partir do Simpósio, a revista popular *Sky and Telescope* selecionou-o e publicou um diagrama de contornos simplificado que é apresentado na Figura 5-16. É interessante notar que a imagem que publiquei no periódico profissional enfatizou a continuidade através das características de conexão medidas independentemente de tal forma que a pessoa que a visse podia verificar que elas eram reais. Na revista popular eles assumiram que o leitor reconhecia a significância física desta linha de emissão de raios X e em vez disto enfatizaram a identificação dos objetos importantes que estavam conectados.

200 ◉ O Universo Vermelho

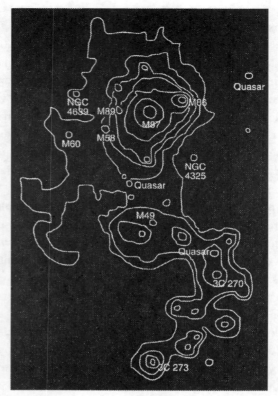

Fig. 5-16. O mesmo mapa que aparece na parte superio da Fig. 5-15, mas agora as curvas de nível estão simplificadas e os objetos importantes foram identificados. Obtido a partir de uma ilustração numa matéria publicada pela revista popular *Sky and Telescope*.

Raios Gama no Aglomerado de Virgem

A situação ficou mais acerbada quando as observações do Observatório de Raios Gama de Alta Energia (*High-Energy Gamma Ray Observatory* — GRO) começaram a ser processadas num prédio vizinho. Só se esperava que saíssem fótons de milhares a milhões de vezes mais energéticos que os raios X dos interiores dos objetos extragalácticos mais ativos e mais densos. Contudo, eles apareciam espalhados sobre o aglomerado de Virgem. Pior do que isto, estas emissões estendidas de raios gama pareciam conectar quasares com diferentes desvios para o vermelho no aglomerado.

Um jovem pesquisador na divisão de raios gama mostrou-me estes mapas e concordamos que eles pareciam reais. O problema era que os membros mais antigos do grupo estavam tentando fazer com que estas características estendidas desaparecessem por meio de elaboradas técnicas de processamento, que consistiam essencialmente em cortar os dados de altas frequências espaciais. Na verdade, eu sabia que estas observações corroboravam e estendiam os dados de raios X em Virgem. Era muito doloroso para nós ver retidos estes dados extremamente importantes.

Naturalmente, só podíamos lidar com dados publicados, assim foi uma grande sorte encontrar um mapa publicado de Virgem em baixa energia de raios gama nos anais de uma reunião ocorrida em março de 1992. Este mapa é apresentado aqui na Figura 5-17. É claro que 3C273 (z = 0,158) está ligado com 3C279 (z = 0,538). No primeiro capítulo a Figura 1-12 mostrou como fontes não relacionadas se fundiriam e é claro que as curvas de mesmo nível muito alongadas entre os dois quasares na Figura 5-17 representam uma conexão física real.

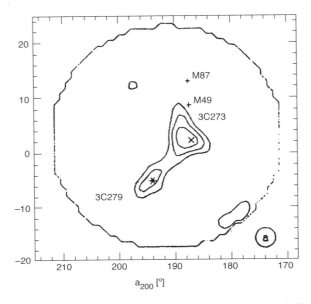

Fig. 5-17. A região do aglomerado de Virgem observada em raios gama de baixa energia (intervalo de 0,7 a 30 MeV com COMPTEL) obtida por W. Hermsen e 25 colaboradores. O blazar 3C279 com z = 0,538 é mostrado ligado ao quasar 3C273 com z = 0,158 e então estendendo-se ao centro do aglomerado de Virgem próximo de M49.

202 ⚙ O Universo Vermelho

O quasar 3C279 é violentamente variável e foi uma vez, a partir dos registros da câmara patrulha de Harvard nos primeiros anos de 1900, um dos quasares de magnitude aparente mais brilhantes no céu. Como 3C273, é razoável que ele estivesse associado com o maior agregado de galáxias brilhantes e radiofontes no céu. É classificado como um "blazar," sendo uma das fontes de raios gama mais brilhantes no céu.

Um interesse adicional na Figura 5-17 é a extensão destes raios gama COMPTEL para cima em direção a M49 e M87 no centro e na parte superior do aglomerado de Virgem. Um resumo preliminar dos dados, indica que os raios X no intervalo 0,1 a 1 keV se estendem nas duas direções a partir de M49 no centro para M87 e para 3C273. À medida que se aproximam de 3C273 eles se tornam mais notáveis no intervalo de 1 a 2,4 keV. De 1 a 10 MeV (1.000 vezes mais energéticos), 3C273 e o material associado ficam mais notáveis. De 10 a 30 MeV, 3C273 começa a diminuir e 3C279 começa a dominar. Esta tendência continua com o telescópio de raios gama no GRO que mede as energias mais altas, de 100 MeV a vários milhares de MeV (EGRET). Há uma progressão clara na radiação de energia mais baixa desde as galáxias mais velhas de baixos desvios para o vermelho até fótons de energia maior partindo do mais jovem 3C273 com alto desvio para o vermelho e continuando para energias ainda mais altas para o mais ativo 3C279 e com maior desvio para o vermelho.

É importante consultar a referência original para o mapa COMPTEL apresentado aqui na Figura 5-17 (está em *Astronomy and Astrophysics Supp.* 97, 97). Duas revisões e quatro anos depois, os 26 autores haviam sido reduzidos a 13 e as observações haviam sido selecionadas e processadas de tal forma a não mostrar conexão reconhecível entre os dois quasares com diferentes desvios para o vermelho, mas felizmente havia um outro instrumento mais sensível montado no satélite Observatório de Raios Gama, GRO (Gramma Ray Observatory).

Raios Gama Mais Energéticos do EGRET

No grupo do MPE processando as observações dos raios gama de 100 a mais de 1.000 MeV estava o já citado Hans-Dieter Radecke. Sem conhecimento dos resultados em quaisquer outros intervalos de energia, ele notou a emissão de raios gama estendida no aglomerado de Virgem e particularmente a extensão de raios gama ligando os dois quasares, 3C273 e 3C279. Havia dois motivos pelos quais esta notícia provocava grande agitação e desaprovação. Em primeiro lugar, ela colocava dois quasares no aglomerado, os quais oficialmente não se supunha estarem relacionados com o aglomerado, e a enormes distâncias atrás dele. Em segundo lugar, ela exigia que estes fótons de energia muito alta não estavam vindo dos núcleos energéticos e densos de objetos cósmicos, mas estavam irradiando de regiões estendidas, presumivelmente de baixa densidade.

Os pesquisadores esperavam fontes pontuais e quando viram radiação obviamente se esparramando em regiões estendidas, imediatamente ficaram apreensivos de que seus instrumentos tinham resolução inadequada e/ou corrente de escuro anômala. Considerando o custo do projeto e o financiamento futuro, compreensivamente isto podia causar um bocado de ansiedade. Além do mais, havia uma experiência muito pequena no MPE com características astronômicas de baixo brilho superficial. Os algoritmos de redução foram preparados para detectar fontes pontuais e fizeram isto elegantemente. Contudo, percebi em meu próprio trabalho com os programas padrão de processamento de dados, que mesmo fontes notáveis, mesmo que estendidas ligeiramente, freqüentemente não eram detectadas. Como havia feito alguns dos trabalhos mais antigos sobre características de baixo brilho superficial com o telescópio Schmidt de 48 polegadas do Palomar, tentei convencer as pessoas do valor destas investigações. Mas só havia trabalho em objetos que se supunha serem estendidos, como aglomerados de galáxias e vestígios de supernovas. Consequentemente há uma mina de ouro de dados nos arquivos sobre galáxias e quasares esperando para serem investigados para emissão estendida.

Apesar da forte oposição que Radecke encontrou de alguns no grupo e relutância e desinteresse por parte de outros, ele tentou. Apesar disto, foi tentar testar os incontáveis motivos propostos por seus colegas explicando porque o aparente material estendido não podia ser real. Num teste calculou trabalhosamente a variabilidade temporal dos fótons nos *pixels* da imagem entre 3C273 e 3C279. Radecke foi capaz de mostrar que a ponte permanecia constante enquanto os quasares variavam enorme-

204 ✪ O Universo Vermelho

mente na intensidade — cortando assim o argumento de que a ponte era luz esparramada dos quasares. Determinou até mesmo um espectro para a conexão, que era manifestamente diferente daqueles dos quasares.

Naturalmente, qualquer um podia dizer que a ponte era real simplesmente olhando na imagem de Radecke, como mostrada aqui na Gravura Colorida 5-18. A ponte é longa e estreita, podendo-se visualizar facilmente que ela não podia ser causada por duas distribuições circulares se sobrepondo (como na Figura 1-12). É também extremamente importante observar na Gravura 5-18 que esta radiação gama de alta energia estende-se a partir do centro do aglomerado de Virgem (ao redor da Dec. = 8 graus) até 3C273 e de modo mais fraco na outra direção para M87 (ao redor da Dec. = 12 graus). Isto confirma a conclusão apresentada anteriormente de que objetos de alta energia surgem no centro do aglomerado e estendem-se para fora em direções opostas, mas que as extensões para o sul adquirem energia cada vez mais alta. (Deve ser notado que a observação mostrada na Gravura 5-18 foi obtida quando os dois quasares estavam num baixo estado — particularmente 3C279 que estava com apenas 5% de sua luminosidade máxima nos três períodos de observação. Esta circunstância favorável nos permitiu ver particularmente bem as conexões estendidas.)

Jogos de Raios Gama

Naturalmente, houve um desejo de anunciar resultados científicos importantes deste telescópio de satélite, assim a detecção de algumas fontes pontuais energéticas conhecidas foi liberada publicamente. Lembro-me do choque que recebi ao ler o volume de dezembro de 1992 do *Sky and Telescope*. Lá em cor falsa estava o mapa de raios gama de 3C279. Arrastando-se para NO usa-se esta extensão de raios gama *sobre a qual nada se dizia no texto ou na legenda da figura*. Fiz imediatamente uma superposição para verificar a posição de 3C273 no final da ponte. Então obtive os contornos a partir da imagem colorida e produzi a Figura 5-18. Mesmo com 3C279 em sua fase brilhante aparecia muito bem a conexão com 3C273! Devemos acreditar que as pessoas que liberaram esta imagem não sabiam que 3C273 estava lá?

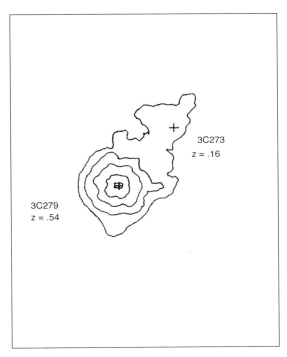

Fig. 5-18. Observações de raios gama (EGRET) de 3C279. As curvas de nível foram traçadas a partir de uma imagem colorida no *Sky and Telescope* (dez. de 1992).

Algum tempo depois, organizei um colóquio de um dia em homenagem à visita de Fred Hoyle, Jayant Narlikar, Margaret e Geoff Burbidge aos Institutos de Garching. Convidei o grupo do MPE a apresentar parte de seu material com a dupla idéia de divulgar um pouco da física de criação de massa e de fazer com que uma pequena discussão acontecesse sobre os raios gama em Virgem. Mas eles apresentaram simplesmente estatísticas de fontes pontuais e tive de mostrar as conexões apresentadas nas Figuras 5-17 e 5-18 (o mapa de Radecke na Gravura 5-18 ainda não havia sido completado). Um membro mais jovem do grupo fez o seguinte apontamento: "Observações adicionais mostram que estas características não são reais". Houve olhares de aprovação por todo lado e tudo que pude dizer imperfeitamente foi: "Bem, só sou capaz de mostrar os poucos dados da literatura de tal forma que, tendo em vista a importância deste ponto, penso que todos os dados deveriam estar disponíveis".

206 ✪ O Universo Vermelho

Após esse incidente decidi ir às palestras sobre raios gama nos Institutos, onde sempre apresentavam a imagem de 3C279 com o caminho de emissão indo para NO sem comentarem o assunto. Ninguém mais disse qualquer coisa. Já havia aprendido há muito tempo que os colóquios eram eventos de pressão social intensa e os comentários do público, que questionavam as suposições do apresentador e que não eram explicados em poucas palavras, não eram compreendidos nem bem-vindos.

Contudo, depois que o mapa de Radecke apresentado na Gravura 5-18 ficou disponível, aconteceu uma mudança. Assisti a uma apresentação para uma grande audiência feita pelo líder do grupo dos Raios Gama. Quando ele projetou a imagem usual de 3C279 eu podia dizer que a metade inferior de sua transparência continha a imagem em que os dois quasares estavam num mínimo e a conexão entre eles era evidente. "Aha", pensei, "o público verá agora a inevitável verdade sobre este assunto". Mas depois que terminou de discutir a metade superior ele removeu rapidamente a transparência do projetor. Suponho que ele e eu éramos as únicas pessoas presentes que sabiam o que estava na metade inferior daquela transparência.

Com um esforço tremendo, Radecke finalmente terminou a análise enormemente detalhada dos raios gama do aglomerado de Virgem e, após muitos contratempos o grupo permitiu relutantemente que ele a submetesse para publicação. Era claro então que ele não teria seu contrato renovado. Após cerca de dez semanas o artigo retornou acompanhado de uma rejeição de um árbitro de um grupo competidor de raios gama. Foi, então, enviado a um outro periódico e passaram-se mais de dois anos antes que finalmente aparecesse no *Astrophysics and Space Science*.

Após esgotar todas as possibilidades Radecke ia ficar desempregado quando o diretor do Instituto, onde eu era um convidado, veio em seu socorro. Foi contratado por seis meses para processar as observações arquivadas de raios X ao redor das galáxias Seyfert. Este foi o projeto descrito no Capítulo 2 sob o título "Galáxias Seyfert como Fábricas de Quasares". O projeto foi um sucesso tão espetacular ao estabelecer a associação física dos quasares com altos desvios para o vermelho com as galáxias ativas com baixos desvios para o vermelho — que estávamos seguros que ele salvaria seu futuro. Senti que este projeto mais seu conhecimento e dedicação ao espírito de pesquisa o tornavam a pessoa mais indicada para conduzir as pesquisas entre todas as outras que havia conhecido em décadas em qualquer nível. Mas o processo de publicar os resultados sobre as Seyferts arrastava-se cada vez mais (fizemos um pequeno almoço de celebração quando os artigos foram finalmente aceitos). Nesse meio tempo a publicação de seus resultados sobre os raios gama no aglomerado de Virgem ainda não havia sido aceita, muito menos publicada. Finalmente acabou a verba que lhe dedicaram e ele não teve outra escolha senão optar por ser escritor de ciência técnica.

Raios Cósmicos de Ultra-alta Energia

Na época em que estávamos quase perdendo nossas esperanças de convencer outros especialistas nos Institutos da importância dos raios X e dos raios gama no aglomerado de Virgem, notei avanço no periódico *Physics Today*. Não sei quantos estão cientes disto, mas há um grupo dedicado de físicos experimentais que medem os raios cósmicos a partir de estações terrestres em várias partes do mundo. Estes raios cósmicos são a radiação mais energética que conhecemos — algumas partículas, geralmente indo de núcleos de ferro a prótons com energia acima de 10^{19} eV, atingem uma energia de cerca de cem milhões de vezes mais alta do que os raios gama que estamos discutindo. Eles produzem chuveiros atmosféricos de partículas secundárias que, com alguma dificuldade, fornecem a direção de chegada da partícula primária. O artigo no *Physics Today* observou que após muita coleta de dados, chegou-se à constatação de que os raios cósmicos mais energéticos estavam vindo da direção do plano supergaláctico e, a partir do mapa de eventos, principalmente do centro supergaláctico. (Um conjunto de medidas é apresentado em Stanev e outros 1995, *Phys. Rev. Lett.* 75, 3056. Um outro é apresentado na Figura 5-19.)

A existência desta radiação de alta energia não havia passado despercebida pelos astrofísicos e físicos teóricos. Eles duvidavam que os métodos usuais de produção de raios cósmicos forneceriam energias tão altas. Havia alguma especulação ligada à "matéria primordial". Esta era uma sugestão chocante, considerando-se que, na teoria do *Big Bang* predominante, toda a matéria primordial havia sido "explodida" há 15 bilhões de anos. Além do mais, havia sido calculado que os raios cósmicos de ultra-alta energia não tinham uma origem a uma distância maior do que cerca de 30 Mpc devido ao espalhamento de fótons na radiação de microondas de fundo. Isto significava que eles viriam quase necessariamente do centro do Superaglomerado Local, dentro de cerca de 20 Mpc, já que esta é a única concentração significativa de matéria dentro desta distância.

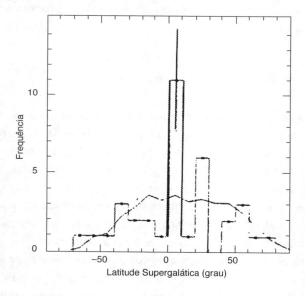

Fig. 5-19. Raios cósmicos de energia ultra-alta (> 4×10^{19} eV) concentrados no plano supergaláctico. De um relato de N. Hyashida e outros em 1996.

Empiricamente, tínhamos quasares brilhantes, fontes de quantidades imensas de raios X e raios gama localizados exatamente no aglomerado de Virgem e eles eram a única conexão possível com os raios cósmicos de ultra-alta energia. Contudo, seus desvios para o vermelho, pelas suposições convencionais, eliminou a idéia que estavam no aglomerado de Virgem. Uma teoria que explicasse o motivo pelo qual seus desvios para o vermelho eram intrinsecamente altos devido à origem recente a partir da matéria primordial energética no aglomerado colocaria um ponto final no problema.

Uma Teoria Ajudaria?

Em 1993, Jayant Narlikar e eu publicamos um artigo mostrando como a matéria criada recentemente teria um alto desvio para o vermelho. Demonstramos também como dar conta quantitativa dos desvios para o vermelho dos quasares e galáxias como função de suas idades. (Ver Caps. 4 e 9 para discussão adicional). Neste Capítulo, passamos algum tempo justificando a evidência de que quasares e radiogaláxias potentes são objetos jovens que fazem parte da evolução do aglomerado de Virgem. Mas não houve especificação de como, *i.e.*, de que forma foi criada a matéria de pouca massa. Eram eles elétrons e pósitrons? Átomos de hidrogênio?

Também em 1993, Fred Hoyle, Geoff Burbidge e Jayant Narlikar introduziram a cosmologia de estado quase estacionário (*quasi steady state cosmology* — QSSC). Nela eles criavam a matéria na forma de partículas de Planck. A massa atual da partícula de Planck é de cerca de 10^{19} GeV/c^2. No curto intervalo de tempo de cerca de 10^{-43} segundos a partícula sendo instável, decai em bárions e mésons. Se cada partícula, por exemplo, decaísse em 10^9 partículas, então cada uma terá energias semelhantes a dos UHCR (raios cósmicos de ultra-alta energia) observados.

Há muito tempo havia instigado Jayant a criar estas partículas de Planck com massa nula e deixá-las crescer com o tempo. Isto resolveria simultaneamente o problema da energia e do desvio para o vermelho. Finalmente, nos encontramos no Sri Lanka em um almoço, em razão de uma inauguração, financiada pelas Nações Unidas, de um novo telescópio no Centro de Ciências Arthur C. Clarke. A cena no filme 2001 (em que o macaco lançou ao ar um grande osso que serviria de ferramenta e foi girando até se transformaar repentinamente numa estação espacial orbitando a Terra sob uma valsa de Strauss) representava para mim um momento marcante do potencial da humanidade. Quando o autor de 2001 me escreveu mais tarde uma carta entusiasmada sobre meu livro iconoclasta *Quasars, Redshifts and Controversies*, eu fiquei extremamente emocionado.

Apesar de minha preocupação com a rebelião Tamil no Sri Lanka nesta época, não pude resistir de voar para Colombo para falar com Arthur Clarke e, ao mesmo tempo, discutir partículas de Planck e desvios para o vermelho com Jayant Narlikar. Quando o almoço estava terminando encontramos um pedaço de papel e ele esquematizou, de forma suficientemente simples tal que pudesse entendê-lo, o diagrama que copiei aqui na Figura 5-20. Isto ilustra simplesmente que uma única partícula de Planck tem energia suficiente de modo que sua fragmentação poderia fornecer quantidades enormes de raios cósmicos de ultra-alta energia. O caminho evolucionário na parte de baixo especifica simplesmente que, na linguagem da física de partículas, a partícula de Planck é criada na era da Gravidade Quântica (QG), se fragmentava rapidamente e atravessava a quebra de simetria da Teoria da Grande Unificação (GUT) e as partículas individuais resultantes evoluiam então para a era Eletro Fraca (EW).

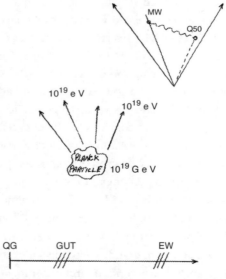

Fig. 5-20. Esquema de criação de matéria. A representação mais acima mostra um QSO criado recentemente dentro do cone de luz como visto de nossa galáxia Via Láctea. No centro mostra-se uma partícula de Planck nascida com massa nula fragmentando-se em partículas de energias comparáveis com as observadas nos raios cósmicos de ultra-alta energia. A última figura, mais abaixo indica a evolução das massas de Planck desde a era da gravitação quântica (QG) passando pela Teoria da Grande Unificação (GUT) até a era atual Eletro Fraca (EW).

A aplicação deste esquema na atividade central do Superaglomerado Local poderia ser esboçada da seguinte maneira: Material criado recentemente nos centros de quasares e galáxias ativas é ejetado nos

O Superaglomerado Local ❂ 211

jatos e pares onipresentes que são observados. O material começa com a velocidade da luz, mas diminui de velocidade à medida que sua massa de repouso cresce. Os produtos do decaimento das partículas de Planck (*e.g.* bárions, elétrons *etc.*) teriam um comportamento similar. As partículas energéticas penetrariam e seriam difundidas no meio intergaláctico do aglomerado. Como vimos anteriormente, este meio é magnetizado até certo grau e retiraria das partículas carregadas *bremsstrahlung*[11] e energia síncrotron, principalmente das partículas de pouca massa. Quando as partículas estivessem suficientemente desenvolvidas para formar átomos, as linhas espectrais produzidas nas transições estariam desviadas para o vermelho, mas provavelmente não muito mais do que no intervalo de desvios para o vermelho observado nos quasares e galáxias ativas que definem atualmente o aglomerado.

Quais as vantagens que este modelo oferece?

- Ele identifica um grupo de radiações de alta energia mais fortes no céu como vindo do agregado único de objetos ativos, o Superaglomerado Local.

- Ele atribui a energia a uma criação de matéria que ainda continua, um processo que reabastece o decaimento rápido inevitável da radiação de freqüência tão alta num intervalo de tempo muito curto (comparado com o tempo cósmico).

- Como a matéria criada recentemente tem inicialmente um alto desvio para o vermelho intrínseco, admite-se que os quasares e radiogaláxias mais jovens e com maior densidade de energia possam estar em suas localizações aparentes no aglomerado de Virgem, sendo identificados naturalmente como os principais contribuintes para a radiação de alta energia no Superaglomerado Local.

- A distribuição de raios X estendida e particularmente a radiação de raios gama em Virgem seriam uma conseqüência natural de injeções recorrentes no meio interaglomerado.

---

11. *Bremsstrahlung* = radiação de frenagem. A expressão será empregada em alemão, pois esta é de uso corrente.

Um Pequeno Epílogo

Meu plano sempre ingênuo de conseguir alguma atenção para as observações com esta sugestão teórica era recebido por comentários como: "Bem, a radiação gama parece como irregularidades de fundo para mim" e "O mecanismo proposto para a energia é altamente especulativo". (Disto concluo que a sugestão de que a radiação de alta energia vem do nada é menos especulativa!) A reação em minha própria instituição foi tão chocante que chegou-se a conclusão que se fosse submeter meus apontamentos a avaliação de alguma publicação, eu deveria dar meu endereço residencial! Eu ñao me incomodava com essa situação já que estava tão grato pelo apoio amigável e pelas inestimáveis instalações em que me encontrava que não queria causar embaraços para meus anfitriões.

Mas tive de rir quando pensei em ter estado no escritório/recepção de Arthur Clarke em Colombo. Queria muito levar-lhe algum desenvolvimento científico importante, ainda não conhecido. Alguma coisa que fosse surpreendê-lo e lhe alegrasse. Assim, quando perguntou: "Bem, o que há de novo na Astronomia?", ataquei.

"Há raios cósmicos com energia extremamente alta, raios gama e raios X vindo do centro do Superaglomerado Local!" Fiz uma pausa esperando uma reação e preparei-me para revelar algo excitante e surpreendente.

"Oh, sim," ele balançou sua mão no ar: "criação de matéria".

Fiquei sentado com boca aberta enquanto ele passava alegremente para outros assuntos. Desde então impregnou-se em mim que há diferenças entre a imaginação de um bom escritor de ficção científica e o cientista profissional médio.

6. Aglomerados de Galáxias

Há outros aglomerados de galáxias que se parecem com o aglomerado no centro de nosso Superaglomerado Local, o aglomerado de Virgem? Está o universo povoado com exemplos mais distantes de aglomerados tão grandes? Todo mundo acredita que há muitos – e 4.073 deles estão listados no *Catálogo Abell* do norte e do sul revisado. Eles foram catalogados originalmente por George Abell, e mais tarde por Harold Corwin, a partir de fotografias do telescópio Schmidt com campo amplo. São definidos como contendo, além das duas mais brilhantes, pelo menos 30 galáxias dentro de um intervalo de 2 magnitudes. A galáxia mais brilhante no aglomerado vai de um pouco mais fraca do que aquelas em Virgem até cerca de $m = 19^a$ magnitude e os desvios para o vermelho chegam até cerca de $z = 0,2$. (O mag utilizado para descrever o brilho das galáxias no aglomerado é aquele da décima mais brilhante.)

Aglomerados de Galáxias em Virgem

A Figura 6-1a é tirada do mapa de raios X do aglomerado de Virgem que foi apresentado na Figura 5-14 do capítulo anterior. Contudo, foram adicionadas mais identificações de objetos. De maior interesse para este capítulo são os quatro aglomerados Abell descendo pela espinha do aglomerado de Virgem. Estão apontados na Figura 6-1b apenas com os contornos de raios X mais intensos ao redor deles. Estes quatro são fontes brilhantes de raios X e são os únicos aglomerados Abell identificados como tais dentro da área demarcada. *Parece extremamente improvável que este seja um arranjo casual.* Além do mais, há características individuais nos aglomerados que apoiam sua associação com o aglomerado de Virgem.

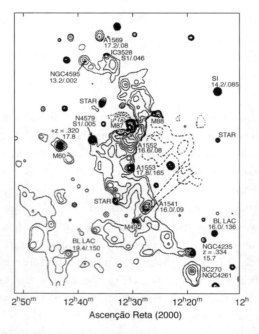

Fig. 6-1a. Estes são os mesmos contornos de raios X no aglomerado de Virgem obtidos por Böhringer e outros como apresentado na Fig. 5-14, mas agora estão identificados mais objetos ópticos. Em geral, os objetos estão nomeados na primeira linha e suas magnitudes aparentes e desvios para o vermelho são dados abaixo. Note a similaridade dos desvios para o vermelho em alguns dos vários tipos de objetos.

Minha atenção recaiu sobre o aglomerado A1541 em primeiro lugar porque os contornos de raios X estavam estendidos numa direção a partir de M49. Como mostram as Figuras 6-1 e 6-2, os contornos também estão ao longo da borda externa do cone de pequena abertura dos quasares ejetados de M49, que aparecem na figura 5.6. Mas podia este aglomerado de

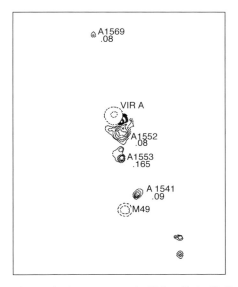

Fig. 6-1b. Os quatro aglomerados intensos em raios X de galáxias Abell em Virgem. São apresentados apenas os contornos de raios X mais intensos de 6-1a.

galáxias com um desvio para o vermelho de z × c = 0,09 × 300.000 km/s = 27.000 km/s, cujos contornos de raios X apontam claramente para M49, ser um membro do aglomerado de Virgem com z × c = 863 km/s? Quando a questão é colocada desta forma, a resposta é um "sim" surpreendente já que se mostrou anteriormente que eram membros quasares com desvios para o vermelho muito mais altos. Mas, num outro sentido, a questão é uma impossibilidade chocante. Afinal de contas, a versão mais impressionante da relação de Hubble, que alcançou até galáxias com as mais fracas magnitudes aparentes e que tinha uma dispersão muito pequena, foi construída por Sandage a partir de aglomerados de galáxias. Todo mundo – eu inclusive – pensa instintivamente nos aglomerados de galáxias como sendo galáxias como a nossa, vistas a grandes distâncias.

O único recurso era examinar ainda mais a imagem. Acontece que três entre os quatro aglomerados ao longo da espinha dorsal de Virgem na Figura 6-1b têm desvios para o vermelho de 0,09, 0,08 e 0,08. Isto indicaria que de alguma forma eles estavam relacionados — mas se eles estivessem distantes qual seria o motivo de eles estarem ao longo da linha central do aglomerado? Particularmente, A1552 é relativamente grande em seus contornos e parece emergir de uma região brilhante em raios X no lado SO da imagem modelada e subtraída de M87. Sei das minhas placas com o telescópio de 200 polegadas que há uma galáxia dupla a cerca de 1 minuto de arco a SO (UGC7652), alinhada em direção ao núcleo de M87 numa configuração muito sugestiva de ejeção. Ela tem um desvio para o vermelho muito maior do que M87 e provavelmente está conectada com o aglomerado A1552.

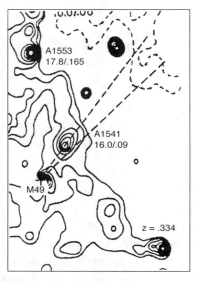

Fig. 6-2. Uma ampliação da Fig. 6-1a com as linhas tracejadas mostrando como a linha dos quasares ejetados de M49 se relaciona com a extensão das isófotas de raios X ao redor de Abell 1541.

Num terceiro aglomerado ao longo da linha, A1569, os contornos parecem alinhados numa direção para fora da galáxia Seyfert 1, IC3528. Este parece ser um caso clássico de galáxia Sc com baixo desvio para o vermelho (660 km/s), NGC4595, ligada por um rastro de emissão de raios X a uma companheira Seyfert com alto desvio para o vermelho (z = 0,046). A Seyfert ejeta então novos raios X nas direções opostas. Uma ejeção coincide com o aglomerado A1569 com z = 0,08. É recompensador verificar em detalhes esta configuração na Figura 6-1a. Observe também que os contornos de raios X de A1569 apontam de volta para a Seyfert!

Finalmente, o aglomerado A1553 está muito próximo de uma linha entre M49 e M87. Esta linha, sabemos, quando estendida para o sul a partir de M49, leva diretamente ao famoso 3C273, que tem um desvio para o vermelho de $z = 0,158$. Quando estendemos esta linha para o norte a partir de M49, ela leva para A1553, que tem um desvio para o vermelho de $z = 0,165$. É esta a ejeção contrária de 3C273? É em vez disto M87 uma ejeção contrária anterior?

Algumas vezes as pessoas me dizem: "Se você fizer asserções extraordinárias você terá de ter provas extraordinárias". Usualmente elas saem sorrindo "nenhuma prova, parecendo que estão convencidas, mas tenho a sensação de que é suficientemente extraordinária". Mas se alguma coisa é verdadeira há sempre a possibilidade de você encontrar alguma prova extraordinária.

Uma Conexão com a Seyfert NGC5548

Ainda por volta de 1993, quando H. C. Thomas mostrou-me suas observações de um objeto BL Lac brilhante, notei a 36 minutos de arco ao sul dele uma fonte intensa em raios X com um jato aparente. Esta fonte parecia ser a galáxia Seyfert muito ativa NGC5548. Como o campo havia sido incluído no Laboratório Einstein, que realizou um levantamento de sensibilidade média, sabia-se que havia três quasares de raios X dentro de cerca de 15 minutos de arco com $z = 0,56, 0,67$ e $1,06$. Também havia quasares próximos catalogados com $z = 1,80, 1,83, 1,87$ e $2,31$. Claramente, como mostra a Figura 6-3, existia uma concentração de objetos ativos nesta pequena região do céu.

Mas mais importante para os objetivos deste capítulo é o jato aparente de raios X emergindo na direção NE de NGC5548. Com a ajuda de Hans-Christoph fui capaz de obter a estrutura IPC apresentada aqui na Figura 6-4. O "jato" está visivelmente alargado e centrado a cerca de 8 minutos de arco do núcleo de NGC5548. Parece que há uma brecha estreita na continuidade de emissão de raios X entre NGC5548 e o objeto de raios X. Depois Radecke e eu fomos capazes de obter uma exposição ROSAT dos arquivos e esta exposição ligeiramente mais longa e num intervalo de energia um pouco menor chegamos à imagem na Figura 6-

218 ◎ O Universo Vermelho

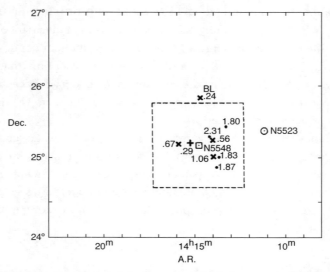

Fig. 6-3. Dentro da região tracejada são apresentados todos os quasares e objetos com altos desvios para o vermelho catalogados. Eles parecem aglomerados ao redor da Seyfert muito ativa, NGC5548. Na área maior, estão representadas as galáxias mais brilhantes e o BL Lac mais brilhante.

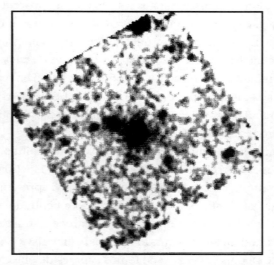

Fig. 6-4. Mapa em raios X obtido pelo Laboratório Einstein de NGC5548 mostrando uma erupção intensa tipo jato que seria um aglomerado de galáxias com desvio para o vermelho de z = 0,29.

5 que mostra além do prolongamento do objeto de raios X em direção a NGC5548, um filamento estreito ligando os dois objetos. É, portanto, crucial a identificação óptica deste "jato" ou emissão alongada de raios X. No Levantamento do Céu com o Schmidt de Palomar nesta posição há, nos limites extremos das exposições vermelhas e azuis, o que parece ser um fraco aglomerado alongado de galáxias. Esse achado parece ser confirmado pela medida de John Stocke e outros de uma linha de galáxias sem emissão com z = 0,29. (Observe a proximidade com um grande quasar com desvio para o vermelho de z = 0,30, e considere que se você fragmentar um quasar da 18ª magnitude aparente em 16 pedaços, você teria componentes mais fracas com cerca de m = 21 mag.)

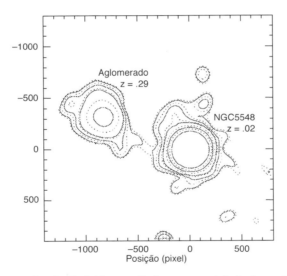

Fig. 6-5. Contornos de raios X obtidos a partir de uma exposição ligeiramente mais longa e de raios X ligeiramente mais mole do ROSAT mostrando prolongação do aglomerado e uma possível ponte para NGC5548.

Devido à nova evidência de que alguns "aglomerados de galáxias" fracos foram de fato ejetados de galáxias ativas, o aglomerado vizinho a NGC5548 tornou-se um caso digno de uma investigação adicional. O caso mereceria na busca de imagens de longa exposição e espectros com alta resolução através do Telescópio Espacial Hubble ou de grandes telescópios baseados em terra.

Três Aglomerados de Raios X numa Linha

Coincidentemente nesta mesma época, aconteceu de eu me deparar com um artigo no *European Southern Observatory (ESO) Messenger* que mostrava a distribuição de galáxias em três aglomerados Abell adjacentes (Bardelli e outros 1993). A Figura 6-6 mostra que estes três aglomerados definem aproximadamente uma linha reta, mas também revela, como se vê na Figura, que uma galáxia muito ativa e muito brilhante está próxima do final desta linha. NGC5253 é uma galáxia extremamente ativa bem conhecida com surto de formação estelar. É também uma galáxia ativa em raios X com um filamento indo para o sul e então dividindo-se para E e para SO com pelo menos três fontes adicionais de raios X espalhando-se na linha dos três aglomerados Abell (inserção na Figura 6-6).

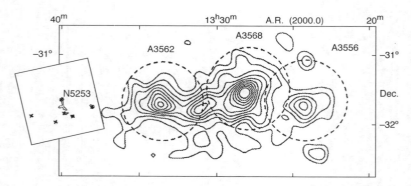

Fig. 6-6. As curvas de nível delineiam a densidade óptica das galáxias em três aglomerados Abell vizinhos e ricos (de Bardelli e outros). O quadro inserido mostra a localização de uma das galáxias com surto de formação estelar mais brilhantes, NGC5253, e fontes de raios X em seu campo. Dois entre os três aglomerados Abell são fontes intensas de raios X.

Dois destes três aglomerados Abell são brilhantes em raios X. Numa lista de aglomerados de raios X ordenados por fluxo aparente (Lahev e outros) estes aglomerados recebem os números 26 e 29. Contudo, a cerca da mesma distância no outro lado de NGC5253, está A3571, um aglomerado extremamente brilhante em raios X. Em fluxo aparente ele ocupa o quinto lugar após aglomerados como Virgem, Coma e A2319.

Aglomerados de Galáxias ❂ 221

Assim, estamos diante de uma situação em que três aglomerados, dois dos quais são fontes intensas de raios X, formam uma linha que parece originar-se próximo de uma galáxia brilhante com surto de formação estelar. Esta galáxia é, ela própria, uma fonte de raios X com um jato e tem material de raios X que parece estender-se na direção geral da linha dos aglomerados. Em suma, encontramos a galáxia de raios X NGC5253 próxima da origem de uma linha quebrada (ângulo de cerca de 35 graus) composta de aglomerados brilhantes inusitadamente brilhantes em raios X.

Era natural neste ponto olhar para a disposição de todos os aglomerados Abell numa área mais ampla ao redor de NGC5253 para avaliar se a possibilidade da configuração observada possa ter ocorrido casualmente.

Representação Gráfica de Todos Aglomerados Brilhantes ao Norte de Cen A

Ao investigar a população de aglomerados ao redor de NGC5253 tornou-se claro que era necessário representar graficamente as posições dos aglomerados em áreas cada vez mais amplas para poder julgar a densidade de fundo média dos aglomerados. A Figura 6-7 é o resultado desta busca e mostra que justamente ao norte de NGC5253 com 11,1 mag. está M83 com 8,5 mag. que tem uma linha sugestiva de aglomerados passando através dela. (E, de fato, M83 pode reclamar do aglomerado, intenso em raios X, a NE de NGC5253. É um jogo fascinante tentar encontrar quais objetos pertencem a quais galáxias brilhantes em regiões abarrotadas.)

Justo ao sul de NGC5253 está a radiogaláxia ativa IC4296, próxima de alguns aglomerados com desvios para o vermelho de cerca de z = 0,011. (IC4296 está abaixo do corte na magnitude aparente para ser representada na Figura 6-7, mas outros estudos indicaram que ela é um membro da linha de galáxias associadas com Cen A – ver Figura 5-5 aqui e também no *Pub. Astr. Soc. Pacific* 80, 129, 1968 e *Quasars, Redshifts and Controversies*, pág. 142). A situação é que há tantas galáxias ativas e brilhantes na linha de Cen A que fica difícil determinar sem estudos adicionais quais aglomerados pertencem a quais galáxias. *Mas o resultado global da Figura 6-7 é ainda mais surpreendentemente claro e importante – a saber, que os aglomerados de galáxias Abell brilhantes nesta grande região do céu estão distribuídos da mesma forma característica que as galáxias ativas e brilhantes que pertencem à Cen A!*

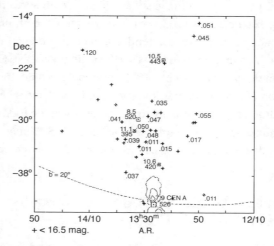

Fig. 6-7. Estão representados graficamente nesta região de aproximadamente 30 × 30 graus do hemisfério sul todos os aglomerados de galáxias Abell com m igual ou mais brilhante do que a magnitude aparente 16,5. Os quadrados menores identificam as galáxias mais brilhantes com suas magnitudes aparentes e desvios para o vermelho em km/s. São mostradas as curvas de nível da emissão de rádio da radiogaláxia gigante Centauro A. A linha tracejada identifica a latitude galáctica de 20⁰.

Como se presume que as galáxias com maiores desvios para o vermelho na linha de Cen A foram originadas em ejeções desta radiogaláxia ativa gigante, conclui-se que os aglomerados Abell de galáxias, cercando tão densamente estas galáxias de segunda geração, são ejeções de terceira geração que ocorreram em várias direções mas ainda relativamente próximas a suas galáxias de origem. *Cen A, na parte de baixo da Figura 6-7, com suas isófotas de rádio mais externas desenhadas, assemelha-se a uma chama com faíscas de galáxias e aglomerados indo para o alto.*

Para saber se há quaisquer aglomerados associados diretamente com Cen A, podemos consultar o campo menor apresentado na Figura 6-8. Lá vemos apenas três aglomerados catalogados e todos são mais brilhantes do que m = 16,9 mag. Dois deles estão cada um de um lado e de outro de Cen A. Todos os três são vistos em raios X na análise de um campo ROSAT com 10 × 10 graus (*A & A* 288, 738). A direção dos jatos mais internos de raios X e de rádio está indicada pela seta. *A disposição e alinhamento destes três aglomerados mais próximos parece estabelecer inequivocamente suas origens primárias por ejeção de Cen A.* Devem ser observados dois aspectos adicionais sobre os aglomerados na região maior ao redor de Cen A: Primeiro, os aglomerados Abell na Figura 6-7, que têm desvios para o vermelho medidos, estão em dois grupos distintos. Há seis com 0,011 < z < 0,017 e sete com 0,035 < z < 0,055. Esta segregação também pode ser vista no diagrama de Hubble da Figura 6-14. O caráter discreto do desvio para o vermelho é típico de galáxias com desvios para o vermelho intrínsecos, e serve de evidência contra desvios para o vermelho relacionados com distância e também provavelmente surge em função de natureza episódica dos eventos de criação de matéria (Arp, *Apeiron*, 9-10, 18, 1991 e Narlikar e Arp, *Astrophysical Journal* 405, 51, 1993).

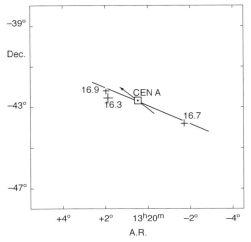

Fig. 6-8. Uma ampliação da região ao redor de Cen A mostrando todos os aglomerados Abell com m = 16,9 ou maiores. A seta menor indica a direção dos jatos intensos em rádio e raios X no interior de Cen A.

Em segundo lugar, a concentração mais significativa de aglomerados sobre a imensa região na Figura 6-7 ocorre para os aglomerados Abell mais brilhantes, como representado graficamente (*i.e.* para os aglomerados contendo galáxias mais brilhantes do que m = 16,5 mag.). Veremos nas seções seguintes que outras radiogaláxias ativas mostram fortes associações com aglomerados Abell brilhantes. Mas Cen A é o mais próximo deste sistema e, como seria esperado, seus aglomerados Abell associados são os mais brilhantes e os mais amplamente espalhados.

Aglomerados Abell Associados com Virgem A (M87)

Partindo de Cen A para a radiogaláxia seguinte mais brilhante no céu, Vir A, encontramos uma outra galáxia E gigante na qual o jato de rádio, o jato de raios X e agora um jato óptico são todos coincidentes e definem um eixo preciso de ejeção. Talvez ainda mais precisamente do que em Cen A, inúmeras galáxias E brilhantes estão ao longo destas direções de ejeção a partir de Vir A, definindo um comprimento no céu de cerca de 8 graus como apresentado nas Figuras 5-3 e 5-4 no capítulo precedente. Estão representados graficamente na área de Vir A na Figura 6-9 todos os aglomerados Abell catalogados com m mais brilhante do que 17,2 mag e a extensão principal da direção de seu jato. Fica claro neste diagrama que os aglomerados Abell também definem a direção desta mesma linha de ejeção. Observe também que o quasar/Seyfert PG1211+143 discutido no Capítulo 2 está muito próximo desta mesma linha.

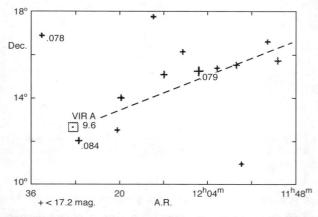

Fig. 6-9. Todos os aglomerados Abell com m igual ou mais brilhante do que 17,2 mag numa região centrada em Virgem A e seu jato (direção da linha tracejada). Os aglomerados com desvio para o vermelho de 0,078 a NE e de 0,084 a SO foram identificados na Fig. 6-1b como pertencendo ao aglomerado de Virgem. Os tamanhos dos símbolos são proporcionais ao brilho m.

Os aglomerados mais brilhantes (indicados pelo maior sinal positivo) definem melhor a linha. Dois aglomerados ao longo da linha têm desvios para o vermelho medidos de z = 0,084 e 0,079 indicando empiricamente que eles estão associados, embora bem separados ao longo da linha. (O aglomerado mais fraco no canto a NE com z = 0,078 é Abell 1569 associado com objetos na extensão de raios X a NNE de M87 apresentados no mapa na Figura 6-1.)

Aglomerados Abell na Região de Perseu A

Em 1968 foi verificado que essencialmente todas as radiogaláxias brilhantes tinham linhas de galáxias menores emergindo delas. Per A é uma outra radiogaláxia muito intensa e é bem conhecido que uma longa linha reta de galáxias procede quase precisamente na direção oeste a partir dela. O que não é bem conhecido é que esta cadeia de galáxias termina numa galáxia próxima muito brilhante. A Figura 6-10 mostra todos os aglomerados Abell na região com m < 17,4 mag. Fica claro que há uma linha reta de aglomerados conectando Per A com NGC891, a décima galáxia Sb mais brilhante no céu nas declinações ao norte.

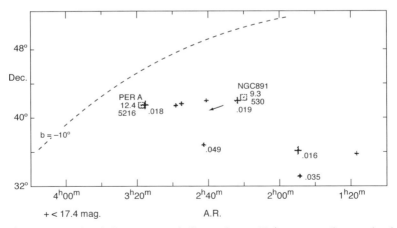

Fig. 6-10. Aglomerados Abell com m mais brilhante do que 17,4 mag na região ao redor de Per A e NGC891 (a última com magnitude aparente 9,3 e desvio para o vermelho de 530 km/s). Sinais proporcionais ao brilho m do aglomerado. O filamento de galáxias Perseu-Peixes vai de Per A até NGC891 e então para SO como na figura seguinte.

226 ✪ O Universo Vermelho

NGC891 é bem conhecida como uma galáxia de disco vista quase de perfil, por conseguinte, com seu eixo menor bem definido no céu. Esta direção é próxima da direção leste-oeste e está indicada pela seta na Figura 6-10. O motivo pelo qual este ponto é observado aqui é que embora NGC891 não seja atualmente uma galáxia particularmente ativa, as espirais ejetam material intermitentemente e a evidência favorece ejeção ao longo do eixo menor. (*E.g.* ver Figura 1-10.)

Naturalmente, o que estamos vendo na Figura 6-10 é a famosa cadeia de galáxias Perseu-Peixes. Esta cadeia estreita se estende por cerca de 90 graus no céu! Os desvios para o vermelho de suas galáxias estão caracteristicamente entre $4000 < cz < 6000$ km/s. Se esta dispersão nos desvios para o vermelho fosse traduzida em velocidade, o filamento se espalharia para mais do que dez vezes sua largura observada na suposta idade das galáxias. Isto, juntamente com seu comprimento extraordinário, sua forma circular centrada no observador e a sua distância de desvio para o vermelho, é um argumento a favor de desvios para o vermelho intrínsecos e de uma distância para a cadeia muito mais próxima de nós (*Journal of Astrophysics and Astronomy*, (Índia), 11, 411, 1990).

Os desvios para o vermelho dos dois brilhantes aglomerados Abell nas duas extremidades da linha reta conectando Per A e NGC891 na Figura 6-10 são típicos de desvios para o vermelho de galáxias no filamento Perseu-Peixes. A SO de NGC891 está um aglomerado brilhante com $z = 0,016$, novamente um desvio para o vermelho característico para o filamento. Em outras palavras a cadeia de galáxias recomeça, após um espaço vazio, como se a ejeção contrária de NGC891 houvesse sido direcionada para um ângulo algo diferente. Isto lembra a possível configuração de aglomerados ao redor de NGC5253 discutido duas seções atrás. Para apreciar completamente o envolvimento de NGC891 com o filamento Perseu Peixes, deve-se também consultar a representação gráfica no computador de todas as galáxias do Catálogo Zwicky obtida por R. Giovanelli como mostra a Figura 6-11. Pode ser visto lá que os dois lados do longo filamento se desviam de seu caminho, no lado oeste para apontar em direção à posição de NGC891 e no lado leste para essencialmente se ligar com sua posição. Será visto mais tarde, na discussão dos alinhamentos de galáxias que a maioria das galáxias brilhantes no céu têm linhas quebradas de galáxias com maior desvio para o vermelho originando-se delas.

Aglomerados de Galáxias ○ 227

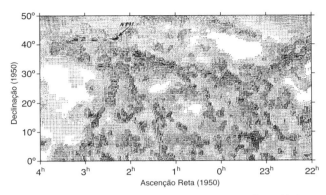

Fig. 6-11. Riccardo Giovanelli compôs esta imagem a partir das galáxias no Catálogo Zwicky. Ela mostra o filamento Perseu Peixes se estendendo aproximadamente por um quarto da esfera celeste. A posição de NGC891 foi acrescentada como um sinal positivo.

Testando a Espiral Ejetora, NGC1097

Esta espiral barrada é uma galáxia Seyfert muito brilhante, com muita irradiação e surto de formação estelar, com os jatos ópticos mais longos e mais retos conhecidos. Para testar a hipótese da ejeção dos aglomerados, foi examinada no Catálogo Abell de aglomerados de galáxias a região ao redor de NGC1097. O canto superior direito da Figura 6-12 mostra que *se os quatro jatos ópticos em NGC1097 são prolongados para fora, eles incluem dentro de seus ângulos de ejeção todos os aglomerados Abell, na vizinhança, mais brilhantes do que m = 17,0 mag.*

Estas direções realmente representam a ejeção de objetos com altos desvios para o vermelho intrínsecos como é atestado pela Gravura colorida 2-7 e por todos os estudos de NGC1097 citados no Capítulo 2. Na direção NE, justamente onde os jatos ópticos são mais intensos, os números em excesso dos quasares são os maiores. Na direção SO, onde os jatos ópticos são mais fracos, os números em excesso dos quasares são os segundos maiores. Percebe-se, então, que o número dos aglomerados também está correlacionado com a intensidade dos jatos.

Contudo, no processo de examinar o campo de NGC1097, notei inúmeros aglomerados de galáxias em direção a SE. Havia me esquecido do grande e próximo aglomerado de Fornalha!

228 ◎ O Universo Vermelho

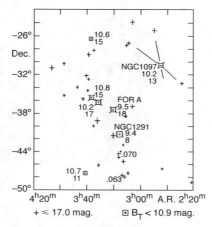

Fig. 6-12. Estão representados graficamente nesta área todos os aglomerados Abell mais brilhantes do que m = 17 mag e todas as galáxias mais brilhantes do que a magnitude aparente 10,9. Os desvios para o vermelho em centenas de km/s estão escritos abaixo das magnitudes aparentes. Estão indicados os desvios para o vermelho de dois aglomerados Abell ao Sul do aglomerado de Fornalha. Radiogaláxias brilhantes estão marcadas com x.

Fornalha A – o Irmão Gêmeo de Virgem A

Como mostra a Figura 6-12, a galáxia mais brilhante nesta região do céu com 28 × 24 graus é NGC1291 com B_T = 9,4 mag e cz_0 = 738 km/s. Este é o centro do que vem a ser uma duplicata quase exata do aglomerado de Virgem no quadrante aproximadamente oposto do céu! A semelhança é fantástica. Por exemplo a galáxia mais brilhante no centro do aglomerado de Virgem, NGC4472 (M49), tem B_T = 9,3 mag. e cz_0 = 822 km/s, uma correspondência quase perfeita com NGC1291!

No aglomerado de Fornalha há uma radiogaláxia muito intensa, muito brilhante, For A, a cerca de 4 graus da galáxia central. No aglomerado de Virgem temos Vir A (M87) a cerca de apenas 4 graus de NGC4472. Estas também são correspondências muito próximas: B_T = 9,6 mag e cz_0 = 1714 km/s para For A e B_T = 9,6 mag e cz_0 = 1136 km/s para Vir A.

A partir de For A há duas radiogaláxias numa linha reta, sugerindo uma direção de ejeção. Os jatos de rádio mais internos de For A estão alinhados num ângulo de posição = 126 ± 14 graus. Mas o eixo principal do esferóide, assim como os nódulos ópticos não resolvidos que estão alinhados com ele, está num ângulo de posição a.p. = 59 ± 1 graus. Este é o ângulo de alinhamento das duas radiogaláxias em direção a For A, a.p. = 61 ± 1 graus, parecendo delinear a linha principal de ejeção de galáxias (como em Cen A) associada com For A.

Mas agora observe os sinais de mais na Figura 6-12 que representam os aglomerados de galáxias Abell. Eles estão precisamente ao longo da espinha do aglomerado de Fornalha! *Esta é a mesma distribuição de aglomerados que encontramos no aglomerado de Virgem e não pode representar uma projeção acidental de objetos de fundo.* Estes brilhantes "aglomerados de galáxias" têm de pertencer aos grandes aglomerados próximos, de Virgem e de Fornalha.

Para enfatizar a similaridade impressionante dos dois aglomerados, superpus na Figura 6-13 o contorno em raios X do aglomerado de Virgem da Figura 5-15 sobre o aglomerado de Fornalha. É a mesma escala no céu, mas fiz uma imagem espelhada do contorno dos raios X de Virgem — *é como se olhássemos para dois aglomerados idênticos de um ponto intermediário entre eles.* O leitor terá de continuar seguindo as implicações, mas acrescento que a duplicação e paralelismo de objetos cósmicos parece, na minha experiência, ser um procedimento comum.

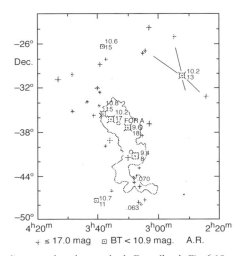

Fig. 6-13. O mesmo diagrama do aglomerado de Fornalha da Fig. 6-12, mas agora com o contorno de raios X do aglomerado de Virgem da Fig. 5-15 traçado sobre ele. (O contorno do aglomerado de Virgem teve sua imagem espelhada e girada ligeiramente, mas a escala é idêntica.) O círculo inferior representa a posição de M49 no aglomerado de Virgem e o círculo superior representa a posição de Vir A.

230 ◇ O Universo Vermelho

Naturalmente tentei, a partir do Levantamento ROSAT, mapear a emissão estendida de raios X em Fornalha assim como havia sido feito em Virgem. Mas algumas câmaras do satélite se estragaram quando passaram próximas do aglomerado de Fornalha. Assim o teste da previsão feita na Figura 6-13 será uma possibilidade excitante apenas para a próxima geração de instrumentos de levantamento de todo o céu em raios X.

O Diagrama de Hubble para os Aglomerados de Galáxias

A objeção imediata a aglomerados próximos de galáxias é que os aglomerados se supoem ser compostos de galáxias justamente como aquelas em nosso aglomerado ou no aglomerado de Virgem. Como sabemos disto? Porque eles têm altos desvios para o vermelho, o que os coloca a grandes distâncias, exigindo portanto que as galáxias sejam luminosas e grandes. Mas, toda a força da evidência neste livro, tem sido até agora mostrar que os desvios para o vermelho extragalácticos não significam geralmente velocidade e que objetos mais jovens têm altos desvios para o vermelho intrínsecos, distâncias mais próximas e luminosidades mais baixas. Seriam muitos aglomerados mais fracos de galáxias são compostos de objetos jovens?

Antes de lidar com esta questão, vamos testar a relação observacional que os aglomerados têm de verificar se eles estão nas distâncias convencionais — a saber, se eles definem uma relação de Hubble? A Figura 6-14 mostra os 14 aglomerados com desvios para o vermelho da grande região ao norte de Cen A apresentados na Figura 6-7. A relação de Hubble que se ajusta melhor é mostrada pela linha tracejada. *O espalhamento em relação a esta linha é enorme.* A dispersão clássica ao redor de uma relação de Hubble para aglomerados supostamente distantes é de apenas alguns décimos de uma magnitude. Em contraste, a variação total na Figura 6-14 num dado desvio para o vermelho é de cerca de 4 magnitudes! Isto exigiria que a luminosidade de uma galáxia característica no aglomerado variasse por um fator de 40!

Naturalmente as magnitudes que são utilizadas na determinação clássica das inclinações de Hubble têm uma série inteira de correções aplicadas a elas, enquanto as magnitudes listadas para os aglomerados Abell foram estimadas simplesmente a partir das fotografias do telescópio Schmidt. Contudo, as correções que podem ser aplicadas a estas estimativas fotográficas são muito pequenas comparadas com aos intervalos de afastamento da linha de Hubble na Figura 6-14. Portanto, temos de concluir que as magnitudes aparentes das galáxias nestes aglomerados se correlacionam muito mal com seus desvios para o vermelho. Exemplificando de outra forma, numa magnitude aparente um pouco mais fraca do que a 16ª, na Figura 6-14, o aglomerado de maior desvio para o vermelho excede em cerca de 30.000 km/s o desvio para o vermelho que um aglomerado com galáxias de luminosidade média deveriam ter. Supõe-se que a linha de Hubble tenha uma dispersão na velocidade de cerca de 50 km/s! Mesmo os observadores mais audazes só reivindicaram velocidades peculiares dos aglomerados entre 1.000 e 2.000 km/s. A conclusão é que, embora os aglomerados com galáxias mais fracas tendam a ter desvios para o vermelho maiores, *não há relação entre desvio para o vermelho e magnitude aparente para estes aglomerados como aquela que é reivindicada para demonstrar a relação desvio para o vermelho e distância.*

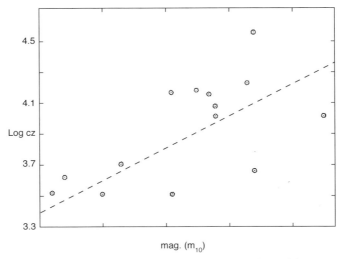

Fig. 6-14. Todos os aglomerados Abell com desvios para o vermelho medidos na grande área ao norte de Cen A apresentada na Fig. 6-7. A linha tracejada é a relação de Hubble que melhor se ajusta. O afastamento máximo desta linha é de cerca de 30.000 km/s.

232 ❂ O Universo Vermelho

No Capítulo 9 tentaremos fazer uma análise mais quantitativa desta situação, mas agora gostaríamos de juntar mais alguns exemplos deste resultado chocante envolvendo aglomerados próximos de galáxias.

NGC4319/Mark205 – Um Sistema Muito Ativo

A galáxia espiral rompida NGC4319 foi notada pela primeira vez porque o Seyfert/quasar brilhante Markarian 205 estava distante dela de apenas 40 segundos de arco. Naturalmente a probabilidade disto acontecer acidentalmente era desprezível, mas os astrônomos convencionais estavam certos de que era um acidente já que os desvios para o vermelho dos dois objetos diferiam em cerca de 20.000 km/s. Quando uma conexão luminosa foi descoberta entre os dois, surgiu naturalmente uma grande luta, com o lado convencional dizendo que a conexão não existia (ver *Quasars, Redshifts and Controversies*). Mas o senso comum, do qual ninguém nunca tocou era o fato de que a galáxia, NGC4319, estava obviamente no processo de ser destruída. Podia-se argumentar que a grande proximidade com Mark205 muito ativo era a causa deste fato — mas um motivo ainda mais plausível indicava que os dois braços espirais de NGC4319 estavam escapando de suas bases. Aparentemente havia acontecido uma explosão muito violenta e recente no centro da galáxia, justificado pela ausência da maior parte do gás que deveria estar comumente na galáxia — presumivelmente gasto — e o núcleo estava ausente ou inativo.

Os argumentos de que Mark205 havia sido ejetado de NGC4319 foram detalhados em meu livro anterior. Também já foi recontado o relato de como Jack Sulentic mediu o único bom mapa de rádio do sistema com o Arranjo de Longa Base em Novo México e demonstrou surpreendentemente que a espiral também estava ejetando material de rádio. Mas o que não se discutiu foi a razão pela qual estes lóbulos de rádio ejetados estavam centrados em algumas galáxias de aparência bem ordinária com desvios para o vermelho consideravelmente maiores. Concordamos que estas pareciam radiogaláxias num aglomerado de galáxias. Disse a Jack: "Algum dia teremos de encarar o fato de que estes objetos também foram ejetados de NGC4319". Ele apenas olhou assustado e balançou sua cabeça.

Chegou agora o momento de apontar que as manchas de emissão de rádio na Figura 6-15 vão do centro de NGC4319 para fora na direção NNE até dois lóbulos de rádio centrados inequivocamente em galáxias moderadamente fracas. O desvio para o vermelho da radiogaláxia mais intensa é de z = 0,343 e há galáxias obviamente mais fracas que formam um aglomerado. Na direção oposta, um lóbulo de rádio engloba uma galáxia mais fraca, que tem uma cauda aparente de emissão de rádio e *de* raios X saindo para o SE. A última representa uma conexão significativa entre as ejeções de rádio clássicas com lóbulo duplo e os objetos de raios X mais jovens e com maior desvio para o vermelho que também foram apresentados como se ejetados nos capítulos anteriores deste livro.

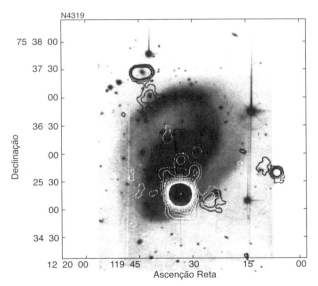

Fig. 6-15. A galáxia em rompimento NGC4319 e a Seyfert Markarian 205. Os contornos de raios X estão indicados em branco e os contornos de rádio medidos por Jack Sulentic estão indicados em preto. É vista uma linha de objetos de rádio indo de NE a SO. Três radiogaláxias estão identificadas: vê-se que as mais ao norte estão num aglomerado de galáxias.

Mais além, ao longo da linha de material de raios X que sai de Mark205 para o quasar com z = 0,464, está uma fonte intensa em raios X marcada CL na Figura 1-7 (visível também na Gravura 1-7). Esta fonte foi identificada como um aglomerado de galáxias com desvio para o vermelho de z = 0,240 por John Stocke e outros. Isto significa que temos *dois aglomerados com desvios para o vermelho diferentes situados ao longo de linhas de ejeção* da Seyfert Mark205 e da espiral perturbada interatuante NGC4319.

Estes são exatamente os tipos de aglomerados de galáxias, já apresentados como nas seções anteriores deste capítulo que estão associados com galáxias ejetoras de baixos desvios para o vermelho. Assim NGC4319/Mark205, onde há uma evidência direta para a ejeção de aglomerados de galáxias com z = 0,343 e 0,240 a partir da galáxia ativa, representa um outro exemplo apoiando o caso de NGC5548. Como NGC4319 provavelmente também ejetou Mark205, que por sua vez ejetou os quasares mostrados no Capítulo 1, é talvez compreensível que NGC4319 pareça um pouco esgotada!

Outros Candidatos para Aglomerados Ejetados

Nenhuma tentativa para apresentar algo completo foi feita aqui, pois há muitos exemplos de aglomerados de galáxias com altos desvios para o vermelho com evidência de origem por ejeção a partir de galáxias ativas com baixos desvios para o vermelho. Mas serão citados alguns casos para dar uma idéia do tipo de evidência que podia ser seguida com observações adicionais:

- Na Figura 1-1 no primeiro capítulo deste livro, NGC4258 mostra uma fonte de raios X estendida típica além da extremidade NO de seu disco principal (um aglomerado de galáxias de raios X). Esta fonte contem uma linha de galáxias moderadamente fracas que está de certa forma na mesma direção que as regiões H II nesta extremidade da galáxia. (Observe que galáxias alinhadas são uma característica de configuração fora de equilíbrio, já que em seu tempo de vida convencional mesmo pequenas velocidades peculiares romperiam a linha.)
- NGC4151 mostra uma linha reta notável de galáxias mais fracas a oeste de sua região nuclear na Figura 3-16. Esta linha de galáxias aponta aproximadamente de volta para a Seyfert companheira muito ativa (a galáxia ScI NGC4156). Pelo que estamos vendo agora, isto não

parece coincidência. Os cinco desvios para o vermelho medidos nesta linha da esquerda para a direita são: 0,060, 0,160, 0,158, (0,16:) e 0,056 e/ou 0,24. Os desvios para o vermelho concordantes indicam associação tipo aglomerado e aqueles em discordância representam desvios para o vermelho anômalos já que eles são obviamente parte da mesma característica linear. (Observe também a concordância dos desvios para o vermelho com os picos quantizados anteriores.)

- Mapas de raios X das galáxias NGC4565 e NGC5907 mostram aglomerados de galáxias de raios X próximos do núcleo, que indicam sinais de conexões em direção ao núcleo.

- O aglomerado de galáxias de raios X Abell 85 (ver Capítulo 8) está apenas a 41 minutos de arco ao norte de NGC217 (MCG02-02-085). Ele está fora de alinhamento de 10 a 15 graus em relação ao eixo menor de NGC217 e estende-se em direção a ela!

- Estudos extensos das galáxias ativas, como as com surto de formação estelar NGC253 e NGC3079 (Wolfgang Pietsch e outros), mostram emissão estendida de raios X em direção as regiões do halo, especialmente ao longo das direções do eixo menor. Para NGC253 parte desta emissão está identificada com aglomerados de galáxias fracas. Considero isto como evidência muito forte para a hipótese de aglomerados de galáxias pequenas desviadas intrinsicamente para o vermelho terem sido originados por ejeção em conjunto com outro material de alto desvio para o vermelho como quasares e objetos BL Lac.

- Nas placas de levantamento de Palomar e do U.K. Schmidt vi galáxias ocasionais com feixes de galáxias fracas estendendo-se para fora e a partir delas.

- No (ESO) *Messenger* 92, 32, 1998 há uma imagem definitiva de quasares e aglomerados de galáxias emergindo como uma fonte de uma galáxia maior com desvio para o vermelho mais baixo.

Poderiam ser enumerados muitos outros exemplos de aglomerados de galáxias provocantemente próximos de galáxias com baixos desvios para o vermelho, mas, sem dúvida deveria ser feita, é uma correlação cruzada das listas dos dois tipos de objetos por uma análise computacional e então investigar casos individuais detalhadamente.

236 ✪ O Universo Vermelho

Quem Pode Aceitar uma Mudança Drástica?

Em 1993 eu estava muito excitado com esta mudança conceitual surpreendente, mudança que parecia ser exigida pelas observações sem escapatória – afinal de contas, apenas olhe para elas nas Figura 6-1b, 6-2, Figura 6-7 e Figura 6-13! Mas, por volta desta época, os melhores cientistas com os quais havia trabalhado pessoalmente, amigos valiosos, visitaram os institutos Garching – Fred Hoyle, Margaret Burbidge e Geoffrey Burbidge e Jayant Narlikar. Foi agradável reencontrá-los no instituto já que senti que isto era um apoio para minha condição de visitante não remunerado no *Max-Planck Institut für Astrophysik*. Com grande prazer expliquei a eles o que havia descoberto sobre os aglomerados de galáxias. Eles ficaram horrorizados!

Geoff disse que a relação desvio para o vermelho magnitude aparente, que era aceita para os aglomerados de galáxias (a relação de Hubble) significava que eles tinham de estar em suas distâncias de desvio para o vermelho. Fred disse que minha adoção de um resultado obviamente tão maluco minaria a credibilidade do nosso ataque ao *Big Bang*. Ele estava visivelmente zangado. Como eu podia fazer isto para a pessoa que havia me emocionado enormemente ao vir de Cal Tech até minha sala na Rua Santa Barbara[12] para ver minhas observações originais no final da década de 1960?

Talvez eu estivesse esperando por algum apoio e conselhos sobre estratégia – mas ficou claro que as pessoas que eu mais admirava acreditaram que eu fiz papel de ridículo. Dentro do meu desapontamento tive de admitir que eles estavam completamente certos, que o resultado e todos os ligados de alguma forma a ele seriam ridicularizados impiedosamente.

Lutando com sentimentos de vergonha e apreensão ao mesmo tempo, senti que os resultados eram corretos e tinha de pensar numa maneira de comunicá-los. Meu primeiro impulso foi enviá-los para o *Indian Journal of Astronomy and Astrophysics*. Era quase certo que eles não seriam lidos lá por quaisquer das autoridades estabelecidas inti-

---

12. Endereço dos escritórios dos Observatórios de Monte Wilson, Pasadena, Califórnia, nos Estados Unidos.

midadoras; mas os resultados poderiam ser citados e ao menos não seriam perdidos. Isto lembrava-me de que alguns anos antes havia publicado naquele periódico um outro resultado inacreditável — alinhamentos de galáxias fracas com altos desvios para o vermelho ao redor de quase todas as espirais brilhantes mais próximas com baixos desvios para o vermelho. Com um pequeno choque percebi que aquilo era muito próximo do que estava encontrando agora com os aglomerados de galáxias. Bem, havia escapado da ruína antes, e os novos resultados eram um bom suporte aos dados anteriores. Havia iniciado a carta para submeter o artigo, quando pensei em todos os resultados importantes em relação a quasares de raios X ejetados sobre os quais eu estava em posição única de lançar para publicação. O que aconteceria se meu acesso a aqueles dados fosse cortado? Neste ponto abaixei minha caneta e disse:"Bem, talvez não vá machucar ninguém se eu adiar a apreciação do artigo sobre aglomerados de galáxias por um pequeno tempo."

Assim, aqui está este material pela primeira vez neste capítulo. Mais adiante indicarei como a publicação anterior sobre alinhamentos de galáxias apóia estes novos resultados sobre aglomerados.

Uma Amostra Completa dos Aglomerados de Raios X

Tão logo observações de raios X sistemáticas do céu começaram a ser feitas foi descoberto que muitos aglomerados Abell eram fontes intensas de radiação de alta energia. Argumentarei mais tarde que isto os identifica com entidades jovens ativas, mas como uma questão prática ela permite que os observadores de raios X procurem sistematicamente por aglomerados de galáxias. Como no caso dos quasares, os levantamentos de raios X permitem que esta classe de aglomerados de galáxias sejam selecionados eficientemente numa grande massa de objetos de fundo. Em 1994 foi publicado um levantamento completo dos aglomerados de raios X numa grande região do Hemisfério Sul. *Como mostra a Figura 6-16, há uma concentração marcante de aglomerados de raios X na região e as duas galáxias mais brilhantes em toda esta região estão no centro desta concentração.* Sucede que elas são Cen A e M83 – *justamente as galáxias que encontramos estarem associadas com os aglomerados Abell catalogados no início deste capítulo* (Figura 6-7). Este levantamento mais recente fornece então uma confirmação independente e notável daqueles resultados originais.

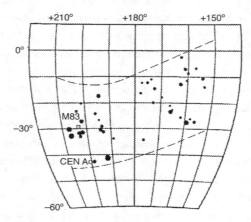

Fig. 6-16. Um levantamento ROSAT por Marguerite Pierre e outros de aglomerados de galáxias emissoras de raios X na região delineada do hemisfério sul. Estão marcadas as duas galáxias mais brilhantes na região.

A coisa mais surpreendente sobre esta observação é talvez a óbvia distribuição não aleatória dos aglomerados de raios X nesta região do céu e a omissão dos pesquisadores em comentar sobre isto. Talvez o próximo aspecto mais impressionante seja que o maior agrupamento dos aglomerados de raios X mais brilhantes em toda esta grande região coincida de modo patente com as galáxias mais brilhantes na região — mas isto não foi notado. Por que coincidiriam os aglomerados de raios X mais brilhantes com as galáxias brilhantes no grupo Cen A se eles fossem objetos de fundo não relacionados? Os aglomerados de raios X restantes nesta área, embora menos brilhantes, formam dois filamentos distintos, as extremidades deles também coincidem com galáxias um pouco menos brilhantes mas ainda grandes (p. ex. NGC3223 e NGC3521). Contudo, um aspecto valioso deste estudo é que os pesquisadores não estavam como é óbvio predispostos à idéia de encontrar aglomerados de galáxias associados com galáxias próximas.

Um outro resultado sensacional não notado foi que os aglomerados de raios X na área levantada tinham um pico de desvio para o vermelho enorme com z = 0,06 (Figura 6-17). O motivo pelo qual este é um resultado-chave é que a análise dos desvios para o vermelho de quasares e AGNs mostrou o primeiro pico de quantização ao redor de z = 0,061 (ver o Capítulo 8 a seguir). Levantamentos de feixe estreito de campos de galáxias mostram este pico, mas os objetos tipo quasares ativos o mostram de forma muito mais pronunciada. *A presença deste pico com uma intensidade tão grande nos aglomerados de galáxias de raios X os identifica também como objetos jovens intrinsicamente desviados para o vermelho.*

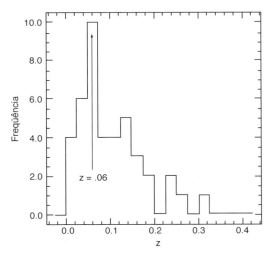

Fig. 6-17. A distribuição dos desvios para o vermelho dos aglomerados de galáxias na figura anterior mostra um pico muito pronunciado com desvio para o vermelho de z = 0,06. Mais tarde será mostrado que este é um pico de desvio para o vermelho característico de quasares e AGNs.

Galáxias Azuis em Aglomerados com Altos Desvios para o Vermelho

Foram investigados detalhadamente uns poucos aglomerados de galáxias com desvios para o vermelho muito acima do limite dos aglomerados Abell. Três destes com desvios para o vermelho de z = 0,41, z = 0,42 e z = 0,54 foram descritos por R. J. Lavery, M. J. Pierce e R. D. McClure. Eles

240 ⊙ O Universo Vermelho

são excepcionalmente peculiares. Não se parecem em nada com a nossa galáxia nem com as galáxias do aglomerado de Virgem. São ricos em luz azul e ultravioleta, têm frações crescentes de galáxias com linhas de emissão e morfologias perturbadas. Em resumo, são galáxias jovens — justamente o tipo que encontramos empiricamente que tem quantidades crescentes de desvios para o vermelho intrínsecos.

Quando este efeito Butcher-Oemler (como é chamado hoje em dia) foi descoberto pela primeira vez para aglomerados com desvios para o vermelho maiores do que cerca de $z = 0,2$, foi um grande choque para a teoria ortodoxa, que esperava que estas "velas padrão" permanecessem constantes em suas propriedades até grandes desvios para o vermelho. Não havia alternativa para os partidários do *Big Bang* senão aceitar que a distâncias muito curtas de nós o universo mudava dramaticamente. Este desastre foi ocultado atribuindo-o a "evolução". Mas ninguém encarou o fato de que a solução tipo *Big Bang* das equações de campo da relatividade geral se apoiava por inteiro na suposição de que o universo era homogêneo e isotrópico.

Contudo, para a lei empírica idade-desvio para o vermelho que estamos desenvolvendo, o comportamento observado dos aglomerados jovens é aquele que esperávamos. As galáxias neles são de baixa luminosidade e têm altos desvios para o vermelho quando nascem de galáxias próximas mais velhas. A uma distância maior eles são muito fracos para serem vistos. Portanto, estes aglomerados são todos próximos mesmo se existirem exemplos mais distantes.

Uma observação que decide a questão é que muitos destes aglomerados de galáxias são fontes intensas de raios X duros. Supõe-se que os aglomerados de galáxias são conjuntos de objetos velhos! Como eles podem irradiar tanta energia por tanto tempo? A explicação canônica para isto são os "fluxos de resfriamento" — grandes e velhas galáxias no centro do aglomerado ejetoras de gás quente que emitem raios X à medida que resfriam e caem no centro de massa. Mas esta hipótese é baseada na suposição de que a radiação de alta energia está em equilíbrio ao longo da idade provável de 15 bilhões de anos dos aglomerados – uma suposição sobre a qual a coisa mais polida que pode ser dita é que não é comprovada. De qualquer forma, após inumeráveis publicações elogiando os fluxos de resfriamento, mostra-se que eles não funcionam.

Aglomerados de Galáxias ✪ 241

"Fluxos de Resfriamento" nos Aglomerados de Galáxias

Um fluxo de resfriamento típico é de pelo menos 100 massas solares por ano. Ao longo de um bilhão de anos isto requereria 100 bilhões de massas solares. Onde estão elas se escondendo?

* Não se pode esconder tanta formação de estrelas das observações ópticas.
* O gás não pode ser um gás molecular morno já que seria observado nas linhas de emissão com comprimento de onda de milímetros.
* O gás não pode ser um gás molecular frio já que revelaria linhas de absorção em comprimentos de ondas característicos.
* O último refúgio é formação estelar de pequena massa, mas tais estrelas deveriam mostrar bandas de absorção intensas no infravermelho próximo.

Alguns teóricos dos fluxos de resfriamento admitiram que o mecanismo suposto leva a uma catástrofe já que ele requer muita massa depositada na galáxia central. Tentaram transformar o fracasso em boa sorte ao argumentar que a massa é lançada para fora novamente por jatos e ejeções. Mas isto apenas levanta toda uma nova série de problemas de suavidade da emissão e de escalas de tempo, indo contra as observações dos aglomerados que têm jatos sem qualquer gás emitindo raios X.

Aglomerados de Objetos Jovens

O fato de que estes aglomerados de galáxias emitem raios X de alta energia os caracteriza como jovens — exatamente como os quasares recentemente ejetados, que nos primeiros capítulos, foram caracterizados como jovens por, entre outras coisas, sua rápida taxa de produção de raios X. E, sem dúvida, vimos no início deste capítulo o aglomerado de raios X ejetado de NGC5548 com $z = 0,29$ que tem aproximadamente a luminosidade de um quasar ejetado dividido em 16 pedaços.

O espectro de uma galáxia individual num destes aglomerados revela em geral uma composição de linhas de absorção das estrelas que

242 ● O Universo Vermelho

ela contém. Como discutimos no Capítulo 4, estas linhas podem nos dizer que as estrelas são mais velhas do que um bilhão de anos ou desta ordem de grandeza, mas elas não podem nos dizer se elas são tão velhas quanto os 15 bilhões de anos exigidos pelo *Big Bang*. Como calculado anteriormente, uma galáxia de matéria criada há apenas dois bilhões de anos depois da nossa própria teria um desvio para o vermelho intrínseco de cerca de $z = 0,1$, mas suas estrelas mais velhas seriam apenas 12% mais jovens e isto não seria detectado prontamente num espectro composto. Contudo, como mostramos neste Capítulo, quando os desvios para o vermelho dos aglomerados de galáxias se aproximam de $z = 0,2$, as galáxias constituintes (surpreendentemente) começam a ficar muito azuis e a mostrar formas fora de equilíbrio — um sinal certo de galáxias jovens.

Nunca houve uma discussão ou seqüência detalhada de comparações das galáxias individuais para checar a suposição de que grupos fracos de manchas indistintas de luz eram grandes aglomerados mais próximos, apenas vistos a uma distância maior. Pode-se ver uma diferença gritante ao se comparar as propriedades de raios X de aglomerados mais fracos em relação aos grandes aglomerados como o de Virgem e A1367 (uma continuação do aglomerado de Virgem em direção ao norte no plano supergaláctico), pois nos últimos aglomerados as grandes galáxias individuais eram fontes de raios X. No vasto número de aglomerados de raios X muito menores, todo o grupo de objetos estava envolvido num meio emissor de raios X difuso. Este último era um tipo muito diferente de aglomerado. Além do mais, um aglomerado como o de Coma nem mesmo continha galáxias que se pareciam com as gigantes Sbs e Scs de Virgem. Elas eram em essência, pilhas de estrelas chamadas galáxias "E" (de elípticas). A suposição persistente de que manchas indistintas fracas em aglomerados de extensão angular muito menor são o mesmo tipo de galáxias que povoam o Superaglomerado Local não parece ser um julgamento extremamente bom, tendo em vista toda a evidência de desvios para o vermelho anômalos.

O Aglomerado de Fornalha Revisitado – Objetos BL Lac

Retornemos ao aglomerado de Fornalha de galáxias para uma síntese final daquilo que falamos até aqui — quasares, objetos BL Lac e aglomerados de galáxias. Consideremos a mesma representação gráfica das galáxias de Fornalha brilhantes e dos aglomerados Abell brilhantes apresentados anteriormente e agora representemos graficamente as posições de todos objetos BL Lac conhecidos nesta grande área do céu (Figura 6-18). O primeiro ponto de interesse é que dois deles (HP é um objeto de alta polarização — *high polarization* — na classe BL Lac) estão (com quatro aglomerados Abell) no cone de ejeção NE a partir de NGC1097. Um novo objeto BL Lac (brilhante e mais intenso em raios X do que a própria NGC1097, como foi descoberto nas observações de levantamento ROSAT por Arp e Fairall) está no cone de ejeção a SO.

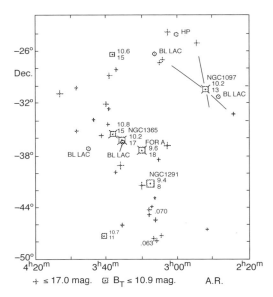

Fig. 6-18. O mesmo diagrama do aglomerado de Fornalha como foi apresentado na Fig. 6-12 exceto que agora também estão representados os objetos BL Lac e os objetos HP (altamente polarizados) relacionados. Os BL Lacs que estão muito próximos de NGC1365 e de NGC1097 foram discutidos no Capítulo 2.

Os outros dois objetos BL Lac neste campo estão próximos da porção mais povoada do aglomerado de Fornalha. Discutimos um deles no Capítulo 2 como estando a apenas 12 minutos de arco da espiral barrada espetacular, NGC1365 (Figuras 2-13a, b e c). Os observadores que

244 ⊘ O Universo Vermelho

mediram o hidrogênio neutro nesta galáxia mencionaram que ele estava estendido na direção do centro do aglomerado de Fornalha. Se eles queriam dizer NGC1291, isto seria ângulo de posição = 212 graus. Mas no ângulo de posição = 203 graus está o objeto BL Lac que está muito mas muito mais perto. Seria razoável concluir que o hidrogênio em NGC1365 tenha sido arrastado pela passagem para fora do objeto BL Lac. O quinto BL Lac com z = 0,165 está próximo da principal concentração de galáxias e dos aglomerados Abell no aglomerado de Fornalha.

É claro novamente na Figura 6-18 que o aglomerado de Fornalha apresenta uma hierarquia de desvios para o vermelho. A galáxia maior é a mais velha e tem o menor desvio para o vermelho. Gerações sucessivas de galáxias são menores, cada vez mais jovens e ativas e aumentam gradativamente para maiores desvios para o vermelho intrínsecos. As galáxias mais jovens emergem em direções de ejeção opostas e, com alguma rotação, dão uma forma global de "S"[13] para o aglomerado, como em Virgem.

O arranjo dos quasares conhecidos dentro do cone de ejeção a partir de NGC1097 e a ocorrência de objetos BL Lac e de aglomerados Abell mais para fora nestes cones, sugerem a possibilidade de uma *generalização muito importante* das propriedades dos objetos ejetados. A sugestão é de que os quasares com maior desvio para o vermelho são os objetos ejetados inicialmente e que à medida que viajam para fora, seus desvios para o vermelho diminuem e suas luminosidades aumentam (à medida que as massas de suas partículas aumentam). Quando alcançam mais ou menos um grau de suas galáxias de origem, eles já evoluíram até uma faixa de z = 0,3 com magnitude aparente brilhante onde são capazes de emitir um surto de energia que os transforma na fase de vida curta BL Lac. Talvez nesta época eles possam se desintegrar em inúmeras partes menores e se transformar nos aglomerados Abell que continuam evoluindo para menores desvios para o vermelho com luminosidades crescentes para suas galáxias individuais. Uma representação esquemática desta evolução é apresentada na Figura 9-3 do Capítulo 9.

De qualquer forma os objetos como estão representados graficamente na Figura 6-18 estabelecem à primeira vista que todos estão fisica-

---

13. Inicial da palavra espiral em inglês, *spiral*.

Aglomerados de Galáxias ⊙ 245

mente relacionados — e que os objetos menores mais ativos têm quantidades crescentes de desvios para o vermelho intrínsecos. É um quadro onde temos ou de mostrar que os objetos representados graficamente não são os mais brilhantes em sua classe, ou de engolir a pílula e aceitar o resultado observacional. *Ao olhar para este quadro nenhuma carga de educação acadêmica avançada pode substituir um bom julgamento. De fato, ela seria, sem dúvida, um impedimento para isto.*

Objetos BL Lac como Progenitores de Aglomerados de Galáxias

Até agora ficou óbvio, que, do ponto de vista observacional há uma conexão íntima entre os objetos BL Lac e os aglomerados de galáxias. Como os objetos BL Lac têm desvios para o vermelho intermediários entre os quasares e os aglomerados de galáxias, numa interpretação evolucionária do desvio para o vermelho, os objetos BL Lac teriam de ser os progenitores dos aglomerados de galáxias. A questão-chave é saber se há alguma observação que confirma esta inferência.

A coisa interessante sobre as observações empíricas é que elas nos dizem que os BL Lacs se fragmentam (ver o BL Lac de raios X com 1213 contagens/ks acima de NGC5548 na Figura 2-3) e elas nos dizem *como* eles fazem isto! Exatamente como nas ejeções onipresentes que acompanham a formação de estrelas jovens em nossa própria galáxia (ver Gravura 8-19), os BL Lacs ejetam material em direções opostas. Ao que parece eles ejetam muito material, eventualmente envelhecem em galáxias companheiras menores e com um desvio para o vermelho um pouco maior e por fim em aglomerados de objetos com desvios para o vermelho similares.

Este resultado foi reforçado quando consideramos que foi apresentado por John Stocke e colaboradores que os BL Lacs ocorrem em "ambientes de aglomerados". Como os BL Lacs estão associados com galáxias próximas (Capítulo 2), os aglomerados também terão de estar. Por exemplo, foi mostrado no Capítulo 1 que o quasar tipo BL Lac 3C275.1 (z = 0,557) está ligado a uma galáxia com baixo desvio para o vermelho — Stocke também mostrou que este quasar pertence a um aglomerado de

246 ✦ O Universo Vermelho

galáxias. (Ver também Figuras 8-11 até 8-13 para um aglomerado de quasares no processo de evoluir para um aglomerado de galáxias).

Os Grandes Aglomerados Gêmeos de Galáxias — Virgem e Fornalha

O aglomerado de Fornalha não é tão bem conhecido já que está no Hemisfério Sul e não foi estudado tão intensamente quanto o aglomerado de Virgem. Mas pelos desvios para o vermelho que são conhecidos, é fascinante notar suas similaridades com os padrões em Virgem.

Como observado anteriormente, a maior galáxia central e a radiogaláxia intensa, For A, no aglomerado de Fornalha mostram o mesmo padrão que ocorre no aglomerado de Virgem com M49 e Vir A. Em Fornalha duas radiogaláxias intensas se estendem numa linha para fora de For A (assim como M86 e M84 se estendem para fora de Vir A). Novamente no aglomerado de Fornalha assim como no aglomerado de Virgem as radiogaláxias e galáxias espirais têm sistematicamente maiores desvios para o vermelho. É particularmente interessante observar que a espiral de classe de luminosidade I, NGC1365 (SBbI), tem + 824 km/s em relação à galáxia de Fornalha central (NGC1291). As quatro espirais ScI que são membros do aglomerado de Virgem têm + 582, + 642, + 824 e + 1479 km/s mais altos do que o desvio para o vermelho da galáxia mais brilhante no aglomerado, M49. (Ver também Capítulo 3 e Figuras 3-18 e 3-19). Assim fica claro que as espirais ScI formam uma classe de galáxias com desvios para o vermelho intrínsecos bem estabelecidos. Há também uma concentração de quasares na região de Fornalha (*Astrophysical Journal* 285, 555).

Vimos tanto em Fornalha quanto em Virgem como os aglomerados Abell esboçam a forma S ao longo da espinha do aglomerado. Vimos também como os objetos BL Lac estão ao longo desta distribuição em Fornalha. Isto sugere que se observe a distribuição dos objetos BL Lac em Virgem. Quando fazemos isto encontramos dois, um pouco abaixo e a poucos graus dos dois lados de M49. Seus desvios para o vermelho são 0,136 e 0,150, um bom emparelhamento com o BL Lac com desvio para o vermelho de 0,165 em Fornalha. Os dois aglomerados são tão iguais em todos os detalhes, incluindo a hierarquia dos desvios para o vermelho intrínsecos,

Aglomerados de Galáxias ✪ 247

que sou tentado a dizer que se há um criador (e se houver não ousaria atribuir propriedades antropomórficas a ele) poderíamos ouvir: "*Vejam patetas, mostrei a vocês o aglomerado de Virgem e vocês não acreditaram nele. Assim, mostrarei um outro como este e se vocês ainda não acreditarem nele – bem, vamos simplesmente esquecer tudo isto*".

Alinhamentos de Galáxias

Se qualquer um representar graficamente as galáxias no céu como função de seus desvios para o vermelho fica claro que elas formam filamentos longos e irregulares. A propriedade mais impressionante destas distribuições lineares é que a galáxia mais brilhante de menor desvio para o vermelho na região está no meio de cada um destes filamentos. A situação é apresentada na Figura 6-19 para o filamento mais longo (próximo ao filamento Perseu-Peixes) de que tenho conhecimento. Lá o filamento de galáxias com 3.100 a 5.100 km/s estende-se por mais de 40 graus ao longo do hemisfério norte. Bem no centro está situada a espiral Sb gigante M81, a galáxia principal seguinte mais próxima ao nosso próprio Grupo Local e tendo um desvio para o vermelho apenas um pouco acima de 100 km/s.

Bem a oeste, M81 tem uma companheira Sc, NGC2403, com seu próprio filamento mais curto de galáxias com maior desvio para o vermelho. Então para o sul vemos dois outros filamentos de galáxias esboçados melhor no intervalo de desvio para o vermelho de 4.200 a 5.200 km/s. A Figura 6-20 mostra que cada uma destes últimos filamentos tem uma grande Sb de baixo desvio para o vermelho em seu centro. No *J. Astrophysics Astron*, Índia, 11, 411, 1990, fui capaz de investigar as 20 espirais de magnitude aparente mais brilhante ao norte da Dec. = 0 grau. Das 14 que não estavam amontoadas com galáxias brilhantes próximas, 13 tinham linhas bem marcadas e concentrações de galáxias mais fracas com maiores desvios para o vermelho. É embaraçoso ter de relatar que a chance disto ocorrer por acidente é menor do que cerca de um em 10 bilhões a 1.000 bilhões. O cálculo foi feito por uma solicitação de um árbitro que depois ainda parecia não querer acreditar nas representações gráficas das galáxias catalogadas.

248 ◐ O Universo Vermelho

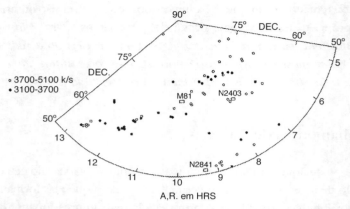

Fig. 6-19. Estão representadas graficamente sobre esta enorme área do céu todas as galáxias nos intervalos de desvios para o vermelho indicados. A galáxia mais brilhante na região é a bem conhecida M81, as próximas mais brilhantes são NGC2403 e NGC2841 apresentado na figura seguinte.

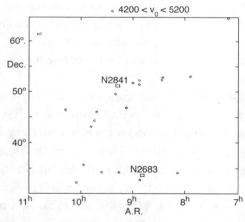

Fig. 6-20. Estão representadas graficamente na região ao sul de M81 todas as galáxias no intervalo de desvio para o vermelho indicado. Estão indicadas as duas galáxias com magnitude aparente mais brilhantes.

Em vez de repetir todos os gráficos, vou mostrar apenas mais um na Figura 6-21. Estão representadas graficamente aqui todas as galáxias listadas no *Catálogo Revisado Shapley-Ames*, muito completo, de Sandage e Tammann. Acontece de haver uma escassez de galáxias nesta região particular, assim o alinhamento curvado das galáxias é muito

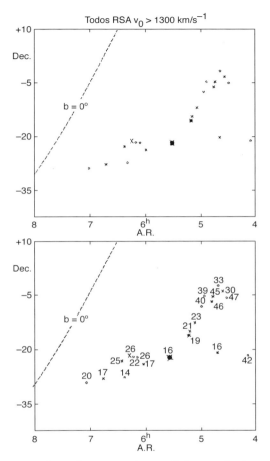

Fig. 6-21. Estão representadas graficamente todas as galáxias com desvios para o vermelho maior do que 1.300 km/s do *Catálogo Revisado Shapley-Ames* (Sandage e Tammann). O quadro inferior acrescenta seus desvios para o vermelho em centenas de km/s. A galáxia central mais brilhante é de tipo morfológico Sb, as cruzes são espirais de tipo tardio, a cruz maior é de tipo ScI.

notável. De novo, justamente no meio do filamento está situada a galáxia de baixo desvio para o vermelho mais brilhante em toda a área (mais uma vez uma Sb).

Duas das galáxias no filamento são ScIs, um tipo particularmente jovem de espiral que, mostrado anteriormente, tem excessos de desvios para o vermelho particularmente notáveis. Isto nos traz ao ponto impor-

250 ✪ O Universo Vermelho

tante de que nos casos das 20 espirais mais brilhantes originais, a investigação dos tipos de galáxias nos filamentos trouxe à tona um número excepcional de galáxias ScIs, perturbadas, irregulares, duplas, peculiares e ativas tais como as galáxias Markarian e Seyfert. Isto é uma confirmação adicional clara da natureza não acidental dos filamentos e também aponta fortemente para a conclusão de que os desvios para o vermelho das galáxias alinhadas são intrínsecos e causados por suas idades jovens.

Alinhamentos, Quasares, BL Lacs e Aglomerados de Galáxias

Sem ir para os modelos rituais e cálculos científicos detalhados, podemos induzir uma boa quantidade de compreensão notando simplesmente os relacionamentos empíricos nos dados que discutimos até agora:

- Os objetos que parecem jovens estão alinhados dos dois lados dos objetos eruptivos. Isto implica ejeção de protogaláxias.
- Os objetos mais jovens parecem ter os maiores desvios para o vermelho. Isto implica que o desvio para o vermelho intrínseco decai à medida que o objeto envelhece.
- À medida que aumenta a distância do objeto central ejetor, os quasares aumentam em brilho e diminuem em desvio para o vermelho. Isto implica que os objetos ejetados evoluem à medida que vão para fora.
- Ao redor de z = 0,3 e cerca de 400 kpc da galáxia progenitora os quasares parecem tornar-se muito brilhantes nas luminosidades óptica e de raios X. Isto implica que há uma transição para objetos BL Lac.
- São observados poucos objetos BL Lac o que implica que esta fase é de vida curta.
- Aglomerados de galáxias, muitos dos quais são fontes intensas de raios X, tendem a aparecer a distâncias comparáveis às dos BL Lacs da galáxia progenitora. Isto significa que os aglomerados podem ter resultado da desintegração de um BL Lac.
- Aglomerados de galáxias no intervalo de z = 0,2 a 0,4 contêm galáxias azuis ativas. Isto implica que eles continuam a evoluir para maiores luminosidades e menores desvios para o vermelho.

Aglomerados de Galáxias ⊙ 251

- Os aglomerados Abell de z = 0,01 a 0,2 estão ao longo das linhas de ejeção das galáxias como Cen A. Presumivelmente eles são os produtos evoluídos das ejeções.

- Os filamentos de galáxias que estão alinhados através das espirais mais próximas e mais brilhantes têm desvios para o vermelho de z = 0,01 a 0,02. Presumivelmente elas são o último estágio evolucionário das protogaláxias ejetadas antes que elas se transformem em companheiras, com desvio para o vermelho ligeiramente superior ao das galáxias ejetoras originais.

A conexão entre estas pequenas quantidades de fatos, que revelam o quadro total, parece indicar que o material criado recentemente, com alto desvio para o vermelho, é ejetado em direções opostas das galáxias ativas. O material evolui em quasares com altos desvios para o vermelho e então em objetos com desvios para o vermelho progressivamente menores e finalmente em galáxias normais. Esta conclusão resumida é mais elucidada na teoria do Capítulo 9, mas aqui ela é um exemplo de uma hipótese de trabalho. Ela pode ser utilizada para deduzir quais tipos de processos físicos são necessários para produzir os efeitos observados — *i.e.* qual teoria entre o número infinito de teorias possíveis é a mais próxima da realidade. Como uma hipótese de trabalho ela está pronta para ser aperfeiçoada a qualquer momento em que houver observações melhores.

Por exemplo, não é claro que uma grande quantidade de material criado recentemente vá evoluir da mesma forma que uma quantidade pequena. É possível que um material novo fique preso no interior de uma galáxia, na qual está se originando, se condense e seja então ejetado num evento posterior em um estado mais evoluído.

Na minha opinião, o que está aí acima é quase exatamente o oposto da forma em que a ciência acadêmica atual trabalha. Não interessa como os cientistas pensem que o fazem, eles começam com uma teoria — na verdade ainda pior — com uma suposição simplista e contra-indicada de que os desvios para o vermelho só significam velocidade. Daí para frente só aceitam observações que podem ser interpretadas nos termos desta suposição. É por isto que penso ser muito importante ir tão longe quanto possível com as relações e conclusões empíricas. É por isto que é

252 ❂ O Universo Vermelho

tão importante descartar qualquer hipótese de trabalho se ela é desmentida pelas observações — mesmo se não há uma hipótese alternativa para substituí-la. Tão desagradável quanto isto possa ser, temos de ser capazes de viver com a incerteza. Ou, como dizem muitas pessoas, mas sem convicção: "Nunca é possível provar uma teoria, apenas refutá-la".

7. Lentes Gravitacionais

Antes da década de 1950, Fritz Zwicky, o astrônomo suíço que teve uma carreira ilustre e turbulenta na Califórnia, estava ciente de que havia sido mostrado que campos gravitacionais intensos curvam os raios de luz – como nas famosas observações do eclipse, que mostraram o deslocamento das posições das estrelas observadas num ângulo rente à borda do Sol. Nesta época começou a procurar um objeto extragaláctico que pudesse estar diretamente atrás de um outro, tendo assim seus raios de luz mais externos curvados para dentro pelo campo gravitacional do objeto em primeiro plano de tal forma que criasse um anel ou halo. Foram encontradas algumas "galáxias de anel", mas todas elas pareciam ser anéis físicos ao redor da galáxia e não objetos de fundo ampliados.

A situação mais comum a ser esperada era o objeto de fundo não estar centrado exatamente e o anel gravitacional colapsar num arco de um único lado. Mas também não foram encontrados exemplos notáveis disto, assim o assunto ficou adormecido. O renascimento repentino das lentes gravitacionais criou uma indústria imensa em função simplesmente dos quasares. Nas décadas de 1960 e 1970 comecei a encontrar altas densidades de quasares concentrados ao redor de galáxias próximas com baixos desvios para o vermelho. Devido a seus altos desvios para o vermelho, percebeu-se que eles não podiam estar associados com galáxias de baixos desvios para o vermelho. Como descrito em *Quasars, Redshifts and Controversies*, as observações foram simplesmente rejeitadas como sendo incorretas. Então um teórico chamado Claude Canizares teve a idéia de que tais associações aparentes poderiam ser quasares de fundo ampliados em brilho pelo efeito de lente gravitacional da galáxia em primeiro plano. Repentinamente as observações foram consideradas importantes e corretas, sendo encontrados muitos outros exemplos de concentrações de quasares ao redor de galáxias com menores desvios para o vermelho.

Quasares em Excesso ao Redor de Galáxias

Foi agradável ser herói, mas foi apenas por um dia. Mesmo assim, foi uma experiência válida, pois pensei que o emparelhamento e as separações dos quasares tornavam indiscutivelmente óbvias suas origens por ejeção a partir das galáxias. As lentes gravitacionais de galáxias ficaram ora em alta, ora em baixa, de novo em alta para as microlentes gravitacionais (focar através de objetos pequenos tais como estrelas e planetas dentro da galáxia). Contudo, quando ouvi dizer que os cálculos de microlentes gravitacionais exigiam um aumento abrupto nos números de quasares com magnitudes aparentes mais fracas, embora protestei que os números observados se aplainavam à medida que os quasares se tornavam mais fracos. A Figura 7-1 mostra que apenas os quasares mais brilhantes têm um aumento abrupto, suficiente para satisfazer as previsões. Quando submeti isto ao periódico *Astronomy and Astrophysics* o editor não estava pronto para acreditar nas evidências e exigiu uma carta de um dos principais teóricos em lentes gravitacionais, Peter Schneider, para convencê-lo de que o argumento estava correto. Sempre admirarei Peter por sua integridade ao escrever para apoiar um resultado contrário à sua posição.

Mas que previsão eu poderia fazer para as contagens do número de quasares como função de suas magnitudes aparentes? Esta era de fato uma questão bem fácil, pois, se os quasares pertenciam a galáxias brilhantes próximas, eles estariam distribuídos no espaço da mesma forma. A Figura 7-2 mostra como o número de espirais Sb luminosas como M31 e M81 aumenta com a magnitude aparente (as cruzes: "x"). Os segmentos de linha mostram como os vários levantamentos de quasares aumentam com a magnitude aparente. O ajuste é extraordinariamente bom, especialmente considerando a forma não linear das duas funções. Mesmo os pormenores se ajustam bem.

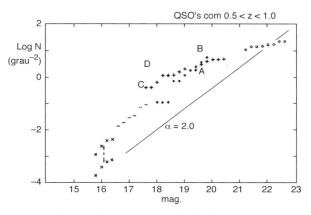

Fig. 7-1. Contagens cumulativas de quasares como função da magnitude aparente limite. Os símbolos diferentes representam resultados de levantamentos diferentes. Os pontos B e D representam pontos de Arp mostrando quasares em excesso ao redor de galáxias próximas. A linha com inclinação 2 representa a taxa mínima de aumento do número de quasares exigida pelas microlentes gravitacionais.

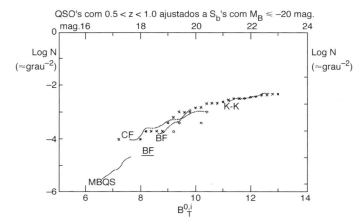

Fig. 7-2. As cruzes, "x" representam as contagens cumulativas de galáxias próximas com alta luminosidade. As linhas cheias representam as contagens de quasares de vários levantamentos com desvios para o vermelho entre z = 0,5 e 1,0. Estes quasares estão distribuídos em magnitude aparente, da mesma forma que as galáxias próximas exceto por um deslocamento de ponto zero de + 10 mag.

A normalização em magnitude aparente necessária para fazer este ajuste é muito significativa. Para quasares com 0,5 < z < 1,0, o deslocamento é de 10 magnitudes. Isto significa que os quasares da ordem da 19ª magnitude aparente têm de ser encontrados ao redor de galáxias dominantes de cerca da 9ª magnitude aparente. *Isto é exatamente o que havia sido observado!*

A Figura 7-3 mostra que o ajuste para quasares de 1,0 < z < 1,5 também é muito bom, mas agora com um ponto zero deslocado por 11 magnitudes. Isto apóia a descoberta geral de que os quasares se tornam menos luminosos à medida que se aproximam de desvios para o vermelho próximos de 2,0. Isto implicaria que, se as contagens de número de quasares com z próximo de 2,0 fossem melhor definidas, eles exigiriam uma diferença de cerca de 13 magnitudes de suas galáxias associadas. Isto tornaria os quasares com z = 2, da 18ª a 20ª magnitudes, visíveis apenas em associação com as galáxias mais próximas como M31, o Grupo de Escultor e M81. Isto também é o que foi encontrado nas investigações anteriores como se lê no resumo em *Quasars, Redshifts and Controversies.*

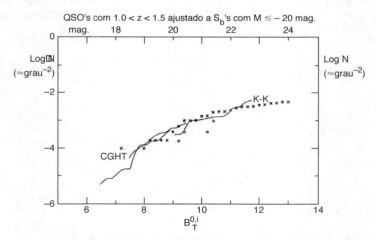

Fig. 7-3. O mesmo que na figura precedente exceto pelos quasares entre z = 1,0 e 1,5. O deslocamento é agora de + 11 mag.

Meu artigo detalhando a análise acima (*Astronomy and Astrophysics* 229, 93, 1990) lista cinco razões independentes pelas quais as lentes gravitacionais não podem dar conta dos números de quasares em excesso ao redor de galáxias brilhantes. Mas o mais decisivo é que ele demonstra que as contagens de número observadas para os quasares *só podem ser explicadas por suas associações físicas com galáxias brilhantes próximas.* Isto dava razoavelmente a impressão de ter resolvido a questão. Mas num artigo no *Astronomical Journal* 107, 451, 1994 dois autores relataram uma associação estatística dos quasares com aglomerados de galáxias "no plano frontal" — um entre numerosos artigos recentes relatando associações quasar/galáxia. Eles fazem a afirmação curiosa: "Interpretamos esta observação como sendo devida ao efeito de lentes gravitacionais estatísticas dos QSOs de fundo pelos aglomerados de galáxias. Contudo, esta [...] densidade em excesso [...] não pode ser explicada em qualquer modelo de lentes devidas aos aglomerados [...] e é implausível em qualquer modelo convencional de distribuição de massas cósmicas". O mais alarmante é que eles nem mesmo citam o artigo no *A & A* de onde extraímos aqui as figuras que refutam empiricamente os efeitos das lentes gravitacionais para os quasares. À medida que os artigos se multiplicam exponencialmente, nos perguntamos se está próximo o fim da comunicação.

Distribuição de Quasares ao redor de Seyferts

Podemos testar a distribuição de quasares de raios X ao redor das galáxias Seyfert que encontramos no Capítulo 2 utilizando o mesmo diagrama de contagem de números acima. A Figura 7-4 mostra as contagens cumulativas para as galáxias Sb mais brilhantes, novamente indicadas por "x". Pode-se ver que elas seguem muito bem os números em excesso de fontes de raios X associadas com as Seyferts, reforçando a idéia de que as brilhantes Sbs são basicamente as progenitoras das Seyferts mais ativas e estão distribuídas no espaço da mesma forma. Da mesma forma os quasares que estão associados com estas galáxias mostram o mesmo comportamento da contagem de números com o brilho aparente.

De fato estes diagramas de contagem de números tornam-se o único método estatístico de medir distâncias extragalácticas, se os desvios para o vermelho não são devidos a velocidades. Portanto, eles devem tornar-se ferramentas muito importantes à medida que o tempo passa. Por exemplo no momento ninguém tem a menor idéia de onde estão localizados os misteriosos surtos de raios gama. Mas suas contagens de números têm uma quebra característica lembrando a queda nas contagens de números dos objetos com z = 1. Isto significa que eles estão provavelmente distribuídos no espaço como os quasares ativos com z = 1, isto é por todo o Superaglomerado Local*.

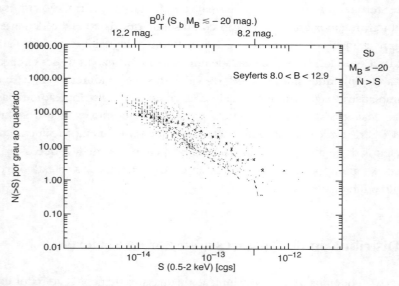

Fig. 7-4. Os números cumulativos de fontes de raios X ao redor das Seyferts como na Fig. 2-1. As Sbs de alta luminosidade estão representadas graficamente como cruzes mostrando novamente a mesma distribuição em magnitude aparente que as fontes de raios X em excesso (predominantemente quasares).

A Cruz de Einstein

O caso mais célebre de uma galáxia supostamente dividindo a imagem de um quasar de fundo em imagens separadas por meio de seu campo gravitacional é o de um objeto nada imponente chamado G2237

---

*. Enquanto este livro estava indo para a impressão tudo parecia indicar que os surtos de raios gama estavam associados com galáxias ativas fracas, ao redor de z = 0,8.

+ 0305. Quando foi descoberto pela primeira vez causou pânico já que era essencialmente um quasar com alto desvio para o vermelho no núcleo de uma galáxia com baixo desvio para o vermelho (*Quasars, Redshifts and Controversies*, p. 146). A lente gravitacional por galáxia *tinha* de ser invocada para este caso.

Observações subsequentes de alta resolução mostraram quatro quasares com z = 1,70 na forma de uma cruz centrada aproximadamente numa galáxia da 14ª magnitude com z = 0,04. Como as quatro imagens de quasar estavam todas dentro de um segundo de arco do núcleo da galáxia era impossível alegar que era acidental. Mas a lente gravitacional tinha um grande problema desde o início já que Fred Hoyle calculou rapidamente que a probabilidade de um determinado evento ocasionado pela lente gravitacional era menor do que duas chances em um milhão!

Mas por esta época eu já tinha ficado curioso o suficiente para olhar detalhadamente na foto de publicidade que a Nasa havia liberado da fotografia do telescópio espacial da "Cruz de Einstein" (Figura 7-5). É uma demonstração exemplar de como a ciência procede quando percebemos que milhares de cientistas devem ter "olhado" para a fotografia e

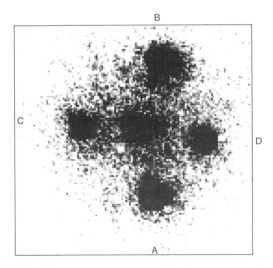

Fig. 7-5. A Cruz de Einstein – quatro quasares com desvio para o vermelho de z = 1,70 alinhados aproximadamente de lado a lado de uma galáxia central com desvio para o vermelho de z = 0,04. Primeira fotografia deste objeto liberada publicamente pelo Telescópio Espacial Hubble.

dito:"Oh, aqui está uma imagem de quasar que foi dividida em quatro partes pela ação de uma daquelas lentes gravitacionais". Era cético em relação a lentes gravitacionais, olhei a fotografia e vi o que não deveria estar lá, uma conexão luminosa entre um dos quasares e o núcleo da galáxia!

É bom ter amigos honestos em quem você pode confiar que são honestos. Levei a fotografia para Phil Crane e disse:"Você vê o que eu vejo?". Após estudá-la um pouco ele disse:"Sim, mas não sei se é real". "Bem, como podemos descobrir?" perguntei. Felizmente ele era um membro do grupo de definição do instrumento para imagens do telescópio espacial. Ele tinha todas as imagens das exposições e ferramentas de processamento em seu computador. Contornamos a imagem e testamos em relação a estrelas artificiais superpostas próximas da galáxia. Não apenas a conexão original, mas extensões em direção aos outros quasares pareciam reais! (Figura 7-6). *Devemos considerar cuidadosamente a seguinte questão: Qual é a chance que tem uma pessoa que nota uma discrepância importante num comunicado científico de ter a oportunidade de checar isto ao nível dos dados primários?*

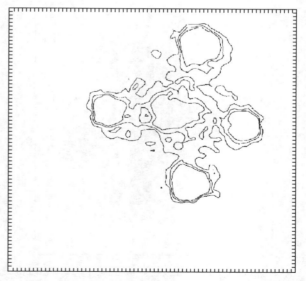

Fig. 7-6. A imagem em contorno ligeiramente suavizada da fotografia precedente mostrando a prolongação e conexão da galáxia central aos quasares a Leste e a Oeste e as extensões dos quasares ao Norte e ao Sul em direção à galáxia.

Contudo, durante o processamento das imagens, percebemos que por uma sorte muito grande haviam três exposições em ultravioleta com o telescópio espacial no intervalo de comprimento de onda centrado em 3.400 Å. Esta faixa inclui a linha Lyman-alfa dos quasares desviados para o vermelho. Esta era a linha de emissão mais intensa do elemento mais abundante nos quasares e seria a mais provável de mostrar qualquer conexão gasosa. A Gravura colorida 7-7 mostra o resultado empolgante: o quasar ocidental (D) está conectado diretamente com o núcleo alongado da galáxia! Não há absolutamente forma alguma de fugir do resultado global de que os quasares estão conectados e geralmente alongados em direção ao núcleo com baixo desvio para o vermelho.

Como se isto não fosse suficiente, um pouco depois estava caminhando de volta de uma sessão da IAU [14] em Buenos Aires com Howard Yee perto de mim. "O que há de novo, Howard", perguntei.

Houve um longo silêncio e então: "Bem, há um coisa sobre a qual você provavelmente vai se interessar", murmurou.

"O que é?", perguntei polidamente.

"Bem", após alguma hesitação, continuou: "Colocamos a fenda do espectrógrafo entre os quasares A e B na Cruz de Einstein e registramos uma emissão Lyman-alfa larga em cada quasar. Mas entre eles encontramos uma linha Lyman-alfa estreita – parece que há algum gás de baixa densidade entre os quasares com o mesmo desvio para o vermelho que eles".

Fiquei chocado e olhei para ele tentando adivinha a expressão em seu rosto. Como era comum nestas situações, seus olhos evitaram os meus. Naturalmente, o ponto era que uma linha entre os quasares A e B passava diretamente entre o núcleo da galáxia e o quasar D. Diante disto *era indicado um gás com alto desvio para o vermelho próximo ao núcleo da galáxia com baixo desvio para o vermelho*. Mas o que eu sabia e o que qualquer um pode saber olhando para a fotografia centrada em Lyman-alfa na Gravura colorida 7-7, é que há um suposto filamento Lyman-alfa conectando o quasar D com o núcleo da galáxia. O que o espectro havia confirmado era que de fato este era um filamento de hidrogênio excitado de baixa densidade conectando os dois objetos com desvios para o vermelho

---

14. International Astronomical Union, União Astronômica Internacional.

262 ○ O Universo Vermelho

altamente diferentes. Estamos observando novos rastros de material resultando da ejeção e, como vimos nos primeiros capítulos, tendências para ejeção ortogonal a partir da galáxia progenitora.

Censura no Ponto Crítico

Phil e eu descrevemos minuciosamente todos estes resultados, juntando todos os testes, números e referências e o submetemos ao *Astrophysical Journal Letters*. O editor o enviou para um árbitro que havia acabado de escrever um longo artigo sobre a Cruz de Einstein — ele esteve procurando pela quinta imagem prevista pela teoria das lentes gravitacionais, e não havia encontrado qualquer evidência dela, mas concluiu, de qualquer forma que havia reforçado a interpretação de uma lente gravitacional. Escreveu três relatos tentando fazer com que disséssemos que nossos resultados eram todos devidos a um ruído casual e então rejeitou o artigo. Quando mostrei para o editor o conflito de interesses em relação ao artigo recente do árbitro, o editor enviou-o para um teórico com conflitos de interesse ainda maiores. Ele alegou essencialmente que como o artigo discordava da teoria atual as observações tinham de estar erradas. O artigo foi finalmente publicado no *Phys. Lett. A* 168, 6, 1992.

Ressinto-me sobre o que aconteceu e quero deixar clara minha posição: o *Astrophysical Journal Letters* é um periódico que costuma publicar regularmente novas observações do Telescópio Espacial Hubble. O telescópio custou bilhões de dólares financiado com recursos públicos. A grande maioria das taxas de publicação de artigos que financiam a edição do periódico vêm de contratos mantidos pelo governo. A diretiva principal e dominante do editor é a de comunicar novos resultados astronômicos importantes. Se o processo editorial viola sua responsabilidade primária, está fazendo mau uso do dinheiro do contribuinte.

Mais Escândalos da Cruz

Contudo, artigos que defendem que os dados confirmam as teorias padrão são publicados rapidamente. Um exemplo de um artigo destes é a análise de Howard Yee (1988), que calculou uma massa exigida de cerca de 100 bilhões de sóis dentro do raio muito pequeno onde estão localizados os quasares. Isto leva a uma razão de massa para luminosidade (M/L) de cerca de 13, sobre a qual Yee afirma que "[...] está próxima do limite superior daquela das grandes galáxias espirais [...] mas é inteiramente aceitável". Bem, nem tanto. Se você consultar a referência original (Kormendy 1988), você vê que esta razão M/L está completamente acima dos bojos das galáxias espirais, mesmo acima daquela para as galáxias E e isto para um limite *inferior* do M/L necessário. De fato se você extrapolar a luminosidade necessária para uma elíptica ter esta razão M/L obtém-se M_B = - 25 mag. Quão brilhante é - 25 mag? Bem, os quasares convencionais começam com M_B = - 23 mag. Assim esta galáxia teria de ser 2 magnitudes mais brilhante do que os objetos supostamente mais brilhantes no universo, um quasar convencional!

Num artigo posterior, Rix, Schneider e Bahcall (1992) num cálculo essencialmente igual ao de Yee prevêem a mesma massa para a galáxia. A contribuição deles foi mudar de "inteiramente aceitável" para "modelos de lentes [...] explicam elegantemente a riqueza das observações". Na verdade, esta assim chamada confirmação baseia-se nas suposições de que as dispersões de desvios para o vermelho nos interiores das galáxias representam tanto velocidades quanto velocidades em equilíbrio. Como podemos notar, as observações mostram que isto é incorreto nos dois aspectos e superestima sistematicamente as massas das galáxias. Além do mais, a massa necessária para a lente atuar é subestimada ao se supor que ela está toda concentrada num ponto no centro da galáxia - daí o limite inferior mencionado acima. Também na questão da Cruz, uma galáxia de disco é chamada de uma elíptica e comparações de razões de massa para luminosidade são misturadas nas bandas azul, visual e vermelha. Mesmo após tudo isto, exige-se uma galáxia extraordinária e sem precedentes para satisfazer os requisitos da lente.

Os efeitos de lente gravitacional podem aparecer algum dia para massas de galáxias realistas, mas numa escala muito menor do que atualmente sustentada. Sobre a galáxia central na Cruz de Einstein, precisa-se apenas olhar para ela para perceber que ela é de fato uma galáxia anã pequena. Penso que seria uma verificação da realidade extremamente útil se os astrônomos estudassem as galáxias em grupos e aprendessem

264 ⊙ O Universo Vermelho

a julgar as características gigante, média e anã de uma galáxia a partir de suas aparências morfológicas.

O Caso Geral Contra Quasares Obtidos por Lentes

O artigo de Arp e Crane sobre a Cruz de Einstein também deixou claro que um requisito básico da ação das lentes gravitacionais havia sido violado por todas as observações dos quasares. Os cálculos teóricos na Figura 7-7 mostram que as imagens obtidas por lentes teriam de ser alongadas por um fator de 4 ou 5 para 1 ao longo da direção da circunferência. Isto é apenas senso comum já que, como foi mencionado no início deste capítulo, originalmente as pessoas começaram procurando por anéis gravitacionais ao redor de galáxias defletoras. No caso mais geral onde o objeto focado não está exatamente atrás da lente, o anel degenera em segmentos de anel ou em arcos. O fato de que os quasares supostamente obtidos por lentes nunca se pareceram com arcos foi sempre justificado baseando-se em que eles eram fontes pontuais não resolvidas, *i.e.* se pudéssemos obter resolução suficiente então eles seriam vistos como arcos. Mas as Figuras 7-5, 6 e a Gravura colorida 7-7 da Cruz de Einstein mostram que as imagens são bem resolvidas e, *em vez de serem arcos, as imagens dos quasares estão estendidas na direção da galáxia central.*

Como resultado, ficava excluída desde o início a obtenção por lentes de qualquer quasar já que os teóricos esqueceram sua própria teoria de que os quasares eram núcleos de galáxias hospedeiras. Mesmo se os núcleos não pudessem ser resolvidos, era suposto que a galáxia hospedeira tinha um diâmetro da ordem de 40 kpc como seu brilho superficial era preservado sob ampliação, ele deveria ter sido bem visível e ter perceptivelmente uma forma de arco. Deve-se lembrar que se supôs que 3C48, o primeiro quasar descoberto, tinha uma galáxia hospedeira com 12 segundos de arco de extensão ao redor dele. 3C48 tinha aproximadamente a 16ª magnitude aparente. Devemos acreditar que todos os quasares com desvios para o vermelho comparáveis, de 19ª magnitude aparente, com núcleos menos notáveis, não teriam tido galáxias hospedeiras notáveis na suposição convencional de distância de desvio para o vermelho? E não há um arco entre eles!

Lentes Gravitacionais 265

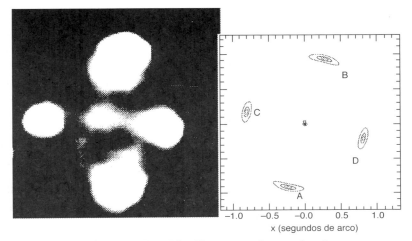

Fig. 7-7. Cálculos teóricos por Peter Schneider e outros de como deveriam parecer os quasares obtidos por lentes gravitacionais. Se resolvidas, as isófotas luminosas deveriam estar estendidas por um fator de 4 ou 5 para um ao longo de uma circunferência. O quadro da esquerda mostra observações do TEH[15].

Estamos quase entrando no assunto de arcos com altos desvios para o vermelho em aglomerados de galáxias. Supõe-se que eles sejam galáxias de fundo enormemente distantes focadas pelo campo gravitacional do aglomerado e prolongadas em arcos proeminentes finos. Se isto for verdade, os entusiastas não podem ter objetos obtidos por lentes com o mesmo desvio para o vermelho aparecendo como fontes pontuais *e* como arcos. Eles simplesmente não podem ter as duas coisas!

Arcos e Arcetes em Aglomerados de Galáxias

Quando Roger Lynds registrou pela primeira vez arcos numa fotografia de longa exposição de um aglomerado de galáxias não prestou muita atenção neles. Mais tarde, eles foram realçados por Vahe Petrosian, mas foi só quando foram medidos os desvios para o vermelho de alguns deles como sendo muito altos que se tornou vigente a idéia de que eles

15. Telescópio Espacial Hubble.

266 ✪ O Universo Vermelho

tinham de ser arcos obtidos por lentes gravitacionais. Eu tinha dúvidas desta interpretação já que percebia que objetos com altos desvios para o vermelho não estavam geralmente tão distantes e também porque percebia que os aglomerados de galáxias tinham massas muito menores do que as estimadas convencionalmente a partir das dispersões dos desvios para o vermelho de seus membros. Mas tinha de admitir que as formas de arco bem precisas centradas nos aglomerados se pareciam com os esperados anéis de Einstein degenerados e representavam um caso muito persuasivo a favor das lentes gravitacionais.

Quando começou a se estabelecer a evidência (que foi apresentada no capítulo precedente) a favor dos aglomerados de galáxias Abell próximos, muito pequenos — e exigiu esforço da minha parte para mudar a minha percepção a respeito deles — percebi que era impossível que eles tivessem massas suficientes para atuarem como lentes sobre quaisquer objetos distantes. Ao olhar mais criticamente as propriedades observadas dos aglomerados, supostamente considerados como lentes, foram reveladas algumas propriedades muito surpreendentes. Por exemplo, A370, representado aqui na Figura 7-8, tem um desvio para o vermelho de $z = 0,375^*$. Isto é não apenas próximo do pico de desvio para o vermelho de $z = 0,30$ de quasares intrinsecamente desviados para o vermelho, mas, se fôssemos tentar ajustá-lo ao diagrama desvio para o vermelho-magnitude aparente dos aglomerados Abell, encontraríamos que ele tem um excesso de desvio para o vermelho de cerca de 30.000 km/s! Velocidades peculiares desta ordem de grandeza simplesmente não são consideradas pelo fluxo de Hubble convencional. Além do mais, A370 dista apenas 1,7 graus da grande Seyfert ativa NGC1068 que se mostrou ser uma fonte de candidatos a quasares ejetados no Capítulo 2. De fato, a prolongação do aglomerado aponta diretamente para NGC1068!

Um outro aglomerado com supostos arcos gravitacionais, A2281, tem um desvio para o vermelho de $z = 0,176$ mais razoável em vista da magnitude aparente de seus membros. Mas este é o mesmo desvio para o vermelho

---

*. B. Fort e Y. Mellier dizem de fato o seguinte sobre estes arcos de aglomerados: "Observe o pico intenso entre $z = 0,2$ e $0,4$." Mostraremos no Capítulo 8 seguinte que estes aglomerados têm a mesma distribuição de desvios para o vermelho quantizada das dos BL Lacs e quasares.

de alguns dos aglomerados e objetos BL Lacs ao longo da espinha dos aglomerados de Virgem e de Fornalha. De fato A2281 dista apenas 1,3 graus de uma galáxia Seyfert com 14,46 mag de z = 0,026 e apenas 25 minutos de arco de uma espiral com 14,3 mag e de espectro desconhecido.

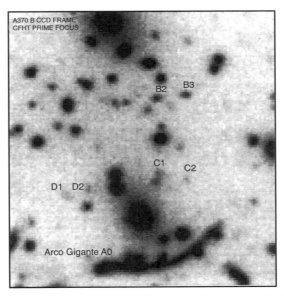

Fig. 7-8. Uma imagem CCD de longa exposição do aglomerado de galáxias Abell 370. Está assinalado um arco gravitacional assim como imagens que se supõe serem imagens múltiplas de objetos de fundo. As três fotografias seguintes foram adaptadas de B. Fort e Y. Mellier.

Ainda um outro aglomerado com supostos arcos gravitacionais é MS0440+02, representado na Figura 7-9. Os arcos não se parecem com uma galáxia de fundo alongada; eles se parecem com uma casca ejetada. Mais do que isto, neste caso há uma galáxia Seyfert a apenas 22 minutos de arco com essencialmente o mesmo desvio para o vermelho (z = 0,196 contra z = 0,19). Obviamente eles são um par de galáxias ativas, mas uma tem mais companheiras e uma casca.

Uma simples inspeção casual mostra que estes aglomerados ativos estão surpreendentemente mais próximos no céu de galáxias ativas e com baixos desvios para o vermelho do que deveriam estar por acaso. Novamente, é da maior prioridade testar de modo sistemático a correlação entre estes aglomerados e catálogos de vários tipos de galáxias e quasares.

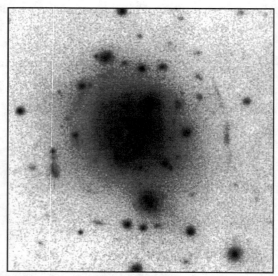

Fig. 7-9. O aglomerado de raios X, MS0440+02, mostrando um suposto arco gravitacional a Oeste da grande galáxia central.

Contudo, o desenvolvimento que realmente me chocou foi o relato de arcos gravitacionais *radiais* — i.e. "arcos" que apontavam para o centro do aglomerado em vez de serem tangenciais a ele. Isto era exatamente o oposto da expectativa de anéis de Einstein degenerados!

"Arcos Gravitacionais" Radiais?

A Figura 7-10 mostra o primeiro prêmio — o aglomerado MS2137-23 com um suposto "arco radial" emergindo da galáxia central e apontado diretamente para o meio de um "arco tangencial". Enquanto estava tentando me restabelecer deste último exemplo de bravata, "nossa teoria prospera na adversidade", algo estava importunando minha mente. Onde havia visto isto antes? Então me ocorreu — os jatos mais longos e mais retos emanando de uma galáxia espiral — a filmagem de NGC1097! A Gravura colorida 2-7 mostra em cores verdadeiras que o mais intenso dos quatro jatos ejetados desta Seyfert extremamente ativa termina num ângulo reto. Atrevo-me a dizer arco tangencial? A mudança de direção em ângulo reto do jato principal em NGC1097 foi sempre um mistério desconcertante. Era chamado jocosamente de "jato de perna de cachorro". Mas era obviamente ejetado — podia ele ter batido numa nuvem ou em material empilhado na sua frente e ter sido então aplainado num ângulo reto em relação à direção de propagação?

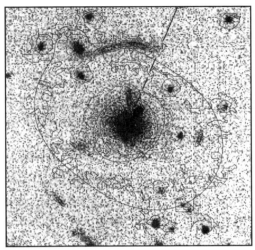

Fig. 7-10. Um outro aglomerado de galáxias de raios X, MS2137-23, com um pretenso arco gravitacional *radial* apontando diretamente para um arco transverso. Um quasar com z = 0,646 está a 49 minutos de arco, na direção do "arco radial".

Havia qualquer outro exemplo como este? Sim, havia o segundo jato mais intenso de uma galáxia espiral, aquele de NGC4651. Quando estava reduzindo as observações de raios X mostradas no Capítulo 1, queria obter a fotografia de exposição mais longa possível da galáxia com o objetivo de entender a relação do jato com o quasar próximo, aparentemente ejetado. A melhor possibilidade era o levantamento de longa exposição (IIIa-J[16]) em andamento com o telescópio Schmidt do Palomar. Sou extremamente grato a Bob Brucato por enviar-me uma cópia deste objeto antes do levantamento ser formalmente liberado. A exposição limite é mostrada aqui na Figura 7-11. Isto o surpreenderá! O jato eje-

---

16. Placa fotográfica.

tado termina novamente num arco tangencial, exatamente como no caso de NGC1097!

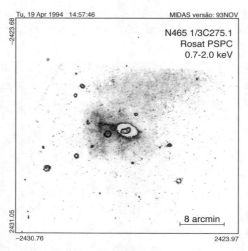

Fig. 7-11. Uma exposição IIIa-J longa da galáxia NGC4651 com jato, discutida no Capítulo 1 (contornos de fontes de raios X sobrepostos). Observe que o jato óptico termina numa característica transversa, tipo arco.

Assim pode-se concluir, empiricamente, que o aglomerado de galáxias na Figura 7-10 também estava ejetando um jato que era responsável por um arco de material similar. Observe também que este aglomerado de galáxias é do tipo em que uma galáxia é dominante e as restantes são muito provavelmente companheiras dela — o tipo amiúde envolvido em atividade de ejeção. Note também como o baixo brilho superficial dos arcos faz com que sejam muito difíceis de serem descobertos mesmo com as fotografias de exposição mais longa possível. Compare isto com as características dos jatos ejetados das galáxias espirais que acabamos de discutir e que também só são revelados nas fotografias de exposição mais longa.

Se você olha para o que está sendo ejetado na Figura 7-10, este material parece ser um quasar com z = 0,646 (o aglomerado tem z = 0,313). Este quasar está num ângulo de posição = - 22 graus e distante apenas 49 minutos de arco. De fato ele aparece bem ao longo do jato espesso (se for isto o que ele é), visível na Figura 7-10. Note que a galáxia central neste aglomerado é dominante. O que se tem aqui na verdade é uma galáxia ativa, cercada por muitas companheiras, que está atualmente ejetando na direção dos arcos e do quasar! Veremos no próximo capítulo que os desvios para o vermelho da galáxia central no aglomerado e do quasar estão muito próximos dos valores de desvio para o vermelho quantizados de z = 0,30 e 0,60.

Arcos Diametralmente Opostos num Aglomerado de Galáxias

Num programa de medida de desvios para o vermelho dos aglomerados de raios X descobertos pelo ROSAT, o aglomerado mais luminosos era, na interpretação convencional de desvio para o vermelho, RXJ 1347.5 – 1145. (O que isto significa em termos operacionais é que este aglomerado representa o desvio mais extremo da relação de Hubble, desvio para o vermelho-intensidade de raios X.) Possivelmente ligado com esta propriedade extrema estava o achado único de dois arcos curtos diametralmente espaçados de lado a lado da mais compacta das duas galáxias centrais brilhantes. A fotografia deste aglomerado de galáxias e de seus arcos está apresentada na Figura 7-12. A primeira reação é de perplexidade ao verificar quão curto são os arcos e de como eles estão alinhados exatamente de lado a lado da galáxia. Isto é altamente similar aos pares de quasares ejetados de galáxias ativas como apresentados nos Capítulos 1 e 2 e sugere a questão: "O que aconteceria se um quasar em formação ou um material arrastado na ejeção encontrasse resistência na direção de seu movimento?. Ele se aplainaria enquanto se torna mais luminoso?"

Se isto é uma lente, por que os arcos são tão curtos? E por que a simetria circular é quebrada desta maneira exatamente oposta? E sobre o espaçamento igual dos dois, de lado a lado da galáxia?

Por uma coincidência (inesperada?) há um quasar (z = 0,34) brilhante (V = 18 mag) a cerca de 45 minutos de arco a NE da galáxia central compacta. O alinhamento está dentro de cerca de 15 graus do alinhamento dos dois arcos curtos. Como o desvio para o vermelho do aglomerado é de z = 0,451, isto implicaria que ele foi ejetado do quasar (como uma intensa fonte de rádio, o quasar pode ter propriedades BL

Lac). Contudo, independentemente do significado desta última associação, o aglomerado é um protótipo daqueles que estávamos discutindo no capítulo anterior. É extremamente intenso em raios X, localizado no plano intergaláctico entre Virgem e Centauro (ver Figura 6-16) e justamente o tipo de objeto que consideraríamos ser um objeto ativo jovem ejetando e fragmentando-se em galáxias menores desviadas intrinsecamente para o vermelho.

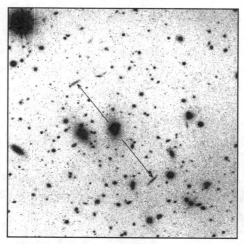

Fig. 7-12. Segundo o levantamento ROSAT, o aglomerado de Raios X, convencionalmente tido como o mais luminoso, apresenta como características certos diâmetros? A cerca de 5 arcos de minuto a NE de seu aglomerado encontra-se um poderoso quasar com desvio para o vermelho de z = 0,34 (Foto cedida por Sabine Schindler).

Galáxias que Ejetam Cascas e Arcos

Neste ponto gostaríamos de mostrar algumas fotografias de galáxias reais que estão claramente ejetando material que se parecem perigosamente com os supostos arcos gravitacionais.

Em primeiro lugar há um aglomerado estendido de galáxias chamado de aglomerado de Hércules, que contém muitas galáxias ativas e perturbadas. A Figura 7-13 mostra uma destas que tem um jato proeminente emergindo dela. Não há dúvida de que esta característica pertence à galáxia já que os nódulos no jato têm mais ou menos os mesmos des-

Lentes Gravitacionais ⊙ 273

vios para o vermelho que a galáxia. Viktor Ambarzumian apresentou isto na década de 1950 como um exemplo de formação de novas galáxias numa ejeção. Mas de importância-chave para a presente demonstração é o arco fino de material luminoso a NNO da galáxia. Este arco está de fato conectado à galáxia por um filamento difuso de material luminoso. É também claramente uma característica ejetada. Mais próximo da galáxia no lado SO está um arco mais fino e mais fraco que continua ao redor da galáxia, muito tênue numa forma aproximadamente circular, como se ele pudesse se ligar ao arco mais intenso a NO. Há indicações de que fotografias de exposição mais longa revelariam arcos luminosos adicionais que são essencialmente idênticos aos propostos arcos gravitacionais em aglomerados, mas neste caso são de modo claro um resultado de uma atividade explosiva na galáxia central.

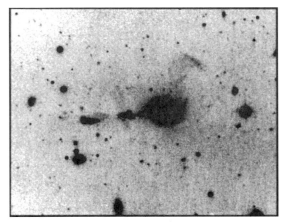

Fig. 7-13. Galáxia perturbada no aglomerado de Hércules com um jato para E que contêm pequenas galáxias. Observe em particular o arco para NNO com material da galáxia chegando até ele, assim como arcos mais fracos a SO e O.

A Figura 7-14 mostra uma outra galáxia que tem três arcos distintos num lado e uma suposta cauda de ejeção longa na direção oposta. Os três arcos são igualmente espaçados e concêntricos, sugerindo uma ondulação ou impulso vibracional do centro da galáxia.

Como exemplo final, a Figura 7-15 mostra uma fotografia de longa exposição de uma galáxia que tem arcos circulares tão bem definidos que sugere um sino tocando ou vibrando sob a água. Galáxias similares, e esta, particularmente, têm sido modeladas como duas galáxias se fundindo. Mas num encontro, o melhor que podemos esperar é uma galáxia espiralar na outra. Contudo, como notado, os arcos que aparecem não são espirais mas são perfeitamente circulares. Além do mais, como mostra a fotografia, há ao menos dois jatos fracos emergindo do centro, o que comprova diretamente a natureza explosiva e ejetora do núcleo.

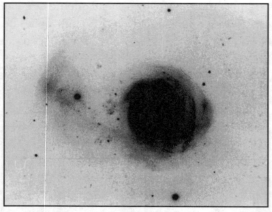

Fig. 7-14. Uma galáxia do *Atlas de Galáxias Peculiares* (número 215) que mostra três arcos distintos num lado e uma pluma ejetada no outro lado.

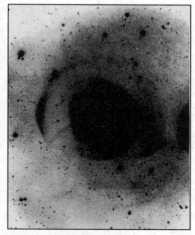

Fig. 7-15. Uma outra galáxia do *Atlas* (número 227) que mostra arcos muito bem definidos e dois jatos fracos saindo do centro.

Ejeção de Arcos das Seyferts

A questão que resta é se os arcos ejetados podem ser compostos de material que tem desvio para o vermelho consideravelmente maior do que a galáxia ejetora. Pensa-se, é natural, nas galáxias Seyfert que ejetam quasares com a mesma ordem de desvio para o vermelho que os supostos arcos gravitacionais medidos nos aglomerados de galáxias. Dois pesquisadores, Robert Fosbury e Andrew Wilson, entre outros, mostraram que as galáxias Seyfert ejetam material caracteristicamente em direções opostas em cones de vários ângulos de abertura aparente. O exemplo mais recente e espetacular é o da Gravura 7-15.

O aspecto crucial desta observação é que ela mostra que o material nos cones de ejeção está saindo numa série de arcos concêntricos. Os arcos parecem estar ficando cada vez mais finos à medida que vão para fora, talvez como resultados de choques ou de compressão pelo material seguinte mais rápido. Quando um quasar ou protoquasar com alto desvio para o vermelho está sendo ejetado pode muito bem haver material de idade semelhante que segue o quasar e forma arcos. Ou o próprio quasar com partículas de massas pequenas pode ser deformado num arco se ele encontra nuvens ou um meio nas vizinhanças da galáxia. (Este último seria um modelo possível para o curto par de arcos discutido anteriormente de lado a lado da galáxia na Figura 7-12.)

Naturalmente se esperaria que alguns arcos levassem consigo material da galáxia ejetora e alguns arcos um material jovem com alto desvio para o vermelho. Assim seria necessário um programa observacional espectroscópico cuidadoso nestes tipos de objetos para checar esta hipótese de trabalho e modificá-la se necessário. Considerando tudo até agora, o resultado importante parece ser que as galáxias ativas ejetam quasares com alto desvio para o vermelho e também ejetam material difuso, parte do qual na forma de arcos. Como muitos aglomerados de galáxias Abell são fontes energéticas de raios X e contêm galáxias ativas, ou galáxias talvez recentemente ativas, é razoável supor que eles também poderiam ejetar material que apareceriam como arcos com altos desvios para o vermelho.

Contudo, o pequeno tamanho dos aglomerados que encontramos no Capítulo 6 anterior parece impedir a ejeção de qualquer coisa inicialmente com muita massa. Contudo, independente de qual seja o novo modelo mais favorável, as observações claramente atrapalham nossas suposições convencionais.

Ejeções dos Aglomerados de Galáxias Abell

Como eu estava prevendo graças a todos os pares de quasares de raios X que temos encontrado ao redor das galáxias Seyfert, o fato é que, quando encontrei por acaso, pela primeira vez, o mapa em raios X do aglomerado de galáxias, como mostra a Figura 7-16, tudo que pude ver foi o par B e C de lado a lado da galáxia ativa central. (Na verdade, este é um dos aglomerados de galáxias mais bem conhecidos, o aglomerado de Centauro). Como as duas fontes estão alinhadas dentro da precisão das medidas de lado a lado da galáxia central, é altamente provável que elas tenham sido ejetadas.

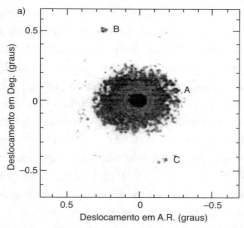

Fig. 7-16. Um mapa em raios X do aglomerado de galáxias de Centauro mostrando a brilhante radiogaláxia no centro, NGC4696, com z = 0,00975. As companheiras mais fracas têm uma média de desvio para o vermelho mais alto em + 375 km/s. As fontes de raios X emparelhadas B e C estão à espera de espectros ópticos. Mapa ROSAT por S. W. Allen e A. C. Fabian.

Obtive imediatamente as posições publicadas destas fontes e as processei no programa automático de medidas de placa. A fonte A é identificada com um BSO de 18,7 mag, possivelmente variável. A fonte B é identificada com uma galáxia compacta azul de 15,6 mag quase certamente com um desvio para o vermelho muito maior do que o da galáxia central. A fonte C é ou uma galáxia com 16,7 mag ou um BSO (indistinto?) com 17,1 mag ou um objeto da 20ª magnitude. É necessário um programa espectroscópico de observação para obter os desvios para o vermelho e as identificações e talvez uma verificação da posição de C. Tais observações podem ser obtidas facilmente com os telescópios atuais da categoria dos 10 metros, mas isto é a última coisa que podemos esperar já que os institutos estão totalmente ocupados com projetos realmente importantes. Talvez eu vá para a África do Sul tentar medir os candidatos com um telescópio de 1,9 metros. É o mesmo telescópio que utilizei para estabelecer as escalas de distância das Nuvens de Magalhães quarenta anos atrás — deslocado para uma nova localização, com um espelho aluminizado em vez de prateado e com um espectrógrafo moderno. Seria satisfatório passar os anos seguintes tentando uma melhor compreensão com o mesmo telescópio.

Há vários comentários importantes que devem ser feitos sobre este aglomerado. O primeiro é que é um aglomerado de galáxias dominado por uma radiogaláxia ativa, NGC4696. Os desvios para o vermelho das galáxias restantes no aglomerado têm uma média de 375 km/s a mais. Esta é a mesma situação que encontramos para todos os grupos envolvendo galáxias companheiras no Capítulo 3. Em segundo lugar, o aglomerado é o rico e brilhante aglomerado de Centauro que foi associado especificamente com a galáxia gigante Cen A no Capítulo 6. Pode-se ver o aglomerado na Figura 6-7 rotulado com z = 0,011, de modo quase preciso a oeste de Cen A. Como mostra a Figura 7-16, o aglomerado de Centauro é alongado na direção de Cen A, na mesma direção de uma das duas faixas de absorção opostas, excepcionalmente intensas, que emergem do centro desta galáxia demasiado ativa. A implicação, como nos casos anteriores, é que Cen A ejetou NGC4696 ao longo da direção desta faixa e então NGC4696 deu origem ao aglomerado circundante que tem a natureza de companheiras de uma geração posterior em relação a ela. É talvez significativo notar que há uma galáxia Seyfert de 13,9 mag com z = 0,016 próxima de NGC4696, sobre esta mesma direção que aponta para a faixa ocidental em Cen A.

O Aglomerado Abell A754

Este aglomerado é um objeto de raios X tão espetacular que foi retratado no Calendário ROSAT de 1995. Foi lá que os emparelhamentos de fontes de raios X ao redor dele se sobressaíram para mim. A Figura 7-17 mostra que as fontes brilhantes A e E estão emparelhadas de lado a lado do centro da emissão de raios X. A fonte E é catalogada como uma galáxia ativa com 18,0 mag e z = 0,253. (O desvio para o vermelho do aglomerado é de z = 0,0528.) A fonte A pode ser identificada com uma galáxia brilhante. Será fascinante obter o desvio para o vermelho desta galáxia já que ela é obviamente o objeto de ejeção contrária em relação a E.

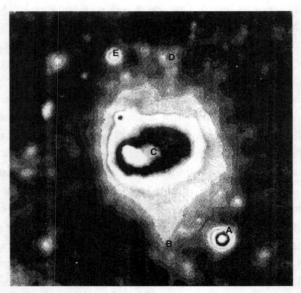

Fig. 7-17. O aglomerado de galáxias Abell 754 em raios X. O aglomerado tem um desvio para o vermelho de z = 0,0528. A fonte E tem z = 0,253 e D, ligado ao aglomerado por um filamento, tem z = 0,129. Oposto a E está A que é identificada com uma galáxia moderadamente brilhante. Oposto a D, na extremidade da extensão pontuda do aglomerado está B, identificada como um BSO. Mapa ROSAT por J. P. Henry e U. G. Briel.

Porém, ainda mais sensacional é a fonte D de raios X. *Ela está conectada ao interior do aglomerado por um filamento de raios X luminoso!* Este é catalogado como um galáxia ativa de 18,3 mag com z

Lentes Gravitacionais ✪ 279

= 0,129. Naturalmente procurei a ejeção contrária e lá estava – uma extensão delineada por muitos contornos de raios X levando até um ponto nítido perto de B na Figura 7-17. Olhei nas vizinhanças por um objeto candidato nas fotografias Schmidt de longa exposição. Justamente quando estava desistindo, um pouco mais além do que estava olhando ao longo da linha, localizei uma estrela dupla na qual uma das componentes era azul. Estou apostando que este é o quasar oposto a D. Naturalmente, isto precisa ser confirmado.

Assim, temos agora um aglomerado no qual aconteceram *duas* ejeções de objetos com altos desvios para o vermelho. Este e o caso anterior de um aglomerado ejetor foram descobertos por acaso. É óbvio que seria altamente proveitoso examinar de modo sistemático aglomerados intensos em raios X, procurando por casos similares. Um exemplo possível de um tal achado é o caso que aparece a seguir.

O Aglomerado de Galáxias Associado com NGC5548

No levantamento sistemático de galáxias Seyfert brilhantes discutido no Capítulo 2 foi encontrado um aglomerado muito intenso em raios X aparentemente ejetado da Seyfert muito intensa NGC5548. A Figura 7-18 mostra aqui o mapa a partir de raios X arquivado, processado por Arp e Radecke. É claro que um par de fontes intensas em raios X está emparelhado de lado a lado deste aglomerado de galáxias com z = 0,29. Acontece que os quasares estão catalogados e têm desvios para o vermelho de z = 0,67 e 0,56. Como discutido antes, esta correspondência nas propriedades assegura essencialmente que eles são um par ejetado do aglomerado de galáxias. (De fato, pode ter havido um único objeto com z = 0,29 na época da ejeção do par com z = 0,67 e 0,56. No ato da ejeção ele pode ter sido quebrado nos pequenos objetos do aglomerado que vemos hoje.)

Embora muitos outros casos precisem ser investigados, os resultados até agora parecem assegurar o fenômeno de aglomerados de galáxias ejetando objetos com maiores desvios para o vermelho. A hierarquia dos desvios para o vermelho nas várias associações também confirma o modelo de trabalho de galáxias mais velhas e maiores produzirem as ejeções originais, sendo que então os descendentes mais jovens e com maiores desvios para o vermelho dão origem a ejeções com desvios para o vermelho ainda maiores. Os aglomerados de galáxias parecem ser capazes de ejetar quasares com até cerca de z = 0,6. Mas ao redor de z = 0,3, os quasares e objetos BL Lac progenitores parecem desintegrar-se mais facilmente em galáxias menores e formar aglomerados. Contudo, tanto os quasares quanto estes aglomerados de galáxias estão muito mais próximos, são menores, menos luminosos, têm menos massa e são muito mais jovens do que se supõe convencionalmente.

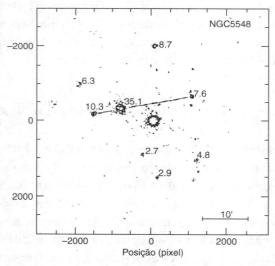

Fig. 7-18. Uma ampliação do mapa em raios X ao redor da galáxia Seyfert NGC5548. O aglomerado de galáxias com emissão de raios X de 35,1 contagens/quilosegundo tem z = 0,29 e é apresentado ejetando um par de quasares com z = 0,67 e 0,56.

O Aglomerado de Galáxias Arquétipo de Coma

O aglomerado de Coma[17] representa o agregado de galáxias mais denso e notável no céu e tem sido considerado há longo tempo como o

---

17. Constelação Cabeleira de Berenice.

protótipo dos aglomerados de galáxias, a meia distância. Sinclair Smith foi um dos primeiros astrônomos a calcular, sob a suposição de que seus desvios para o vermelho eram velocidades em equilíbrio (virializadas), que a massa do aglomerado excedia em muito a massa das galáxias que o compunham. Fritz Zwicky enfatizou mais tarde esta discrepância e assim nasceu o conceito de "massa faltante" ou "escura". Este reparo crucial da teoria, não detectado por meios observacionais, teve de ser inventado com o objetivo de salvar a suposição desvio para o vermelho = velocidade. Eventualmente tornou-se tão necessário que hoje em dia temos um universo que se relata ser não-observável em cerca de 90%.

Contudo, a primeira coisa que devemos notar sobre o aglomerado é que a galáxia mais brilhante tem um desvio para o vermelho de $z = 6.456$ km/s enquanto a média do restante das galáxias é de $z = 7.000$ km/s. Este é um caso extremo de companheiras tendo desvios para o vermelho sistematicamente maiores e, portanto, uma componente considerável de desvio para o vermelho não devido à velocidade. Adeus matéria escura! (Também as galáxias desviadas intrinsecamente para o vermelho em aglomerados jovens fora do equilíbrio – *e.g.* aglomerados de raios X — ficam com muito menos massa e, por isso, tornam-se menos capazes de atuar como lentes sobre objetos do fundo e ficam mais como os quasares e objetos BL Lac de baixos desvios para o vermelho aos quais foram relacionadas no Capítulo 6.)

Mas o mapa de raios X do aglomerado mostrado na Figura 7-19 é realmente sensacional. Longe de ser uma distribuição de raios X em equilíbrio, o aglomerado está prolongado nas duas extremidades de sua extensão com fontes intensas de raios X. A fonte intensa na extensão SO (observe o prolongamento isofotal em direção a ela) não está identificada. Mas a fonte intensa a NE é uma galáxia ativa (HII) com um desvio para o vermelho de $z = 0,029$ (8.700 km/s). Nesta mesma direção está a fonte pontual de raios X mais intensa dentro da área do aglomerado, Com X, com um desvio para o vermelho de $z = 0,092$. Por que deveria uma galáxia ativa brilhante o suficiente para ser mencionada no catálogo de estrelas variáveis estar justamente no aglomerado de Coma? Por que devem estes eventos ser sempre explicados com objetos de fundo acidentais?

Mas, então, por que o aglomerado de Coma deve ter sempre sido suposto um aglomerado protótipo quando ele é um agregado único de galáxias Es e lenticulares, sem o complemento usual de outros tipos morfológicos para se ter alguma idéia de sua luminosidade? Como Zwicky observou sabiamente: "É necessário um grande número de estrelas para formar uma galáxia espiral, mas apenas três para formar uma galáxia E". Como não temos qualquer critério morfológico ou de desvio para o vermelho para obter sua distância, a melhor evidência parece ser sua localização no céu, onde ele forma uma continuação óbvia ao norte do aglomerado de Virgem no plano Supergaláctico.

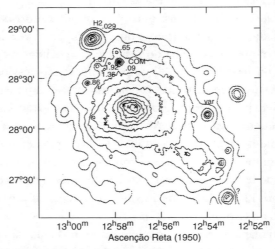

Fig. 7-19. Um mapa em raios X do aglomerado de galáxias de Coma, o aglomerado conhecido mais notável de galáxias predominantemente não-espirais. Com X é uma galáxia Seyfert 1 com z = 0,09 muito parecida com aquelas encontradas no aglomerado de Virgem. Fontes pontuais de raios X identificadas como quasares estão marcadas com seus desvios para o vermelho. Mapa de raios X de S. D. M. White, U. G. Briel e J. P. Henry.

Com X é uma galáxia Seyfert 1 de 16,65 mag muito similar àquelas encontradas no aglomerado de Virgem (*e.g.* PG1211+143) e olhando ao redor dela encontra-se uma prova surpreendente da associação de quasares com Seyferts. Como mostra a Figura 7-19, *quase todas as fontes pontuais de raios X estão aglomeradas ao redor de Com X*. São quasares catalogados com seus desvios para o vermelho escritos ao lado delas na Figura. Os desvios para o vermelho estão no intervalo esperado e formam uma linha grosseira através da galáxia Seyfert. Seria muito interes-

Lentes Gravitacionais ◉ 283

sante identificar e medir a fonte de raios X justo a NO de Com X, ao longo desta linha.

Incluindo tudo o aglomerado de Coma confirma em geral e em detalhe o que já aprendemos sobre aglomerados de galáxias. Em vez de serem sistemas velhos tranqüilos, eles estão preenchidos com radiação de alta energia que necessita de reabastecimento. Eles mostram evidência forte de ejeção recente de matéria com maior desvio para o vermelho. Possuem grandes componentes de desvios para o vermelho intrínsecos. São pequenos, de baixa luminosidade e estão associados com galáxias mais próximas e mais velhas.

O Campo de Longa Exposição do Hubble

Numa atribuição corajosa de tempo discricionário, o diretor do Instituto de Ciência do Telescópio Espacial, Robert Williams, designou 150 órbitas do telescópio espacial para fotografia de longa exposição de um único campo com 4 minutos de arco quadrados com A. R. (ascensão reta) = 12h 36m 49s, Dec. = + 62d 12' 58" (posição calculada para o equinócio 2000,0). Isto alcançava objetos de magnitude aparente muito mais fraca do que jamais havia sido visto antes, ao redor de R = 30 mag. O quadro resultante é apresentado aqui na Gravura 7-20.

Há obviamente um número muito grande de galáxias muito peculiares e não usuais neste campo. Mas mesmo depois de examinar mais de 77.000 galáxias no *Catálogo Arp/Madore* de Galáxias Peculiares e associações austrais, não percebi o quão peculiares eram as galáxias no campo, até que realizei uma classificação galáxia por galáxia no mesmo sistema do Catálogo anterior de galáxias brilhantes. A Tabela 7-1 abaixo mostra que, enquanto 95% das galáxias próximas têm morfologias normais regulares, apenas 11% das galáxias do Campo de Longa Exposição poderiam ser consideradas normais em aparência. (Enviei este relato para *Nature*, mas, mesmo antes de John Maddox ter deixado o cargo de diretor, a revista se pôs acima dos simples resultados observacionais e não o publicou). Meu amigo e especialista em classificação, Sydney van den Bergh, acrescentou um outro resultado importante, a saber, que quase não haviam espirais normais de traçado padrão no campo de longa exposição.

284 ○ O Universo Vermelho

Tabela 7-1. *Campo de Longa Exposição do Hubble comparado com galáxias próximas*

	Irregular	Espiral irregular	Galáxias I/a	DBL	LSB	Normal
Número no campo de longa exposição	59	27	87	25	8	51
Percentagem no campo de longa exposição	57%	06%	19%	05%	02%	11%
Percentagem no campo próximo	1,4%	0,5%	2,2%	0,9%	0,5%	94,5%

(I/a = Interagente, DBL = Dupla, LSB = baixo brilho superficial)

Como era esperado, alguns dos desvios para o vermelho medidos são muito altos indo para o intervalo de $z = 3$ a 4. Qual o significado disso em termos do que já descobrimos sobre a natureza dos desvios para o vermelho? Será apresentado no capítulo teórico, mais para a frente, que nossa interpretação dos desvios para o vermelho concorda com a interpretação convencional de que um objeto com alto desvio para o vermelho é muito jovem. (Na visão convencional eles estão muito distantes e o longo tempo transcorrido até a detecção mostra como eles se pareciam quando eram muito mais jovens. Na nossa interpretação eles são jovens — criados recentemente — mas podem estar bem próximos.) A diferença essencial é realmente que nossos objetos criados recentemente têm baixa luminosidade e os objetos jovens do *Big Bang* são muito luminosos já que eles têm de ser vistos a uma distância muito grande. Assim a questão se resume a "são de baixa ou de alta luminosidade os objetos jovens vistos no Campo de Longa Exposição?".

Empiricamente os objetos de maior luminosidade que conhecemos sem recorrer a distâncias de desvio para o vermelho são as espirais Sb regulares. Geralmente esperaríamos que os objetos mais luminosos fossem os com maior massa e, portanto, as formas em equilíbrio mais relaxadas. Isto é uma coisa que os objetos do Campo de Longa Exposição do Hubble não são. Os quasares que interpretamos como objetos jovens de baixa luminosidade, no entanto, tendem a ter alto brilho superficial e a ser objetos com pequeno diâmetro angular aparente. Seriam parecidos com os objetos do Campo de Longa Exposição do Hubble os quasares, mesmo os de menor luminosidade, com altos desvios para o vermelho? Seriam comparáveis 3C48 e os quasares examinados com o telescópio espacial. em busca de galáxias hospedeiras? Este seria um ponto interessante a ser discutido em pormenor. Mas cabe notar, neste sentido, que a tendência de objetos de baixa luminosidade, jovens, próximos de se desintegrar, ejetar material, mostrar jatos e perturbações poderia explicar a predominância de objetos lineares cheios de nódulos e de objetos múltiplos como os observados no Campo de Longa Exposição do Hubble.

Richard Ellis estudou em detalhes o Campo de Longa Exposição do Hubble. Encontrou um grande número de um novo tipo de galáxia peculiar de baixo brilho superficial. Na interpretação convencional do desvio para o vermelho, elas têm luminosidade alta o suficiente que fica claro que não ocorrem contrapartidas locais de tais objetos. Mas não é então necessário que elas sejam remanescentes próximos de baixa luminosidade, de formação mais recente, que têm maiores desvios intrínsecos para o vermelho por serem jovens?

Este é um ponto importante já que nossa evidência tem ido na direção de que todos objetos dos quais podemos estar seguros em nossas observações estão dentro dos limites aproximados do Superaglomerado Local. Mas, há quaisquer objetos apreciavelmente além do Superaglomerado Local, ou, há um espaço vazio para uma distância desconhecida? Segundo a interpretação do desvio para o vermelho adotada por este livro, poderia haver objetos muito distantes com qualquer desvio para o vermelho (idade), mas eles teriam de ser luminosos o suficiente de tal forma que pudéssemos vê-los a grandes distâncias. Se há um limite superior para a luminosidade das galáxias podemos não ter visto qualquer um até agora. Se fôssemos, por exemplo, para campos mais fracos com o Telescópio Espacial, poderíamos ver alguns objetos muito distantes se eles estivessem lá, mas como os reconheceríamos no meio do caos dos objetos próximos?

Um Amador Localiza os Padrões Cruciais

O reconhecimento de padrão empírico que mudou tão dramaticamente nossa visão da astronomia extragaláctica, neste livro, é baseado na evidência recorrente de emparelhamento de objetos ativos ao redor de galáxias grandes com baixo desvio para o vermelho. A tirania das observações está em insistir em ejeções opostas de material extragaláctico como um processo onipresente que opera em todas as escalas. Como é possível que os cientistas profissionais perfeitamente treinados não tenham reconhecido esta evidência?

Para enfatizar o ponto de que não é a evidência mas sim o observador que é a chave aqui, apresento a Figura 7-20. Estes são exemplos de uma página que o arquiteto Leo Vuyk me mandou. Ele simplesmente reproduziu as fotografias que encontrou em publicações astronômicas que mostravam o mesmo tema várias e várias vezes. Ele traçou as linhas — como o agradável jogo de infância de ligar os pontos para obter uma imagem. Nenhum de nós tem a teoria correta, mas o profissional tende a interpretar as imagens usando a teoria que aprendeu enquanto o amador tenta usar a imagem para chegar numa teoria.

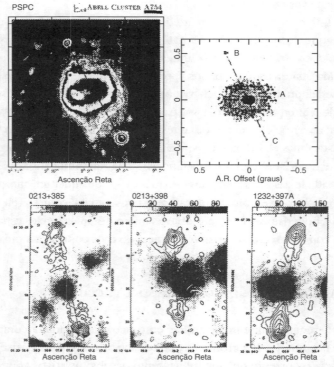

Fig. 7-20. De uma página de fotografias coletadas da literatura pelo arquiteto Leo Vuyk. Ele traçou as linhas conectando os objetos companheiros de lado a lado do objeto central.

A História Verdadeira da Radiogaláxia Explosiva 3C227

Sentei-me para almoçar ao lado de um velho conhecido meu, de um instituto vizinho.

"Oh, Chip", disse, "você ficará interessado num objeto no meio de uma galáxia perturbada que estou analisando".

Poucas semanas mais tarde ele disse: "Há uma linha de emissão que parece indicar que o objeto tem um desvio para o vermelho menor do que a radiogaláxia".

Respondi: "Não posso entender isto, esperaria que ele fosse mais alto".

Muitos meses mais tarde ele relatou: "Oh, aquele objeto parece que tem um desvio para o vermelho mais alto".

Durante anos toda vez que cruzava com ele eu insistia: "Bob, você deve publicar esta observação, ela é muito importante".

Após ter finalmente esquecido o assunto, apareceu uma separata em minha mesa (*Mon. Not. Roy. Astr. Soc.* 263, 10, 1993). Lembro-me de ter pensado: "É este o objeto"?. Olhei rapidamente as fotografias tentando localizar o objeto. Sem sorte. Finalmente localizei um pequeno diagrama no qual um objeto estava marcado como "BO". "O que é BO?", quis saber. Só pude pensar numa rima de propaganda da minha infância, "Sabonete *Lifeboy* combate o B.O. (*body odor* – odor do corpo)." Então encontrei no final da legenda da figura, "BO indica um *background object* (objeto de fundo) com desvio para o vermelho de z = 0,3799".

Levei algum tempo até perceber onde o objeto estava na fotografia da radiogaláxia perturbada (que tinha um desvio para o vermelho de z = 0,086). Era impressionante: ele estava a apenas 11 segundos de arco do centro da explosão! *Isto significava que a probabilidade de encontrar um quasar de fundo era de apenas cerca de 3 em 100.000!* No outro lado, mais além, havia algumas galáxias compactas com cerca de z = 0,129. Era um exemplo mais ou menos perfeito de uma ejeção em direção à parte densa da galáxia, a qual havia dilacerado a galáxia em pedaços e diminuído a marcha de fuga do objeto com alto desvio para o vermelho (como sugerido no Capítulo 3, *e.g.* Figuras 3-29 e 3-30). Seriam formadas cascas mais além devidas à explosão? Não havia sinal de deformação de arco do objeto com alto desvio para o vermelho ou qualquer outra evidência a favor de lentes gravitacionais. *Para pôr um fim no assunto, procurei num Catálogo e encontrei que a galáxia central era uma Seyfert 1!*

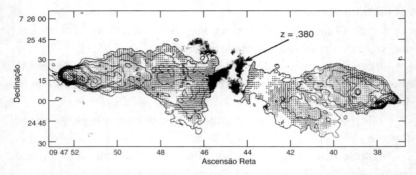

Fig. 7-21. A radiogaláxia 3C227 rompida violentamente (z = 0,086), com um objeto de alto desvio para o vermelho com z = 0,380 a apenas 11 segundos de arco do centro. As características escuras no interior mostram emissão de gás excitado e os contornos mostram material emissor de rádio ejetado do centro desta Seyfert 1. Figura adaptada de M. A. Prieto e outros.

Foi só então que notei a última sentença do artigo que dizia:

Finalmente observamos a descoberta de um objeto com z = 0,3799... Seu alinhamento com uma das regiões extranucleares mais brilhantes em 3C227 é extraordinário.

Após 27 anos de evidência de associação física de tais objetos adoraria saber o que passou pelas mentes dos autores quando decidiram usar em lugar do termo neutro "objeto com alto desvio para o vermelho" o termo "objeto de fundo".

8. Quantização dos Desvios para o Vermelho

O fato de os valores medidos dos desvios para o vermelho não variarem continuamente, mas em degraus – certos valores preferidos – é tão inesperado que a astronomia convencional nunca foi capaz de aceitá-lo, apesar da esmagadora evidência observacional. O problema se deve simplesmente ao fato de os desvios para o vermelho significarem componentes radiais de velocidades. Então as velocidades das galáxias podem apontar em qualquer ângulo em relação a nós, portanto seus desvios para o vermelho têm de ser distribuídos continuamente. Para as supostas velocidades de recessão dos quasares, medir degraus iguais em todas as direções do céu significa que estamos no centro de uma série de explosões. Isto é um embaraço anti-copernicano. Assim uma simples olhada à primeira vista na evidência discutida neste Capítulo mostra que os desvios para o vermelho extragalácticos, em geral, não podem ser devidos a velocidades. Portanto, fica arrasada toda a base da astronomia extragaláctica e da teoria do *Big Bang*.

A história antiga da periodicidade do desvio para o vermelho de 72 km/s nos desvios para o vermelho das galáxias é discutido em *Quasars, Redshifts and Controversies* (a partir da p. 112). Investigações subseqüentes confirmaram este período e medidas de desvio para o vermelho cada vez mais precisas estabeleceram um outro período ainda mais notável de 37,5 km/s. Enquanto isto, os desvios para o vermelho maiores dos quasares receberam apoio adicional para sua periodicidade

290 ✪ O Universo Vermelho

a partir de números maiores de desvios para o vermelho medidos e também pelo início da habilidade para corrigir certos pares em relação às componentes de velocidades de ejeção. Levantamentos de feixe estreito de campos de galáxias chocaram os astrônomos tradicionais ao mostrar a periodicidade. (O choque teria sido menor se eles não tivessem desprezado vinte anos de observações anteriores valiosas de periodicidades dos desvios para o vermelho.)

Na linha de frente teórica tornou-se mais persuasivo que as massas das partículas determinam desvios para o vermelho intrínsecos e que estas mudam com a idade cósmica. Portanto, a criação episódica de matéria levará a degraus de desvios para o vermelho nos objetos criados em épocas diferentes. Além disto parece cada vez mais útil ver as massas das partículas como sendo comunicadas por portadores tipo onda num universo Machiano. Logo, tornam-se acessíveis freqüências de batimento, harmônicos, interferência e evolução através de estados ressonantes.

A Periodicidade de 72 km/s

Comentarei apenas sobre duas das observações mais recentes desta periodicidade particular. A primeira envolve periodicidades de desvios para o vermelho de membros do nosso Grupo Local de galáxias. Em *Quasars, Redshifts and Controversies*, as Figuras 8-11 e 8-12 mostram que há inúmeras galáxias pequenas e nuvens de hidrogênio que estão distribuídas ao longo do eixo menor de M31, implicando que a galáxia central em nosso Grupo Local está ejetando ou ejetou material nesta direção. A primeira figura, 8-1a, mostra que galáxias com desvios para o vermelho de até $cz = 940$ km/s pertencem a esta linha e são portanto membros mais jovens do Grupo Local. A Figura 8-1b indica que elas não são galáxias de fundo, as quais aumentariam nitidamente em número com magnitudes aparentes mais fracas. (A Figura 3-16, num capítulo anterior, mostrou que este é um intervalo típico para membros aceitos em grupos mais distantes.) O ponto a favor da quantização dos desvios para o vermelho é que estas companheiras do Grupo Local demonstram forte periodicidade de 72 km/s como apresentado na Figura 8-1c. Os detalhes deste estudo estão apresentados no *Journal of Astrophysics and Astronomy,* (Índia), 8, 241, 1987.

Quantização dos Desvios para o Vermelho ● 291

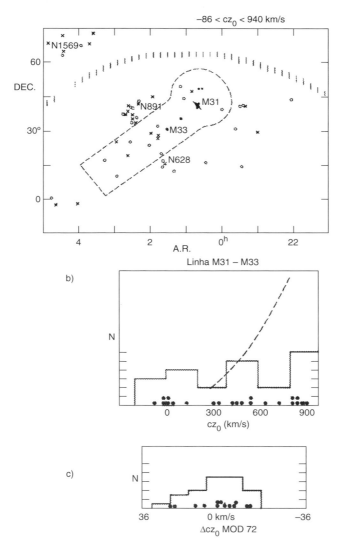

Fig. 8-1a. Todas as galáxias na direção do Grupo Local com desvios para o vermelho de até cz = 940 km/s. Círculos cheios indicam baixos desvios para o vermelho, membros convencionais do Grupo Local, as cruzes representam galáxias NGC e IC e os círculos vazios representam galáxias mais fracas. Fig. 8-1b. As galáxias dentro do contorno em 8-1a são membros já que elas não aumentam em número como as galáxias de fundo devem aumentar (linha tracejada). Fig. 8-1c. Desvios de uma periodicidade de desvio para o vermelho de 72 km/s são muito pequenos para estas galáxias em 8-1b, com precisão de ± 8 km/s ou ainda melhor.

Realiza-se a mesma análise na Figura 8-2 para o Grupo de Escultor que é um pequeno grupo de galáxias entre o Grupo Local e o próximo grupo principal, de M81. Nestes dois grupos mais próximos foram inspecionadas uniformemente galáxias fracas com desvios para o vermelho precisos e a distribuição de seus desvios para o vermelho mostra claramente o período de 72 km/s. As Figuras 8-1c e 8-2c mostram que embora os desvios para o vermelho alcancem até 14 vezes os 72,4 km/s, o erro médio da perioidicidade é de apenas ± 8 km/s. Mas esta é exatamente a precisão média dos desvios para o vermelho! De fato para os 7 desvios para o vermelho que são conhecidos com grande precisão, a periodicidade se ajusta dentro de cerca de 3 ou 4 km/s.

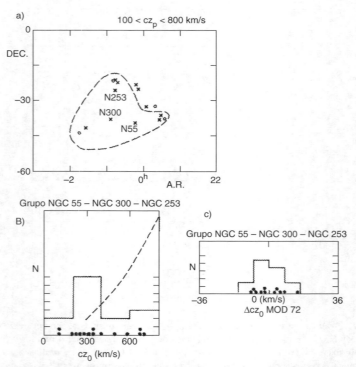

Fig. 8-2a. Galáxias na direção do Grupo de Escultor próximo. Fig. 8-2b. A linha tracejada mostra como se comportaria se o número das galáxias de fundo aumentasse com o desvio para o vermelho. Fig. 8-2c. Mostra-se que as galáxias dentro do perímetro tracejado na Fig. 8-2a estão quantizadas bem precisamente em degraus de desvio para o vermelho de 72 km/s.

Um outro desenvolvimento a ser notado é que a determinação original de Tifft do período foi de 72,46 km/s. Numa análise subseqüente do Grupo Local e do grupo de M81, com um valor mais preciso do que usualmente utilizado da correção do movimento solar, Arp encontrou um valor de 72 ± 2 km/s (Figura 8-3). Isto foi seguido por uma investigação mais ampla do Grupo Local descrito acima na qual o grande número de múltiplos permitiu que a periodicidade fosse encontrada novamente com três dígitos significativos como sendo 72,4 km/s. É impressionante a obtenção de um acordo numérico tão exato.

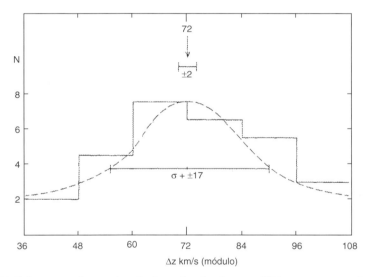

Fig. 8-3. Todos os membros aceitos do Grupo Local e do grupo M81 como apresentados no Cap. 3, Fig. 3-2, são analisados aqui em relação à periodicidade do desvio para o vermelho. O período resultante é de 72,4 ± 2 km/s com dispersão média de cerca de 17 km/s.

Talvez seja também revelador comentar sobre o último resultado relacionado com a periodicidade de 72 km/s. Na conferência de Tucson sobre quantização em abril de 1996, um dos oponentes de longa data da quantização apresentou um pequeno número de novas medidas em galáxias duplas.

"Vejam", disse "estas galáxias que estão a uma separação maior mostram uma periodicidade de 72 km/s, mas quando as galáxias ficam mais próximas onde os pares são mais confiáveis – a periodicidade desaparece".

294 ⊙ O Universo Vermelho

Ele mostrou-se contente com uma audiência momentaneamente silenciosa. Talvez por já ter agora mais experiência nestes assuntos, fui o primeiro a levantar minha mão e replicar: "Quando as galáxias ficam mais próximas suas velocidades orbitais ao redor uma da outra aumentam e estragam os degraus de desvio para o vermelho quantizados. É justamente o que se esperaria."

Nada mais foi dito, mas no dia seguinte ele se levantou e disse: "Mas acabei de mostrar ontem que as observações contradizem a quantização de 72 km/s".

Assim tive de levantar e repetir o que havia dito no dia anterior. Felizmente o encontro terminou depois disto.

A Periodicidade de 37,5 km/s

Uma dupla de pesquisadores que testou seriamente a quantização (com a expectativa inicial de refutá-la) foi Bruce Guthrie e William Napier, os dois do Observatório Real de Edimburgo. Eles desenvolveram e aplicaram testes estatísticos especialmente rigorosos para as galáxias com desvios para o vermelho precisos na direção do aglomerado de Virgem. Encontraram que as galáxias nas regiões mais externas estão quantizadas em degraus de 72 km/s, mas não nas mais internas. Era óbvio que exatamente como no incidente da Conferência Tucson relatado acima, as partes internas do aglomerado de Virgem, mais abaixo no poço de potencial, estavam movendo-se de modo suficientemente rápido para desgastar a periodicidade. É compensador ver o sistema operar como era esperado.

Mas no processo deste teste e nos posteriores, Napier e Guthrie, que trabalhavam com a melhor amostra ampliada dos desvios para o vermelho mais precisos, viram uma periodicidade muito proeminente de 37,5 km/s. A Figura 8-4 mostra a análise mais recente deles do conjunto mais preciso de desvios para o vermelho da linha do hidrogênio. Pode-se ver à primeira vista quão precisamente as depressões e os picos de desvios para o vermelho marcham de modo metronômico de 0 a 2.000 km/s. É um protocolo científico típico que tais resultados óbvios têm de ser testados em termos de probabilidades numéricas. A Figura 8-5 mostra o resultado de uma análise de Fourier que seleciona o período de 37,5 km/s. Globalmente o significado do efeito é de um em um milhão.

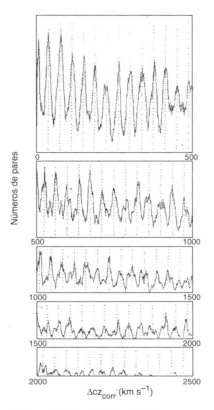

Fig. 8-4. De uma análise de Bruce Guthrie e William Napier que mostra que todos os desvios para o vermelho das galáxias conhecidos mais precisamente até cerca de 2.500 km/s estão quantizados precisamente em degraus de 37,5 km/s.

Este resultado apareceu pela primeira vez em detalhes em *Progress in New Cosmologies* (Plenum Press). A avaliação dos pares levou então quatro anos de luta para atravessar a instituição científica. (O árbitro exigiu uma análise de todo um novo grupo de desvios para o vermelho, os quais, como foi apresentado, confirmaram todos os resultados anteriores). Mas a revista *Science* (18/12/1992, p. 1884) relatou o resultado numa pequena nota na qual citaram Joe Silk, teórico bem conhecido da Universidade da Califórnia, Berkeley, dizendo: "São apenas dados de ruído". James Gunn de Princeton acrescentou: "Temos muita ciência excêntrica em nosso campo".

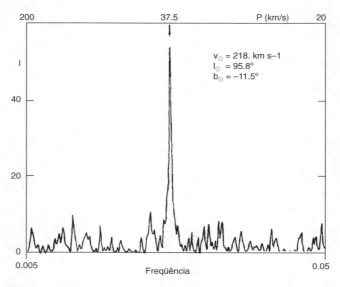

Fig. 8-5. Uma análise de Fourier dos dados acima mostrando que o significado do período de 37,5 km/s é da ordem de um milhão. São dados na parte superior direita os valores precisos da correção do movimento do sol com relação ao centro da Galáxia.

Quatro anos mais tarde a *Science* (9/12/1996, p. 759) voltou a isto novamente, citando John Huchra de Harvard: "Estou pensando em escrever uma proposta para checar se o efeito sustenta-se com outras galáxias". Como Napier e Guthrie haviam utilizado os mais precisos desvios para o vermelho do hidrogênio neutro com precisão melhor do que 4 km/s para seus resultados mais significativos, quaisquer novos desvios para o vermelho que eram devidos a linhas de absorção ópticas teriam uma precisão menor (com desvios para o vermelho sistematicamente 20 km/s menores). Isto só poderia fornecer uma confirmação menor que, sem dúvida alguma, seria acompanhada com a notícia "Oh, o efeito está desaparecendo com uma amostra maior". Mas apenas para evitar que as pessoas pensassem que a *Science* (a publicação) havia flexibilizado com a ciência excêntrica, concluíram com uma citação de James Peebles, cos-

Quantização dos Desvios para o Vermelho ❂ 297

mólogo de Princeton: "Não estou sendo dogmático e dizendo que isto não pode acontecer, mas...".

Física Machiana?

Como uma ilustração da dificuldade em encontrar uma solução aceitável para o enigma da periodicidade de 37,5 km/s, esboço a proposta a seguir:

O desvio para o vermelho médio, ponderado pela luminosidade, do aglomerado de Virgem é de 863 km/s (do Capítulo 5). As observações da periodicidade dos desvios para o vermelho exigiriam que 23,0 degraus de 37,5 km/s para se ir do desvio para o vermelho de nossa própria galáxia (Via Láctea = 0 km/s) até Virgem (V = 863 km/s). *É muito improvável que as galáxias entre nós e a distância de Virgem estejam distribuídas em 23 cascas centradas em nossa galáxia.* Além do mais, as velocidades peculiares das galáxias têm de ser menores do que cerca de 20 km/s para não sumir com a periodicidade. Pode-se ver imediatamente a dificuldade de se encontrar uma solução razoável.

Mas suponha que temos galáxias quietas e procuramos um motivo pelo qual não vemos galáxias entre estes degraus de desvios para o vermelho. Se adotamos a premissa de que as partículas elementares adquirem massa ao trocar machions (o portador de sinal para a massa inercial) com outra matéria dentro de seu horizonte de percurso da luz, então devemos perguntar qual é o comprimento de onda de De Broglie deste machion. (Chamo isto de machion em analogia ao suposto portador de massa gravitacional que é chamado comumente de gráviton). O ponto é que quando a matéria está a uma distância de nós em que a onda oscilatória está 180 graus fora de fase com nossa própria matéria, então não vamos tomar conhecimento desta matéria. Os fótons emitidos por esta matéria não saberão de nossos detetores e não serão absorvidos por eles. Isto concorda com a teoria ressonante da estrutura das partículas com massa de Milo Wolff.

Se há 23 máximos de onda machiônica entre nós e o aglomerado de Virgem que está a uma distância de percurso da luz de $1,6 \times 10^{15}$ s, então a freqüência do machion tem de ser de $1,4 \times 10^{-14}$ s^{-1}. A freqüência

298 ✪ O Universo Vermelho

Compton do elétron é de $1,2 \times 10^{20}$ s^{-1} e, portanto, a massa do machion é de $m_m = m_e \times 1,2 \times 10^{-34}$. Isto é, a massa do machion seria 34 ordens de grandeza menor do que a massa do elétron. Contudo, isto ainda seria cerca de 200 vezes a massa do "bóson mole" que Hill, Steinhardt e Turner pesquisaram como possível origem para a periodicidade de feixe estreito.

Se adotarmos a distância até Virgem como sendo 16 Mpc então as zonas aparentemente vazias estariam espaçadas em cerca de 0,7 Mpc. Isto nos permitiria ver tudo até cerca de 0,3 Mpc antes de encontrarmos uma zona com desvanecimento apreciável. Assim, M31 numa distância de 0,7 Mpc estaria num ponto de máxima visibilidade.

A principal vantagem desta solução é que ela permite uma distribuição contínua de galáxias no espaço e não exige cascas concêntricas de galáxias centradas no observador. A solução funcionaria igualmente bem para um universo expandindo suavemente e para um universo sem expansão com desvio para o vermelho causado pelo aumento do tempo transcorrido até a detecção[18] em função do aumento da distância.

É possível testar as previsões do mecanismo acima numa forma que nenhum outro modelo é capaz de ser testado. Como todas as galáxias em nosso Grupo Local são conhecidas quase certamente até aproximadamente um raio de cerca de 2,0 Mpc, é possível representar graficamente suas distâncias como está feito na Figura 8-6. O recenseamento das galáxias e de suas distâncias foi obtido do trabalho de Bruno Binggeli.

O resultado surpreendente é que das 26 galáxias representadas quase todas se concentram em duas distâncias separadas por cerca de 0,7 Mpc. Ou, talvez mais significativamente, há depressões vazias de galáxias a cerca de 0,35 e 1,05 Mpc de nossa própria galáxia. Naturalmente, é verdade que há uma subcondensação de companheiras ao redor de M31, mas as galáxias restantes são vistas em várias direções no céu. Como centro de nosso Grupo Local, era esperado que M31 tivesse suas companheiras espalhadas dentro de um raio de cerca de 1 Mpc como é comum na maioria dos grupos. A distância do primeiro pico de galáxias não tinha de vir a 0,7 Mpc e não deveria de haver, de fato não era esperado haver, uma queda clara do número de galáxias em qualquer direção.

---

18. Tradução adotada aqui do termo técnico "look back time".

Quantização dos Desvios para o Vermelho ⊙ 299

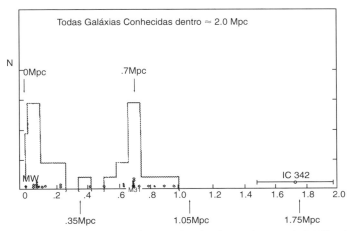

Fig. 8-6. Estão mostradas todas as galáxias conhecidas dentro de cerca de 2,0 Mpc da nossa própria galáxia. Parece que ocorrem regiões vazias a 0,35 e 1,05 Mpc. Estima-se que a distância à última galáxia, IC342, é incerta como indicado pela barra de erro anexada.

O membro mais distante do Grupo Local, IC342, está a uma distância insuficientemente precisa para decidir se ele está num pico ou num vale. De fato isto ilustra que a explicação machiônica apresentada aqui não pode ser testada representando graficamente galáxias mais distantes já que não é suficiente a precisão absoluta de suas determinações de distância.

Minha atitude em relação a este resultado é a de que num universo Machiano tem de haver algum portador de sinal para a massa inercial vindo das galáxias distantes. Esperaríamos que este machion seja pequeno comparado com a massa do elétron. Portanto, se o desvio para o vermelho mais notável for elucidado por este conceito, devemos talvez considerar que a astronomia mediu uma quantidade física muito abaixo da possibilidade dos laboratórios físicos terrestres.

O afastamento surpreendente desta proposta em relação a nossas suposições normais serve para ilustrar a dificuldade de explicar convencionalmente as observações. Ela alerta para as complexidades adicionais como freqüências de interferência e freqüências de batimento. Contudo, como comentaremos mais tarde, ela provavelmente não explicará a periodicidade de 72 km/s dos desvios para o vermelho. Já podemos ver que 72,4 km/s não é, dentro dos erros, duas vezes a periodicidade de 37,5 km/s.

300 ✪ O Universo Vermelho

Levantamentos de Feixe Estreito de Galáxias

A atenção tão pequena que foi dedicada à periodicidade de 37,5 e de 72 km/s era desacreditadora, ao longo das linhas de "é obviamente apenas devida a observadores incompetentes". Mas em 1990 alguns astrônomos respeitáveis mediram muitas galáxias num pequeno campo e encontraram acúmulos de desvios para o vermelho. Os pesquisadores, após um atraso considerável, anunciaram bem nervosamente este resultado, mas somente após transformar os desvios para o vermelho em distâncias através da relação obrigatória desvio para o vermelho-distância. Para obter os dados primários tinha-se de interpretar os desvios para o vermelho preferidos a partir de seus gráficos. É claro que seus picos principais estavam ao redor de $z = 0,06$ e $0,30$ com alguma estrutura fina.

Isto é extraordinariamente interessante uma vez que coincide com os dois primeiros picos dos desvios para o vermelho dos quasares. De fato isto é uma confirmação tranqüilizadora já que, afinal de contas, os quasares são uma forma ativa de galáxias — ou colocado de outra forma – foi demonstrado em 1968 que havia uma continuidade de características físicas entre quasares e galáxias.

Especulou-se de modo tímido que os levantamentos de feixe estreito representavam lâminas de galáxias espaçadas periodicamente a distâncias de cerca de 128 Mpc. Isto produziu alguns modelos exploratórios para a origem delas envolvendo campos escalares acoplados por partículas bem fracamente interagentes e mesmo algum acoplamento a modelos de espaço tempo curvos. É interessante que os modelos relativísticos eram transformações conformes das equações de campo de Einstein – como na solução Narlikar/Arp do desvio para o vermelho como função do tempo. Talvez haja alguma base comum se a linguagem da física de partículas e a linguagem geométrica puderem ser colocadas em termos comuns.

Desvios para o Vermelho Quantizados dos Quasares

Em 1967 Geoffrey e Margaret Burbidge apontaram a existência de alguns desvios para o vermelho nos quasares que pareciam ser os preferi-

Quantização dos Desvios para o Vermelho ❂ 301

dos (particularmente z = 1,95). Em 1971 K. G. Karlsson mostrou que estes e os desvios para o vermelho observados mais tarde, obedeciam à fórmula matemática $(1 + z_2)/(1 + z_1) = 1,23$ (onde z_2 é o maior desvio para o vermelho seguinte após z_1). Isto fornece as periodicidades observadas dos desvios para o vermelho dos quasares como: z = 0,061, 0,30, 0,60, 0,91, 1,41, 1,96 etc. Na minha opinião esta é uma das descobertas verdadeiramente grandes na física cósmica. Ele foi recompensado com um posto de ensino numa escola secundária e depois foi para a medicina.

Muitas pesquisas confirmaram a precisão desta periodicidade. E naturalmente muitos alegaram que ela era falsa. Um estudante de pós-doutorado no Instituto de Astronomia Teórica em Cambridge, onde Martin Rees era diretor, alegou que não havia periodicidade. Sua análise incluiu os quasares mais fracos e menos precisos para os quais havia sido mostrado que não exibiam periodicidade. Eles a apresentaram mesmo assim. Numa nova amostra de quasares de raios X ele encontrou a periodicidade mas emitiu a opinião de que ela desapareceria com medidas adicionais (quasares mais fracos). Veremos que aconteceu o oposto.

Um Viajante Sábio do Oriente

Um dia o astrônomo Y. Chu de Hefei, China, entrou na minha sala no Instituto Max-Planck. Ele disse: "Acho que os quasares que você associou com galáxias companheiras de baixos desvios para o vermelho (desde 1967) exibem a periodicidade do desvio para o vermelho particularmente bem". Compus cuidadosamente a lista completa das associações conhecidas naquela época. A Figura 8-7 mostra aqui a distribuição dos desvios para o vermelho dos quasares nos casos mais seguros em que mais de um está associado com uma única galáxia de baixo desvio para o vermelho. É impressionante como os picos de desvio para o vermelho previstos pela fórmula de Karlsson se ajustam na distribuição observada para este grupo de quasares que nunca havia sido testado antes.

Um jovem estudante de doutorado chinês do *Max-Planck Institut für Astrophysik* chamado H. G. Bi começou a analisar a periodicidade com análise de espectro de potência e juntamente com Chu e sua esposa, X. Zhu, empreendemos uma investigação completa de todos os dados disponíveis. Para quasares múltiplos próximos de galáxias encontramos que as periodicidades previstas eram ajustadas pela fórmula com um nível de confiança de 94%. Quando fazíamos a pequena correção do desvio para o vermelho da galáxia progenitora, o nível de confiança aumentava para 95%. Se omitíssemos um dos 14 grupos que era discordante, o nível de confiança subia para 99,5%.

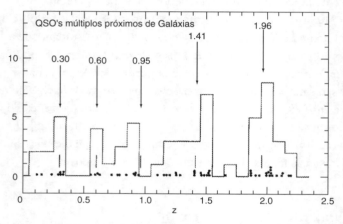

Fig. 8-7. Distribuição dos desvios para o vermelho dos quasares múltiplos em que mais do que um está associado com uma galáxia com baixo desvio para o vermelho. Estão marcados os picos previstos pela fórmula de Karlsson.

Agora, uma das tentativas em andamento para desacreditar a periodicidade do desvio para o vermelho era um argumento de que os quasares foram descobertos por seu excesso ultravioleta e este excesso era causado por linhas de emissão proeminentes movendo-se para dentro da janela ultravioleta em certos desvios para o vermelho — em outras palavras a periodicidade era meramente um efeito de seleção. Havia sido apresentado que este não era o caso, mas, apesar disto, o resultado era amplamente aceito por refutar o observacional embaraçoso. Para tentar resolver isto de uma vez por todas, selecionamos quasares que só haviam sido descobertos por sua emissão de rádio.

As regiões com Ascensão Reta = 0 hora e 12 horas são as duas principais regiões nas quais podemos evitar o plano obscurecedor de nossa própria galáxia ao olhar no céu extragaláctico. Dividimos os radioquasares nos grupos de 0 hora e de 12 horas e só aceitamos quasares com intensidade de rádio maiores do que 1 unidade de fluxo. A Figura 8-8 mostra os resultados — a confirmação mais forte já obtida!

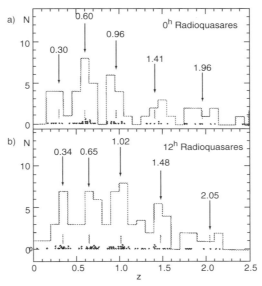

Fig. 8-8. Quasares catalogados obtidos por emissão de rádio com fluxo maior do que 1 Jansky em 11 cm. Quasares na direção do Grupo Local (0^h) e na direção do Superaglomerado Local (12^h). Os últimos estão deslocados por $(1 + z) \times (1 + 0,03)$.

É perceptível que há uma pequena compensação de 3% entre o ponto zero da periodicidade na região de 0 hora e daquele na região de 12 horas. Isto representa uma pequena diferença entre os desvios para o vermelho dos quasares na direção do Grupo Local e daqueles na direção do centro do Superaglomerado Local. Continuo a achar que isto representa um indício importante tanto para a causa da periodicidade quanto para a estrutura do Superaglomerado Local.

Quanto à realidade da periodicidade, os resultados são esmagadores. A Tabela 8-1 apresentada aqui é resumida de *Astronomy and Astrophysics* 239, 33, 1990. Ela mostra que as regiões 0 hora e 12 horas confirmam separadamente o período com limites de confiança de 99 e 96%. Juntas elas o confirmam com confiança de 99,97%. Se fazemos a compensação de 3% no ponto zero antes de adicionar as duas amostras,

304 ❂ O Universo Vermelho

a confiança é de 99,997% ou de apenas uma chance em cerca de 33.000 de ser acidental.

Tabela 8-1. *Probabilidade da Periodicidade ser Acidental*

Quasares múltiplos próximos de galáxias

Amostra	Número	Prob. acidental	Comentários
Próximos de comps.	54	0,061	Associações conhecidas em 1987 (ver Fig. 8-7)
Próximos de comps.	54	0,049	Foi levado em conta o desvio para o vermelho da galáxia central
Próximos de comps.	49	0,005	Omitindo NGC2916
Radioquasares selecionados			
0^h	50	0,013	Ver Fig. 8-8
12^h	73	0,039	Ver Fig. 8-8
$0^h + 12^h$	123	0,0003	Regiões de 0^h e de 12^h combinadas
$0^h + 12^h$	121	0,00003	Grupo de 12^h deslocado em 0,03

Um ponto deve ser fortemente enfatizado: no artigo do *A & A* afirma-se "Devemos notar que representando graficamente todos os quasares listados em *Hewitt e Burbidge* [catálogo] com $z > 1,3$ nestas regiões de 0 hora e de 12 horas até as magnitudes aparentes mais fracas não aparece periodicidade notável". Em outras palavras, a periodicidade torna-se menos pronunciada para magnitudes mais fracas. Como o desvio para o vermelho é uma propriedade intrínseca e não uma medida de distância, num certo desvio para o vermelho a melhor indicação de grande distância é uma fraca magnitude aparente. Portanto, os quasares de magnitude aparente mais fraca estão mais distantes e estamos vendo provavelmente uma mudança na periodicidade com a distância.

Os quasares com magnitudes aparentes brilhantes e altos desvios para o vermelho (ao redor de $z = 2$) estão em sua maioria na distância relativamente próxima de nosso Grupo Local (ver Distribuição dos Quasares no Espaço, Capítulo 5, *Quasars, Redshifts and Controversies*).

Quantização dos Desvios para o Vermelho ❂ 305

Podemos ver quasares com menores desvios para o vermelho até a distância do Superaglomerado Local. Mas se não há muita coisa além das fronteiras do Superaglomerado Local então devíamos ver os quasares com $0,5 < z < 1,0$ tornando-se relativamente menos numerosos a magnitudes aparentes mais fracas. As observações confirmam esta expectativa como mostra a Figura 7-2 do capítulo de lentes gravitacionais.

Os Quasares Mais Próximos

Nas décadas de 1940 e 1950 Willem Luyten mediu estrelas azuis procurando grandes movimentos próprios que identificariam estrelas anãs azuis próximas. Após todo este tempo, 40 de suas estrelas mostraram-se ser quasares. A Figura 8-9a mostra a distribuição de seus desvios para o vermelho agora conhecidos. Eles delineiam notavelmente todos os principais picos de desvios para o vermelho dos quasares.

É interessante considerar que sendo medidos há tantos anos, eles têm magnitudes aparentes bem brilhantes e, portanto, representam provavelmente os quasares mais próximos de nós*. Mas os picos mais intensos na Figura 8-9a apoiam a conclusão de que os quasares nos picos de $z = 0,30$ e $1,96$ têm geralmente a luminosidade mais baixa e assim são vistos em números relativamente grandes quando próximos. Compare os radioquasares de magnitude aparente mais fraca na Figura 8-8 para ver que os picos de $z = 0,60, 0,96$ e $1,41$ são muito mais intensos, concordando com a conclusão anterior de que eles são os quasares mais luminosos que podem ser vistos a grandes distâncias (por exemplo na direção de 12 horas para o Superaglomerado Local).

Como mencionado anteriormente, foi argumentado no passado que linhas de emissão intensas no espectro podem fazer com que certos desvios para o vermelho sejam favorecidos pela seleção como objetos

---

*. Na distância do aglomerado de Virgem (16 Mpc) um quasar viajando com $0,1c$ (30.000 km/s) teria um movimento próprio de $0,4$ milisegundos de arco por ano. Na distância de M31 (0,7 Mpc) o movimento seria de 9 milisegundos de arco por ano. Os erros citados para os movimentos próprios de Luyten são de cerca de ± 18 milisegundos de arco por ano. Apesar disto a lista de Luyten deve ser examinada para possíveis movimentos próprios significativos como J. Talbot começou a fazer.

azuis. Mas uma análise real mostra que, em geral, as linhas de emissão não são intensas o suficiente para causar este efeito. Além do mais, acabamos de mostrar que os quasares selecionados por suas propriedades de rádio, não por suas cores, mostram muito claramente os picos de desvio para o vermelho. Ainda mais, os objetos BL Lac, um tipo de quasar com o contínuo azul típico de quasar, mas com linhas de emissão desprezíveis, mostram a mesma quantização do desvio para o vermelho (com ênfase, como visto abaixo, nos picos mais baixos de desvio para o vermelho que associamos com objetos relativamente próximos).

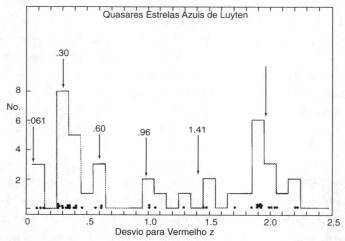

Fig. 8-9a. Ao procurar por estrelas azuis próximas, Willem Luyten encontrou 40 objetos que mais tarde foram reconhecidos como quasares. A sua distribuição dos desvios para o vermelho mostra os picos notáveis previstos pela fórmula de Karlsson.

Periodicidade dos Desvios para o Vermelho dos BL Lacs

Como tem sido enfatizado do começo ao fim que os objetos BL Lac são um tipo de quasar, eles devem mostrar a mesma periodicidade do desvio para o vermelho que os quasares. Embora sejam muito mais raros, suas emissões intensas de raios X e de rádio permitem que seja catalogada uma amostra razoavelmente completa dos objetos mais brilhantes. Finalmente fiquei cansado de ver resultados apresentados sobre tais objetos em que o pesquisador estava cego para o fato de que eles estavam nos valores de desvio para o vermelho quantizados dos quasares. Fui assim para a Tabela 2 do Catálogo de Véron e Véron e representei graficamente os desvios para o vermelho de todos os objetos BL Lac conhecidos. *A Figura 8-9b mostra que eles têm exatamente os picos dos quasares de z = 0,30, 0,60 e 0,96.*

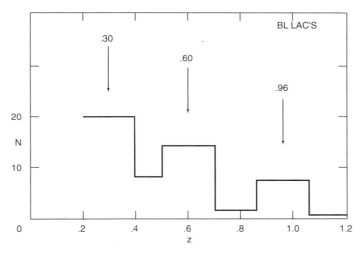

Fig. 8-9b. Todos os objetos BL Lacs catalogados (Véron e Véron 1995). As caixas são de ± 0,1z, estando marcados os três principais picos de desvio para o vermelho dos quasares.

Há um aspecto muito interessante nesta representação gráfica, a saber, que a coloquei em intervalos de ± 0,1z. Este é a quantidade que esperaríamos encontrar os desvios para o vermelho espalhados, em torno dos valores intrínsecos, devido a velocidades de ejeção média de 0,1c (como encontrado nos Capítulos 1 e 2). Estes intervalos englobam bem a extensão observacional e têm centros com valores muito próximos a dos quasares. Contudo, as pessoas que estão familiarizadas com a periodicidade dos quasares saberão que a fórmula prevê o menor período em z = 0,061. Este pico é confirmado pelas observações (*A &A* 239, 33). Os BL Lacs têm seus maiores números neste intervalo, mas na Figura 8-9b a extensão de 0,1z os sobrepõe com a parte inferior do pico com z = 0,30, de tal forma que as periodicidades dos BL Lacs ficam fundidas neste intervalo no gráfico.

308 ❂ O Universo Vermelho

Este pico de z = 0,06 para os BL Lacs é muito importante já que, como nos recordamos do Capítulo 6, os aglomerados de raios X têm um pico muito pronunciado em sua distribuição de desvio para o vermelho exatamente neste desvio para o vermelho (Figura 6-17). Argumentamos, então, que os aglomerados de galáxias vieram da fragmentação dos objetos BL Lac e um forte indício para esta idéia radical é encontrar uma distribuição equiparada de desvios para o vermelho!

Um ponto que tenho notado e que também pode ter impressionado aos outros é que os BL Lacs encontrados associados com galáxias Seyfert no Capítulo 2 geralmente tinham correspondências exatas com os picos de periodicidade dos quasares. Isto também era verdadeiro para os quasares de baixos desvios para o vermelho, ao redor de z = 0,30, que se pareciam com BL Lacs num baixo estado de excitação. Isto poderia ser reconciliado com as velocidades de ejeção de 0,1c e com um espalhamento similar ao redor dos picos de BL Lac encontrados na Figura 8-9, ao supor que há aqueles quasares ejetados que escapam para o campo e aqueles que são capturados pela galáxia ejetora. Aqueles que são capturados, isto é, que ficam associados com a galáxia progenitora, têm necessariamente suas velocidades diminuídas. Seria então muito menor o espalhamento de velocidade em relação ao pico de desvio para o vermelho intrínseco. Como os quasares evoluem em direção a desvios para o vermelho mais baixos com a passagem do tempo, o material ejetado com desvios para o vermelho mais baixos, ao redor de z = 0,30, estaria viajando a grande distância e teria havido mais tempo para o mecanismo Narlikar/Das tê-los freiado (Capítulos 2 e 9).

O fato de os quasares associados fisicamente com suas galáxias de origem terem diminuído suas velocidades de ejeção também seria uma boa explicação para saber por que os quasares encontrados inicialmente ao redor das galáxias companheiras tem uma periodicidade particularmente bem definida.

Padrões de Periodicidade no Céu

Realmente tudo o que temos como dados na astronomia são fótons como função de x, de y e da freqüência. O enigma desafiador é ten-

Quantização dos Desvios para o Vermelho ❂ 309

tar explicar como a natureza funciona. Penso que isto é feito melhor por reconhecimento de padrão — o que está relacionado com o que — e em que forma reconhecível. Como uma espécie de teste do que penso ter aprendido, apresento aqui a Figura 8-10a. É uma região do céu que encontrei por acaso. Isto significa que há muitas outras regiões como esta e que qualquer pode participar deste jogo com um lápis, papel milimetrado e catálogos de objetos extragalácticos. Na verdade, penso que é melhor que outras pessoas inspecionem os catálogos e apresentem os resultados. Se outros o fizerem haverá uma chance maior de ter estes resultados extremamente importantes aceitos e utilizados.

Pode-se começar em qualquer lugar. Comecei representando graficamente todos os quasares com desvios para o vermelho menores do que cerca de x = 1,5. Pareciam haver três pares. Perguntei então onde estavam as galáxias Seyfert que deram origem a estes pares. Encontrei duas listadas no catálogo de Seyferts e uma listada como um quasar. (Uma outra está justamente no canto SE da Figura 8-10a, eu a ignoro.) Mas então acontece a coisa mais excitante. Uma das Seyferts incide próxima do meio do par superior de quasares e uma outra incide no meio do par inferior de quasares. Estas são as únicas Seyferts catalogadas na área!

Neste ponto digo, bem, as Seyferts ativas que ejetam quasares são usualmente companheiras de (e foram ejetadas originalmente por) alguma galáxia próxima, grande, com baixo desvio para o vermelho. Assim represento graficamente a galáxia mais brilhante na região escolhida. Ela incide muito próxima e justamente entre as duas Seyferts inferiores! É uma SBab com m = 16,0 mag, justamente a classe geral de galáxias que esperaríamos encontrar na origem de um grupo de galáxias de idades diferentes. E por que, sobre toda a região onde podia ter aparecido acidentalmente, foi ela aparecer justamente no foco da atividade?

A brincadeira está apenas começando. Note os desvios para o vermelho dos objetos envolvidos. O membro do lado direito do par superior com z = 0,90 é 0,06z menor do que o pico quantizado de 0,96 e o membro da esquerda com z = 0,65 é 0,05 z maior do que o pico quantizado de 0,60. É quase exatamente como se o da direita tivesse sido ejetado em nossa direção e o da esquerda para longe de nós. Descendo para o par com z = 0,33 e 0,28 é como se o da direita estivesse se afastando de nós com 0,03z e o da esquerda vindo em nossa direção com 0,02z – com o desvio para o vermelho intrínseco quase exatamente no pico de quantização de z = 0,30. O terceiro par não mostra o efeito muito bem, com um se afastando com 0,07z e o outro com 0,03z. Mas considere os desvios para o vermelho médios dos pares de quasares (que eliminam na média as velocidade de ejeção em nossa direção e para fora). Os picos da fórmula estão à esquerda, as médias do par observadas à direita:

z_n	$z_{médio}$	
0,06	0,09	(3 Seyferts)
0,30	0,305	(2 QSOs)
0,60	0,66	(2 QSOs)
0,96	0,945	(2 QSOs)

Isto pode ser acidental? Se não é um acidente, cai toda a base da astronomia extragaláctica moderna. O que os profissionais decidirão? O que os indivíduos decidirão?

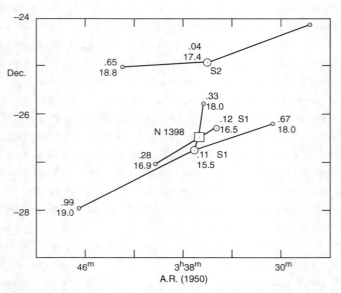

Fig. 8-10a. Todos os quasares catalogados com desvio para o vermelho menor do que z = 1,8 na região representada do céu (círculos pequenos), mais todas as galáxias Seyfert (círculos grandes) e a galáxia mais brilhante nesta região (NGC1398). Os desvios para o vermelho e as magnitudes aparentes estão escritos ao lado de cada objeto.

Quantização dos Desvios para o Vermelho ❂ 311

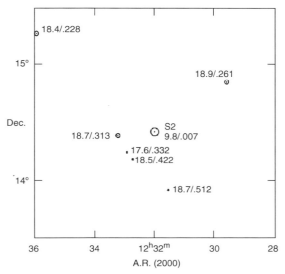

Fig. 8-10b. A galáxia Seyfert mais brilhante na região apresentada é NGC4501 (M88). Estão representados graficamente todos os quasares/AGNs com 0,100 < z < 0,92. Aqueles com z = 0,261 e 0,332 estão emparelhados de lado a lado da Seyfert 2 e os restantes alinhados de lado a lado do quasar com z = 0,332. Elimine pela média as velocidades de ejeção para obter valores próximos aos números mágicos.

Quão perto deveríamos esperar que um quasar individual esteja de um pico de quantização depende dos detalhes de sua evolução. O objeto ejetado recentemente deve começar com um alto desvio para o vermelho e evoluir para um desvio para o vermelho mais baixo à medida que envelhece e se torna mais luminoso. Para poder exibir degraus de desvios para o vermelho ele tem de evoluir mais rapidamente entre os picos de desvios para o vermelho, os quais podem ser vistos como estados ressonantes. Mas não sabemos quão largos são os estados ou qual é a probabilidade de encontrar um dado objeto entre os estados.

Contudo, a interpretação final da Figura 8-10a não está completamente fixada já que, por exemplo, as duas Seyferts 1 podem estar emparelhadas cada uma com um quasar de z = 0,28 ou 0,33 em torno de NGC1398. Escolhi a interpretação de que os dois quasares com z = 0,28 e 0,33 foram ejetados de NGC1398 como no caso de NGC2639 apresentado na Figura 2-5. Também a Seyfert com z = 0,04 pode ter sido ejetada de NGC1398, mas é mais provável que tenha se originado de NGC1385

312 ○ O Universo Vermelho

que está apenas a 20 minutos de arco a NO da Seyfert e é aproximadamente a segunda galáxia mais brilhante de baixo desvio para o vermelho no campo. Mas estes são detalhes comparados com a conclusão principal de que *este é um aglomerado de objetos à mesma distância, mas com desvios para o vermelho muito diferentes, escalonados hierarquicamente.* Isto, juntamente com as várias configurações observadas e discutidas até aqui, me parece completamente decisivo.

Incluí a Figura 8-10b como diversão para o leitor. A galáxia central é a Sbc muito brilhante, NGC4501 (M88), que, afinal, é uma Seyfert 2. (Não na amostra de raios X do Capítulo 2). Observe os AGN/QSOs de z = 0,261 e 0,332 emparelhados de lado a lado da Seyfert. Observe então os quatro AGN/QSOs emparelhados de lado a lado do quasar com z = 0,332. É fácil calcular as velocidades de ejeção correspondendo a 0,04z e 0,14z e os desvios para o vermelho intrínsecos que resultam em cerca de z = 0,37.

Finalmente, um Aglomerado de Quasares!

Quando este livro estava sendo editado, Geoff Burbidge em seu inimitável estilo ao telefone, mencionou-me que havia uma galáxia NGC próxima de um radioquasar brilhante famoso chamado 3C345. Fiquei excitado ao descobrir que a galáxia era uma Seyfert e imediatamente procurei pela disposição dos quasares conhecidos ao redor deste par. Por sorte muito grande aconteceu de eles estarem em um dos dois campos de amostra com 8 graus quadrados no céu que haviam sido mais completamente pesquisados em busca de quasares. David Crampton e colaboradores obtiveram muitas placas de espectro sem fenda com o telescópio do Canadá-França-Havaí em Mauna Kea e identificaram todos os candidatos no campo representados na Figura 8-11.

Agora, a seta identificando 3C345 aponta também para um agrupamento óbvio de candidatos a quasares. Como estes pesquisadores estavam de fato procurando por aglomerados e associações de quasares, para os quais haviam encontrado alguma evidência em quasares de desvios para o vermelho médios, é enigmático o motivo pelo qual não investigaram o agrupamento ao redor de 3C345. Naturalmente, a primeira questão seria: "Há qualquer coisa diferente sobre estes quasares em relação ao restante do campo?". A resposta emerge de uma inspeção casual dos quasares catalogados. Aqueles ao redor de 3C345 são mais brilhantes e têm menores desvios para o vermelho do que os restantes no campo. Isto é apresentado na Figura 8-12 em que é visto que, para quasares com 0,5 < z < 1,6, não há praticamente nenhum quasar numa área igual do campo a oeste do grupo de 3C345 — uma área que foi pesquisada exatamente da mesma forma!

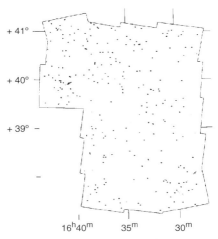

Fig. 8-11. Candidatos a quasar descobertos numa área com 8 graus quadrados por Crampton e outros (*Astrophysical Journal* 96, 816, 1988). Pode ser vista a concentração ao redor de 3C345 (seta). Esta região está ampliada na Fig. 8-12.

Como 3C345 é brilhante e variável foi estudado em raios X com o satélite ROSAT e havia inúmeras observações nos arquivos. Isto permite um teste relacionado ao Capítulo 2, onde foram encontrados pares de quasares de raios X ao redor de Seyferts ativas e de objetos tipo Seyfert. A Figura 8-13 mostra que as fontes mais brilhantes em raios X próximas a 3C345 se emparelham de lado a lado dele, uma com 37 contagens/ks e uma com 62 contagens/ks. *Isto é exatamente como NGC4258, NGC2639, NGC4235 e todos os outros pares o que comprova tão claramente a origem dos quasares por ejeção.* Mas neste caso, há três quasares adicionais muito próximos desta mesma linha, fornecendo uma probabilidade composta para o acaso de apenas 3×10^{-8} (ou três em cem milhões)!

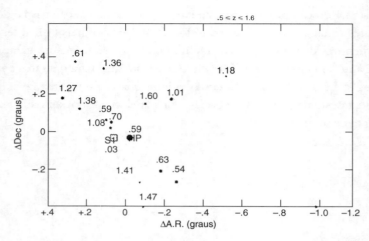

Fig. 8-12. Quasares com desvios para o vermelho 0,5 < z < 1,6 numa área pesquisada homogeneamente ao redor de 3C345 e numa área igual para oeste. Os desvios para o vermelho estão escritos na parte superior direita de cada quasar. 3C345 é identificado com HP (*high polarization* – alta polarização) e a galáxia Seyfert NGC6212 está marcada como S1.

A partir dos exemplos indicados nos dois primeiros capítulos, é mais simples interpretar a Seyfert (NGC6212) como a galáxia mais velha no aglomerado (com z = 0,03). Então 3C345 com z = 0,59 (como 3C232 com z = 0,53 e 3C275.1 com z = 0,57 do Capítulo 1), foi ejetada de sua galáxia ativa próxima. Por sua vez, como os exemplos anteriores, 3C345 ejetou uma fileira de quasares de raios X em direções opostas. Observe também como os desvios para o vermelho que compreendem os 14 quasares compondo este aglomerado têm desvios para o vermelho próximos a três dos valores quantizados: z = 0,60, 0,91 e 1,41. Os pares de quasares com z = 1,38 e 1,41, e 1,36 e 1,47 muito provavelmente foram ejetados da Seyfert NGC6212. A partir dos desvios médios em relação aos valores quantizados concluiria que os dois quasares a NE destes quatro quasares foram ejetados ligeiramente em nossa direção e os quasares a SO ligeiramente em direção oposta a nós quando olhamos para NGC6212.

Encontramos antes a fragmentação de uma intensa fonte de raios X em múltiplos quasares ao analisar pares de raios X ao redor das Seyferts discutidas no Capítulo 2. O objeto mais ativo aqui, 3C345, é altamente polarizado, uma fonte intensa de rádio e de raios X e altamente variável — todas características de um objeto BL Lac. Assim temos *um outro* caso de um objeto brilhante tipo BL Lac associado significativamente com uma Seyfert assim como no Capítulo 2. Minha sugestão é a de que ele está no processo de pular para baixo, para o próximo desvio para o vermelho intrínseco de z = 0,30. Os quasares ejetados dele permanecerão nos desvios para o vermelho maiores por um tempo algo mais longo antes de pularem para o próximo desvio para o vermelho permitido. À medida que acontece isto, o aglomerado se divide em numerosos pedaços que se tornam então as galáxias de um aglomerado Abell de raios X, como discutido no Capítulo 6. À medida que os maiores desvios para o vermelho decaem, acabamos num aglomerado populoso em que a Seyfert NGC6212 torna-se a galáxia central mais velha, maior e com um desvio para o vermelho ligeiramente mais baixo. *Ou seja, estamos vendo aqui a evolução de um grupo de quasares num aglomerado de galáxias normais.*

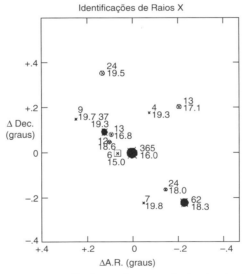

Fig. 8-13. Aqueles quasares que são detectados como fontes de raios X nas observações arquivadas do ROSAT estão marcados com contagens/ks escritas na parte superior à direita. A magnitude V aparente está escrita abaixo. 3C345 é o quasar mais brilhante no centro da linha dos quasares de raios X.

Também tenho a impressão de que, quando o objeto está quase pulando para um outro degrau de desvio para o vermelho, ele entra num

316 ☉ O Universo Vermelho

estágio de fragmentação e de fissão. Na verdade, se seu desvio para o vermelho intrínseco é primariamente uma função de sua idade e, portanto, da massa de suas partículas fundamentais, quando ele pula para baixo em desvio para o vermelho tem de significar que as massas de suas partículas subiram subitamente de nível. Este parece certamente ser o motivo para um aumento intenso e repentino na radiação, na alta variabilidade e ejeção ou fragmentação.

Os grupos Arp/Hazard de Quasares

Cerca de 18 anos atrás, Cyril Hazard* estava identificando quasares em placas de prisma-objetiva obtidas com o telescópio Schmidt na Austrália. Numa placa havia duas configurações de quasares que, após eu ter determinado os desvios para o vermelho com o telescópio de 200 polegadas do Palomar, indicaram associações físicas inequívocas de quasares com desvios para o vermelho muito diferentes. Uma era um grupo de cinco quasares com desvios para o vermelho de $z = 0,86$ a $z = 2,12$ (ver *Quasars, Redshifts and Controversies*, p. 64). Uma outra veio a ser chamada de trio Arp/Hazard e consistia de um quasar brilhante com $z = 0,51$ com quasares mais fracos de 2,15 e 1,72 alinhados exatamente de lado a lado dele e – bem ao lado deste trio — um outro trio consistindo de um quasar brilhante com $z = 0,54$ com quasares mais fracos de $z = 2,12$ e $z = 1,61$ alinhados de lado a lado dele. (Ver Figura 8-14 aqui e *Astrophysical Journal* 240, 726, 1980.) *Independentemente do que eram estes quasares ou do que causou seus desvios para o vermelho, isto provava inequivocamente que seus desvios para o vermelho não eram medidas de suas distâncias.*

E, contudo, a astronomia extragaláctica continuou ignorando a evidência e investindo cada vez mais recursos, carreiras e confiança da sociedade numa suposição fundamental que é completamente refutada por uma simples verificação numas poucas fotografias publicadas. Ponderando

---

*. Este radioastrônomo talentoso foi o primeiro a identificar a contrapartida óptica do radioquasar 3C273 que mais tarde veio a ser o quasar de magnitude aparente mais brilhante no céu. Teve uma carreira difícil se comparada com a dos teóricos que interpretaram mal esta descoberta fundamental.

sobre a Figura 8-14, a repetição nos lembra do Capítulo 6 onde reparamos nos grandes aglomerados de galáxias, Virgem e Fornalha, em que a natureza mostra saber que os astrônomos não são muito rápidos já que ela os apresentou duplicados em tudo. Mas se eles ainda não compreenderam, teremos de esperar apenas por indivíduos com melhor julgamento.

Mas agora, após ver todos os pares de quasares ejetados das Seyferts e particularmente os quasares ejetados de 3C345 com $z = 0,59$, torna-se possível uma compreensão muito clara do que está acontecendo nos dois trios da Figura 8-14. Os quasares centrais nos trios (com estes brilhos e desvios para o vermelho são mais provavelmente BL Lacs ou Seyferts compactas jovens) estão ejetando objetos com desvios para o vermelho intrínsecos de $z = 1,96$ — um, numa direção um pouco para longe de nós e outro, com uma componente um pouco em nossa direção. No par superior a velocidade de ejeção projetada é de cerca de 0,07c e no par inferior é de cerca de $0,09c^*$. Esta combinação da quantização conhecida do desvio para o vermelho intrínseco e velocidades de ejeção, agora típicas, explica, dentro de uns poucos centésimos, os desvios para o vermelho observados nas duas configurações.

Mas há um padrão delicioso evidente nos trios da Figura 8-14. Nos dois casos o quasar ejetado para longe de nós está numa distância projetada mais próxima do corpo central do que aquele ejetado em nossa direção. Não seria lógico concluir que, devido ao tempo de viagem da luz desde o quasar mais distante ser maior, o estamos vendo num tempo anterior em que o quasar ainda não viajou tão longe do objeto central ejetor quanto o quasar que está vindo em nossa direção? Isto funciona qualitativamente muito bem para explicar o sentido das distâncias não balanceadas na Figura 8-14. Contudo, as razões das distâncias medidas concordariam melhor quantitativamente se a velocidade de ejeção fosse mais alta. Mas veremos no próximo capítulo que o mecanismo Narlikar/Das para a

---

*. Se um quasar com $z = 1,96$ é ejetado para longe do observador com uma velocidade radial projetada de $v = 0,064c$ então o desvio para o vermelho observado será de $(1 + z_v)(1 + z_i)$ $= (1 + 1,96)(1 + 0,064)$ produzindo $z = 2,15$, observado para o primeiro quasar no trio e assim por diante. Para fazer com que as velocidades para frente e para trás se contrabalancem devemos supor que os quasares centrais estão vindo aproximadamente em nossa direção o que tornaria os desvios para o vermelho intrínsecos dos quasares centrais como sendo $z = 0,53$ e $0,62$, mais próximos do valor quantizado de $z = 0,60$.

ejeção de matéria criada recentemente começa com matéria de massa nula emergindo com a velocidade da luz. À medida que as partículas constituintes da matéria ganham massa, eles diminuem a velocidade para conservar o momento. Assim, os quasares vão mais rapidamente do que a velocidade menor que é observada agora. Cálculos quantitativos estão sendo efetuados para este modelo e será interessante ver quão aproximadamente eles concordam com a assimetria observada nos emparelhamentos dos trios.

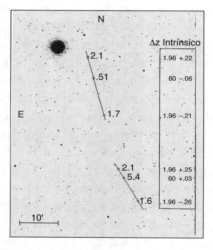

Fig. 8-14. O trio Arp/Hazard é apresentado com seus desvios para o vermelho medidos escritos à direita de cada quasar. No quadro à direita estão escritos os picos de desvio para o vermelho intrínsecos mais próximos e os componentes das velocidades em z que são necessárias para fornecer ejeções iguais e opostas.

Também é tentador considerar que este processo de diminuição de velocidade continua à medida que os quasares evoluem para galáxias e que na época em que se aproximam do estágio que chamamos de galáxias normais, eles ficam presos num sistema de repouso primário, que parece representar um universo bem quieto no que diz respeito às velocidades peculiares.

Finalmente surge a questão: "De onde vieram os dois grupos Arp/Hazard?". Esperaríamos que fosse de uma galáxia Seyfert. Assim procuramos na lista das Seyferts catalogadas. Como mostra a Figura 8-15, existe uma a meio caminho entre estes dois grupos extraordinários de quasares. Mas esta não é uma Seyfert ordinária. É uma das fontes de infravermelho mais brilhantes e *uma das 13 galáxias de raios X mais luminosas em relação a seu desvio para o vermelho em todo o céu*. Ora, isto é uma Seyfert ativa!

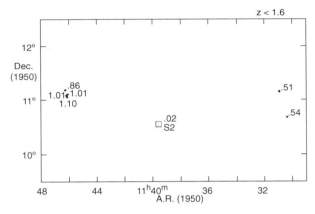

Fig. 8-15. A área na qual são encontrados o grupo Arp/Hazard e os trios. Só estão representados graficamente os desvios para o vermelho menores do que z = 1,6. O quadrado central identifica uma das 13 Seyferts de raios X mais luminosas conhecidas em todo o céu (se ela estiver na sua distância de desvio para o vermelho).

A Seyfert é NGC3818 e está situada num aglomerado de galáxias NGC. Temos aqui um aglomerado de galáxias com baixo desvio para o vermelho, ou uma galáxia dentro de um aglomerado, dando origem a novos aglomerados de galáxias. À medida que os novos aglomerados envelhecem e se aproximam de menores desvios para o vermelho eles devem formar uma fileira ou filamento de aglomerados, como nos aglomerados de raios X apresentados na Figura 6-6 e como observado geralmente para os aglomerados de galáxias no céu.

Um Teste Crucial – O Aglomerado de Galáxias Abell 85

Resultados muito importantes aparecem no *European Southern Observatory (ESO) Messenger* como relatórios em desenvolvimento, já

320 ✦ O Universo Vermelho

que são relatadas novas observações sem estarem ajustadas detalhadamente na teoria convencional. Foi relatado um destes resultados por um grupo de observadores franceses em 1997 (número 84, pág. 20). Eles apresentaram medidas de desvio para o vermelho de um grande número de galáxias no aglomerado de galáxias de raios X, Abell 85.

A primeira coisa que percebemos sobre este aglomerado é que seu desvio para o vermelho listado é de 0,055. Não se poderia estar mais perto do primeiro pico de desvio para o vermelho quantizado dos quasares em $z = 0,061$. Mas, então, Abell 85 é um aglomerado muito intenso em raios X e os aglomerados de raios X têm picos extraordinariamente pronunciados em $z = 0,06$ (ver Figura 6-17). O segundo aspecto é óbvio a partir da distribuição dos desvios para o vermelho de suas galáxias como é apresentado na Figura 8-16. *Os desvios para o vermelho estão discretizados!* Os observadores notaram que isto "poderia corresponder a vazios e a camadas de galáxias e portanto poderia ser usado como um indicador de estruturas em grande escala nesta direção". *Mas a Figura mostra que os grupos de galáxias com maiores desvios para o vermelho estão concentrados mais ao centro do aglomerado do que as galáxias de fundo.*

É verdade que à medida que os desvios para o vermelho das galáxias ficam maiores, eles se espalham em distâncias maiores ao redor do aglomerado, mas nunca tanto quanto os maiores e menores desvios para o vermelho medidos, os quais representam a melhor determinação da distribuição de fundo. Por exemplo, as observações registram bem a camada de galáxias que permeia metade do céu de $cz = 5.000$ até 6.000 km/s (o fenômeno do filamento Perseu-Peixes discutido no Capítulo 6). Mas aquele valor particular de desvio para o vermelho preferido, estando abaixo dos desvios das galáxias do aglomerado na Figura 8-16, está notavelmente situado mais longe do aglomerado do que os dois primeiros picos de desvios para o vermelho que estão acima dele em $cz = 23.000$ e 28.000 km/s. Isto novamente é uma evidência indiscutível, que pode ser constatada olhando simplesmente uma imagem em que os desvios para o vermelho intrinsecamente mais altos pertencem ao aglomerado e que eles são quantizados.

Se aglomerados de quasares evoluem para aglomerados de galáxias, o teste crucial deste processo seria ver a quantização dos desvios para o vermelho dos quasares ser refletida na quantização dos desvios para o vermelho das galáxias. E aqui está ele — os desvios para o vermelho quantizados em Abell 85! O que mais poderia explicar a quantização do desvio para o vermelho no aglomerado e, de fato, em galáxias com baixos desvios para o vermelho em geral?

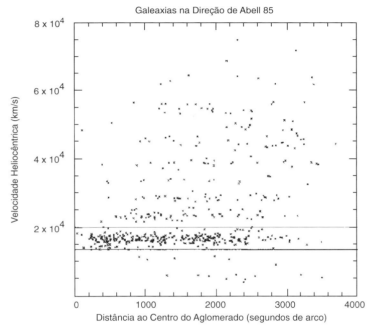

Fig. 8-16. O aglomerado de galáxias de raios X Abell 85. Estão representadas graficamente galáxias individuais como função de seus desvios para o vermelho e distâncias do centro do aglomerado. Medidas por F. Durret, P. Felenbok, D. Gerbal, J. Guibert, C. Lobo e E. Slezak.

Naturalmente, à medida que os altos desvios para o vermelho decaem, os degraus de quantização têm de ficar mais próximos. Mas o fato de que a quantização está presente no mesmo tipo de aglomerado de raios X que foi associado com galáxias ativas de baixo desvio para o vermelho, como foi discutido no Capítulo 6, apóia a conclusão de que estes aglomerados são objetos intrinsecamente desviados para o vermelho como os quasares. Estes aglomerados parecem representar o próximo passo evolucionário natural em relação aos grupos e aglomerados de quasares que são associados com as mesmas galáxias progenitoras.

322 ○ O Universo Vermelho

Quantização de Desvio para o Vermelho como Função do Spin do Elétron

O fator de quantização do desvio para o vermelho dos quasares é 1,23 como em:

$$(1 + z_n)/(1 + z_0) = (1,23)^n$$

que fornece:

$z_1 = 0,06$	$z_3 = 0,60$	$z_5 = 1,41$	$z_7 = 2,64$
$z_2 = 0,30$	$z_4 = 0,96$	$z_6 = 1,96$	$z_8 = (3,47)$

Estes picos foram tão bem estabelecidos por meio observacional que sempre constituiu uma grande frustração para mim não ser capaz de utilizar o fator 1,23 na quantização de 72 km/s que é observada para as galáxias, a saber:

$$z = 72, 144, 216, 288 \ etc.$$

Por exemplo $(1 + z_1)/1,23$ fornece um alto desvio para o vermelho negativo, mas não 72 km/s = 0,00024c. Assim, apenas por curiosidade calculei qual teria de ser a potência de 1,23 para dar um desvio para o vermelho de 72 km/s:

$$1 + 72/c = 1,00024 = (1,23)^a$$

Com isto vem a = 0,0011592. (Pormenores deste desenvolvimento podem ser encontrados em *Apeiron*, vol. 2, p. 43, abril 95.)

Pelo fato de eu estar explorando o spin do elétron como uma possível unidade básica de tempo, me encontrava na posição de perceber a coincidência extraordinária desta potência, a, com os números no valor medido para o momento magnético do elétron (que é 1/2 do fator de separação g de Landé):

$$g/2 = 1,00115965 = 1 + \alpha/2\pi$$
$$a = 0,001164[4]$$
$$\alpha/2\pi = 0,00116141$$

onde "a" é agora a potência à qual 1,229 tem de ser elevado (1,229 é o fator de desvio para o vermelho do quasar que pode ser medido mais precisamente). Logo, $\alpha/2\pi$ é a constante de estrutura fina que determina o espaçamento de linhas nos espectros atômicos. Considerando a dificuldade de selecionar cinco números corretos seguidos (como uma loteria) — parece haver alguma coisa significativa aqui. Mas até agora isto não é uma solução, mas apenas um indício que conecta o espaçamento dos desvios para o vermelho dos quasares com os átomos em estados quantizados.

Numa tentativa de dar algum sentido a isto, tentei visualizar um elétron com seu spin interagindo com o campo magnético do núcleo de seu átomo. Dependendo da orientação de seu spin, ele pode assumir uma série de níveis de energia de estrutura fina quantizados. Num instante anterior, o elétron quer estar com uma massa menor (devido a m variar com t^2). Mas sua menor mudança é o nível quântico mais baixo permitido, de tal forma que quando ele pula para mais baixo, ele torna-se um elétron que tem menos massa do que em nossa época por um fator de $(1,229)^{-0,001164}$. Assim, qualquer transição atômica, emitindo ou absorvendo uma linha, será desviada para o vermelho por 72 km/s em relação a nossos padrões terrestres. O segundo pulo para baixo será de + 144 km/s, depois de 216 *etc.* como observado nas galáxias companheiras de nosso Grupo Local, que são da ordem de 10^7 anos mais jovens do que nossa galáxia progenitora M31.

Levar em conta a interação da partícula elementar com o campo eletromagnético ambiente é do domínio da eletrodinâmica quântica e a linguagem torna-se muito especializada. Fenomenologicamente, podemos dizer que o aumento do desvio para o vermelho intrínseco nos quasares à medida que consideramos matéria mais jovem parece vir das massas menores das partículas (elétrons). Na outra direção, à medida que a matéria envelhece, os quasares mostram que seus elétrons não aumentam em massa continuamente mas em níveis quantizados por um fator de 1,23. A evidência a partir dos menores degraus de desvios para o vermelho intrínsecos indica que há uma estrutura fina entre estes grandes degraus — que o desvio para o vermelho diminui em degraus quantizados menores, mas provavelmente passando a maior parte do tempo nas ressonâncias intensas dos fatores de 1,23. Mas o que representa o fator

324 ✪ O Universo Vermelho

1,23, ou de onde ele vem, é muito difícil de determinar no momento. Talvez precisemos de mais indícios experimentais.

Massa como uma Freqüência

Para tentar compreender por qual motivo as massas devem ser quantizadas, temos de perguntar o que é, fundamentalmente, a massa. A evidência discutida neste livro parece indicar que as massas elementares mudam com o tempo. A questão interessante, então, seria saber qual é a definição operacional de tempo. Uma sugestão seria a de que o tempo é medido pela repetição regular de uma configuração, como a rotação da Terra ou sua revolução ao redor do Sol. A definição mais fundamental de tempo poderia ser a rotação, ou spin do elétron. (Para o presente propósito não parece interessar se o elétron é alguma distribuição não especificada de carga girando ao redor de um eixo interno ou um anel de corrente em rotação, como alguns o modelaram.)

Pode, então, a massa do elétron ser expressa em unidades de tempo? Formalmente isto é alcançado simplesmente usando a freqüência Compton do elétron, v_C, a constante de Planck, h, e a velocidade da luz, c:

$$m_e = h/c^2 v_C$$

A freqüência Compton terrestre é $1,2356 \times 10^{20}$/s (aparentemente não há conexão alguma com o fator 1,23 de desvio para o vermelho dos quasares). Assim vemos que quando a massa cresce, a freqüência aumenta (a marcha de relógio fundamental). No passado, a freqüência era menor. Olhando para fora, para as galáxias mais jovens, as estamos vendo numa era em que seus relógios estavam andando mais devagar. Os fótons desviados para o vermelho estão justamente carregando informação sobre as marchas dos relógios de onde vieram. A massa da partícula pode então ser considerada como a freqüência fundamental da matéria criada numa época particular.

Esta maneira de descrever as observações parece ter uma outra vantagem. A saber, o fato de que as freqüências dos elétrons girando ao redor do eixo são quantizadas. Portanto, se é para elas mudarem, elas

Quantização dos Desvios para o Vermelho ⊙ 325

teriam de mudar em níveis discretos. O próprio tempo seria, numa certa forma, quantizado. Talvez as propriedades características da mecânica quântica de materializar e desmaterializar matéria (virtual) estaria relacionada aos degraus no tempo. Mas no que diz respeito aos vários valores observados para os desvios para o vermelho quantizados (considerados como freqüências) as possibilidades de freqüências de batimento, tons fundamentais e secundários parecem apresentar possibilidades ricas para explicar os padrões observados.

Quantização de Massa em Quasares, Planetas e Partículas

Em 1990 um artista amigo em Tenerife, Jess Artem, mencionou-me que a lei de Titius-Bode expressando as distâncias planetárias ao sol obedecia muito bem uma série baseada nos desvios para o vermelho preferidos dos quasares. A assim chamada lei de Bode tem sido tão discutida e criticada que inicialmente fiquei cético, mas observei num livro de T. F. Lee que a razão da massa da Terra para Vênus era de 1,23 e o autor sustentava que potências deste fator forneciam uma lei de Bode limitada. Olhando agora para trás percebo que ele não tinha conhecimento do fator 1,23 nos desvios para o vermelho dos quasares.

Tomei a iniciativa de checar isto e usei a compilação mais moderna das massas planetárias e cheguei a um resultado impressionante em que a razão das massas de todos os nove planetas estava muito próximas de potências inteiras do fator 1,23. A primeira coisa que se pensa é: "Pode ser isto um produto artificial do cálculo?". Mas, ao se variar uniformemente os valores de massa medidos, pode-se verificar que eles se espalham igualmente entre n e o próximo inteiro. Um teste simples mostrou que a distribuição observada tinha uma probabilidade *menor* do que um em 1.300 de ser acidental. (A análise completa pode ser consultada em *Apeiron*, abril 95, p. 42).

Apenas para levar a relação a um ridículo extremo, calculei a razão de massa com o Sol. Estava dentro de 9% de um valor inteiro sendo que ao acaso o valor esperado era de 50%. As razões de massa dos satélites da Terra, Júpiter, Saturno e Urano estavam ainda mais próximos (interessantemente, nove entre onze em valores semi-inteiros). A implicação óbvia é que como esta mesma razão de massa se aplica a planetas, satélites, ao Sol e

326 ✪ O Universo Vermelho

também aos elétrons nos quasares, então as massas em todas as escalas, ao menos em nosso universo local, são formadas na mesma razão. Isto sugere um teste bem audacioso, a saber, estão os elétrons terrestres numa razão de $(1,23)^n$ para a massa da Terra? *Esta razão acontece dentro de 6%*.

Quantização das Órbitas Planetárias

Quanto à lei de Bode das distâncias planetárias (usando termos que variavam como 2^n), ela falhou em muito com a descoberta de Netuno e Plutão. Ela foi modificada na lei de Blagg-Richardson envolvendo $(1,7275)^n$ com correções complicadas para cada planeta. Estima-se a partir dos quasares que o fator massa/desvio para o vermelho está determinado como $1,2288 \pm 0,0006$. O valor mais preciso que determinei a partir do ajuste dos planetas, satélites e elétrons terrestres é de 1,2282. A Tabela 8-2 mostra a aplicação do fator (1,228) para as distâncias planetárias. O ajuste para valores inteiros só tem uma chance em 500 de ser acidental. O ajuste para os quatro planetas seguintes para fora a partir da Terra é particularmente bom. O ajuste para a lei média de Blagg-Richardson, no entanto, é apenas o que esperaríamos pelo acaso. Isto é útil para mostrar que a lei de Bode modificada não é significativa e também para mostrar que um ajuste com um fator arbitrário como 1,7275 não é melhor do que aquele esperado de uma distribuição aleatória de números, diferente do ajuste alcançado com o fator 1,228.

Contudo, há algumas características menos do que satisfatórias destes ajustes numéricos. Por exemplo, há um número grande de inteiros faltando, *i.e.* inteiros para os quais não há corpos presentes. Mas no global penso que deve haver algum significado para isto. Provavelmente é preciso que uma fórmula mais correta seja obtida. Mas este tipo de resultado deixa a maioria dos cientistas malucos. Dizem furiosamente que qualquer um que fala sobre isto é um "numerologista". Um termo muito depreciativo para um cientista. É provável que para muitos cientistas, pior até do que obter a resposta "errada" é conviver com a incerteza.

Contudo, resultados excitantes foram trazidos à minha atenção recentemente. Um é o ajuste dos raios planetários médios usando uma condição tipo momento angular (Bohr). Saulo Carneiro, da Universidade

Tabela 8-2. *Tamanhos Orbitais no Sistema Solar*

Distância Planetária (Semi eixo maior em UA)	fator 1,228		fator 1,7275	
	n	$|\varepsilon|$	n	$|\varepsilon|$
Mercúrio	0,387	- 4,62	(0,12)	- 1,74	(0,24)
Vênus	0,723	- 1,58	(0,08)	- 0,59	(0,09)
Terra	1				
Marte	1,524	2,05	0,05	0,77	0,23
Asteróides	2,8	5,01	0,01	1,88	0,12
Júpiter	5,203	8,03	0,03	3,02	0,02
Saturno	9,539	10,98	0,02	4,13	0,13
Urano	19,191	14,38	(0,12)	5,40	(0,10)
Netuno	30,061	16,57	(0,07)	6,23	0,23
Plutão	39,529	17,90	0,10	6,73	(0,23)

Valores entre parêntesês são desvios dos valores semi-inteiros.

de São Paulo, apresentou cálculos de Oliveira Neto da Universidade de Brasília mostrando que os principais números quânticos ao quadrado, de n = 1 até 10, representam muito bem os raios orbitais dos planetas e asteróides de Mercúrio até Plutão. Vênus e Terra são então representados por números quânticos orbitais adicionais, 0 e 1. Dois físicos italianos, A. G. Agnese e R. Festa, e um astrônomo francês, L. Nottale, obtiveram um sistema planetário muito similar com órbitas tipo um átomo de Bohr que é quantizado como n^2 ou $n^2 + 1/2n$. A Figura 8-17 mostra a excelência do ajuste de n^2 para os raios orbitais conhecidos dos planetas. Ambas soluções usam um quantum de ação gravitacional de Planck (ou constante de estrutura fina) aumentado proporcionalmente dos campos eletrônicos governando os átomos até o tamanho do sistema planetário.

A. e J. Rubcic, da Universidade de Zagreb, também apresentaram um ajuste muito bom das órbitas planetárias com uma fórmula $r = r_1 n^2$ onde n é um número inteiro consecutivo. O ajuste depende do momento angular específico de cada planeta a ser quantizado. A analogia percebida há longo tempo entre o sistema solar e um átomo recebeu agora algum apoio quantitativo de leis físicas escalonadas. Isto pode representar um avanço profundo na compreensão física da natureza.

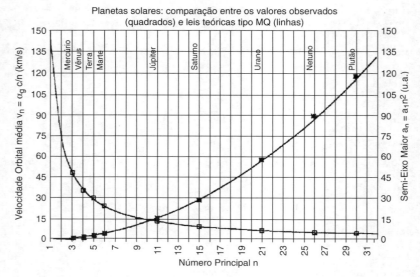

Fig. 8-17. Essa adaptação de uma representação gráfica de Agnese e Festa mostra o ajuste das distâncias planetárias até o Sol em relação a lei de quantização n^2. No mesmo gráfico está mostrado o ajuste das velocidades dos planetas em suas órbitas em relação a 144 km/s dividido por n.

Tenho dois comentários sobre estes desenvolvimentos. Um é que se a série de números n^2 é correta, então os planetas não estão situados aleatoriamente. Outras séries tais como a lei de Bode (2^n) ou o ajuste com $(1,23)^n$ também são ordenadas e podem fornecer ajustes significativos para certos intervalos. Mas a lei mais significativa seria aquela que ajustasse todos os dados para números consecutivos começando com n = 1, 2, 3, *etc.* Seria interessante explorar a relação matemática entre a lei n^2 e a lei de Bode para ver quão próximo ele e outros chegaram da resposta correta. Claramente teria sido mais recompensador encontrar a resposta correta do que desprezar os pesquisadores anteriores como "numerologistas".

O segundo ponto é que para a solução funcionar temos de usar uma massa *média* para cada planeta. Para mim isto significa que, originalmente teriam os planetas a mesma massa-semente e depois sofreram uma acreção a partir de partículas na mesma órbita ou cresceram por algum outro meio até seus diferentes tamanhos atuais. Cada partícula acrescentada adicionaria seu momento angular e assim Júpiter que tem a maior parte do momento angular do sistema solar seria composto das partículas mais elementares. Se existiram no início algumas partículas potenciais pequenas, uniformes, então pode-se imaginar que elas estavam em órbitas governadas pela mecânica quântica tal como num átomo. Mas, naturalmente, isto teria implicações fascinantes sobre o nascimento do sistema solar.

Formação de Corpos Discretos no Universo

Até agora a cosmogonia supõe que todos os corpos no universo se condensaram a partir de um meio homogêneo, uniformemente espalhado e que se agregaram hierarquicamente até seus tamanhos atuais. Contudo, a evidência é de que protocorpos são ejetados de corpos progenitores previamente existentes e crescem subseqüentemente até seus tamanhos observados atualmente. Vimos isto firmemente na formação de galáxias, quasares e aglomerados de galáxias e quasares (por exemplo, os nódulos ejetados em M87 como apresentado na Gravura 8-18). Estamos vendo isto agora na formação dos planetas. Fotografias das estrelas T Tauri, reconhecidas pelos astrônomos como representando estrelas no processo de formação, mostram jatos extremamente finos com condensações ao longo de seu comprimento e em suas extremidades (Gravura 8-19). Mesmo a formação das partículas elementares parece seguir esta regra como é inferido da fragmentação inicial das partículas de Planck, relativamente massivas, em elétrons, pósitrons *etc.*

Por todos estes processos vemos a produção de corpos com propriedades discretas — *i.e.* quantização. Embora as regras do relacionamento de suas escalas possam ainda ser um mistério, a evidência da quantização dos planetas do sistema solar parece ser uma demonstração de que os sistemas planetários não se formam a partir do colapso de uma nebulosa solar. Não há maneira clara de obter ordenação discreta a partir de uma nuvem difusa sem forma. Assim a evidência para a quantização nos planetas do sistema solar parece ser outra contradição da suposição convencional e evidência para a emergência de material a partir de um corpo progenitor anterior.

330 ✪ O Universo Vermelho

O Problema da Quantização e das Velocidades

Outra relação surpreendente foi apontada por L. Nottale, a saber, que as velocidades nas órbitas planetárias (pelo menos até Urano) diminuem como 144 km/s dividido por 3, 4, 5, 6, 11, 15, 21, 26 e 30. Agnese e Festa obtêm o mesmo ajuste exato para todos até Plutão como apresentado na representação gráfica reproduzida aqui na Figura 8-17.

Surpreendentemente, como vimos no início deste capítulo, 144 km/s é um número de quantização proeminente nos desvios para o vermelho das galáxias! Mas o aspecto que funde a cabeça nisto é que há inúmeros argumentos pelos quais o pico de desvio para o vermelho de 144 km/s nas galáxias não pode de forma alguma representar uma velocidade (por exemplo, orientações aleatórias das velocidades estragariam este efeito). Se tivesse de adivinhar, pensaria que as massas das partículas mudam em níveis discretos, o que significa que escalas de comprimento fundamentais mudam em degraus. Se escalas de comprimento num sistema planetário primitivo mudam em degraus, então a terceira lei de Kepler exigiria que os períodos (velocidades nas órbitas) mudassem em degraus. O desafio seria evoluir quantitativamente as leis da física de partículas até as leis da física gravitacional como função do tempo.

A evidência aponta para quasares sendo ejetados inicialmente com altos desvios para o vermelho e altas velocidades e durante o tempo em que evoluíram para desvios para o vermelho ao redor de z = 0,6 diminuíram suas velocidades para cerca de 0,1c. A evidência também indica que eles continuam a evoluir em direção a galáxias normais. Mas as galáxias têm velocidades muito menores do que 0,1c e a quantização dos desvios para o vermelho das galáxias em períodos menores tais como 37,5, 72,4, 144, 216 km/s *etc.* requer que suas velocidades peculiares sejam menores do que cerca de 20 km/s. Parece que há apenas duas possibilidades:

- As galáxias continuam a diminuir suas velocidades à medida que evoluem para desvios para o vermelho menores — *i.e.* elas ficam presas em alguma estrutura em repouso em grande escala, ou
- Alguma interferência ondulatória nos impede de ver as galáxias quando não estão nos picos de velocidade observados em relação a nós (como na proposta machiônica apresentada anteriormente neste capítulo).

Nos dois casos temos uma visão muito nova e diferente do universo.

Leis Gerais em todas as Escalas?

Como uma demonstração vívida de que o fenômeno de ejeção de corpos de modo discreto caracteriza não apenas o nascimento de quasares e galáxias (como apresentado pelas protogaláxias emergindo de M87 na Gravura 8-18) mostramos aqui na Gravura 8-19 e na Gravura 8-20 que ele também se estende ao reino da formação estelar jovem. Se girássemos as direções dos jatos para ficarem paralelos, haveria uma semelhança fantástica entre a formação de galáxias jovens e a formação de estrelas jovens. Observe a ejeção oposta, sua extrema colimação, os jatos ópticos unilaterais e os objetos compactos discretos saindo em cones estreitos tanto das galáxias ativas como das estrelas jovens. Estende-se o mesmo mecanismo evidente na formação destas estrelas jovens até a formação dos planetas?

No fenômeno de quantização temos uma conexão dos desvios para o vermelho dos quasares com os desvios para o vermelho das galáxias, com as propriedades do sistema solar e finalmente com as propriedades das partículas fundamentais como os elétrons. A quantização dos parâmetros físicos parece ser governada pelas leis da física não-local, *i.e.* como a mecânica quântica na qual o parâmetro fundamental parece ser o tempo – por exemplo, a taxa de repetição de um elétron girando ao redor do eixo. Fica claro que não estão se esgotando os problemas a resolver. De fato, contrariamente a alguns rumores de que estamos atingindo um final para a física, quanto mais aprendemos, mais primitivas parecem nossas compreensões anteriores e os problemas tornam-se mais desafiadores.

9. Cosmologia

Se os desvios para o vermelho não são causados por velocidades de recessão, o que eles são? A resposta a esta questão remonta às raízes da cosmologia moderna e torna acessível a possibilidade de uma compreensão totalmente nova do universo.

A Relatividade Geral de Einstein

Como a maioria das pessoas, cresci com a idéia preconcebida de que a Relatividade Geral de Einstein era tão profunda e complicada que apenas poucas pessoas no mundo a compreendiam. Mas, por casualidade, tornou-se claro para mim que a idéia essencial era simples, apenas as elaborações eram complicadas. A expressão matemática mais simples da R. G. é a seguinte:

$$G_{\mu\nu} = T_{\mu\nu} \qquad (1)$$

O T representa a energia e o momento de um sistema de partículas. Para descrever seu comportamento com grande generalidade, considera-se que elas estão num espaço cujas propriedades geométricas (*i.e.*, a curvatura do espaço tempo) estão descritas por G. Ora, a solução desta equação nos diz como estas partículas se comportam no tempo. A carac-

334 ✿ O Universo Vermelho

terística importante desta solução é muito simples de se visualizar, ou a energia inicial é grande e o conjunto continua a se expandir ou a energia é pequena e o conjunto colapsa sob a força da gravidade. Este é o universo instável que angustiou Einstein e fez com que ele introduzisse a constante cosmológica (um termo especial de energia) que equilibrava exatamente o universo.

Mas, em 1922, o matemático russo, Alexander Friedmann, propôs uma solução na qual as separações espaciais das partículas se expandiam com o tempo. Inicialmente relutante, Einstein adotou mais tarde a solução de um universo em expansão tão entusiasticamente que renunciou a seu fator cosmológico de "ajeitamento" como sendo "o maior erro da minha vida". A relação de Lundmark-Hubble estava no ar nesta época e parecia uma síntese ideal para interpretar os desvios para o vermelho das nebulosas extragalácticas como as velocidades de recessão de seus sistemas de referência do espaço tempo em expansão. Mas, basicamente, a teoria era a de que as galáxias em nosso tempo estavam se afastando e, portanto, tinham todas de ter se originado num "*Big Bang*" ("Grande Explosão") — isto é, o universo foi criado instantaneamente a partir do nada.

Pessoas simples diriam que não há almoço grátis. Filósofos argumentariam que nada é nada e que não se transforma em alguma coisa. Mas o erro na ciência não foi descoberto até 1977 (e naturalmente a maioria dos cientistas ainda se recusa veementemente a admitir que foi um erro). Acredito que o engano incide na suposição de que as massas das partículas permanecem constantes no tempo. Ninguém nunca viu um átomo ou elétron ficar mais pesado com a passagem do tempo. Assim era natural para os humanos supor que sua pequena fatia de espaço e de tempo era da mesma forma que todo o universo era.

Soluções Gerais

O motivo pelo qual acredito que as massas das partículas mudam em escalas cósmicas de tempo é que, em primeiro lugar, Jayant Narlikar mostrou num passo crucial em 1977 (*Annals of Physics*, 107, 325) que se a equação (1) fosse escrita numa forma mais geral, ela conteria termos

Cosmologia ❂ 335

envolvendo as massas das partículas, m, que não eram constantes em todas as distâncias espaciais e intervalos de tempo. Neste caso uma solução da equação relativística *geral* é:

$$m = at^2, \qquad (2)$$

i.e. a massa de uma partícula elementar variava com o tempo ao quadrado (sendo "a" uma constante).

Ora, os matemáticos ensinam que a maneira apropriada de resolver uma equação é a de resolvê-la em termos gerais *antes* de quaisquer aproximações serem feitas. Após ter-se obtido a solução geral, aproximações como m = constante podem ser feitas *se convenientes para o problema*, como em casos terrestres que envolvem intervalos de tempo relativamente curtos. O resultado da aproximação que Friedmann fez em 1922 com o objetivo de resolver a equação da R. G. foi de forçar os efeitos observados da massa variável, que de fato ocorrem, para os termos geométricos do lado esquerdo da equação. Isto levou a muitos modelos de espaço tempo curvos. Mas se a massa variável é expressa explicitamente, não há necessidade de espaço tempo curvo. (Ver também Apêndice C.)

Na solução de Narlikar, os termos geométricos no lado esquerdo da equação levam a um espaço tempo "plano". Isto é, as coordenadas de uma partícula são medidas simplesmente em três direções ortogonais e não há física nesta operação. Pode haver vantagens computacionais em se mudar para geometrias não-euclidianas na presença de fortes campos gravitacionais, mas nos campos gravitacionais fracos do cosmos é tranqüilizador que as soluções dinâmicas sejam simples e diretas.

No Apêndice A está indicada uma dedução matemática esquemática desta solução das equações de campo, com alguns comentários sobre os pontos que considero fundamentais.

Desvios para o Vermelho como Função do Tempo

A característica mais útil da solução de Narlikar é que ela explica o repleto conteúdo precedente de observações. Se as massas das partí-

336 ❂ O Universo Vermelho

culas são função do tempo, então elétrons mais jovens (criados mais recentemente) têm massas menores. Quando um elétron com massa menor realiza uma transição entre as órbitas atômicas, o fóton envolvido tem menor energia e a linha espectral resultante é desviada para o vermelho. A lição consistente das observações que estamos discutindo é que quanto mais jovem é o objeto, maior é o desvio para o vermelho intrínseco.

Na verdade, este resultado observacional empírico nos permite deduzir a solução geral completa sem ter de utilizar qualquer cálculo relativístico ou tensorial, mas apenas os cálculos mais simples. Pode-se até chamar isto de dedução filosófica. Ela começa considerando um único elétron no momento da criação. Ele não tem massa, pois não pode ser comparado com qualquer outra coisa. Quando se comunica com um outro elétron ele adquire a propriedade de massa. Na medida em que envelhece, aumenta a esfera do sinal de luz dentro da qual se comunica. Por meio disso ele se comunica com cada vez mais partículas e adquire, cada vez, mais massa. A esfera de luz cresce como r^3, a interação diminui como o potencial, $1/r$, assim a massa aumenta como $r^2 = c^2t^2$. (O Apêndice B apresenta uma dedução esquemática a partir de cálculo diferencial e integral simples.) No final deste capítulo mencionamos brevemente qual o efeito que poderia ter um universo cheio de aglomerações, em vez de um universo com densidade uniforme.

Com um modelo lógico simples obtivemos o mesmo resultado que a solução geral das equações relativísticas gerais. Mas esta solução geral é muito mais poderosa do que as soluções convencionais já que é machiana.

Física Machiana

Na mesa de almoço do Cal Tech perguntei uma vez ao especialista do momento para definir o princípio de Mach. Após pensar durante todo o almoço ele surpreendeu-me no final ao dizer que era muito difícil para explicar. Tentarei fazer isto de qualquer forma. Em geral se considera, penso, que Mach defendia que a matéria a grandes distâncias de nós no universo influencia nossa física local. O exemplo citado freqüentemente é que quando o trem pára com um arranco, são as estrelas distantes que jogam você para o chão (a nossa inércia é resultante da comunicação com estes corpos distantes).

A importância disto para a nossa discussão surge do tratamento convencional das equações relativísticas gerais. O próprio Einstein começou com a convicção de que Ernst Mach estava correto. Mas ao final teve de admitir tristemente que suas equações não eram machianas e que a relatividade geral era uma teoria "local". Mas vimos que as equações não estavam erradas (afinal de contas, elas apenas representam conservação de massa-energia e momento). Foi o fato de as partículas produzirem suas massas por comunicação dentro de suas esferas de luz de criação que tornou a física machiana — e isso havia sido omitido na solução convencional.

Isto torna-se terrivelmente importante por um outro aspecto, a saber, a mecânica quântica. No regime de pequena massa-energia são encontrados fenômenos discretos em vez de contínuos. Empiricamente isto é uma física bem comprovada. Mas, para o desespero de gerações de físicos, parece impossível unificar a relatividade geral e a mecânica quântica. Contudo, o aspecto proeminente dos fenômenos quânticos talvez seja que eles envolvem física não-local. Se tornamos a dinâmica clássica uma teoria não-local então abrimos as perspectivas de unificar estes dois ramos da física.

Criação de Matéria

Um outro embaraço do tratamento relativístico convencional, que já dura muito tempo mas que foi pouco enfatizado, era a existência de singularidades, especialmente nas regiões do espaço-tempo em que m = 0. Singularidade é um eufemismo para "a física simplesmente falha". Foi então um fortalecimento particular da solução machiana quando o astrofísico indiano Kembahvi mostrou que as singularidades transformavamse nas hipersuperfícies de massa nula na formulação de massa variável. O que então havia sido um empecilho para o enfoque antigo tornou-se uma necessidade para a criação de massa.

Naturalmente, se o universo é definido operacionalmente como tudo aquilo que é detectável ou potencialmente detectável, não pode

338 ⊙ O Universo Vermelho

haver uma coisa do tipo matéria "nova". Assim, quando falamos de criação de matéria não queremos dizer matéria vindo para o nosso universo a partir de algum outro lugar (não há outro lugar) ou a partir do nada. Queremos dizer transformação de massa-energia previamente existente. Provavelmente isto significa materialização a partir de um estado previamente difuso — um conceito que se relacionaria bem com a física quântica.

Sabemos, a partir das observações em raios X das Seyferts, que os quasares, entendidos como matéria mais jovem, emergem dos pequenos núcleos densos das galáxias ativas. Este é, obviamente, o lugar onde a matéria nova é criada ou se materializa. Tal fato justifica o raciocínio do famoso físico Paul Dirac que considerou dois tipos de criação de matéria, um no espaço vazio e outro na presença de matéria preexistente, proposição audaciosa para sua época. Nos últimos anos Jayant Narlikar esteve explorando a criação de matéria com física relativística convencional próxima de concentrações de massa.

O ponto importante parece ser distinguir entre os esboços amplos dos modelos envolvendo criação de matéria e os modelos convencionais envolvendo buracos negros e discos de acreção. A teoria da qual se faz muita propaganda é a dos buracos negros para onde tudo cai. Mas as observações mostram tudo vindo para fora! (Podemos confiar que a ciência convencional *sempre* escolhe a alternativa incorreta entre duas possibilidade? Diria que sim, já que usualmente os problemas importantes exigem uma mudança de paradigma que é proibida na ciência convencional.)

Discos de Acreção e Buracos Negros

Discos de acreção parecem ser uma ocorrência natural nas estrelas onde a queima do combustível produz um núcleo denso com grande atração gravitacional sobre o material a sua volta. O material parece espiralar em direção à estrela num plano chamado de disco de acreção. Uma análise considerável na astronomia foi gasta para interpretar as explosões observadas nas estrelas violentamente variáveis como sendo a queima de massas informes de material que se aproximam e atingem o quente disco de acreção. A comparação com as observações é razoavelmente bem-sucedida.

Mas, quase imediatamente, especulou-se que o material espirala para dentro para formar um objeto ainda mais denso, que se supôs ser um buraco negro. A propriedade saliente desta besta teórica é a de que qualquer coisa que cai nele nunca pode sair. Há várias coisas que podem ser ditas sobre um buraco negro. A primeira é que quando você deixa r ir para zero na famosa equação de força de Newton $F = GmM/r^2$, você obtém infinito — em outras palavras, uma singularidade, onde a física, como a conhecemos experimentalmente, se torna simplesmente sem sentido. Nas equações muito complexas que têm sido desenvolvidas para lidar com tais dificuldades, um resultado impressionante, que sempre traz "uhs" apreciativos do público, é que se você vir uma pessoa cair num buraco negro transcorreria um tempo infinito para ela desaparecer completamente. Como então você pode formar um buraco negro na idade aceita de nosso universo? Uma vez perguntei isto a um amigo, bom físico, numa hora de almoço: "Bem, pode ser que você nunca obtenha um buraco negro, mas você pode chegar tão próximo dele quanto você queira."

Mas é importante se o material de acreção nunca puder ir "para dentro" de um buraco negro. É por isto que temos de ejetar material para fora dos supostos discos de acreção do buraco negro nos centros das galáxias ativas.

Ejeção de Matéria Nova

Foi proposto que num disco de acreção ao redor do núcleo de uma galáxia ativa ocorreria a colisão de massas informes de matéria. Isto pode dar conta de algumas das menores variações de luz observadas nos núcleos das galáxias ativas, mas como você pode obter as longas ejeções colimadas que são observadas em direções opostas? Se uma nuvem de material cai num disco de acreção ela espirra. Na melhor das hipóteses o material segue as linhas de força magnética ancoradas no disco e vai em todas as direções exceto para cima e para baixo.

Mas mesmo se você realmente pudesse obter material incidente dentro de um buraco negro, de que forma ele iria sair? O material tem

340 ⊘ O Universo Vermelho

massa e nada pode sair de um buraco negro. O que precisamos é de um buraco branco — um lugar de onde tudo pode ser expelido. Fred Hoyle sempre disse que matematicamente um buraco branco é justamente a inversão temporal de um buraco negro. No princípio Hoyle usou o termo campo de energia negativa e recentemente Narlikar usou o conceito para descrever uma situação na qual a concentração de massa num núcleo galáctico ativo se torna tão intensa que dispara um fluxo de energia para dentro a partir do campo de energia negativo estendido em que está engastado.

Este modelo tem a vantagem de levar naturalmente a um fluxo de energia para dentro que expande ou explode a concentração de massa, detendo assim o fluxo para dentro de novo material. Subseqüentemente o núcleo pode se contrair novamente e o processo pode recomeçar. Esta é uma explicação ideal para as observadas ejeções intermitentes de material dos núcleos das galáxias. De fato, a quantização observada dos desvios para o vermelho depende diretamente das massas das partículas no momento em que elas emitem os fótons recebidos por nós. As épocas de criação estariam gravadas nas partículas e apareceriam como degraus nos desvios para o vermelho intrínsecos. Este processo é também uma ligação potencial com a mecânica quântica que tem de ser uma parte essencial do processo de criação.

Uma vantagem adicional deste esquema de buraco branco é que a matéria nova é criada bem no centro da concentração de massa onde o eixo de rotação representa a direção de menor resistência e pode direcioná-la para fora em direções opostas. Esta é justamente a região que tem acesso proibido no buraco negro convencional. Naturalmente, à medida que o material novo sai do núcleo ele, sem dúvida, arrasta material mais velho da galáxia progenitora, em especial campos magnéticos. Tais campos magnéticos podem atuar como tubos de força limitando gases ionizados que estão saindo enquanto se condensam em objetos novos.

A Forma da Matéria Nova

É desafiador tentar imaginar quais seriam as principais propriedades do material criado mais recentemente. No Capítulo 6 fizemos a supo-

Cosmologia ⊙ 341

sição de que a radiação de alta energia no centro do Superaglomerado Local veio da fragmentação de partículas de Planck formadas recentemente. As partículas de Planck começaram com massa nula ou próxima de zero, mas os produtos finais prótons e elétrons ainda teriam massas relativamente pequenas. Como a escala da partícula varia inversamente com a sua massa, deveriamos encontrar uma grande interação entre partículas de pequena massa, o esperado de um material com propriedades de fluido.

Com relação a isto é interessante lembrar das conclusões de Viktor Ambarzumian na década de 1950 a partir da inspeção das fotografias de galáxias do levantamento Schmidt. Ele alegou que galáxias novas eram formadas a partir de ejeções de galáxias mais velhas e sugeriu que as ejeções eram inicialmente um "super fluido". As ejeções de rádio subseqüentes, observadas nos casos clássicos como em Cisne A apresentada aqui na Introdução e alguns dos arcos nos aglomerados no Capítulo 7, são evocativas de como um fluido pode se comportar. Neste mesmo estado de espírito um compatriota seu, Vorontsov-Velyaminov, concluiu do mesmo levantamento de fotografias de galáxias a fissão fria (o oposto da grande moda moderna de fusão). Observamos anteriormente a evidência de quasares fragmentando-se em aglomerados de raios X de galáxias mais fracas. Seria agradavelmente instrutivo contemplar que, embora talvez nunca alcancemos a teoria detalhada final, somos capazes de compreender a essência dos assuntos por observação cuidadosa e por analogia de padrões empíricos.

Outros comentários de interesse potencial são que a emergência de partículas ionizadas de baixa massa ao longo das linhas de campo magnético geraria a energia de emissão síncrotron* muito eficientemente. Como sabemos, os objetos ativos jovens têm quantidades singularmente altas de energia síncrotron. (Supõe-se que os íons são criados com valores normais de carga elétrica que dominam o espiralar ao redor das linhas de força magnética devido a baixa massa da partícula.) Se a matéria é colimada exatamente pelas linhas de campo ela é num certo sentido "fria". Ela não tem velocidades aleatórias de temperatura

---

*. Isto ocorre devido à diminuição da velocidade das partículas carregadas.

342 ✪ O Universo Vermelho

cinética, o que poderia estar relacionado com as grandes quantidades de gás molecular frio encontrado de modo surpreendente próximo dos centros de galáxias muito ativas. Também lembra o *Big Bang* frio, como defendido por David Layzer, o que é interessante já que a criação que estamos discutindo é de muitas maneiras um "*minibang*" ("miniexplosão") recorrente.

A matéria nova também tem de emergir inicialmente com a velocidade da luz uma vez que, tendo massa nula, é essencialmente uma onda de energia viajando com velocidade de sinal. Ela vai frear à medida que ganhar massa como calculado por Narlikar e Das, a ser discutido mais tarde. Mas, enquanto está em seu estado de baixa massa, se ela colidir com material apreciável durante a sua saída da galáxia ejetora, poderá, devido à sua pequena massa, ficar presa. Se puder se condensar coerentemente, é possível que objetos em estados diferentes de evolução e com desvios para o vermelho diferentes possam explodir juntos em expulsões subseqüentes.

Ejeção Desacelerada

De fato há uma teoria matemática bem completa já trabalhada para explicar o que acontece com a matéria nova com massa nula ao ser ejetada com a velocidade da luz do centro de um núcleo galáctico ativo. Ela foi fornecida por Jayant Narlikar e P. K. Das em 1980 (*Astrophysical Journal* 240, 401). Eles mostram que, à medida que as partículas na matéria ejetada ganham massa, elas diminuem de velocidade para conservar o momento. Com a redução da velocidade e, dependendo da massa do núcleo ejetor, elas ou escapam ou freiam numa órbita capturada a cerca de 400 kpc da galáxia progenitora.

Foi mencionado antes que à época em que o quasar evolui para um objeto bem luminoso com um espectro de linha de emissão, ele está no intervalo de $z = 0,3$ a $1,0$ com uma velocidade de ejeção da ordem de $cz = 30.000$ km/s. O próximo estágio da evolução parece ser o de objetos BL Lac e aglomerados de galáxias que têm geralmente menores desvios para o vermelho intrínsecos. *Há de fato muitos destes tipos de objetos observados associados no intervalo a cerca de 400 kpc da galáxia ejetora como previsto. (Ver particularmente Figura 3-27 e Figura 9-3.)*

Os cálculos de Narlikar/Das se aplicam ao caso mais favorável de fuga da galáxia ejetora – saída ao longo do eixo menor sem interação com a galáxia e sem interação subseqüente com o meio intergaláctico. Contudo, argumentamos que o estado inicial de baixa massa e as possíveis propriedades coesivas dos objetos ejetados levaria a efeitos crescentes de diminuição de velocidade, particularmente a ângulos pequenos em relação ao plano da galáxia ejetora. Portanto, seriam capturados uma porcentagem maior de quasares numa distância menor. Isto daria mais tempo para a evolução em famílias hierárquicas de galáxias. Estas considerações também levantam a questão de saber com qual velocidade residual são eventualmente deixadas as galáxias novas, formulação importante por causa da quantização observada dos desvios para o vermelho das galáxias que requerem velocidades orbitais ou peculiares muito baixas.

Aspectos Formais da Teoria

O que fizemos até agora é tipicamente ciência teórica – conectar inúmeras coisas sobre as quais pensamos conhecer, com outras que não conhecemos atribuindo-lhe um nome como "campo de energia negativa". Seria mais honesto dizer "alguma coisa acontece dentro do núcleo de uma galáxia ativa fazendo com que ela ejete material que se desenvolve em novas galáxias".

Naturalmente muitas pessoas têm preconcepções e mesmo os agnósticos têm opiniões que não são de forma alguma unânimes. Assim qualquer teoria nova deverá ser desafiada em um primeiro teste — e é de fato um teste muito legítimo — a saber, a crítica reflexiva "Os fatos aceitos refutam sua teoria". É nisto que a matemática é muito útil. Num artigo curto (*Astrophysical Journal* 405, 51, 1993) Narlikar e Arp apresentaram a solução formal de partícula variável e mostraram como ela se ajusta aos dados melhor do que o mantra *Big Bang*. Tentarei colocar em palavras o que as equações mostram numa linguagem mais econômica, porém mais especializada.

344 ✪ O Universo Vermelho

O Universo Está se Expandindo?

A maioria das pessoas afirmariam imediatamente que a relação desvio para o vermelho-magnitude aparente provou que o universo estava se expandindo. Mas as distâncias até as galáxias são grandes e a luz leva um tempo apreciável para viajar até nós, assim vemos as galáxias como elas eram quando a luz as deixou, isto é, mais jovens. Para galáxias criadas no mesmo tempo mas vistas a distâncias diferentes, a solução $m = at^2$ requer que estas galáxias, observadas em estágios mais jovens tenham exatamente os mesmos desvios para o vermelho como os registrados na relação de Hubble. De fato, a inclinação da relação, *a constante de Hubble observada, é prevista dentro de seu erro de medida por apenas um número, a idade de nossa galáxia.* O fato de não restar qualquer efeito para ser interpretado como uma relação distância-velocidade significa que o universo não está se expandindo!

Este resultado é apoiado por toda evidência anterior de que a maior parte dos desvios para o vermelho extragalácticos são intrínsecos e não devidos a velocidades. Ele também elimina boa parte da necessidade da "matéria escura" nunca detectada. (Como descrito no Capítulo 1, após NGC3067, e no Capítulo 7 na discussão do aglomerado de Coma.) Além do mais, a solução de massa variável prevê propriedades da relação de Hubble que o *Big Bang* não pode dar conta. Por exemplo, a Figura 9-1 mostra um mapeamento desvio para o vermelho-distância em que as distâncias são calculadas a partir da suposição que as velocidades de rotação das galáxias só são determinadas pela massa da galáxia (relação de Tully-Fisher). Aqui está um resultado claro de suas suposições, o que os adeptos de um universo em expansão não podem aceitar — a constante de Hubble aumenta com a distância!

Contudo, na solução de massa variável, entre as galáxias com maiores desvios para o vermelho encontramos algumas nascidas mais tarde (*i.e.* galáxias mais jovens). Elas têm desvios para o vermelho intrínsecos aumentados e ficam acima da relação normal. Elas representam transições entre galáxias jovens e quasares. Naturalmente, os quasares que violam de modo tão intenso a relação de Hubble não são mais objetos distantes com uma luminosidade alta nunca vista. Eles são explicados agora como objetos bem jovens nas distâncias das galáxias próximas com as quais estão associados de forma observacional.

Cosmologia ● 345

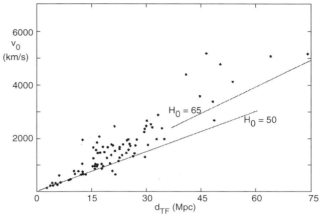

Fig. 9-1. Uma representação gráfica do desvio para o vermelho medido *versus* a distância (esta última obtida de uma estimativa da luminosidade a partir da massa das galáxias em rotação ou distância de Tully-Fisher). O gráfico mostra que as galáxias de baixos desvios para o vermelho fornecem uma constante de Hubble de 50 km/s/Mpc enquanto galáxias com maiores desvios para o vermelho fornecem constantes de Hubble maiores.

Por que o Universo não Entra em Colapso?

A segunda questão que as pessoas colocam de maneira triunfal é: "Se o universo não está se expandindo, por que ele não colapsa?". Como sabia Einstein e Newton antes dele, um universo estático preenchido com matéria deveria colapsar. Mas mostra-se que o novo fator, as massas variáveis de partículas com o tempo, produzem termos dependentes da massa no lado dinâmico da equação que, como apontado por Jayant Narlikar, garantem a estabilidade. Naturalmente, para os defensores do *Big Bang*, que têm um universo explodindo, é para eles uma evidência desagradável tentar fazer uma crítica substancial de uma teoria rival por ela ser instável!

Física Local Preservada

Então surge um bando de objeções ao longo da linha de "Se os elétrons e prótons aumentam suas massas com o tempo, por que a Terra não espirala para o Sol, por que os ritmos dos relógios não aumentam *etc*". A

346 ✪ O Universo Vermelho

resposta é intrigante e possivelmente muito profunda. Matematicamente a solução do *Big Bang* convencional e a nossa solução de massa variável são as mesmas se fizermos a transformação conforme

$$\tau = t^3/3t_0^2. \tag{3}$$

Isto significa que se operamos na escala temporal τ, o tempo em que flui a matéria de nossa galáxia, todas as equações dinâmicas e soluções são as mesmas que as soluções convencionais das equações relativísticas de campo usuais. Contudo, se olharmos para uma outra galáxia criada mais recentemente, seus relógios parecem estar andando de modo mais lento e sua matéria aparece desviada para o vermelho.

À medida que o tempo passa, cada vez mais as massas das partículas em galáxias diferentes trocam sinais com a mesma massa total de matéria e seus relógios se aproximam assintoticamente do mesmo ritmo. Este tempo de relógio é t, o tempo cósmico. Do ponto de vista do sistema de referência cósmico, o universo não está se expandindo. A matéria é intermitentemente materializada nele com relógios que parecem andar inicialmente muito lentamente e, então, evoluem para ritmos mais normais.

Do maior sistema de referência, aquele onde a escala de tempo se aproxima de t, pode ser compreendido mais facilmente com o comportamento das subunidades, incluindo nossa própria galáxia. Para a matéria local de nossa própria época, toda a física usual opera como a conhecemos — como a medimos em nossa própria escala de tempo τ. As coisas ficam terrivelmente erradas quando olhamos para fora a partir de nossa galáxia e acreditamos que os desvios para o vermelho são velocidades de recessão em vez de ritmos de relógios diferentes devidos a diferenças de idade.

A chamada dilatação do tempo para objetos se afastando a altas velocidades é exatamente a mesma função do desvio para o vermelho para objetos estacionários cujos desvios para o vermelho são causados por épocas de criação mais recentes. Isto significa que esperamos as mesmas taxas de decréscimos mais lentas para as curvas de luz de supernovas como num universo em expansão. Uma prova muito convincente de que o universo está se expandindo é a de que o brilho superficial das galáxias varia com $(1 + z)^4$ — mas isto também é o mesmo nas duas teorias, pois as equações matemáticas são transformações conformes uma da outra.

Criação de Par de Partículas

Sobre a criação de matéria a partir de um estado de massa nula, alega-se freqüentemente que a criação de pares de elétrons e pósitrons a partir de fótons em laboratórios terrestres não produz elétrons de pequena massa. A resposta tem de ser que estes fótons são pacotes localizados de energia e os elétrons e pósitrons criados são entidades locais — não obtidos de algum outro lugar no universo. Na teoria da eletrodinâmica quântica (EDQ) aplicada nestes problemas, é interessante notar que a massa do elétron não é dada pela teoria, mas tem de ser especificada pela experiência, para introduzir uma escala de comprimento. Isto significa que uma escala de comprimento mais longa para a experiência deve estabelecer uma massa menor para o elétron.

Sobre o problema muito discutido da renormalização, a teoria encontra divergências do infravermelho se permitimos que a massa em repouso do fóton se aproxime do zero. A nuvem de fótons "moles" (grande comprimento de onda) se aproxima do infinito. Talvez esta dificuldade, que já dura muito tempo, acerca da massa infinita do elétron na teoria da eletrodinâmica quântica signifique algo importante sobre a conexão da massa do elétron com o universo em grande escala.

Vantagens sobre o Big Bang

Numa teoria de criação contínua, com desvios para o vermelho pequenos comparados com 1, a constante de Hubble é simplesmente H_0 = $2/t_0$ = $2/3\tau_0$. τ_0 é a idade da nossa própria galáxia em nossa escala temporal. Ela é determinada a partir da idade das estrelas mais velhas em aglomerados globulares como estando entre 13 e 17 bilhões de anos e requer uma constante de Hubble entre 39 e 51 km/s/Mpc. Valores observados da constante de Hubble por Allan Sandage em 1988 e 1991 fornecem números entre 42 e 56 km/s/Mpc.

A primeira coisa que pode ser dita é que se a teoria de massa variável for baseada em uma física incorreta, será extremamente improvável que entre todos os possíveis valores que ela poderia fornecer, ela forneceria o valor correto da constante de Hubble observada. A segunda coisa

348 ❂ O Universo Vermelho

que pode ser dita é que a suposição do *Big Bang* leva a um melodrama de reivindicações conflituosas sobre o valor da constante de Hubble. Isto porque a maioria dos astrônomos tenta determinar a constante de Hubble observando objetos com maiores desvios para o vermelho nos quais o efeito da suposta expansão se sobrepõe às supostas velocidades peculiares. Mas a Figura 9-1 mostra que eles encontraram objetos mais jovens que fornecem uma constante de Hubble muito alta, nas vizinhanças de $H_0 = 70$ para 80. (Sandage e Tammann prendem-se mais em objetos locais que fornecem de maneira consistente uma constante de Hubble de cerca de $H_0 = 50$ embora a escala de distância longa deles provavelmente seja menos correta.)

Então a maioria dos astrônomos, apesar de a teoria convencional ter toda espécie de parâmetros ajustáveis como evolução, parâmetros de desaceleração, curvatura do espaço *etc. chegam em constantes de Hubble medidas que fornecem uma idade para o universo menor do que a idade das estrelas mais velhas!* Em contraste com isto, a teoria de massa variável não tem constantes ajustáveis – a constante de Hubble depende de um único valor, a idade das nossas estrelas mais velhas. Nada pode ser modificado e ela a obtém corretamente. Este é um teste muito importante no qual a teoria convencional saiu-se muito mal.

O Diagrama de Hubble para Aglomerados de Galáxias

Há até mesmo um problema não reconhecido no núcleo da teoria do *Big Bang*, o diagrama de Hubble para aglomerados de galáxias supostamente distantes. O problema vem de relatos de inúmeros observadores de que os aglomerados de galáxias têm velocidades peculiares de 1000 a 2000 km/s. Se isto fosse verdade, toda a terça parte inferior do diagrama de Hubble incharia como indicado na Figura 9-2. Pode ser correto o diagrama de Hubble clássico medido para aglomerados, com sua pequena dispersão em relação a linha teórica, tendo em vista estes supostos grandes movimentos peculiares no universo?

A resposta é sim se os desvios para o vermelho não forem devidos a velocidades. Se Sandage medisse apenas aglomerados muito similares que têm galáxias criadas aproximadamente na mesma época, ele obteria uma dispersão muito pequena da relação de Hubble exata exigida pela solução de espaço-tempo plano da equação (1). Os pesquisadores que mediram aglomerados com características cada vez mais diferentes obteriam uma dispersão mais alta nos desvios para o vermelho, mas estes representariam diferenças de idade e não peculiaridades de velocidades.

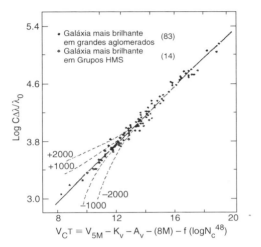

Fig. 9-2. Um diagrama de Hubble (desvio para o vermelho contra magnitude aparente) para aglomerados de galáxias medidos por Allan Sandage. As linhas tracejadas foram adicionadas para mostrar o efeito que teriam no diagrama as supostas velocidades peculiares de 1.000 a 2.000 km/s, medidas subseqüentemente para alguns aglomerados de galáxias.

Isto nos traz ao problema tortuoso do Capítulo 6. Por que os aglomerados situados a mais ou menos a mesma distância, mas com desvios para o vermelho diferentes, como aqueles associados com Cen A como representado na Figura 6-7, mostram um diagrama de Hubble aproximadamente linear? Poderíamos notar que galáxias criadas recentemente tinham baixas luminosidades, sendo que à medida em que envelhecessem suas luminosidades aumentariam e seus desvios para o vermelho diminuíram. Isto produziria uma inclinação semelhante à da relação de Hubble. Se a inclinação diferisse significativamente da inclinação de Hubble como parece para os aglomerados com maiores desvios para o vermelho na Figura 6-14, isto seria uma refutação instantânea da hipótese desvio para o vermelho-distância. Mas pode-se argumentar que a dis-

350 ◎ O Universo Vermelho

persão na linha de Hubble na Figura 6-14 era tão grande, mesmo com as características de redução de espalhamento que tem uma representação gráfica duplamente logarítmica, que não é possível decidir se ela define, mesmo na média, uma linha de Hubble aceitável ou não.

Mas se consideramos a maioria dos aglomerados representados na Figura 9-2 como pertencendo internamente ao Superaglomerado Local, teríamos de ter algum mecanismo por meio do qual suas luminosidades aumentassem inversamente com o quadrado de seus desvios para o vermelho intrínsecos. Ora, sabemos que o desvio para o vermelho intrínseco varia inversamente com a massa da partícula. Então a questão crucial passaria a ser: para galáxias nascidas em épocas diferentes, suas luminosidades variariam como as massas de suas partículas ao quadrado? A resposta mais geral foi dada por Fred Hoyle em 1972. Num artigo chamado "A Crise em Desenvolvimento na Astronomia", ele calculou a relação de Hubble exata para um desvio para o vermelho dependente da idade ao notar que a luminosidade tem as dimensões físicas de metros quadrados. (Ver *The Redshift Controversy*, editado por George Field e outros, W.A. Benjamin, Inc., p. 299).

Sobre o enfoque empírico notamos que o que é conhecido a partir dos espectros das galáxias nos aglomerados Abell indica que estamos vendo principalmente as luminosidades das galáxias como sendo as contribuições das estrelas que as compõem. Para uma galáxia com desvio para o vermelho intrínseco de $z = 0,1$ os cálculos indicam que as estrelas mais velhas são apenas cerca de 12% mais jovens do que os 15 bilhões de anos de idade das estrelas mais velhas em nossa galáxia. Uma tal diferença não seria prontamente detectável num espectro composto. A questão de serem as estrelas numa galáxia cujo desvio para o vermelho intrínseco fosse de 0,2 menos luminosas de um fator igual ao da razão de seus desvios para o vermelho, $(1 + 0,1)^2/(1 + 0,2)^2 = 0,84$ ou de terem a mesma luminosidade, e serem menos numerosas por um fator de 0,84, é uma questão difícil de ser respondida neste momento. Empiricamente, se a relação massa-luminosidade, L, varia com M^a, então para estrelas na nossa própria galáxia ela valeria $2,8 < a < 4$ e para galáxias, próximas um muito incerto, $0,2 < a < 1,4$.

Este é o ponto mais incerto atualmente na visão do universo sem expansão no qual a maior parte dos altos desvios para o vermelho são de objetos próximos jovens. Seria, portanto, de importância crucial investigar mais a relação de Hubble para vários tipos de aglomerados de galáxias. Como agora são conhecidos os desvios para o vermelho de muitos aglomerados de galáxias, só se exige uma determinação fotométrica cuidadosa das magnitudes aparentes para realizar o primeiro passo de checar mais profundamente suas relações desvio para o vermelho-magnitude aparente. Aglomerados como Abell 85 que têm conjuntos de desvios para o vermelho discretizados (Figura 8-16) seriam particularmente reveladores.

Radiação Cósmica de Fundo
(Cosmic Background Radiation — CBR)

Fótons muito fracos, indicativos de baixa temperatura e vindo regularmente de todas as direções ao nosso redor, foram descobertos acidentalmente em 1965. Esta radiação "CBR" foi considerada quase imediatamente como uma outra prova especialmente decisiva do *Big Bang*. De fato, na minha opinião, é muito difícil reconciliá-la com o *Big Bang*. O motivo para isto é que num universo em expansão a radiação vindo de distâncias diferentes teria diferentes temperaturas e a curva de corpo negro muito precisa com temperatura de 2,74 K que se observaria seria fortemente deteriorada. Por isto, é necessário restringir a radiação a uma camada muito fina na extremidade mais distante do universo. Supõe-se que esta camada representa a região na qual a radiação se "desacoplou" repentinamente da matéria em algum ponto arbitrário próximo do início (*i.e.* não foi mais absorvida e reemitida mas fluiu livremente no espaço). Nunca ouvi uma explicação de o porquê de esta camada ser extremamente tão fina.

À proporção que as medidas prosseguiam, a surpreendente regularidade da radiação começou a preocupar as pessoas. As previsões numéricas continuaram a ficar mais baixas. As irregularidades devidas à formação primordial de galáxias não eram claras. Finalmente em abril de 1992 a imprensa anunciou que um satélite, observando o espectro de microondas, havia detectado irregularidades na CBR. Houve comentários sobre prêmios Nobel e "como se tivessem visto a face de Deus". Mas nunca foi explicado como alguma coisa regular numa parte em cem mil poderia representar uma superfície onde os fótons estavam se soltando dos espaços entre massas informes de protogaláxias.

352 ✪ O Universo Vermelho

Na verdade, esta regularidade extraordinária da CBR parece ser a parte mais importante da observação. Na minha avaliação ela também parece ser um argumento muito forte a favor de um universo que não se expande. Isto acontece porque o meio intergaláctico pode ser observado daqui até um ponto tão distante quanto se queira sem qualquer distorção de velocidade devido à expansão. A integração através desta maior distância possível é a que é mais capaz de suavizar todas flutuações na radiação de fundo recebida de todas as profundezas do universo. No universo sem expansão uma explicação óbvia e muito mais simples para a CBR é a de que estamos vendo simplesmente a temperatura do meio intergaláctico subjacente.

O que pode ser este meio intergaláctico é uma especulação interessante. Costumava-se afirmar que o Big Bang *previu* a temperatura do fundo cósmico. Mas uma revisão da história mostra que George Gamow previu T = 50 K em 1961. Foram os modelos estáticos de luz cansada de pessoas como Max Born que previram valores ao redor de 2,8 K. Já em 1926, Arthur Eddington calculou a temperatura de fótons dentro e ao redor das galáxias como valendo por volta de 3 K. Muitos pesquisadores apontaram a partir daquele momento que, se considerarmos a luz ambiente das estrelas das galáxias e a termalizarmos com fótons de baixa energia (redistribui-se a energia num estado de equilíbrio), obtém-se muito aproximadamente a temperatura de microondas de fundo.

É natural pensar no "vácuo material" ou no "campo de energia do ponto zero" como possíveis componentes termalizadores no espaço intergaláctico. Isto quer dizer simplesmente que não há espaço vazio — ele contém necessariamente pelo menos algum campo eletromagnético e possivelmente criação e aniquilação quântica e/ou partículas virtuais. Por exemplo, elétrons criados recentemente de baixa massa seriam termalizadores de radiação extremamente eficientes.

Uma proposta específica foi feita por Fred Hoyle e Chandra Wickramasinghe, ou seja, de que bastonetes de ferro foram emitidos das supernovas. Sabe-se que estes bastonetes absorvem fortemente na região de microondas. Estaríamos então vendo a temperatura do espaço local. Como Hoyle comentou: "Um homem que dorme no alto de uma montanha e que acorda num nevoeiro não pensa que está olhando para a origem do Universo. Pensa que está num nevoeiro".

Mas este nevoeiro seria transparente tanto nos comprimentos de onda mais curtos como nos mais longos. Nos comprimentos de onda mais longos (além de cerca de 20 cm no espectro de rádio) qualquer pessoa poderia ser capaz de ver o nevoeiro desviado para o vermelho num universo em expansão. Assim prefiro o universo sem expansão e um agente termalizador que é visível por grandes distâncias no espaço extragaláctico. Contudo, deve ficar claro que esta é a fronteira onde competem novas idéias e a resposta pode estar em alguma direção inesperada.

É interessante notar que a astronomia estabelecida gastou milhões de dólares apenas na *análise* da radiação cósmica de fundo (além dos custos enormes das observações). Um dos analisadores destes dados estava descrevendo, numa palestra pública, como as minúsculas irregularidades neste fundo extraordinariamente regular era de alguma forma uma prova final do *Big Bang*. (Estas minúsculas e irregularmente espaçadas ondulações são de apenas um centésimo de milésimo até um milionésimo do sinal.) Uma pergunta da platéia foi se a quantização dos desvios para o vermelho extragalácticos afetariam sua análise. Agora podemos nos lembrar das Figuras 8-4 até 8-9, que mostraram que os desvios para o vermelho eram essencialmente 100% quantizados. A resposta do teórico do *Big Bang* foi – "Oh não, esta suposta quantização do desvio para o vermelho é apenas um ruído sem sentido montado em cima do sinal"!

A Cosmologia de Estado Quase Estacionário (Quasi Steady State Cosmology – QSSC)

Para ilustrar o ponto de que há um desacordo saudável entre as alternativas, mesmo entre aqueles que acham que o *Big Bang* é o oposto da realidade, devemos discutir brevemente a QSSC. Em 1993 Hoyle, Burbidge e Narlikar apresentaram a interpretação de que o universo estava continuamente criando a si próprio (estado estacionário) e que episódios de criação provocava sua expansão (ou quase). Na verdade, eles tinham uma oscilação periódica na qual o universo se contraía em fases de criação. Isto era sobreposto a uma expansão secular de mais longo prazo. Foram capazes de explicar muitas contradições do modelo do *Big Bang*.

354 ⊘ O Universo Vermelho

Contudo, uma coisa que eles não explicaram foram os objetos com alto desvio para o vermelho associados com objetos de baixo desvio para o vermelho. (Não fique alarmado: eles advogaram a validade observacional das medidas.) Naturalmente fiquei muito entusiasmado com a criação de matéria nova na presença de fortes concentrações de matéria. Mas eles criaram a matéria com massas de partículas terrestres. Se eles tivessem apenas criado a matéria com massa nula e a deixasse crescer com o tempo, creio que eles teriam explicado todas as anomalias de desvio para o vermelho e eliminado a necessidade de uma expansão instável.

Também me senti insatisfeito de que as autoridades estabelecidas diriam:"Oh, eles estão comprometendo o estado estacionário e aceitando parcialmente um início para a evolução". Mas naturalmente meus amigos da QSSC se sentiriam ainda mais insatisfeitos quando as autoridades diziam:"Arp está defendendo coisas malucas sobre aglomerados de galáxias, isto prova que você não pode acreditar em qualquer evidência observacional contra o *Big Bang*". E então, na questão de universo em expansão ou sem expansão, viria a questão inevitável:"De que lado está Narlikar, afinal de contas?". Eu só podia dar de ombros e dizer:"Ele ainda está pesquisando o assunto."Afinal de contas a moral é a seguinte:A única coisa certa é que é um desastre se comprometer muito cedo com uma suposição fraca e recrutar muitas pessoas para apoiá-la.

O Modelo Empírico

O maior erro na minha opinião, aquele em que insistimos incessantemente, é deixar a teoria guiar o modelo. Após um tempo muito longo ficou finalmente claro para mim que os cientistas estão crentes que teorias dizem a você o que é ou não verdadeiro. Naturalmente isto é absurdo — observações e experiências descrevem objetos que existem — elas não podem ser "certas" ou "erradas."Teoria é apenas uma linguagem que pode ser utilizada para discutir e resumir conexões entre observações. O modelo deve ser completamente empírico e nos dizer quais conexões são exigidas entre as propriedades fundamentais. Num esforço para evitar esta armadilha, quero voltar neste ponto para as observações e resumir os padrões e regularidades que foram estabelecidos de maneira observacional.

A Figura 9-3 fornece uma representação esquemática de uma grande galáxia com baixo desvio para o vermelho ejetando pequenos objetos de alto desvio para o vermelho.

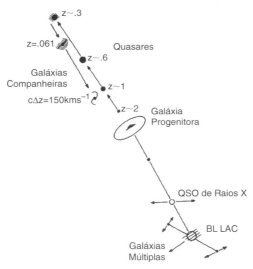

Fig. 9-3. Um diagrama esquemático incorporando os dados empíricos para galáxias centrais com baixo desvio para o vermelho e os quasares e companheiras com maiores desvios para o vermelho apontados como associados desde 1966. Sugere-se que as galáxias companheiras mais evoluídas têm desvios para o vermelho intrínsecos relativos de apenas umas poucas centenas de km/s e podem ter caído de volta para valores mais próximo da galáxia progenitora.

Como sabemos que objetos com desvios para o vermelho diferentes estão à mesma distância?

- Os objetos com altos desvios para o vermelho estão associados com os de baixos desvios para o vermelho confirmados estatisticamente. Há casos de interações e conexões luminosas entre eles. Eles têm a tendência de formar pares de lado a lado do objeto com baixo desvio para o vermelho, o que não fariam se fossem objetos de fundo.

Como sabemos que eles são ejetados?

356 ❂ O Universo Vermelho

- Desde 1948 sabemos que galáxias ejetam material emissor de rádio em direções opostas de seus núcleos ativos. Os elétrons síncrotrons emissores de rádio são o limite de energia mais baixa do mesmo processo que fornece aos quasares suas luminosidades óptica e de raios X. Que outro mecanismo senão a ejeção podia dar origem ao emparelhamento de quasares de lado a lado das galáxias centrais, as quais mostram usualmente evidência abundante de processos de ejeção?

Como sabemos que o material ejetado evolui para galáxias compactas mais luminosas e finalmente para companheiras normais?

- Associações ao redor de galáxias próximas mostram quasares de altos desvios para o vermelho com luminosidades menores mais próximos da galáxia ejetora (por exemplo, M82 apresentados na pág. 59 de *Quasars, Redshifts and Controversies*).Associações ao redor de galáxias mais distantes mostram quasares com desvios para o vermelho médios, de luminosidades mais altas, a distâncias maiores da galáxia. Há uma mudança geral nas características de objetos compactos até galáxias companheiras, mudança esta que parece estar relacionada ao tempo de viagem a partir da galáxia de origem.

Como sabemos que os objetos em evolução ejetam quasares de segunda geração que podem se desenvolver em grupos e aglomerados?

- Vemos associações secundárias ao redor de objetos ejetados evoluindo, como o objeto BL Lac associado com NGC5548 na Figura 2-3. Observamos pares de objetos ativos ao redor de objetos tipo BL Lac (Figuras 1-9 e 1-18). E quando olhamos as fotografias ópticas como a Figura 9-4b, notamos de fato conexões ópticas retas até as galáxias companheiras nos dois lados de um objeto BL Lac. (Ver também o aglomerado de quasares ao redor de 3C345 na Figura 8-13).

Como sabemos que os quasares ejetados começam com a velocidade da luz e então diminuem de velocidade à medida que evoluem?

- As diferenças entre os desvios para o vermelho de pares de quasares fornecem a velocidade de ejeção para quasares de médios desvios para o vermelho como cerca de 0,1z (Capítulos 1 e 2). Para os quasares com maior desvio para o vermelho, a Figura 8-8 mostra que a dispersão (de Δz) ao redor do valor de desvio para o vermelho quantizado de $z = 1,96$ é apreciavelmente maior. Em qualquer caso as galáxias evoluídas mostram velocidades peculiares muito pequenas e, portanto, a velocidade de ejeção é provavelmente perdida com o tempo.

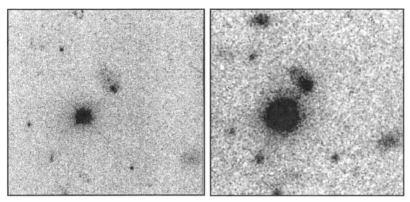

Fig. 9-4. No lado esquerdo (a) está a fotografia do Telescópio Espacial Hubble do objeto BL Lac 1823 + 56, a direita (b) o mesmo objeto com o Telescópio óptico Nórdico, (por Meg Urrey e Renato Falomo). É importante notar que enquanto o Telescópio Espacial mostra uma melhor resolução, o maior número de fótons unidos pelo telescópio baseado na Terra mostra as conexões luminosas retas extremamente importantes até as companheiras emparelhadas de lado a lado do BL Lac.

Origem das Galáxias Companheiras como Observado no Grupo Local

No Capítulo 3 argumentamos que a evidência empírica da distribuição de objetos com vários desvios para o vermelho ao longo dos eixos menores das galáxias ativas sugeriam evolução dos quasares em galáxias companheiras. Isto está resumido esquematicamente na Figura 9-3. Mas o exemplo mais notável da conexão de tais objetos não poderia estar mais próximo — bem em nosso Grupo Local de galáxias que é dominado por M31 — e não podia ter sido ignorado mais deliberadamente.

A Figura 9-5 mostra que as principais companheiras estão todas alinhadas mais exatamente ao longo do eixo menor de M31 do que em qualquer outro caso conhecido. Galáxias com desvios para o vermelho de até $cz_0 = 700$ km/s foram adicionadas aos membros normalmente aceitos do Grupo Local. Isto é necessário já que embora todo mundo aceite companheiras em grupos mais distantes com intervalos de desvio para o vermelho acima de 800 km/s, habitualmente só aceitam membros em nosso Grupo Local com menos do que 300 km/s o que tornaria muito óbvio o fato de as galáxias companheiras estarem sistematicamente desviadas para o vermelho. Contudo, as companheiras adicionais do Grupo Local são geralmente anãs e espirais com baixa luminosidade e claramente não são galáxias de fundo. Elas definem uma linha muito exata de companheiras saindo ao longo do eixo menor de M31. Aparentemente este é um caso onde a direção do eixo menor projetado não se moveu muito no tempo de vida das companheiras.

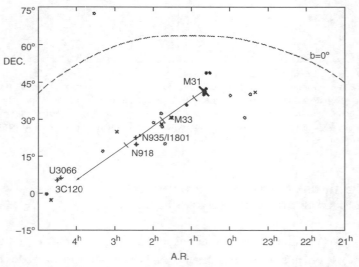

Fig. 9-5. Membros convencionais do Grupo Local ($cz_0 < 300$ km/s) estão representados graficamente como símbolos cheios. Símbolos vazios (anãs) e "x" (espirais) representam todas as galáxias com $300 < cz_0 < 700$ km/s. Estão rotulados abaixo de M33 objetos adicionais com maiores desvios para o vermelho aparentemente associados com a direção do eixo menor de M31. Marcas ao longo da direção do eixo menor são de 50, 150 e 400 kpc, justamente a extensão que as companheiras alinhadas alcançaram, em três estudos independentes, ao redor de espirais.

Mas a observação mais surpreendente é revelada na Figura 9-6, em que se vê ao longo deste alinhamento de galáxias companheiras, no eixo menor, uma fileira de nuvens esparsas que contêm galáxias com maiores desvios para o vermelho. As galáxias anotadas na legenda da figura têm desvios para o vermelho de cz_0 = 1625, 4302 e 4434 km/s. Contudo, elas estão obviamente interagindo com estas nuvens próximas (Grupo Local). As nuvens são vistas nas placas azuis e vermelhas do Levantamento do Céu Schmidt Palomar e nos mapas do satélite IRAS (levantamento do céu no infravermelho). NGC918, identificada na Figura 9-5, apareceu na Figura 9-6 ejetando ao longo de seu próprio eixo menor na região mais luminosa das nuvens adjacentes. Há também um semicírculo de nuvens obviamente explodidas ao redor do par perturbado, NGC935/IC1801. Estas são evidências *sem exame pormenorizado* de companheiras com médios desvios para o vermelho evoluindo de material ejetado ou juntamente com ele, ao longo do eixo menor de M31. *Como todos os observatórios no mundo puderam evitar novas observações deste fenômeno após ele ter sido publicado? (Astrophysics and Space Science 185, 249-263, 1991).*

Sobre objetos com desvios para o vermelho ainda maiores, a Figura 9-5 indica que o objeto muito intenso tipo radioquasar, 3C120, também está ao longo desta linha do eixo menor. (Ver *Quasars, Redshifts and Controversies*, p. 128-131 para mais informações sobre 3C120.) Como este objeto está a uma distância projetada de cerca de 700 kpc de M31 (próximo de nossa distância de 690 kpc de M31) e é muito próximo de nuvens em nossa galáxia Via Láctea, surge a questão: É ele um objeto tipo quasar ejetado, próximo de nossa própria galáxia, de M31? A referência no *Astrophysics and Space Science* acima também mostra nuvens infravermelhas expelidas ou iluminadas dos dois lados dele, como também é o caso com a galáxia próxima UGC3066. Esta última ma galáxia com um desvio para o vermelho de 4594 km/s está muito próxima do desvio para o vermelho do par NGC935/IC1801 mais para trás ao longo da linha para M31. Um último ponto a ser levantado é que as placas do Levantamento do Céu do Palomar mostram um filamento luminoso longo descendo do norte e apontando quase exatamente para 3C120 (*Journal Astrophysics and Astronomy*, Índia, 8, 231, 1987). A referência acima também mostra uma rede de quasares com altos desvios para o vermelho próximos deste objeto tipo Seyfert. 3C120 requer um projeto próprio de observação.

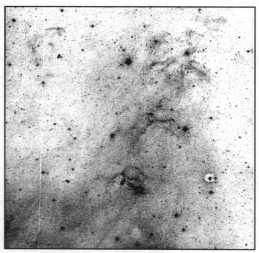

Fig. 9-6. Cópia com alto contraste da placa do Levantamento do Céu do Palomar (vermelho) 103a-E. A galáxia interagindo aparentemente com a nebulosidade, abaixo do centro, é NGC918. Na parte superior esquerda a galáxia dupla interagente no centro de um semiarco de nebulosidade é NGC935/IC1801 (ver Fig. 9-5). O campo é de 2 × 2 graus.

Deixe de lado por um momento que esse conjunto de fatores prova quase diretamente de que objetos com altos desvios para o vermelho são ejetados ao longo dos eixos menores e evoluem para companheiras com baixos desvios para o vermelho. Considere apenas estas observações notáveis envolvendo nosso espaço extragaláctico vizinho. Os astrônomos preferem realmente elaborar suposições teóricas complexas em vez de partir para novas descobertas?

Uma Confirmação Dramática

Após escrever este livro, recebi uma mensagem eletrônica animadora de Yaoquan Chu, o mesmo astrônomo chinês que confirmou que os quasares estão associados com o aglomerado de Virgem (Figura 5-13) e a quantização dos desvios para o vermelho dos quasares. Eu havia me encontrado com ele em uma conferência da UN/ESA em Sri Lanka, quan-

Cosmologia ◊ 361

do aproveitei para mostrar a ele os novos candidatos a quasares de raios X que tinham sido associados fisicamente com galáxias Seyfert. Ele estava ansioso para medir os desvios para o vermelho com o telescópio de Pequim relativamente modesto de 2,2 metros. Sua mensagem relatava os resultados ao redor da Seyfert ativa mais conhecida, NGC3516. Os números não poderiam ser melhores! Em primeiro lugar, como mostra a Figura 9-7, os cinco quasares mais um objeto tipo BL Lac estão ordenados com o mais distante tendo o menor desvio para o vermelho e cada quasar sucessivamente mais próximo tendo um maior desvio para o vermelho. As magnitudes aparentes também diminuem aproximadamente nesta seqüência. *Isto é exatamente como a soma de toda evidência empírica anterior apresentada na Figura 9-3 – um diagrama esquemático que havia sido preparado pouco mais de um ano antes.* E é exatamente como exigido pela teoria de massa variável quando matéria criada recentemente é expelida de um núcleo ativo.

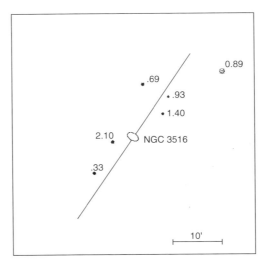

Fig. 9-7. Todos os objetos brilhantes em raios X ao redor da galáxia Seyfert muito ativa NGC3516. Desvios para o vermelho medidos por Y. Chu. Os desvios para o vermelho estão escritos na parte superior direita de cada quasar e de cada objeto tipo quasar.

Além disso, os valores medidos dos desvios para o vermelho saltam à primeira vista como quantizados. Os seis estão listados abaixo contra os valores calculados previamente:

362 ♦ O Universo Vermelho

Quantização

NGC3516 observado:	z = 0,089	0,33	0,69	0,93	1,40	2,10
fórmula de Karlsson:	z = 0,061	0,30	0,60	0,96	1,41	1,96

Finalmente, estes seis estão alinhados aproximadamente ao longo de NGC3516. Chequei rapidamente o eixo menor da Seyfert e observei que, *o alinhamento estava centrado com o eixo menor dentro de um cone de cerca de ± 20 graus!* Assim com *um objeto* confirmamos:

- o alinhamento dos quasares ao longo do eixo menor,
- o decaimento do desvio para o vermelho e aumento da luminosidade à medida que os quasares se afastavam,
- a evolução deles para galáxias companheiras e
- a quantização dos degraus de desvio para o vermelho evoluindo.

Esta notícia chegou pela segunda vez em um momento particularmente ruim de minha vida com a rejeição do artigo sobre evidência para excesso dos desvios para o vermelho das galáxias companheiras, agora pelo principal periódico europeu depois da dispensa após mais de dois anos pelo principal periódico americano. Como em muitos outros artigos, os árbitros alegavam pontos que eles mesmos não estavam certos se eram válidos ou não e o envolveram com comentários rudes e insultuosos. O editor mandou isto com aprovação óbvia e sem chance realística de réplica. O que mais me angustiou era que eu conhecia e considerava como amigos estes árbitros e editores. E, contudo, quando chegou a hora de defender um compromisso pessoal estavam prontos para deixar de lado a justiça e o princípio, afastando uma ponta de esperança que ainda restava.

Naturalmente, quando as novas chegaram através de Chu falei com Margaret Burbidge, que contou para Geoff e ele falou para Fred Hoyle. Mandei uma mensagem eletrônica para Jayant Narlikar e quando falei com Geoff ao telefone estávamos todos muito excitados. Parecia justamente ser um amanhecer irresistível após uma noite escura. Mas no final da conversa com Geoff chegamos a uma situação desesperada: "Como podemos comunicar estas observações importantes?". Antes, lembrei, as autoridades estabelecidas mais velhas sempre encorajavam uma pessoa a "testar" os seus resultados em um pós-doutorado — e sempre verificava-se que ele tinha uma amostra não apropriada. Por exemplo, não calcule a probabilidade dos quasares estarem onde eles foram encontrados, mas calcule a probabilidade de onde eles *podiam* ter sido encontrados! Mas, mais efetivamente, estas pessoas mais influentes no campo, com sua camaradagem jovial, simplesmente ridicularizariam qualquer um que tivesse relatado resultados discordantes. Como podemos lutar contra o rumor das opiniões? Penso que temos de mudar fundamentalmente a estrutura da ciência acadêmica. A comunicação tem de ser passada diretamente para os pesquisadores associados e para o público sem qualquer possibilidade de censura. Este é o principal objetivo deste livro. Levará tempo, mas esta é mais uma razão para começar imediatamente.

Como supõe-se que a ciência é caracterizada por previsão com sucesso — é significativo notar que a observação isolada mais importante de quasares sendo ejetados de uma galáxia ativa com baixo desvio para o vermelho, o artigo de Chu que acabamos de descrever, foi rejeitado sem ser nem mesmo enviado para um árbitro pelo periódico principal digno de confiança e de resultados importantes, a revista *Nature*. Este último lampejo de informação nos tranqüiliza que a ciência convencional é perfeitamente previsível! Ele aparecerá finalmente no volume de 20 de junho de 1998 do *Astrophysical Journal*.

A Origem das Galáxias Companheiras

Como apresentado antes na Figura 3-27, o alinhamento dos quasares ao longo dos eixos menores das galáxias ejetoras coincidia com o alinhamento e com as distâncias das galáxias companheiras. Os resultados que acabamos de relatar sobre NGC3516 confirmam isto dramaticamente. Ao mesmo tempo estes dados empíricos aliviam uma preocupação que estava sobre meus ombros desde 1968, a saber, as linhas das galáxias mais velhas. Por exemplo, as galáxias E alinhadas ao longo do jato de M87 como aparece na Figura 5-3. Por que estas galáxias mais velhas não saíram deste alinhamento para o campo geral em todo este tempo?

A resposta mais apropriada seria que elas estão sendo ejetadas ao longo do eixo menor e, por isso, não têm momento angular e simplesmente permanecem ao longo da direção de ejeção original. (Imagens do TEH[19] mostram o jato ao longo do eixo menor de um disco interno em M87.) Apenas perturbações gravitacionais aumentam o espalhamento para as mais jovens em relação aos ± 20 graus originais, ou menos, até a média de ± 35 graus para as companheiras mais velhas.

Este resultado significa que temos agora informação observacional completa sobre a evolução das galáxias desde o pequeno estágio de quasar com alto desvio para o vermelho até o estágio essencialmente normal de galáxia companheira. O que falta é explorar a informação que temos sobre os estágios mais antigos — os estágios entre a criação de uma quantidade de matéria nova e a sua transformação em quasar com alto desvio para o vermelho.

Os Estágios Mais Antigos dos Quasares

Pensávamos que quando os quasares ainda estivessem dentro das regiões nucleares de uma galáxia que eles estariam escondidos da visão e que não éramos capazes de dizer muita coisa sobre eles. Mas felizmente as ondas de rádio penetram muito bem a poeira e o gás de tal forma que técnicas interferométricas (usando o poder de resolução de antenas de rádio amplamente separadas) podem dar uma resolução de excelente qualidade do que está acontecendo nas regiões mais internas. Um exemplo do interior de uma rádio galáxia é apresentado na Figura 9-8. *As pequenas condensações saindo do centro desta radiogaláxia têm um tamanho de apenas uns poucos milésimos de segundo de arco!*

Ora, a Interferometria de Longa Base ("*Very Large Base Interferometry*" – VLBI) pode, na verdade, mostrar que estas condensações estão tipicamente se movendo para fora com velocidades de uns poucos décimos de c até aproximadamente a velocidade da luz. Seria absurdo imaginar que estas massas informes são qualquer outra coisa senão os protoquasares de rádio, ópticos e em raios X que estão se movendo ao longo das linhas de ejeção que eventualmente alcançam até

---

19. Telescópio Espacial Hubble.

cerca de um grau ao redor das galáxias ativas. Esta é uma confirmação direta de que os objetos começam rápidos e diminuem as velocidades à medida que evoluem.

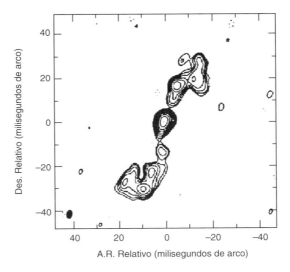

Fig. 9-8. Um mapa VLBI, com resolução muito alta, em 5 GHz, de uma radiogaláxia representativa (de Wilkinson e outros, Ap. J. 432, L87, 1993). Note que as menores condensações de rádio saindo dos dois lados do núcleo têm, no máximo, um tamanho de uns poucos milésimos de segundo de arco.

Não posso resistir a um comentário lateral aqui: Perto do fim de 1996 quando começaram a aparecer publicações sobre inúmeros pares de quasares de lado a lado das Seyferts, a revista *Science* publicou uma nota com as usuais negações pelos especialistas institucionais. Eles concluíam que a única observação que provaria que os quasares estavam próximos era medir os movimentos próprios no céu de alguns destes quasares para ver se eles estavam de fato se movendo com as velocidades deduzidas em distâncias menores. Contudo, era claro que as precisões de apontamento e de linhas de base temporais não seriam adequadas por um número de anos confortavelmente grande. *Mas aqui com a VLBI já existiam medidas tremendamente precisas sobre os quasares quando estavam no estágio de suas viagens mais rápidas!* (Por exemplo, na Figura 9-8). Lembro-me de estar sentado próximo de um amigo de

366 ✪ O Universo Vermelho

longa data ouvindo uma proposta de um telescópio novo demasiado caro. "Quando estiverem sem dinheiro vão ter de pensar", murmurou.

Mas há um outro resultado muitíssimo importante a ser obtido destas observações VLBI. O tamanho das menores massas informes que estão sendo ejetadas é menor do que uns poucos milisegundos de arco. Isto significa que pelo tempo em que chegaram ao estágio de um quasar com médio desvio para o vermelho ou de um objeto BL Lac, eles terão crescido em tamanho mil vezes! Isto é um bilhão em volume e a densidade de massa, no mínimo, aumentou. Qualquer teoria útil tem de explicar como alguma coisa que saiu de um núcleo tão pequeno termina tão grande.

M87 e o Superfluido

No Capítulo 5 vimos que há uma radiogaláxia gigante no aglomerado de Virgem chamada alternadamente de M87, Virgem A, NGC4486, assim como 3C274. (Tem tantos nomes já que era digna de nota em tantos catálogos diferentes.) Já em 1918, uma ponta azul havia sido descoberta saindo de seu centro com o telescópio refrator de 40 polegadas do Observatório Lick. A Gravura 8-18 mostra como os radiotelescópios de hoje revelam nódulos luminosos sendo ejetados ao longo deste jato. A alta resolução com o Telescópio Espacial Hubble revela uma série de nódulos ópticos, alguns menores do que 0,02 segundos de arco (1,4 parsecs na distância de M87). Eles estão alinhados exatamente ao longo do eixo deste jato famoso.

Contudo, já sabemos desde 1968 que radiogaláxias gigantes têm caracteristicamente galáxias companheiras alinhadas ao longo de seus jatos de raios X e de rádio (Figuras 5-3, 5-4 e 5-5). E sabemos do Capítulo 3, Figura 3-27 e seções anteriores naquele capítulo, que quasares jovens estão alinhados juntamente com estas companheiras normais de tal forma que as linhas de quasares têm de evoluir em linhas de galáxias. Eles são ejetados preferencialmente ao longo dos eixos menores (rotacionais) da galáxia progenitora em órbitas radiais, com ímpeto, de tal forma que eles não irão muito para longe das linhas originais. Isto significa que estes objetos azuis saindo do núcleo de M87 têm de evoluir em quasares e então em galáxias companheiras. Os espectros dos nódulos são contínuos de alta energia, exatamente como a variedade de quasares chamados objetos BL Lac discutido anteriormente. Os objetos BL Lac começam a mostrar evidência de desenvolvimento de estrelas, assim podemos traçar uma continuidade evolucionária contínua entre os pequenos nódulos síncrotrons saindo de M87 e as galáxias mais velhas finais que povoam o aglomerado de Virgem.

Maravilhoso... mas o que dizer dos cálculos convencionais sobre o jato de M87 envolvendo equações tremendamente complexas com ondas de choque, instabilidades de plasma, campos magnéticos enrolados, buracos negros e assim por diante? Toda a matemática terá de ser repetida com um plasma com partículas de pequena massa! Por que? Porque a teoria de massa variável é a única teoria candidata a explicar os altos desvios para o vermelho intrínsecos dos quasares e seu decaimento rápido nos desvios para o vermelho ligeiramente em excesso das galáxias companheiras. Isto significa, como esboçado nas seções imediatamente precedentes, criação de matéria nova com massa próxima de zero e emergindo com velocidade próxima à da luz. Inicialmente as partículas de plasma têm pequena massa e seção de choque de alta interação. Uma descrição perfeita de um fluido! Mas isto é exatamente o que Ambarzumian intuiu quarenta anos atrás simplesmente olhando as fotografias das galáxias sendo formadas por ejeção das galáxias maiores. Ele chamou isto de um *"superfluido"*.

À medida que o tempo passa, crescem as massas das partículas no superfluido e as velocidades, tanto sistemáticas quanto aleatórias, têm de diminuir para conservarem momento. Portanto, o plasma esfria e se condensa à medida que evolui para quasares e, finalmente, em galáxias jovens. Esta seria a previsão de Narlikar/Arp. É precisamente aqui onde falha a explicação teórica atual em dois aspectos.

- O movimento próprio observado dos nódulos em M87 requer que a velocidade de ejeção seja muito próxima da velocidade da luz. Mas a física de laboratório requer que as massas das partículas se aproximem do infinito à medida que a velocidade se aproxima de c. Portanto um plasma padrão exigiria uma quantidade impossível de energia de ejeção. Também as partículas com grande massa precisariam ultrapassar a atração irresistível de um buraco negro.

368 ✪ O Universo Vermelho

- Nódulos do plasma convencional teriam tanta energia de calor que se expandiriam e se dissipariam em vez de formar as linhas observadas de quasares e galáxias.

Em contraste, partículas com massa nula inicialmente saem com a velocidade de sinal, ou c, e ganham massa. Para conservarem momento, elas diminuem suas velocidades translacionais e também suas velocidades aleatórias (temperatura). Em outras palavras, o plasma quente esfria. *Finalmente — a maneira de formar objetos autogravitantes!* Desde o início do *Big Bang* e da descoberta dos lóbulos ejetados de plasma de rádio, tem ficado escondido no armário o problema de como formar corpos densos a partir de um meio gasoso quente. Agora podemos tentar a formação de partículas, a síntese de elementos e o agrupamento hierárquico sem a suposição de Friedmann/Einstein que exige nascimento virgem, condensação espontânea de gases quentes e resfriamento por colisão.

Procurando uma Teoria Melhor

O problema mais difícil para uma teoria é explicar porque a matéria ejetada de um núcleo galáctico ativo tem um desvio para o vermelho muito maior do que o da galáxia da qual se originou. O melhor indício, que tem sido enfatizado por todo este livro, é que os objetos com alto desvio para o vermelho parecem jovens, *i.e.* num estado dinâmico e de radiação de baixa entropia, antes de terem relaxado e decaído. Assim a questão torna-se inevitável: "Com que se pareceria a matéria criada recentemente?".

A resposta podia surgir logicamente da questão "Como você define operacionalmente a massa inercial de um elétron?". Ou ela podia surgir de uma solução geral de uma equação expressando o balanço de energia-momento no universo. De uma maneira ou de outra, a resposta seria que você começa com um potencial localizado no espaço-tempo e a partícula vai crescendo. Você não começa nem mesmo com alguma coisa tendo a massa de um quasar local e o retira repentinamente de um núcleo minúsculo. Parece ser difícil "criar" matéria. Pelo menos você deve dar a você mesmo a vantagem de não ter de fazer isto instantaneamente.

Cosmologia ✪ 369

O resultado notável desta resposta é que você não pode evitar alto desvio para o vermelho para matéria jovem! Já que quanto mais jovem for o elétron realizando o salto orbital, menos massa ele terá e mais fraco (mais desviado para o vermelho) será o fóton emitido. Além do mais, à medida que as partículas envelhecem, elas ficam com cada vez mais massa. Portanto, o conjunto torna-se mais luminoso, rapidamente no início, mas então mais devagar à medida em que seu horizonte de luz alcança um ambiente menos denso*. À medida que aumenta sua luminosidade, cai seu desvio para o vermelho, evoluindo para o que consideramos galáxias "normais", *i.e.* como a nossa própria. Também à medida que o grupo envelhece, sua massa crescente diminui sua velocidade de ejeção, de início alta, para conservar momento. As galáxias terminam com velocidades relativas muito baixas, como observado.

Este é o tipo de teoria que estamos procurando — simples, capaz de ser visualizada — uma que pode conectar os fatos observacionais enigmáticos que atualmente confundem a compreensão. Parece-me que esta devia ser a nova hipótese de trabalho que é útil em abrir novas direções de pesquisa até que novos paradoxos sejam encontrados. Com certeza não estamos no fim da ciência. É muito provável que estejamos exatamente no início!

Criação de Massa e Mecânica Quântica

Uma das grandes buscas na física moderna tem sido a de conectar o reino da mecânica quântica submicroscópica com o mundo macroscópico da mecânica clássica. Contudo, há algumas fórmulas clássicas que parecem se aplicar ao domínio quântico se $m^2 < 0$. (Ver I. Khalatnikov, *Phys. Lett. A*, 169, 308, 1992.) Isto trata o número imaginário *im* como

---

*. Se colocarmos todos os quasares, galáxias jovens e aglomerados de raios X dentro do Superaglomerado Local, como parece ser exigido empiricamente, o Superaglomerado Local terá uma densidade muito maior em contraste com o restante do universo visível do que se supõe atualmente. Neste caso, esperaríamos uma mudança rápida no desvio para o vermelho intrínseco para objetos com até 5×10^7 anos de idade, se este é o diâmetro do Superaglomerado Local, e então mudanças mais lentas na medida em que o horizonte de luz se move para fora através do espaço relativamente vazio.

370 ● O Universo Vermelho

uma variável quanto-mecânica. Portanto, é muito provocativo quando o quadrado da amplitude fornece $(\underline{im})^2 = - m^2$, um tipo de massa potencial que só pode ser atingida cruzando a fronteira $m = 0$.

Mas num sentido muito fundamental, a física Machiana — da qual dependemos para ajustar as observações — é o que conecta a lacuna entre a dinâmica clássica e a mecânica quântica. A partícula "sente" a massa com a qual se comunica dentro de seu horizonte de luz, através de uma onda eletromagnética cujo aspecto de partícula se materializa e se desmaterializa como um quantum.

Cosmologicamente, a física que supõe massas de partícula constantes com o tempo não é válida. O que acontece no restante do universo afeta o que acontece em todo outro lugar. Além disto, para as imagens que formam em suas mentes, penso ser muito importante para os humanos perceber que as partículas fundamentais que formam seus corpos e cérebros, e assim eles próprios, estão, de alguma forma ainda pouco compreendida, em contato contínuo com o restante do universo.

Resumo do *Big Bang* contra Criação Contínua

A Figura 9-9 resume esquematicamente os argumentos que temos elaborado de que o *Big Bang* precisa ser suplantado por uma explicação rigorosa mais simples das observações. O lado esquerdo da tabela abaixo mostra que a solução de Friedmann começou em 1922 com a suposição dúbia de que as massas das partículas são constantes para sempre. Isto levou imediatamente ao espaço tempo em expansão, geralmente curvo, no qual todos os desvios para o vermelho eram devidos a velocidades de recessão crescentes com o aumento da distância. Esta suposição também colidiu de frente com um muro observacional de tijolos que exige que os desvios para o vermelho extragalácticos não sejam predominantemente relacionados com velocidades, mas com idades.

O lado direito da tabela mostra que a física nachiana mais geral fornece a solução muito simples de que os desvios para o vermelho são proporcionais às massas das partículas e, portanto, às suas idades desde suas criações. Isto leva imediatamente a uma constante de Hubble pre-

Cosmologia ❂ 371

vista que depende apenas de um parâmetro, o inverso da idade de nossa galáxia e que concorda muito melhor com as observações do que o *Big Bang*. Então, as singularidades de massa = 0 e tempo = 0 que tanto embaraçam a cosmologia relativística geral, tornam os pontos de criação de massa necessários para a teoria de massa variável.

Friedmann (1922)	Narlikar (1977)
Solução especial	Solução geral
• m = constante	• m = m(t)
$S(\tau_0)/S(\tau) = 1 + z$	$m_0/m = t_0^2/t^2 = 1 + z$
$H_0 = \left.\dfrac{\dot{S}}{S}\right\|_{\tau=\tau_0}$	$H_0 = 2/t_0 = 2/3\tau_0$
• Coordenadas expandindo	• Universo não expandindo (Euclidiano)
• Singularidades em m = 0 e τ = 0	• Pontos de criação em m = 0
• z ≡ velocidade	• Física quântica ⟺ física clássica
• distância ≡ z/H_0	• Escalas de tempo fundidas t, τ
	• Criação episódica, em cascatas
	• Universo indefinidamente grande, velho
z = z(t)	

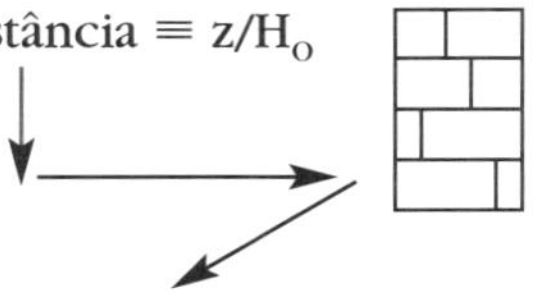

Figura 9-9. Um resumo esquemático do *Big Bang* (lado esquerdo) contra a solução de massa variável mais geral (lado direito) das equações de campo da Relatividade Geral. A suposição convencional de que a massa da partícula, m, é constante leva a um universo em expansão e a uma colisão o muro de tijolos das observações de que os desvios para o vermelho não estão relacionados geralmente com velocidades mas primariamente com idades. A solução machiana à direita fornece o desvio para o vermelho (z) como função da idade (t), prevê a constante de Hubble correta, transforma singularidades convencionais em pontos de criação de matéria "nova" e permite conexão com teorias não-locais como a mecânica quântica.

Toda a física local bem testada é recuperada ao fazer a transformação conforme do tempo cósmico t para o tempo local τ. Temos uma conexão possível com os fenômenos quânticos que é proibida ao *Big Bang*, porque a teoria de massa variável é machiana (não-local) e

372 ✪ O Universo Vermelho

também porque a criação sempre começa próximo de m = 0, *i.e.*, do domínio quântico.

Meu Modelo Preferido Atual do Universo

Este será naturalmente um modelo empírico. Ele conecta da maneira mais simples possível as observações que considero as mais importantes. A Figura 9-10 dá um diagrama esquemático de alguns dos pontos principais:

- O universo não está se expandindo, pode ser indefinidamente grande e episodicamente desabrocha a si próprio a partir de muitos pontos dentro dele mesmo.
- Até agora só podemos estar certos de ver objetos dentro de nossos Superaglomerados Locais (Virgem e Fornalha). A distância aos próximos superaglomerados pode ser muito grande. Podemos estar vendo apenas uma parte minúscula do universo.
- Conservação de massa-energia pode ser aplicada para o todo, mas não é claro que se aplica para a parte com a qual nos comunicamos por fótons de luz.
- Padrões nas sementes, que se desenvolvem em novos objetos, têm de ser gravados a partir de leis muito complexas neste universo indefinidamente grande. Objetos estão continuamente nascendo e crescendo, mas são de alguma forma diferentes em cada geração.

Há um ponto interessante colocado pela fronteira na figura 9-10 que é indicada ser a borda do universo contemporâneo. Isto significa que para todas galáxias nascidas no mesmo instante, 15 bilhões de anos atrás (a idade de nossa galáxia), não se pode ver qualquer uma delas além deste ponto já que isto seria antes delas existirem. Para galáxias mais jovens, nascidas depois disto, elas não poderiam ser vistas após uma fronteira que é mais próxima.

Mas, para galáxias mais velhas, nascidas antes da nossa própria, seria mais difícil vê-las dentro da borda contemporânea já que elas geralmente diminuíram a produção de estrelas. Também além da borda, seu

Cosmologia 373

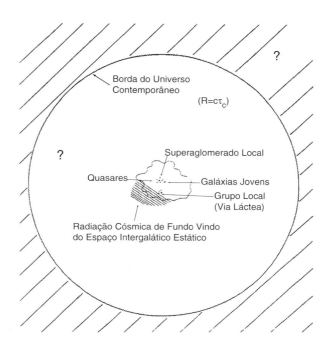

Fig. 9-10. É mostrado um modelo esquemático sugerido pelas observações. A região dentro de um universo indefinidamente grande com o qual podemos trocar sinais é apresentado como a velocidade da luz vezes a idade de nossa galáxia. É como uma bolha em expansão a partir do conhecido para um mar desconhecido. O meio intergaláctico pode ser regular e difuso ou ligeiramente concentrado na direção do centro do Superaglomerado Local.

brilho aparente seria diminuído acima de seu nível já muito fraco por sua grande distância ao quadrado. Assim, em termos práticos, elas teriam de ser intrinsecamente muito luminosas para serem vistas alguma vez. Contudo, surge um ponto ainda mais difícil se considerarmos algumas galáxias mais velhas muito luminosas além da borda. Fótons podem ter começado a viajar em nossa direção antes de nossa própria galáxia ter nascido e antes de eles saberem da existência de nossos detetores. Então a questão é, se nossa galáxia não existia quando os fótons deixaram a galáxia mais velha, eles seriam registrados agora se cruzassem nosso detetor? Não importando a resposta a esta questão, a borda de nosso universo contemporâneo está, naturalmente, expandindo-se com a velocidade da luz em todas as direções. No *Big Bang* isto é tudo que há no universo e ele está se expandindo em direção ao nada. Em nosso modelo o universo é um substrato indefinidamente grande no qual nosso conhecimento está se expandindo. Isto significa que podemos experimentar uma surpresa a qualquer momento — ou eventualmente.

Parece que, com os novos e poderesos meios de observação, todo o mundo têm estudos completamente novos e desafiadores a serem efetuados se formos capazes de romper com o velho paradigma e alcançar a nova fronteira.

Apêndice A

Definição Operacional de Massa

$m_p \equiv$ interação com todas as partículas dentro da esfera de luz, $r = ct$

$\therefore m_p \neq$ constante $\equiv m(t)$

Equações de campo de Narlikar (1977)

$$\frac{1}{2}m^2(R_{ik} - \frac{1}{2}g_{ik}R) = -3T_{ik} + m(\square mg_{ik} - m_{;ik}) + 2(m_{,i}m_{,k} - \frac{1}{4}m^{,l}m_{,l}g_{ik}),$$

$$\square m + \frac{1}{6}Rm = N$$

massas dependentes do espaço tempo — inteiramente machianas.

Reduzem-se às equações de campo usuais da R. G. quando m = constante

Nota: singularidades do espaço tempo na R. G. tornam-se hipersuperfícies $m = 0 \rightarrow$ "eventos de criação".

A solução de espaço-tempo plano destas equações é dada pela métrica de Minkowski

376 ✪ O Universo Vermelho

$$ds^2 = c^2dt^2 - dr^2 - r^2(d\theta^2 + sen^2d\phi^2)$$

com a função de massa

$m = at^2$, a = constante.

A massa cresce com tempo a partir da criação da partícula. A massa de todas as partículas subatômicas cresce com t^2, o comprimento de onda emitido $\lambda \propto m^{-1} \propto t^{-2}$, portanto:

$1 + z = t_0^2/(t_0 - \Delta t)^2$, $\Delta t = r/c$ = tempo de viagem até a galáxia.

> ∴ *Desvio para o vermelho varia inversamente*
> *com o quadrado da distância!*
> *(desvio para o vermelho cosmológico*
> *sendo conseqüência do se ver uma época anterior)*

De maneira observacional deve-se obter a resposta familiar de Einsten-De Sitter já que uma transformação conforme a αt^2 fornece:

$ds_R = 3t^2ds$ elemento de linha num referencial relativístico

$ds_R^2 = c^2d\tau^2$ onde a transformação de coordenada é matematicamente idêntica a

$ds_R^2 = c^2dt^2$

$t\alpha\ \tau^{1/3}$ e $t_0 = 3\tau_0$

sendo t = tempo cósmico, e τ = tempo de nossa galáxia, portanto $\tau_0 = 15 \times 10^9$, e $t_0 = 45 \times 10^9$ anos.

∴ *Em um universo homogêneo, para todas as galáxias que foram criadas ao mesmo tempo, temos uma relação de Hubble sem dispersão.*

Cosmologia ✪ 377

Apêndice B

Definição Operacional de Massa

$$\text{Cálculo simples,} \quad m_p \, \alpha \int_0^{ct} \frac{4\pi r^2 dr}{r} \; \alpha \, t^2$$

$d\tau/dt$ = taxa α m α t^2 (taxa de tempo relativa)

$$\tau = -\int_t^0 \frac{t^2}{t_o^2}\, dt = \frac{t^3}{3t_o^2} \longrightarrow \tau_o = \frac{t_o}{3}$$

Para um observador externo mais velho, nosso tempo τ parece andar mais lentamente. Parecemos estar desviados para o vermelho. Este cálculo simples satisfaz o caso geral da R. G.! Por que? Ele sugere que o sistema de coordenadas natural é o espaço tempo euclidiano plano. Toda a física está no lado direito de $G_{\mu\nu} = T_{\mu\nu}$ — pode ser localmente complexa — mas numa escala cósmica (homogênea) ela é simples.

Apêndice C

Espaço-tempo curvo?

Coordenadas curvilíneas são muito complexas matematicamente e ajudam a dar à relatividade sua reputação de ser incompreensível. Mas podemos argumentar que elas são essencialmente invenções matemáticas sem relação com a física empírica. Para a cosmologia temos visto que elas representam complicações forçadas pelas suposições incorretas sobre as massas das partículas.

Nada de espaço-tempo curvo? Como você define um ponto no espaço? Você anda x unidades numa direção, y em ângulos retos e z fora

378 ✪ O Universo Vermelho

do plano. É uma definição operacional. De onde vem a curvatura? Espaço é o volume dentro do qual estão definidos tais pontos. Falar das propriedades deste espaço é atribuir propriedades como aquela de um gás ou sólido a uma entidade que, por definição, não tem propriedades. Ou, faremos uma definição operacional de espaço curvo como o que acontece a um sinal quando você o envia do ponto A ao B. O resultado é atribuído convencionalmente à gravidade curvando a geometria do espaço, mas o que realmente está no espaço entre A e B são ondas eletromagnéticas e partículas — não há substância chamada "geometria".

Como uma ilustração deste caso, quando terminava de escrever este livro, li um editorial de um colunista político em um jornal importante em que recomendava a todo mundo uma reflexão nova e profunda dos avanços astronômicos escrita por um escritor muito bom e velho conhecido meu, Timothy Ferris. O colunista relatou, admirando-se, como este livro *The Whole Shebang* [...]", *etc.* havia colocado em apenas duas ou três páginas a idéia essencial do espaço-tempo curvo! "Ah", pensei comigo mesmo, "mas um outro velho amigo meu, um físico de mente aberta Tom Phipps, capturou a essência *em uma frase!*":"Considero ser espaço tempo curvo uma contradição em termos."

Sistema de Referência Primário

Um outro aspecto-chave da Relatividade Geral é que todos os sistemas de referência deveriam ser equivalentes. Contudo, o trabalho de Franco Selleri [conferência de Atenas 1997 (*Open Questions in Relativistic Physics*, Apeiron, 1998) e *Foundations of Physics Letters*, 10, 73, 1997] e de outros, mostra que sob as transformações de coordenadas mais gerais a experiência clássica de Sagnac só pode ser reconciliada se houvesse um sistema de referência primário. Sinto que este resultado foi logicamente quase forçado pela descoberta da radiação cósmica de microondas de fundo. Esta radiação, supostamente penetrando todo o espaço, tem de formar um sistema de referência único apesar de existirem argumentos de que ele não contradiz a relatividade geral.

10. Academia

A teoria que conecta as observações que foram discutidas neste livro talvez estará sempre em contínuo debate e desenvolvimento. Naturalmente, dado o espírito da curiosidade, é irresistível tentar relacionar tudo tentando obter uma compreensão mais profunda. Deve-se ter em mente, no entanto, que provavelmente estamos longe de qualquer tipo de conhecimento final. Contudo, para o que poderia ser feito — e não o é — é usar as observações para eliminar um modelo de 75 anos de idade que é atualmente um dogma não questionado. A missão da academia deveria ser a de explorar e não perpetuar mito e superstição.

Hoje, qualquer jornal, revista científica ou discussão de financiamento científico tomam por certo que conhecemos todos os fatos básicos: que vivemos num universo em expansão, tudo criado num instante do nada, no qual os corpos cósmicos começaram a se condensar a partir de um meio quente há uns 15 bilhões de anos atrás. As observações não são usadas para testar este modelo mas um drama considerável é desencadeado pela sugestão de que cada nova observação pode forçar uma importante (mas, na realidade, marginal) variação nos pressupostos do *Big Bang*. É embaraçoso e cansativo, ler sobre objetos com altos desvios para o vermelho cada vez mais distantes e luminosos, sobre buracos mais negros e porcentagens cada vez maiores de matéria não detectável (passando os 90% as observações começam a tornar irrelevantes). Contudo, para aqueles que examinaram a evidência sobre os desvios para o verme-

380 ✪ O Universo Vermelho

lho e decidiram que eles não são devidos primariamente a velocidades, a questão importante surge de como uma suposição refutada pode ter se tornado tão dominante.

Um Macaréu de Elaboração

Alguns teóricos dirão:"O que há de errado em fazer um modelo para ver se ele funciona?". Mas neste campo os parâmetros ajustáveis são infindáveis e nunca se ouvem as palavras cruciais:"Ele simplesmente não funciona, temos de voltar atrás e reconsiderar nossas suposições fundamentais".

O problema prático pode ser julgado dando-se uma olhada em qualquer periódico profissional. Encontra-se uma proliferação enorme de artigos lidando com aspectos menores de modelos nos quais a ciência pode estar correta, mas as suposições são amiúde erradas. Ocasionalmente, quando surge uma evidência que derruba as bases de sustentação destes volumes cada vez mais pesados, é quase impossível, nesse oceano de tinta, estar consciente disso. Mas se esta chega rapidamente ao conhecimento de um astrônomo empregado, os periódicos podem fazer uma escolha prática — seguir a evidência discordante e comprometer a reputação deles — ou prosseguir nas elaborações da teoria em curso que irá encarecer a sua promoção e segurança. Penso que o estado atual dos periódicos prova o fato de que foi ultrapassado o ponto sem retorno.

A Tradição Acadêmica

Como é possível para um cientista olhar para um exemplo surpreendente de evidência — digamos um quasar próximo com alto desvio para o vermelho — e dizer:"Bem, isto é enigmático, mas tenho de continuar com minha pesquisa sobre quasares distantes". Sugiro que isto (treinamento em vez de conhecimento) comece na escola elementar e se acelere à medida que os graus ficam mais avançados. Tinha apenas um ano de escolaridade formal até a sétima série quando descobri uma resposta errada na parte de trás do livro. Fiquei perplexo com a reação do professor e da classe que não podiam acreditar que a resposta no livro não estava correta. Desde o início na ciência, a autoridade tende a sobrepujar o julgamento independente.

Quando se atinge num certo grau de pesquisa avançada, a maioria dos estudantes ganha suas bolsas auxiliando um membro mais velho do corpo docente. Então um orientador sugere ou aprova uma tese. Finalmente é dado um exame no qual respostas corretas têm de ser fornecidas. Como se isto não fosse um obstáculo suficiente para o pensamento original, as pessoas diplomadas encaram então a crise mais martirizante de todas, ou seja, a de encontrar trabalho ligado ao tema ao qual dedicariam uma boa parte de suas vidas num mercado onde há cada vez menos oportunidades para emprego permanente.

Além do mais, ao longo deste caminho a lição mais vívida tem sido a de que os professores influentes mantêm a chave das posições mais desejadas para aqueles que consideram os melhores estudantes. Mas o que os professores mais velhos consideram "melhor" é usualmente a pesquisa que eles próprios realizaram e onde são conhecidos por suas contribuições.

Os Departamentos da Universidade nunca vão à Falência

A justificativa última para o sistema econômico que o mundo está atualmente abraçando é que a melhor maneira de oferecer ao consumidor o que ele busca é deixar prosperar os bons fornecedores. Se o produtor não fabrica um bom produto é melhor que ele quebre. Raramente ouvimos que um departamento foi desfeito, com a Universidade alegando que o produto deles não era suficientemente bom, recebiam muitas reclamações ou que não havia procura suficiente". A lei da seleção natural parece que foi suspensa para a academia.

Não é que os cientistas não sejam competitivos. Ouvi relatos de palestrantes das instituições mais prestigiadas, à frente de grandes platéias, sendo questionados: "E sobre a evidência de desvios para o vermelho não devidos a velocidades?" Com um sorriso condescendente surge a resposta: "Estas alegações foram completamente refutadas". Um ganhador do prêmio Nobel segredou a uma platéia muito grande: "O Arp não fazia nada correto no meu curso, devia tê-lo reprovado, mas não pude suportar a idéia de que repetisse

382 ✪ O Universo Vermelho

comigo". Quando ofereci-me voluntariamente para apresentar novos resultados em raios X na universidade que cursei veio a resposta: "O comitê acha que não seria apropriado que Arp desse um colóquio aqui". Não considerei o fato em nível pessoal já que eles também estão competindo destrutivamente entre eles próprios. Mas lamento pela ciência.

A Ciência Estabelecida como Igreja Medieval

Esta não é nem de longe a primeira vez que foi notado este paralelo. A igreja, ainda no tempo de Galileu, era a autoridade suprema nos assuntos mais importantes. A hierarquia da igreja era consideravelmente apoiada pelos príncipes e pessoas trabalhadoras, sendo que o estilo de vida dos cardeais dependia de ter pessoas acreditando que seus pronunciamentos eram importantes e profundos. Devido a um complexo encadeamento de eventos políticos, econômicos e internos, a igreja perdeu gradualmente poder para aqueles que protestavam.

Contudo, após os ideais do Iluminismo e da ascenção impetuosa da astronomia e da física, temos a situação atual onde toda autoridade sobre lei natural passou para a ciência. Em retorno a pronunciamentos importantes e profundos sobre a natureza do universo, os acadêmicos recebem altos salários, instalações caras, viagens, prestígio e segurança por toda vida. Eles também transferem o poder desta instituição a sucessores escolhidos por eles mesmos.

Uma Boa Imprensa

Um exemplo invulgarmente interessante e esclarecedor de um dos serviços de imprensa mais respeitados, o *New York Times*, é o seguinte relato laudatório de um diálogo entre líderes do campo: depois de um dos participantes ter dito que não há forma "genérica" pelas quais as singularidades nuas possam ter surgido de acordo com as leis conhecidas da física, o outro respondeu: "Stephen, estou surpreso de ouvir você, entre todas as pessoas, dizer isto. Há uma singularidade nua que todos concordamos ter existido: o *Big Bang* — o próprio universo".

Um componente chave desta situação é que os acadêmicos são geralmente mais respeitados e críveis do que outros profissionais nesta sociedade. Confia-se que são competentes e objetivos. E embora muitos o sejam — surpreendentemente considerando a falta de avaliações — muitos outros, pela minha experiência, não o são. Não estou defendendo que eles sejam piores do que em qualquer outro segmento da sociedade. Estou apenas apontando que eles são percebidos como sendo melhores. Naturalmente esta é uma situação perigosa que tende a cumprir seu potencial.

Dos muitos comentários, comunicações e manuscritos que recebo, é claro que há muitos pensadores independentes, dentro e fora da ciência, empregados e desempregados, amadores, estudantes, aposentados. Alguns não têm muito conhecimento, outros são muito bem informados. Existe em abundância uma série de qualidades de julgamentos e idéias brilhantes ou malucas. Mas o tema comum que as liga é seu incômodo crescente com a arrogância e complacência da ciência estabelecida. Como um grupo coloca, "é uma disciplina tão morta colocada contra uma reforma vinda de dentro."

O jornalismo investigativo no que diz respeito à ciência está claramente morto na fonte. A imprensa geralmente toma o caminho fácil de publicar e de opinar a partir das fontes autorizadas. Nenhum trabalho árduo é feito para checar fatos e conflitos de interesse. Com esperanças de incitar alguns relatos críticos dos meios de comunicação, mencionarei apenas alguns dos eventos mais extraordinários que, na minha opinião, não foram discutidos detalhadamente e por essa razão têm contribuído inevitavelmente para sua lenta descida morro abaixo.

A Era Nuclear

No final da II Guerra Mundial os americanos estavam aliviados de que as bombas atômicas haviam terminado a guerra com menos perdas em suas forças armadas do que haviam temido. Esperando na Ilha do Tesouro[20] para sair na Frota do Pacífico, senti este alívio pessoalmente.

---

20. A Ilha do Tesouro (*Treasure Island*) é uma ilha no meio da Baía de São Francisco. Foi utilizada como uma base de treinamento naval durante a Segunda Guerra Mundial.

384 ◉ O Universo Vermelho

Mas havia também um sentimento prolongado de culpa de que tantas pessoas relativamente inocentes haviam sido incineradas sem aviso. Parece ter havido duas correntes principais que se desenvolveram. Uma era a esperança de que o espírito nuclear traria energia limpa abundante para o mundo e de alguma forma se reconciliaria com sua entrada violenta. (Naturalmente ele também traria muito dinheiro para a indústria nuclear.) Em segundo lugar, os Estados Unidos precisavam ter um enorme arsenal nuclear de tal forma que pudessem se sentir mais seguros do que qualquer outro país. Ambos objetivos impuseram muita experimentação e testes de projetos radioativos muito perigosos. Cientistas foram recrutados facilmente para realizar esquemas aparentemente sem fim, imprudentes e perigosos, muitos dos quais estão vindo à tona apenas agora, quarenta anos mais tarde.

A realização de testes nucleares atmosféricos era um projeto particularmente insano através do qual elementos radioativos caíam como chuva nas cabeças de cidadãos pouco informados, com a desculpa de protegê-los. Foi só depois de atores de cinema bem conhecidos como Steve Allen difundirem mensagens como "Mães, vocês compreendem que cálcio e iodo radioativos concentram-se no leite com o qual vocês alimentam suas crianças?" que a oposição pública tornou-se forte o suficiente para pressionar o governo a abandonar estes testes. Naturalmente os cientistas ligados com o *Bulletin of Atomic Scientists*, o Comitê para uma Política Nuclear Sadia e a Federação dos Cientistas Americanos *etc*. trabalharam heroicamente para suspender os testes. Contudo, a sociedade foi mais efetiva pois cientistas tinham uma fraqueza. Havia um número de bem conhecidos cientistas que sustentavam o argumento do governo, segundo o qual a radiação não era prejudicial.

Por exemplo, milhões de crianças foram expostas ao iodo radioativo nos testes nucleares em Nevada de 1951 a 1962. A dose média para as tireóides de crianças jovens nesta região estava no intervalo de 50 a 160 rads comparado aos 2 rads para as demais pessoas nos Estados Unidos. Possíveis casos de câncer de tireóide foram finalmente estimados entre 25.000 e 50.000 (relatório DOE[21] citado no IHT[22] 30/7/97). Perto do final

---

21. *Department of Energy*, Departamento de Energia, órgão do governo norte-americano.
22. *International Herald Tribune*, jornal diário editado em Paris.

daquele período, cidadãos preocupados estavam tentando desesperadamente que o governo liberasse os dados sobre as doses de radiação dos testes. Como membro do grupo cientista-cidadão em Los Angeles, eu havia encabeçado uma equipe que apresentou os danos biológicos causados, estimados em dados limitados disponíveis. Uma cópia do relatório foi parar na mesa da Comissão de Energia Atômica ("Atomic Energy Commission" — AEC). Um dia voltei de uma rodada de observação em Palomar e fui informado que Glenn Seaborg, presidente da AEC, havia me telefonado que voltaria a ligar mais tarde. Como jovem cientista, esperei ansiosamente a ligação, mas nunca obtive este retorno. O governo e a base de cientistas ligados a ele, continuaram o desenvolvimento de armas nucleares e a subestimar os efeitos da radiação.

Olhando para isto agora, parece repentinamente claro que especialistas têm em comum um senso de poder adquirido. Eles só concebem lidar com pessoas de condição comparável. Eles detestam lidar com cidadãos que têm pouca influência. Mas a falha fatal, me parece, é que pessoas que estão interessadas no poder são movidas por emoções que interferem em seus raciocínios.

O aspecto mais frustrante foi que os militares e particularmente os muitos cientistas envolvidos sabiam o dano infligido às pessoas. Mas todo mundo sabia também que eles não só não iriam para mas que a informação seria suprimida até os responsáveis se aposentarem e não mais pudessem ser incriminados. Com uma certeza dolorosa esta expectativa nasceu do fato de que um "estudo" destes eventos não foi autorizado antes de 1983 — *e então levou 14 anos* para ser liberado o relatório sob as doses de radiação na tireóide. Da cosmologia até a farmacêutica, é bem justificado hoje em dia que as pessoas vejam as asserções institucionais com ceticismo e mesmo hostilidade. E é importante ter sempre em mente quem tem interesses investidos e o que tem a ganhar.

Quem pode dizer se um cientista que tem um conjunto de crenças que coincide com aquelas das forças politicamente poderosas e por isso é então recompensado com publicidade e dinheiro, ou se a oportunidade de ganhar vantagens inclina o cientista a ver as virtudes dos poderosos? Seja como for, houve inúmeros cientistas moderadamente talentosos nas Universidades e em outros lugares, que argumentaram a favor de coisas tais como um "efeito limiar." Disseram que uma relação bem definida

386 ✪ O Universo Vermelho

entre dose de radiação e danos celulares torna-se repentinamente inválido a ponto de os instrumentos atuais não poderem mais medi-la. Em outras palavras, eles usaram um jargão científico para justificar um provável perigo para alcançar um objetivo de curto prazo. Mas um dano celular causado por impacto de radiação é exatamente um efeito limiar e esses argumentos não modificam os fato. (Resumos excelentes dos danos por partículas radioativas e nenhum efeito limiar são dados no *Bulletin of Atomic Scientists*, vol. 53, Número 6, pp. 46 e 52.)

Um cientista com quem estava trabalhando em alguns projetos comuns naquela época estava educando efetivamente o público sobre vários perigos da radiação. Apesar de seus prêmios Nobel, houve pressão dos seus companheiros de faculdade para expulsá-lo já que estava "ajudando a causa comunista". O presidente do Instituto teve de emitir uma advertência aos professores envolvidos para que cessassem os ataques e desistissem. Este era o tempo da Comissão de Energia Atômica e suas exibições ambulantes que mostravam fotografias de pessoas tomando sol na praia com legendas que diziam "Radiação atômica não é mais prejudicial do que os raios solares." Houve um cientista de uma Universidade da Costa Leste que calculou um número apavorante de mortes por causa da exposição à radiação de baixa energia. Ele atraiu sobre si críticas até mesmo do *Bulletin of Atomic Scientists*. Contudo, seus argumentos me pareceram razoáveis e, muitos anos mais tarde, durante uma discussão de cosmologia perguntei: "De quanto você estima que foram as mortes causadas pela exposição a radiação naquela época?".

"Nove milhões", respondeu.

A Federação dos Cientistas Americanos

Como naquela época fui um membro e presidente da Divisão de Los Angeles da Federação de Cientistas Americanos, tive a oportunidade de aprender como funcionava a organização. Fundada principalmente por físicos de elite das Universidades da Costa Leste, eles eram muito eficientes em atingir e em educar quietamente funcionários públicos importantes sobre os perigos da radiação e sobre a política nuclear. Nunca condenaram publicamente cientistas ostentosos como Edward

Teller, mesmo durante o tempo de seus esquemas excêntricos mais furados como cavar um canal através do Alasca com bombas nucleares. Mas a Divisão de Los Angeles era um grupo completamente diferente. Com alguns cientistas, mas também engenheiros, trabalhadores comunitários, diretores de escola *etc.* eles tinham os princípios físicos em mente muito bem colocados, tinham bom julgamento e faziam um trabalho muito eficiente na Costa Oeste. Isto incluía riscos da radiação, problemas de poluição (sobre este último aspecto nunca conseguimos que o grupo Nacional concordasse num rumo de ação) e outros assuntos de ciência ligados à comunidade. Ambos os grupos foram admiráveis, cada um a seu modo, na minha opinião, mas ficava apavorado nas raras ocasiões em que se misturavam, pois ocorriam instantâneos antagonismos. O grupo de Los Angeles acabou sendo expelido do grupo "Nacional".

O grupo de Los Angeles ajudou a iniciar as medidas de controle de poluição atmosférica na Califórnia que se mostraram ser tão necessárias. Em relação a isto lembro-me de ter visitado o famoso "descobridor" do *smog*[23] no seu escritório no Cal Tech. Estava solicitando seu apoio para uma medida de controle nos carros mais velhos da emissão de hidrocarbonetos, acima da média estabelecida. Ele estava estranhamente relutante. Finalmente levou-me até a janela e apontou para o estacionamento."Vê aquele velho carro lá," disse, "é meu e gosto dele."

A Academia Nacional de Ciências

Este é o reconhecimento de maior prestígio para cientistas americanos. Os membros são eleitos por cientistas em sua própria divisão (mas podem ser excluídos). A Academia é chamada pelo governo para indicar comitês para recomendar as melhores soluções para os problemas científicos que a Nação enfrenta. Contudo, um físico famoso e sincero recusou a honra dizendo que era uma rede de velhos amigos que se apoiava mutuamente e que não fazia nada de importante. Minhas observações ao longo dos anos têm notado que seus comitês freqüentemente

---

23. *Smog*: mistura de fumaça e neblina (combinação de *smoke* e *fog*).

388 ✪ O Universo Vermelho

contêm membros com assustados conflitos de interesses nas decisões tomadas. Algumas decisões dos comitês têm provocado objeções embaraçosas nestas bases.

Uma experiência pessoal com este sistema cruzou o meu caminho, alguns anos atrás, quando a Academia anunciou uma conferência sobre Cosmologia numa grande Universidade da Califórnia. Ficou imediatamente aparente que eles haviam convidado apenas os fomentadores mais em moda no campo. Inúmeros pesquisadores trabalhando com evidências e teorias alternativas escreveram ao presidente da Academia para protestar. Fui o único a quem reponderam, aparentemente porque mencionei dinheiro. Disse que, pelo fato de não haver discussão crítica das evidências na conferência, ele poderia ter economizado muito dinheiro não a apoiando. Em sua resposta o presidente retrucou que "estava particularmente orgulhoso de ter encontrado o dinheiro" para esta conferência valiosa em seu orçamento. Eu dizia calmamente a mim mesmo que esta era a resposta que esperava quando percebi de repente: "*Mas aquele era o meu dinheiro que ele havia encontrado!*"

Campos Eletromagnéticos

Vários anos atrás uma pesquisadora médica estava estudando as redondezas e casas de vítimas de leucemia para ver se encontrava alguma diferença com as vizinhanças das não-vítimas. Ela notou que os casos eram mais predominantes quando transformadores das linhas de potência aéreas estavam próximos das casas. Assim começou a controvérsia que tem se estendido por décadas sobre os possíveis efeitos prejudiciais sobre os humanos de campos eletromagnéticos (EM) de baixa freqüência. Naturalmente surgiram os inevitáveis estudos em conflito, muitos envolvendo cientistas ligados com o Instituto de Energia Elétrica Americano mas também outros. Contudo, apareceu uma divisão importante entre as observações empíricas e a teoria.

A Academia Nacional foi finalmente chamada para julgar este assunto de saúde pública. Eles basearam sua decisão oficial na teoria de que as células humanas têm uma certa resistência elétrica e o potencial eletromagnético variável através delas geraria uma corrente que produziria calor. Calcularam que o calor produzido seria tão minúsculo que não apresentava absolutamente qualquer perigo à saúde. Mas então experiências empíricas com embriões em ovos de galinhas mostraram que *havia* efeitos. Opa! Teoria errada.

Há poucos anos foi publicada uma história jornalística sobre a descoberta de pequenas partículas de magnetita nas células humanas. Movimentariam os campos EM estas partículas dentro da célula em prejuízo dela? Não vi mais nada referente a isto, mas estudos epidemiológicos de pesquisadores suecos deram forte apoio a efeitos adversos pequenos, mas significativos dos campos EM. E assim continua o jogo entre observação e teoria.

O aspecto que mais me alarmou sobre toda esta situação foi a forma como o assunto foi tratado nos principais periódicos científicos. Invariavelmente as notícias começavam com opinião de especialistas de o porquê não havia evidência digna de crédito para perigo. (Tradução da fala científica: esperamos que isto não se desenvolva durante meu tempo de emprego). Só nos sobrava ler nas entrelinhas para saber como era de fato a situação. Sem dúvida a melhor informação veio de uma série de artigos na revista *New Yorker*. Fiquei fascinado como esta revista literária, acima da média, de humor sofisticado, fazia uma apresentação mais completa e significativa do que os periódicos de ciência de grande circulação.

Aids e Câncer

Creio, partindo da literatura oficial e não-oficial, que a emergência repentina da AIDS na África Central ao redor de 1959 não foi, no final, investigada rigorosamente. Assim foi deixada sem sol _ção a origem desta praga mortal. (Ver *The White Death*, de Julian Cribb, Angus e Robertson, 1996). Estamos preparados para prevenir eclosões de vírus talvez ainda mais letais? Compreendemos suficientemente os perigos da transmissão de vírus entre as espécies? Citando uma frase familiar — se não podemos encarar a história, certamente, não seremos capazes de evitar a repetição de seus erros.

Com relação a isto será que estamos atentos à pesquisa de uns poucos cientistas que tentam comunicar o perigo de câncer de compostos tipo-estrogênio difundidos por todo nosso meio ambiente por pesticidas, plásticos e refugos industriais?

390 ✪ O Universo Vermelho

Fusão a Frio

Em 1989 dois químicos, Stanley Pons e Martin Fleischmann, (então na Universidade de Utah) alegaram que energia em excesso era produzida quando passavam corrente através de um eletrólito contendo deutério e um eletrodo de paládio. Uma tempestade de denúncias caiu sobre eles (e sobre outros que relataram resultados de apoio). O espírito das críticas pode ser melhor capturado por um professor e membro de um instituto superior muito competitivo. Ele disse, como me lembro, "Não é interessante que as únicas universidades que relatam resultados positivos a favor da fusão a frio sejam aquelas com fortes times de futebol?". Creio que este comentário famoso continha informações necessárias para se pensar no caso.

Naturalmente o ponto óbvio é que se fosse fusão "a frio" seria alguma coisa nova e não se comportaria da mesma forma que fusão "a quente". Parece ser crucialmente importante responder a questão: Por que cientistas dedicados à descoberta não dizem simplesmente "não faz qualquer diferença como você a chama, descobriremos como ela opera". Na verdade, projetos de pesquisa silenciosos estão acontecendo agora no Japão, Índia, Itália, China e em outros lugares. (Ver *Journal of Scientific Exploration*, vol. 10, p. 185, 1996). Mais recentemente o governo japonês desistiu de financiar esta pesquisa baseado no fato de os pesquisadores não poderem reproduzir com segurança seus resultados. É a "fusão a frio" resultado de uma série de erros realizados por cientistas independentes ou será que o princípio essencial ainda não foi descoberto? A decisão final sobre fusão a quente versus fusão a frio pode não ser conhecida agora, mas a quantidade de recursos gastos para nenhum resultado é claramente maior do que na primeira.

Os Acadêmicos Vagueiam da Fusão até a Astronomia

Novamente na embrulhada da fusão encontramos o conflito sempre presente entre as observações e a teoria — os que colocam a mão na massa e os pensadores. Um ponto significante é que uma quantidade imensa de verbas foi despejada na pesquisa sobre fusão a quente sem sucesso prático. Por exemplo o "*Stellarator*" de Princeton foi construído sobre as equações matemáticas dos plasmas ionizados com a expectativa de que seriam alcançadas temperaturas altas o suficiente para atingir fusão no feixe condutor fechado para partículas energéticas. Mas "instabilidades" se desenvolveram e o feixe encontrou muitos caminhos para ir até a parede do tubo gigante antes de alcançar aquela temperatura.

Não é fora do comum que o líder deste projeto tenha recebido uma medalha presidencial por feitos científicos. Não é fora do comum que ele tenha prosseguido promovendo com sucesso o projeto do Telescópio Espacial. Não é fora do comum que "o Hubble" tenha sido lançado com um espelho defeituoso. O que é importante é que tudo foi muito grande, muito cedo. O que era necessário era um levantamento óptico de campo amplo do céu escuro de cima da atmosfera da Terra (Schmidt espacial). Isto teria revelado as relações cruciais dos tipos diferentes de objetos celestes entre si. Não estaríamos agora perdendo tempo em olhar para objetos extremamente fracos numa minúscula região do céu sem a menor noção do que eles realmente são.

O Schmidt espacial teria custado entre 10 e 20 milhões de dólares. O telescópio espacial custou entre 3 e 5 bilhões de dólares. Eu era um, de um grupo de astrônomos observacionais, que gastou muito tempo voando para Washington para elaborar os objetivos e o projeto do Schmidt espacial. Ele nunca teve uma chance por dois motivos: ele não custou o suficiente para interessar à Nasa e porque o principal defensor do telescópio espacial acabou por dar um fim em sua idéia. Lembro-me de uma reunião em que o convidamos para ouvir suas objeções. Ele estava escrevendo equações no quadro negro que supostamente apontavam que o solo era tão bom quanto o espaço para este projeto. Nós o interrompemos para dizer que suas suposições sobre as condições terrestres estavam incorretas. Olhou ao redor com um olhar ferido e disse: "Não sabia disto".

Vida em Marte? Na Nasa?

Décadas atrás dois cientistas relataram evidências de moléculas orgânicas nos meteoritos. Foram fuzilados por alegações de contamina-

392 ✪ O Universo Vermelho

ção e implicações de conduta não-científica. Por volta desta época Fred Hoyle estava propondo argumentos bem pensados e alguma evidência a favor de formas de vida espalhadas pelo universo. Embora estimulante para o público, a discussão causou ranger de dentes entre cientistas responsáveis. Contudo, sem alarde, vôos de alta altitude começaram a coletar micrometeoritos com moléculas orgânicas. Durante este período a Nasa enviou três experiências para a superfície de Marte para verificar a existência de vida. Dois dos três deram resultados positivos, mas foi alegado que eles não deveriam ser interpretados como positivos.

Em 1976 a sonda Viking tirou fotografias da superfície de Marte. Tão logo foram liberadas as fotos, pesquisadores independentes começaram a investigá-las. Desde 1979, alguns pesquisadores têm defendido que há evidência de que algumas formas no solo numa região chamada Planalto Cydonia podem ser artificiais. Um delineamento possui semelhança com uma face humana e próximo dela estão alguns objetos possivelmente piramidais.A Nasa alega que há um "consenso científico" de que as formas no solo são naturais. (Análises diferentes, fotografias e conclusões de ambos os lados estão resumidos admiravelmente em *The McDaniel Report*, North Atlantic Books, Berkeley).

Há alguns eventos bem sórdidos relativos a fotografias como as que supostamente foram usadas para refutar a interpretação de artefato mas que não existiram; e então a descoberta de uma outra que foi dada como confirmação desta hipótese. Houve também o fato alarmante da recepção pela Nasa de uma inquirição sobre a questão das possíveis conseqüências sociais das descobertas extraterrestres e se tais descobertas deveriam ser resguardadas do público. Contudo, independente de quaisquer estimativas individuais sobre a probabilidade dos objetos serem artefatos ou pilhas de rochas, eles eram, sem dúvida, os objetos mais importantes que a próxima sonda a Marte deveria fotografar.

Contudo, a Nasa deixou claro que mesmo áreas com alta prioridade científica poderiam não ser fotografadas novamente com maior resolução e que a região-chave do Planalto Cydonia "não tinha prioridade especial". Foi particularmente alarmante descobrir que a única autoridade a determinar não apenas quais imagens deveriam ser liberadas e quando e também quais objetos deveriam ser fotografados novamente havia sido dada a um único contratante privado. Este contratante era um defensor declarado da hipótese da impossibilidade daqueles vestígios serem srtíficiais. Circularam algumas afirmações reiteradas e um informante do órgão me garantiu que ele não *pensava* que a Nasa *evitaria* a região.

Não foi revelado que o programa para levantamento fotográfico era para a sonda que entrou em órbita por volta de março em 1993. A sonda silenciou antes de tirar quaisquer fotografias. Da mesma forma não foi declarado, até estar escrevendo este livro, que o programa é para a sonda a Marte que foi lançada em novembro de 1996 e chegou no verão de 1997. Em 26 de março de 1998, a Nasa anunciou: "*Mars Global Surveyor* tentará um levantamento fotográfico das características de interesse público"*.

Tendo em vista tudo isto, foi bem perturbador ver alguns cientistas da Nasa convocarem uma conferência no verão de 1996 para anunciar uma provável e possível bactéria muito pequena numa rocha que havia explodido para fora de Marte num impacto há cerca de 4 bilhões de anos e aterrizado na Antártida há uns 100.000 anos. Não foi feita menção alguma a uma possível bactéria pequena similar descoberta pelo cientista alemão Hans Pflug na década de 1970 num meteorito rico em carbono que se pensa ser do Cinturão de Asteróides.

Uma lição de tudo isto, que parece óbvia, é que os cientistas têm de ser absolutamente honestos e diretos com o público, pois é quem está pagando seus salários. A obrigação moral primária deles é relatar os fatos e tornar disponível uma gama de interpretações. Eles não têm a desculpa paternalista de preservar o público dos "equívocos" ou do "alarme". Se eles não podem explicar um assunto de tal forma que um leigo possa entendê-lo, eles mesmos não entendem o assunto e não deviam ocultar esta situação importante.

Tectônica de Placas

Como é bem conhecido, na década de 1920, Alfred Wegner apontou que as características geológicas da Costa Oeste Africana se alinhavam

---

*. Em 7 de abril de 1998 a Nasa liberou para a imprensa inúmeras fotografias originais da face e uma visão do que parecia ser um morro baixo com comentários de que eram naturais.

394 ● O Universo Vermelho

precisamente com características similares na Costa Leste da América do Sul quando os dois continentes estavam unidos. Este exemplo aprimorado de reconhecimento de padrão atraiu o ridículo e o escárnio dos geólogos institucionais que, se pressionados para dar um motivo compreensível, argumentavam que os continente não podiam flutuar à deriva, pois estavam ancorados em rocha basáltica. É bem surpreendente ver que pouco tempo após a morte de Wegner a moda mudou tão completamente quanto a ter todos os continentes separando-se a partir de uma única massa terrestre e flutuando alegremente pelo mar.

A evidência mais forte, naturalmente, é o sulco no meio do Atlântico indo do extremo norte ao extremo sul entre os continentes Euro-africano e Americano. Foi *medido* que esta fenda está se abrindo uns poucos centímetros por ano e derramando material do interior para a superfície. Isto é próximo da taxa correta, durante a ordem de grandeza da idade da Terra, para explicar a distância que apareceu entre as placas continentais desde a quebra cerca de um quarto de bilhão de anos atrás. Isto foi interpretado por inúmeras pessoas como significando que a Terra está se expandindo em tamanho e separando os continentes. (Um proponente notável tem sido o geólogo da Universidade da Tasmânia, S. Warren Carey. Mas é melhor consultar os artigos apresentados na Conferência de Olímpia em *Frontiers of Fundamental Physics*, Plenum Press, 1994).

Um ponto crucial está no Pacífico onde a sabedoria convencional atual diz que a placa americana está dominando (sobrepujando) a placa do Pacífico. Warren Carey cita evidência de que ela não está. De qualquer forma, a borda de fogo no Pacífico parece ser uma região onde material quente está subindo de regiões mais profundas. Sem entrar em detalhes, se a Terra estivesse se expandindo, os continentes teriam de estar se afastando uns dos outros. Ironicamente, eles podiam continuar ancorados em rocha basáltica como se acreditou tão fortemente originalmente! O que mais senão expansão da superfície pode ser uma explicação natural para o movimento deles? Sobre um motivo para a Terra expandir, se matéria nova é criada na presença de matéria mais velha densa, uma pequena taxa de produção em seu núcleo durante os 4,5 bilhões de anos da Terra pode ser um candidato.

Naturalmente, medidas e análises adicionais são a única maneira científica de resolver a questão — particularmente na região da borda de fogo do Pacífico. Contudo, o aspecto que me surpreende é que nunca são mencionadas as dificuldades observacionais e lógicas da teoria atual, nem é mencionada a teoria alternativa nos textos, na imprensa ou nas comunicações acadêmicas. Ouvi falar disto pela primeira vez muitos anos atrás num livro autopublicado de tiragem independente de um conhecido meu chamado Sam Elton. Mas da próxima vez que você viajar num vôo transcontinental você pode fitar o mapa da fenda do Atlântico e as valas do Pacífico e meditar sobre o problema — superfície se expandindo ou flutuação à deriva aleatória? Pode-se também ponderar a respeito da impressionante supressão de discussão.

A Terra Agitada

Em julho de 1997 foi liberado um comunicado bem surpreendente. Pesquisadores alegaram que os campos magnéticos nas rochas mostraram que houve uma mudança abrupta nos pólos da rotação da Terra — que há cerca de 550 milhões de anos os pólos de rotação haviam mudado para direções no antigo equador num intervalo de tempo de apenas 15 milhões de anos. Eles alegaram que "terremotos violentos tinham estado dividindo os continentes em pedaços, juntando-os de volta, produzindo cadeias de montanhas muito altas" — movendo até mesmo a América do Norte para sua posição atual a partir da proximidade da Antártida.

Minha primeira reação a isto foi igual a de um acadêmico conservador típico: "Que tentativa irresponsável de atrair publicidade. Eles sabem perfeitamente bem que não há maneira de mover massas suficientemente grandes de um lado para outro dentro da Terra para causar uma devastação tal como mudar a rotação para uma direção completamente diferente!". Então um segundo pensamento me fez parar: "Eles sabem que não há explicação plausível, contudo tiveram a coragem de relatar suas observações de qualquer forma". Comecei a querer saber quais eram as correlações de forças naquele campo e quais seriam os desenvolvimentos subseqüentes.

Mas fui distraído pela percepção ainda mais interessante de que havia uma explicação possível para tal rebuliço no interior. Criação de

396 ✪ O Universo Vermelho

massa! Mas as observações exigem uma mudança *repentina*. Neste ponto lembrei-me da discussão na Conferência de Olímpia (ver seção precedente). Os defensores da Terra em expansão estavam preocupados já que certas medidas indicavam que a expansão estava indo muito rápida. Lembrei-os naquela época que a criação de massa era *episódica*. Todas as lições na evolução cósmica que temos revisto neste livro apontam para uma quantização em todas as escalas com saltos evolucionários rápidos entre elas.

A evidência recente de registro magnético é ciência como deve ser — evidência observacional apresentada apesar do fato de não haver causa possível acreditável atualmente. (Embora reversões magnéticas nos registros arqueológicos sejam conhecidas há um longo tempo sem que se tenha levantado muita discussão.) Contudo, nos relatos recentes foi conectado um outro fato empírico, a saber, que neste mesmo período Cambriano novos tipos de animais apareceram a taxas mais do que 20 vezes a normal. A explicação proposta foi de que inovações evolucionárias são mais prováveis de sobreviver em pequenas populações isoladas, separadas, que resultaram das transformações na rotação. Mas não importando se esta explicação é a correta, o ponto importante é a coincidência entre dois eventos extremamente não usuais. Isto aumenta a validade empírica de ambos. Novamente isto é ciência empírica, conectando eventos que dão informações de apoio, embora diferentes, sobre um processo importante mas desconhecido. Este processo pode estar muito além de nossa imaginação no momento, mas esta é a única maneira pela qual podemos nos aproximar de sua eventual compreensão.

Um outro ponto que apóia as transformações internas na Terra é a hipótese dos planetas em explosão. A evidência é bem apresentada no livro de Tom Van Flandern *Dark Matter, Missing Planets and New Comets*, (North Atlantic Press). Como o cinturão de asteróides quase certamente representa os remanescentes de um planeta explodido, a evidência empírica para um processo destes é muito forte. O *Meta-Research Bulletin* editado e produzido por Van Flandern é também uma fonte valiosa de informações científicas do tipo que é rotineiramente reprimida em outros lugares, assim como a exposição das idéias do editor sobre a natureza da gravidade e outros tópicos em astronomia e física. A página na Internet www.metaresearch.org está também agora aberta com conexões sobre estes assuntos.

A Hipótese Gaia

De alguma forma relacionada com a questão da evolução geológica da Terra é a proposta de James Lovelock, que considera que o planeta pode ser entendido como uma entidade viva (evoluindo organicamente). O aspecto interessante deste conceito é a analogia entre o imenso número de bactérias e vírus que habitam o corpo humano e os humanos que habitam a Terra. As bactérias, embora uma forma de vida muito bem-sucedida, teriam provavelmente dificuldades em compreender os propósitos operacionais dos humanos que elas habitam. Por analogia, os humanos podem ter grande dificuldade em reconhecer inteligência em entidades organizadas muito maiores do que eles próprios*.

A relevância da hipótese Gaia para as observações astronômicas discutidas neste livro é que pela primeira vez temos evidência observacional para a evolução de formas diferentes de objetos extragalácticos organizados, o nascimento e amadurecimento de objetos mais jovens em direção a objetos mais velhos. Talvez o mais importante de tudo é ter o início da evidência de como a matéria se materializa a partir do estado "difuso" do cosmos. Não sabemos se ela retorna a um estado que permeia tudo — mas ela pode fazer isto através do decaimento das partículas elementares. De qualquer forma os vários corpos no Uroboros (símbolo da Antiguidade que apresenta o universo como uma cobra com seu rabo em sua boca) delineado na Figura 10-1 estão ordenados num contínuo de tamanho. (Alguns conceitos importantes foram induzidos logicamente em épocas remotas.) Ora, pode ser fascinante considerar quanta conexão evolucionária ou simbiótica há entre os vários componentes, mas é claro que todos estão em comunicação contínua entre si por meio de ondas eletromagnéticas como fótons, machions e vários aspectos quântico-mecânicos do universo.

---

*. É interessante notar que as descobertas fundamentais de Lovelocke de microelementos do ar e seu desenvolvimento de instrumentos para medi-los, que permitiu com que todo o movimento ecológico prosseguisse, não foi apoiado entusiasticamente pela ciência institucional do Reino Unido. Finalmente ele abandonou seu cargo estável e mudou-se para o país onde suas crianças pudessem crescer "vendo a Via Láctea". Seu comentário sobre suas experiências foi essencialmente o seguinte: "Bem, você tem de perceber que eles não são cientistas".

Fig. 10-1. O Uroboros, símbolo da Antiguidade que apresenta o universo como uma cobra com seu rabo em sua boca. As entidades principais estão ordenadas em tamanho crescente. Toda parte desta estrutura hierárquica comunica-se com toda outra parte por meio de ondas eletromagnéticas. Sua natureza e evolução simbólica compreende agora a fronteira mais desafiadora.

Criacionismo

Uma das cruzadas da ciência acadêmica é contra o criacionismo religioso. Periodicamente surge uma necessidade messiânica de salvar o homem das crenças ignorantes de que os humanos foram criados na sua forma atual há pouco tempo, digamos 8.000 anos ou por aí. Os ativistas tentam transmitir os fatos da evolução que durou milhões de anos como comprovado pelos registros fósseis e pela teoria de Darwin. Eles opõem a evidência científica da evolução contra a superstição primitiva do criacionismo!

Eles deviam corar de vergonha. A ciência estabelecida deles é a forma mais espalhafatosa possível de criacionismo. A alegação é de que não apenas os humanos, mas *todo o universo* foi criado instantaneamente a partir do nada. Assim há um pequeno debate sobre escalas de tempo, mas o princípio é levado muito mais além no *Big Bang*. Os criacionistas religiosos não são lentos; li num periódico científico que os cientistas não devem tentar debater com eles, pois são hábeis em confundir a audiência!

Árbitros

A arbitragem, ou "análise pelos pares" como é chamado bem pomposamente, hoje em dia não funciona. Tem mostrado cada vez mais que aceita os artigos ruins e exclui os bons, exatamente o oposto do que deveria ser feito. Apenas em princípio abstrato, se supõe que ciência seja uma competição de idéias e na verdade, como temos visto, é muito competitiva. É razoável então mandar suas idéias e dados para um competidor anônimo que pode com impunidade freqüentemente roubar, suprimir e ridicularizá-las? O que acontece com o princípio consagrado da jurisprudência de que temos o direito de confrontar nosso acusador?

Como um exemplo de uma análise mais moderada, mas apesar disto incisiva, temos o artigo de David Goodstein do Cal Tech que foi de fato publicado num periódico reconhecido. O trecho seguinte é de *Science* 825, 1503, 1992:

> Os árbitros têm, portanto, de fazer um julgamento ambíguo, não completamente científico, num jogo de apostas altas no qual os autores são usualmente conhecidos pessoais deles e são muitas vezes competidores. Além do mais, o árbitro sabe que o editor não vai compreender os detalhes técnicos do relato que será escrito. Se o julgamento é errado ou injusto, apenas o autor saberá, sendo que o autor não saberá quem escreveu o relato. O árbitro pode contar com a proteção e apoio do editor, mesmo se a análise é guiada por interesse próprio, inveja profissional, ou outros motivos não-éticos, já que a ajuda não remunerada do árbitro é essencial para o editor e o autor de um artigo rejeitado tem um motivo óbvio para ficar desapontado. Os árbitros nunca são responsabilizados pelo que escrevem e os editores nunca são responsabilizados pelos árbitros que escolhem. Para que tudo isto funcione, os árbitros teriam de ter padrões elevados, impossíveis, de comportamento ético, mas quase todos os árbitros tiveram seus padrões corroídos por eles próprios terem sido vítimas de relatos injustos de árbitros no passado quando foram autores.

400 ❂ O Universo Vermelho

Qualquer conduta imprópria que acontece sob estas circunstâncias é certamente cometida pelo árbitro, não pelo editor, cujas costas estão bem cobertas. Contudo, os editores conseguiram criar um sistema no qual a conduta imprópria é quase inevitável.

A fim de que não seja alegado que a maioria dos árbitros têm princípios e são justos você deve olhar a pasta de relatos que a maioria dos cientistas colecionam durante suas carreiras. Alguns são. Em alguns campos quase nenhum é. Não estou julgando isto baseado apenas em minha própria pasta cheia mas naqueles relatos enviados a pessoas que são inquestionavelmente cientistas competentes. Muitos relatos parecem com uma sessão emocional de psicoterapia — manipuladores, maliciosos, insultantes, arrogantes e acima de tudo *furiosos*. Uma amostra deles deveria ser publicada já que permitiria às pessoas avaliar a objetividade da informação que está sendo permitida a elas lerem. O melhor uso deles seria avivar as finalidades dos artigos controversos com respostas curtas dos autores.

No início houve um acordo não falado de que as observações eram tão importantes que deviam ser publicadas e arquivadas com apenas um mínimo de interpretação no final do artigo. Gradualmente desgastou-se esta prática à medida que os autores começaram a fazer e a relatar apenas as observações que concordavam com suas premissas iniciais. O próximo passo foi que estes mesmos autores, como árbitros, tentaram forçar as conclusões para apoiar as suas próprias e então finalmente, rejeitaram os artigos quando eles não o faziam. Como resultado disto, cada vez mais resultados observacionais importantes não estão simplesmente sendo publicados nos periódicos onde habitualmente procuraríamos por estes resultados. Os próprios árbitros, com a ajuda de editores complacentes, transformaram o que era originalmente um sistema útil numa forma caótica e, na maioria das vezes, amoral de censura.

Proponho que haja dois princípios óbvios de comunicação científica:

- Publicar todos os lados de uma questão.
- Quando há diferenças de opinião, o autor tem a decisão final sobre o que deseja dizer.

Os editores violam rotineiramente estes princípios primários. A grande racionalização naturalmente é que "Você não pode deixar malucos publicarem num periódico responsável" (um morador de minoria vai arruinar toda a vizinhança). A situação parece mais ou menos irreparável hoje em dia. Talvez seja inevitável que a empreitada tenha se tornado muito grande e tenha de se dividir em periódicos alternativos — deixe os mais aptos sobreviverem apesar dos subsídios da ordem estabelecida!

Guerras de Cultura

Grupos cooperativos são eficientes na execução de seus próprios programas, mas são difíceis de se redirecionar para objetivos que são benéficos para grupos maiores dos quais eles são uma parte. Um dos exemplos mais notáveis disto é o assunto debatido calorosamente sobre a relação de raça e Q. I. Há poucos anos, esta panela foi mexida de novo pelos acadêmicos Herrenstein e Murray. A implicação óbvia do livro deles é a de que a inteligência é herdada. A falácia talvez não tão óbvia era a de que o Q. I. mede a inteligência.

Os sérios construtores destes testes não estão de maneira alguma entre seus defensores como uma medida culturalmente imparcial da habilidade mental pura. Contudo, retorno novamente à observação pessoal. Lembro-me de aos 13 anos estar fazendo este teste delicioso no qual eram perguntados todos os tipos de questões para os quais eu sabia as respostas, pois: 1) Em todo tempo anterior não estava indo à escola, e havia lido os livros de adultos. 2) Os temas incluíam assuntos discutidos apaixonadamente em minha família de artistas. Lembro-me de ter pensado: "Gente, as pessoas que fizeram estes testes são interessantes, não são de forma alguma como as pessoas de minha pequena cidade!".

Podemos citar a Figura 10-2a que vai deixar os cientistas acadêmicos furiosos. Ela mostra a famosa curva em forma de sino da distribuição do Q.I., mas os eixos não estão rotulados quantitativamente. Isto é ainda mais verdadeiro na curva abaixo dela. O procedimento exigido é de gastar muito tempo medindo os porcentuais exatos ou fazendo complicados cálculos per capita das estatísticas financeiras exaustivas. Então a questão do resultado global é perdida nos detalhes. Mas, na realidade, a maioria das pessoas sabe muito bem da observação geral que, se estamos discutindo universidades ou ciência acadêmica, por exemplo, os QIs mais altos na sociedade estarão aí representados em maior quantidade. Além do mais sabemos que as universidades mais ricas serão capazes de contratar as mentes mais brilhantes e eles serão os relativamente mais bem pagos e apoiados com os equipamentos mais caros.

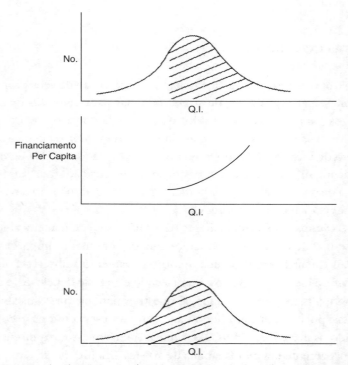

Fig. 10-2a. Uma distribuição esquemática dos Quocientes de Inteligência (QIs) nas, por exemplo, universidades ou na ciência acadêmica (porção sombreada). 2b) Um esboço expressando o fato de que o financiamento per capita aumenta com os QIs mais altos que as instituições de elite podem atrair. 2c) Um teste diferente que pudesse medir discernimento ou Quociente de Inovação (Q.I. primário) poderia estar distribuído diferentemente nestas mesmas instituições, mas ser apoiado pela mesma relação *per capita* de financiamento.

Mas agora suponha que projetemos um novo teste que chamaremos de Q.I. primário. Este teste mede a habilidade das pessoas em ter fundamentalmente novos pontos de vista, em trazer soluções inovadoras para os problemas. (A definição operacional última de inteligência tem de ser aquela que promove a sobrevivência das espécies. Como não sabemos o que é isto a partir de qualquer ponto no tempo, não podemos projetar um teste de inteligência perfeito. Mas a partir desta perspectiva podemos certamente questionar alguns dos critérios aceitos atualmente — por exemplo, como a habilidade para construir um "artefato" nuclear). Se é para acreditarmos em qualquer dos pontos discutidos neste livro podemos construir a curva de baixo na Figura 10-2c na qual os cientistas acadêmicos teriam alguma diminuição nos números em relação a Quociente de Inovação maior. Isto é simplesmente devido à sua seleção baseada nos valores culturais atuais que os deixa menos capazes de quebrar o paradigma para alcançar soluções fundamentalmente melhores. *Mas talvez a conclusão mais importante é que os QIs inovadores ou cheios de discernimento são relativamente mal financiados ou se presta pouca atenção neles.*

Criatividade na Academia

Novas reflexões a respeito do relacionamento entre seres humanos e processos vitais vieram de artistas e movimentos individuais. Seria ridículo imaginar Da Vinci, Van Gogh, Corot ou Duchamps produzindo seus trabalhos como membros de um Departamento de Arte da Universidade. Escritores que movem a cultura dizem que a maneira mais certa de matar a habilidade de escrever é trabalhar num Departamento de Literatura. Mesmo trabalhadores seminais mais próximos da ciência tais como Galileu, Freud ou Gropius obviamente ficariam entalados na garganta de uma instituição acadêmica. Assim, por que a grande física e a cosmologia só podem ser produzidas numa instituição financiada prodigamente? A resposta é que elas não o são — este é o ponto principal deste livro.

É solução distribuir parte deste financiamento para cientistas não-acadêmicos na esperança de encorajar algum gênio não-proclamado? Dificilmente, pois como seria escolhido o comitê de premiação? Nos campos científicos de que tenho conhecimento, as Bolsas MacArthur foram agraciadas principalmente a favoritos Institucionais. A resposta é novamente que não sabemos o que é certo, mas temos indicações muito boas do que está errado.

Sendo a inércia da sociedade tão grande quanto é, nós, como qualquer subgrupo, provavelmente não poderíamos movê-la para muito longe em qualquer direção particular mesmo se tivéssemos um plano de para onde ela devia ir. Mas podemos reconhecer para onde ela está se levando — inexoravelmente em direção à *retirada de financiamento* das organizações teóricas de elite. A concentração em equipamentos cada vez mais caros não pode salvar a ciência de uma base teórica senescente. A questão de como salvar parte deste financiamento e distribuí-lo para pesquisa nova e inovadora é a questão mais difícil. Obviamente tem de ser mais democrática apesar dos instintos individualistas dos intelectuais.

Ciência e Democracia

Um dos princípios mais auto-evidentes que tenho ouvido é que na ciência "Você não pode votar sobre a verdade". Não interessa quantas pessoas acreditem em alguma coisa; se as observações provam que ela está errada, ela está errada. Mas como é muitas vezes o caso com humanos, acontece que muitos cientistas acreditam de fato exatamente no oposto. Assim muitos colegas meus, gentis e educados, disseram: "Bem, esta evidência parece bem forte, se apenas você conseguisse mais pessoas do seu lado, astrônomos proeminentes, alguns formadores de opinião, para endossá-la. *Ela tem de ser aceita*". Tão logo dizem isto, querem saber se alguma coisa está errada com a evidência.

Mas então entra em jogo o outro lado das crenças contraditórias, mantidas simultaneamente. Quando se mostra que um grande número de especialistas renegados e amadores acreditam contrariamente aos especialistas de maior prestígio, os últimos dizem, bem a ciência não é democrática, ela é *o que as pessoas que sabem mais dizem* — é isto que conta!

Finalmente topei com o que estava acontecendo aqui durante a última eleição presidencial. Todo mundo estava reclamando que os candidatos mudavam suas opiniões sobre cada assunto com cada pesquisa de opinião. "Nenhuma integridade", era a lamentação, "o que o país precisa é de alguns candidatos com liderança".

"Espere um pouco", pensei, "Não é isto o que estamos tentando obter por um longo tempo? Finalmente uma democracia real onde os eleitos fazem exatamente o que quer o eleitorado". Mas naturalmente o grande público não tem conhecimento, seria perigoso ser governado por pessoas não-esclarecidas. Este é o argumento auto-evidente que usualmente encerra a discussão. Mas se você pensa sobre os problemas realmente ruins em que os grupos entraram, é quase sempre porque um líder forte os levou ao desastre.Assim somos forçados de volta no final de contas ao velho sermão:"A democracia é uma forma ruim de governo — mas é melhor do que qualquer alternativa"! No que diz respeito à ciência é necessário ficar desconfiado de todo mundo, mas particularmente dos especialistas (definição operacional de um especialista: alguém que não faz pequenos erros). *Todo mundo tem que tomar uma decisão baseado na evidência e não deve ser permitido aos especialistas controlar a apresentação.*

Essencialmente, acredito que a competição dentro de um grupo de pares de especialistas produzirá uma sociedade não-democrática. Como na arte ou na literatura a comunicação deve ser entre os indivíduos e a sociedade como um todo. O teste das comunicações que verdadeiramente esclarecem e inspiram outros indivíduos na sociedade será se elas são apoiadas. Para idéias que radicalmente dão o primeiro passo, como sempre, será necessário para o criador ganhar uma perspectiva dupla, que inclui comunicar e apoiar a si próprio como parte da sociedade. Esperançosamente a oligarquia atual de igreja acadêmica e estado, insatisfatoriamente separados, continuará a se desenvolver em direção a uma democracia de indivíduos.

Público ou Privado?

Muitas universidades são financiadas primariamente por doações particulares. Mas o público contribui com quantidades importantes através das universidades públicas e dos contratos governamentais que são administrados pelas universidades. Neste sentido os acadêmicos são como uma rara forma remanescente das corporações antigas. Naturalmente muitas universidades têm grandes carteiras de investimento e são como negócios administrados a partir de um poderoso escritório corporativo. O sucesso delas depende grandemente de suas relações

406 O Universo Vermelho

públicas com uma mistura complexa de estudantes, bacharéis, curadores, governo e comunidade, desde local até internacional. Elas portam *veritas* em seus brasões, mas é questionável quanto tempo elas têm para nutri-la em seus corações.

Na pesquisa científica os exemplos que temos discutido neste livro parecem mostrar como esta instituição complexa encoraja os aspectos menos úteis do isolamento escolar, enquanto ao mesmo tempo encoraja os aspectos mais prejudiciais da pressão competitiva para ficar de acordo com os paradigmas da moda (grandemente autopromovidos). Então surge a questão, há formas melhores de organizar a pesquisa? Vêm à mente "grupos de aconselhamento" especializados, privados. Talvez esta seja uma resposta se eles são financiados suficientemente por dinheiro voltado a objetivos.

Um exemplo disto foi um departamento de uma instituição da qual fiz parte uma vez. Foi fundada originalmente para construir telescópios e explorar o universo. Edwin Hubble, George Ellery Hale, Walter Baade e muitos outros pioneiros astronômicos usaram os melhores telescópios da época para relatar novas descobertas sobre galáxias e astrofísica. Contudo, a era deles passou inevitavelmente e os novos membros do corpo docente competiram em emular conceitos aceitos. Quando tive de encarar uma diretiva para renunciar às observações dos novos fenômenos, escolhi a aposentadoria precoce. É interessante que quando um membro do corpo docente daquele período aposentou-se como diretor tenha afirmado:

> A vida real dos Observatórios resulta da escolha livre dos indivíduos que usam os equipamentos... Nossa tradição de livre escolha tem continuado a ser cultivada[...]

Assim, como em muitas atividades humanas, as pessoas pensam freqüentemente que estão fazendo uma coisa quando estão, de fato, fazendo o oposto. O problema com este instituto de pesquisa que já foi líder é que ele tentou ser exatamente como, ou talvez ainda mais que, todos os outros principais departamentos das universidades. A lição que tiro é que os institutos de pesquisa verdadeiramente criativos, com novas idéias, privados, devem ser mantidos pequenos, voltados a fazer primariamente o que os outros institutos não fazem.

O Que Fazer daqui para a Frente?

Sempre que vou para conferências científicas nestes dias ouço por todo lado ao meu redor:"De onde está vindo o financiamento?", "O orçamento foi cortado","Não há dinheiro para contratar cientistas jovens","Os postos estão sendo cortados".Todo mundo está preocupado.Naturalmente, em vez de reprimir a pesquisa e o debate sobre cosmologias alternativas os senhores da academia podiam permitir controvérsia significativa. Permitindo pessoas ao excitamento das questões mais fundamentais de suas existências certamente aumentariam o apoio para seus projetos.

Após as reclamações sobre financiamento vêm descrições de novos equipamentos de satélite, experiências ambiciosas e caras, telescópios e detetores sendo construídos. Há uma grande pressão para construir projetos cada vez mais avançados tecnologicamente. Esta pressão também vem de uma sociedade comercial-construtora que quer trabalhar, desenvolver novas indústrias e ganhar dinheiro. Mas o suposto objetivo de tudo isto é produzir conhecimento novo. Se os dados são seqüestrados no último momento por um grupo com necessidade de controlar crenças, todo o empreendimento é uma falha. Assim as pessoas mais importantes de todas a financiar são os pesquisadores independentes (atualmente, como norma, não-acadêmicos) que podem comunicar todos os dados e numa forma em que podem ser compreendidos e debatidos. Que isto não seja possível atualmente é o problema insolúvel, que pessoalmente penso, irá levar a que toda esta crença cega decline inexoravelmente e regrida por um longo tempo antes de voltar num caminho útil. Infelizmente, não vejo um número restante suficiente de cientistas acadêmicos inovadores que possam reformar a instituição.

Mas além disto outras vozes perguntam agora:"Com tantas pessoas pobres no mundo, muitos doentes, alguns morrendo de fome, antes de mais nada, devemos estar gastando tanto na curiosidade?".Acredite que, embora aparentemente abstratas, pesquisas efetivas sobre a natureza fundamental da matéria são provavelmente os compromissos mais práticos que a humanidade pode fazer. Se os humanos sobreviverem por um longo tempo vão inevitavelmente encontrar eventos potencialmente letais: asteróides perigosos capazes de varrer a Terra, evolução do meio ambiente Gaia, supernovas passando através de ambientes galácticos

408 ❂ O Universo Vermelho

amplamente diferentes, eventos imprevisíveis que o mundo animal encontra regularmente notados pelas extinções de outras espécies.

Estando num aeroporto moderno, pode-se facilmente imaginar uma partida para um outro planeta em nosso sistema solar. Mas para uma outra estrela, ou parte da galáxia — somos prisioneiros de nossos tempos de vida finitos e da velocidade da luz. Contudo, se os humanos podem se proteger contra catástrofes moderadas por um tempo grande o suficiente para ter um futuro realmente longo, quem pode prever as possibilidades? Por exemplo, se mostrarmos que a massa é primariamente um fenômeno de freqüência, isto significa que podemos afetá-la por intervenções de onda e de ressonância sutis. Se vivemos num universo machiano, os átomos em nossos corpos estão em comunicação com o universo distante. Se nossa matéria foi materializada a partir de um estado anteriormente difuso, carregamos a informação de um padrão enormemente complexo que está de alguma forma conectado com o restante. No futuro distante não posso evitar de acreditar que o conhecimento não apenas determinará se sobreviveremos; mas se sobrevivermos, ele ditará, em que direção evoluiremos.

O Zen da Pesquisa

Quando estava deixando a conferência de cosmologia em Bangalore em 1997, um jovem casal indiano se aproximou de mim e perguntou se poderiam falar comigo naquela noite. Após chegarem, conversamos por mais de uma hora e disseram-me que estavam terminando cursos avançados em física e astronomia e queriam fazer pesquisa nos tipos de fenômenos que eu havia relatado.

Senti a responsabilidade de dizer-lhes sobre as dificuldades — dos casos em que os astrônomos jovens mais talentosos e que trabalhavam duro foram forçados a deixar o campo porque acharam que eles tinham mente muito aberta acerca das suposições fundamentais — que mesmo se conformando a trabalhar em assuntos da moda não era certo de garantirem um emprego num campo com apoio financeiro em declínio.

Fiquei muito mal quando fui para a cama naquela noite. Como pude ser tão desencorajador? Eles apenas tinham o desejo simples de investigar alguns fenômenos novos e interessantes. Era isto realmente impossível nesta sociedade? Bem, tentei dizer a mim mesmo que, se fosse uma paixão pelo conhecimento você se comprometeria de qualquer forma e lidaria com os problemas à medida que surgissem da melhor forma que pudesse. Assim, tive esperanças de que se interessariam o suficiente para tentar; mas, infelizmente, tive de fazer o melhor que pude para informá-los sobre a realidade que encontrariam.

Aquela noite sonhei com uma história que havia lido há muito tempo sobre um jovem que queria tornar-se o melhor espadachim do mundo. Ele procurou o mais renomado espadachim Zen do mundo e perguntou se poderia ser seu aluno.

"Tudo bem", disse o mestre, "mas você terá de se mudar para minha casa e fazer tudo o que eu lhe disser".

Assim, o jovem foi para a casa do mestre e lhe foram designadas às tarefas mais árduas na casa — juntar lenha, cozinhar, lavar, limpar a casa. Após mais de um ano de trabalho penoso sem uma única palavra sobre a arte de espadachim, um dia o acólito estava ajoelhado esfregando o chão. De repente, o mestre surgiu de trás de uma pilastra e deu-lhe feroz uma pancada na cabeça com um cabo de vassoura.

"Mestre", gritou o estudante olhando do chão em dores, "por que você fez isto?"

"Esta foi sua primeira lição de esgrima", respondeu o mestre, "sempre esteja de guarda".

Quando li esta história pela primeira vez minha reação ocidental progressista foi de que este pobre tolo estudante estava não apenas permitindo ser usado e explorado, mas, além disto, ser machucado e humilhado. Mas sem considerar nem um pouco sua necessidade de encarar a realidade e exercitar sua própria iniciativa individual, também percebi que havia uma implicação mais profunda. Qualquer um que desejasse alcançar seu objetivo tinha de estar comprometido o suficiente para lidar e aprender com as injustiças e contrariedades. Senti-me um pouco melhor sobre a conversa da noite anterior e tive a esperança de que se pessoas em número suficiente tentassem finalmente que as sombras no fundo do poço pudessem se transformar numa realidade melhor.

410 ● O Universo Vermelho

Pensamentos Finais

É claro que não interessa quão mal pensemos do pesado estabeleci-mento cultural atual, não vamos modificá-lo precipitadamente. Talvez isto seja um sinal de sorte. Amigos de sensibilidade profunda argumentam que o maior perigo que a humanidade enfrenta hoje é o avanço tecnológico muito rápido. Antes de termos chance de aprender os possíveis efeitos desastrosos de uma mudança já somos transportados para o próximo passo. O mesmo se aplica sem dúvida alguma às mudanças sociais.

Contudo, isto não significa que não temos responsabilidade de tentar uma mudança fundamental duradoura — ou de que temos de con-tinuar suportando estruturas inúteis ou perigosas. A inércia fará isto muito bem. Podemos nos concentrar na luta pelo apoio das compreen-sões novas e melhores que levarão a uma forma melhor de realização de nossos objetivos. Privado ou público? Individual ou em grupo? É uma grande aventura.

E no final tenho de admitir que embora minhas críticas sejam vee-mentes, sou no fundo um acadêmico que sonha no que podia ter sido e (ainda a inocência fatal?) no que poderá ser.

Epílogo

Quando este livro estava para ser impresso surgiu uma evidência nova. Era tão forte e oferecia lições tão reveladoras sobre o porquê das evidências anteriores serem ignoradas, que claramente exigia inclusão como um resumo final. É particularmente adequado que apenas umas poucas fotografias permitam que sejam compreendidos à primeira vista os fatos observacionais subjacentes. Então a imaginação pode pular para frente com confiança renovada em relação às muitas implicações interessantes que foram discutidas neste livro.

O Quasar Cintilante

Ao telefone Geoff Burbidge informou-me que observadores na Austrália haviam medido variações surpreendentemente altas nos comprimentos de onda de rádio em menos de uma hora num quasar. Isto definiu o tamanho da região emissora de energia como menor do que uma hora-luz de diâmetro. Na sua distância de desvio para o vermelho a luminosidade do quasar era tão enorme que tornava o brilho superficial incompreensivelmente grande.

Geoff disse: "Chip, este quasar tem de estar mais próximo, descubra de onde ele vem".

Assim procurei. A primeira coisa que encontrei foi que havia um outro quasar, uma radiofonte de espectro plano, que formava um intenso par com o quasar cintilante. Então descobri que a galáxia Seyfert mais brilhante em toda esta região estava no meio deste par. (Figura E-1). A próxima informação era realmente sensacional! **Esta Seyfert estava emitindo quantidades enormes de raios X.** Apesar de sua magnitude aparente de V = 15,4 ser relativamente modesta era uma das 5 ou 6 Seyferts mais brilhantes em raios X no céu (com prodigiosas 4.000 contagens por quilosegundo).

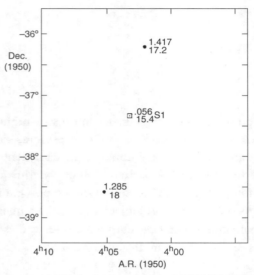

Fig. E-1. O quasar com z = 1,285 é o "quasar cintilante", PKS0405-385. O quasar com z = 1,417 é PKS0402-362. A galáxia Seyfert mais brilhante no campo está entre estes dois quasares e está emitindo o fluxo enorme de raios X de 4 contagens por segundo.

O outro quasar no par também estava emitindo quantidades invulgarmente intensas de raios X, 226 contagens/ks. O quasar cintilante, embora mais modesto na emissão de raios X (40 contagens/ks), era um emissor raro de raios gama com energia ainda maior.

A conclusão de tudo isto é que aqui estava um outro par de quasares ejetados de uma galáxia Seyfert ativa. Mas a natureza extraordinária de todos estes três componentes garantia que havia uma possibilidade desprezível desta associação ser acidental. De fato o brilho aparente das componentes e o ângulo de certa forma maior subtendido no céu permitia que a configuração fosse comparada com as associações Seyfert anteriores, discutidas nos capítulos iniciais deste livro, e que fosse estimada uma distância relativa até nós. A distância era menor do que a metade daquela dos casos anteriores que estavam primariamente na distância do Superaglomerado Local. Mas isto era menos do que um milésimo da distância de desvio para o vermelho convencional. Significava, pois, que a luminosidade tinha de ser menor do que um milionésimo da luminosidade suposta convencionalmente e reduzia o embaraçosamente alto brilho superficial pelo mesmo fator.

Mesmo com este brilho superficial reduzido, a física normal nos diz que temos de estar olhando para um jato dirigido quase exatamente em nossa direção e impulsionado com uma velocidade extremamente próxima da velocidade da luz. Como comentado anteriormente, matéria impulsionada tão próxima da velocidade da luz requer uma energia enorme. Mesmo reduzindo estas exigências de energia por um fator de um milhão, com a distância mais próxima, é difícil dar conta do alto brilho superficial do quasar cintilante. Isto sugere que matéria com massa próxima de zero fluindo para fora, próxima da velocidade da luz (velocidade de sinal), pode ser necessária para explicar esta observação surpreendente.

Dois Campos de Levantamento de Rádio

Em 1984 o radiotelescópio Westerbork fez um levantamento de 9 campos, dois dos quais são apresentados aqui na Figura E-2. Em 1985 realizou-se fotometria óptica e alguma espectroscopia e se descobriu um quasar com z = 2,390 próximo das bordas do campo de Hércules II. Recentemente, observações com o Telescópio Espacial Hubble revelaram um grande número de quasares (5) e galáxias (14) todos entre z = 2,389 e 2,397. Todos estes estão numa área muito pequena. (Os 5 quasares são mostrados como pequenos pontos na Figura E-2).

Haveria uma grande galáxia ativa próxima que pudesse dar origem a estes objetos com altos desvios para o vermelho, como encontramos nos capítulos precedentes e no livro anterior *Quasars, Redshifts and Controversies*? Bem, sim, há uma galáxia com V = 16,5 mag com grandes projeções saindo de um corpo quebrado em pelo menos três pedaços distintos. Como mostra o símbolo quadrado na Figura E-2, é a única radiogaláxia azul no campo de Her II! A Figura E-3 mostra uma fotografia do objeto obtida por William Keel. Como podem os pesquisadores não ter compreendido seu significado — apenas cerca de um minuto de arco distante deste aglomerado extraordinário de objetos com altos desvios para o vermelho?

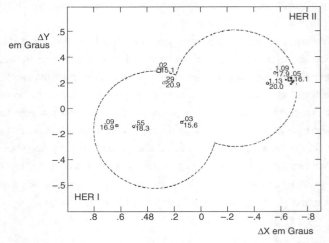

Fig. E-2. Estes dois campos de Hércules foram pesquisados em busca de objetos de rádio com o telescópio Westerbork. Radiogaláxias azuis estão indicadas por pequenos quadrados. Círculos vazios representam radioquasares. Desvios para o vermelho e magnitudes aparentes estão escritos acima à direita de cada símbolo. Pequenos círculos cheios representam 5 quasares com desvios para o vermelho de z = 2,389 a 2,397.

Como já aprendemos das evidências anteriores, quasares com menores desvios para o vermelho são usualmente encontrados mais distantes da galáxia ejetora do que os quasares com altos desvios para o vermelho. Assim procurando por quasares catalogados encontramos apenas dois no campo de Her II, com z = 1,09 e 1,13. Eles estão mais distantes do que os quasares com z = 2,4 mas ainda muito próximos. *Apenas olhando para o campo de Her II vê-se inconfundivelmente este ninho de quasares e objetos com altos desvios para o vermelho agrupados proximamente ao redor da radiogaláxia azul perturbada.* Agora não deve haver necessidade de calcular probabilidades. Só é necessário notar que estes objetos estão associados num grupo — exatamente como os muitos casos anteriores demonstrados ao longo dos anos.

Epílogo ◎ 415

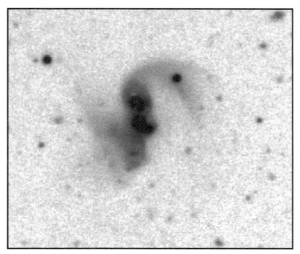

Fig. E-3. A radiogaláxia azul no centro do grupo de quasares na parte superior direita da Fig. E-2. Cortesia da imagem de William Keel.

Contudo, há mais a ser coletado destes projetos observacionais dificilmente realizados. Neste caso há um outro levantamento de campo em rádio sobrepondo-se ao campo que acabamos de discutir. Como mostra a Figura E-2 o campo de Her I contem quatro radiogaláxias azuis. Mas aquela no topo se parece muito com uma galáxia progenitora de z = 0,02, com uma companheira tipo quasar de z = 0,29. Contudo, a radiogaláxia azul na esquerda do campo está a apenas 8 minutos de arco distante de um radioquasar de Westerbork com z = 0,546.

Agora o desfecho espetacular. A Figura E-4 mostra uma ampliação do campo de Her II com todos os quasares catalogados representados graficamente. Há três de altos desvios para o vermelho (caracteristicamente não fontes de rádio). Um está próximo da radiogaláxia azul no topo do campo — um companheiro próximo típico. Os outros dois estão de lado a lado do radioquasar mais brilhante com z = 0,55. Agora compare esta configuração com as configurações dos dois trios Arp/Hazard apresentados na Figura 8-14 no texto principal! Os desvios para o vermelho dos quasares centrais assim como os quasares ejetados com altos desvios para o vermelho são quase idênticos. *O novo trio está, como os anteriores, alinhado tão exatamente quanto os pontos podem ser representados.*

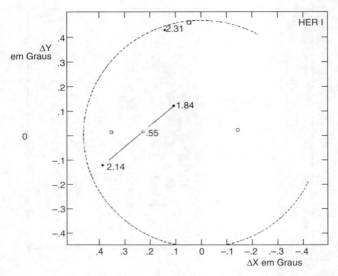

Fig. E-4. O campo de Hércules I ampliado com todos os quasares catalogados representados graficamente. Note como os quasares com altos desvios para o vermelho estão próximos das radiogaláxias azuis. Note particularmente o par com z = 1,84 e 2,14 alinhado exatamente de lado a lado do radioquasar com z = 0,55. Para comparação com os trios Arp/Hazard anteriores ver Fig. 8-14.

A ironia desta última evidência é que posso lembrar vivamente o astrônomo que mediu estes quasares com altos desvios para o vermelho numa reunião em Santa Cruz há muitos anos atrás. Ele levantou-se após uma palestra de Geoff Burbidge e disse rudemente: "O motivo pelo qual todo mundo rejeita a associação dos quasares com as galáxias próximas é que ela nunca levou a qualquer progresso útil". Após quase 15 anos minha resposta parece ser: "O motivo pelo qual não tivemos qualquer progresso útil é que os astrônomos nem mesmo olham para suas próprias observações".

O Quasar a 2,4 Segundos de Arco de uma Galáxia Anã

Quando este livro estava ficando pronto para ser publicado apareceu uma comunicação no *Astronomy and Astrophysics Letters* de que um QSO com z = 0,807 havia sido encontrado, "por uma projeção casual", no centro de uma galáxia com z = 0,009. A chance por acidente mostrou-se ser de cerca de uma em mil, mesmo se eles tivessem olhado para toda galáxia possível de seu levantamento. Naturalmente isto também ignorava todas as outras muitas justaposições próximas de galáxias com baixos desvios para o vermelho e quasares com altos desvios para o vermelho encontradas anteriormente.

Mas fiquei preocupado de que a anã, embora ligeiramente assimétrica, não se parecia com o tipo de galáxia usualmente responsável pela ejeção de um quasar. Assim olhei em volta deste par. E o que encontrei? Nada mais do que uma galáxia Seyfert imensamente brilhante (V = 10,98 mag.) distante apenas 37 minutos de arco (Figura E-5). Isto está justamente no intervalo de distância onde encontramos estarem os quasares sistematicamente associados com as Seyferts nos Capítulos 1 e 2.

O desvio para o vermelho dessa Seyfert era de z = 0,008 compondo uma circunstância muito forte a favor da anã com z = 0,009 ser material arrastado, ejetado da Seyfert juntamente com o quasar. Portanto, o quasar não tinha de ter sido ejetado da anã. E, de fato, há evidência de galáxias anãs sendo ejetadas em linhas a partir de galáxias ativas em fotografias de longa exposição de NGC4651 (ver *Astronomy & Astrophysics* 316, p. 63, Figura 6). Na verdade a anã nem mesmo precisa ter sido ejetada com o quasar. Foi apresentado no Capítulo 3, Figura 3-27, que quasares e companheiras são ejetados preferencialmente ao longo da direção do eixo menor. A anã próxima do quasar com z = 0,807 pode ter sido arrastada mais cedo. (O quasar não mostra avermelhamento, como devia se estivesse atrás da anã. O par deveria ser estudado com imagens e espectros de alta resolução para ver se a interação pode ser detectada.)

Há momentos de muita tensão na pesquisa. Agora era: "Haveria um outro quasar para fora ao longo desta linha de ejeção do quasar com z = 0,807?". A resposta foi: Sim, havia — e além disto tinha um menor desvio para o vermelho! Então, procure no outro lado! Haviam dois quasares muito mais próximos ao longo da linha de ejeção. Eles tinham um desvio para o vermelho muito maior e, como devem estar os quasares próximos de z = 2, cerca de duas magnitudes mais fracos do que os quasares com baixos desvios para o vermelho.

Tudo isto está apresentado na Figura E-5. Nesta figura há uma linha traçada através da Seyfert. O espectador pensaria que a linha foi traçada pela linha dos quasares. Mas isto não é verdade. O que fiz foi ir ao Catálogo Nilson de galáxias e procurar a posição do eixo menor da Seyfert central, NGC5985. Antes que olhasse no número para o ângulo de posição do eixo menor parei e pensei: "Seria tão conclusivo se o eixo menor aparecesse ao longo da linha dos quasares". Meu próximo pensamento, com angústia considerável foi: "As chances disto acontecer são tão pequenas que tenho de estar preparado para ser desapontado". Mas vi o eixo menor aparecendo ao longo da linha dos quasares tão bem quanto podia tê-la traçado!

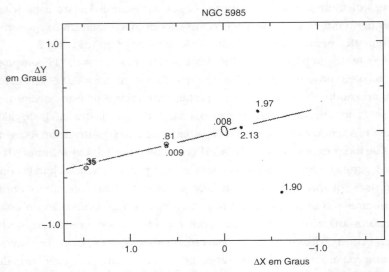

Fig. E-5. Estão representados graficamente todos os quasares e Seyferts brilhantes no campo do quasar com z = 0,807 e da galáxia anã com z = 0,009. A Seyfert é muito brilhante com V = 11 mag e os quasares diminuem em desvio para o vermelho com o aumento da distância a ela. A linha traçada é a direção catalogada do eixo menor da Seyfert.

Assim este é um final adequado para o livro. Uma confirmação da soma de todos os 32 anos de evidência observacional resumidos na Figura 9-3: A confirmação com a Seyfert isolada, NGC3516, associação mostrada na Figura 9-7, e agora finalmente o grupo mais bem alinhado de todos com NGC5985.

Uma nota quantitativa: a Figura E-6 mostra a relação entre o desvio para o vermelho do quasar e sua distância da galáxia ejetora. O fato de

Epílogo ⚙ 419

que ele varia com o logaritmo da distância significa que a lei de distância projetada-desvio para o vermelho é exponencial. O fato de que as inclinações das linhas são as mesmas para NGC3516 e para NGC5985 significa que a lei é a mesma para os dois sistemas. O deslocamento em ln r entre as duas relações significa que a escala das distâncias de NGC5985 é cerca de 4,5 vezes a escala das distâncias de NGC3516. É isto razoável? Primeiro, a magnitude aparente, descontado o avermelhamento de NGC5985, é 1,33 magnitudes mais brilhante. Se as duas galáxias têm a mesma luminosidade, isto implica que NGC5985 está mais próxima por um fator de cerca de dois. O restante do fator é parcialmente considerado pelo fato de que a inclinação até a linha de visada é maior para NGC5985. Assim os espaçamentos não-projetados, absolutos, entre os quasares são bem similares para os dois casos*.

Finalmente há uma ironia envolvida nesta última descoberta que engloba de muitas formas todos os 32 anos de história da associação entre quasares de altos desvios para o vermelho com galáxias de baixos desvios para o vermelho. O mesmo autor principal do artigo que afirmou tão autoritariamente que o quasar a 2,4 segundos de arco da galáxia anã era uma "projeção casual" de um quasar de fundo, havia assinado ele mesmo como árbitro do artigo relacionado com NGC1097, discutido no Capítulo 2. Aquele artigo, relatando novas observações de raios X com três tipos de detetores de uma galáxia Seyfert, a qual se mostrou anteriormente ter cerca de trinta quasares associados, havia sido rejeitado sem chance ter suas idéias defendidas. Este mesmo árbitro deixou agora de olhar nas vizinhanças próximas de sua "projeção casual" e portanto deixou de obter uma confirmação decisiva da ejeção de quasares a partir das galáxias ativas.

Não reconhecer evidência observacional chave tal como esta ao redor de NGC5985 é parcialmente uma conseqüência de suprimir observações como aquelas no artigo sobre NGC1097, citado antes. Tudo isto tem levado a afirmações públicas tais como: "Alegações prematuras de refutação das suposições desvio para o vermelho-distância não foram

---

24. Um quasar com z = 0,69 desprezado originalmente, está a 48,2 minutos de arco a NE de NGC5985 e dentro de 15 graus da linha na Figura E-5. Na Figura E-6 ele fornece um outro ponto muito próximo da relação separação angular desvio para o vermelho.

confirmadas subseqüentemente". Infelizmente é claro agora que isto certamente continuará até que um número suficiente de pessoas comece a ver *O Universo Vermelho*.

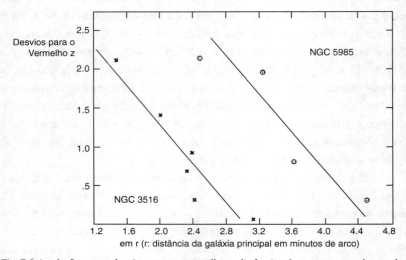

Fig. E-6. A relação entre desvios para o vermelho e distâncias dos quasares ao longo das linhas de ejeção das duas Seyferts é aqui apresentada. As propriedades observadas de NGC5985 indicam que ela está mais próxima do observador do que NGC3516, com seu eixo menor mais ao longo da linha de visada dando conta assim do espaçamento aparente maior dos quasares.

Gravuras

Gravuras 1-7 e 1-7a.	Obtidas do telescópio de raios X de alta resolução ROSAT. Markarian 205, Seyfert/Quasar brilhante em raios X, é mostrado ejetando filamentos de raios X. Nas extremidades de dois destes filamentos estão quasares com desvios para o vermelho muito maiores. Ver Figura 1-7.
Gravura 2-7.	Placas de longa exposição obtidas com o telescópio CTIO de 4 metros em vermelho e azul foram processadas por Jean Lorre para produzir esta fotografia de cores verdadeiras do jato Seyfert, NGC1097. Note o avermelhamento aparente dos jatos opostos.
Gravura 2-8.	Imagem de raios X com alta resolução das regiões centrais de NGC1097 — apresentada em cor falsa com as regiões de brilho superficial mais fraco em vermelho. Os quasares números 26 e 27 são fontes brilhantes de raios X na direção do material saindo do núcleo ativo.
Gravura 3-12.	Apresentação a cores da Figura 3-12.
Gravura 4-10.	Imagem de cor verdadeira de NGC7603 em cz = 8.000 km/s ligada por um filamento luminoso a uma galáxia companheira de cz = 16.000 km/s. Fotografia feita por Nigel Sharp e C. R. Lynds.
Gravura 5-18.	Contagens de raios gama desenhadas em contorno no aglomerado de Virgem para energias maiores do que 100 MeV até próximo de 1.000 MeV (quando a sensibilidade do EGRET torna-se pequena). O quasar 3C279 está numa fase relativamente fraca onde a conexão com 3C273 é inconfundível. A partir de um estudo de Hans-Dieter Radecke.
Gravura 7-7.	Fotografia obtida pelo Telescópio Espacial Hubble, em cores falsas, da Cruz de Einstein. No comprimento de onda de Lyman-alfa

424 ❂ O Universo Vermelho

desviado para o vermelho há um material conectando o quasar à direita e a galáxia central.

Gravura 7-15. Galáxia Seyfert NGC5252. Os arcos, coloridos diferentemente, indicam desvio para o vermelho do gás de +100 km/s (vermelho) até -100 km/s (azul). Foto obtida por J. A. Morse, J. C. Raymond e A. S. Wilson.

Gravura 7-20. Fotografia de um campo com 4 minutos de arco quadrado a partir de 150 órbitas do Telescópio Espacial Hubble. Note o domínio das formas peculiares e perturbadas e a falta de galáxias com aparência normal. São elas de alta ou baixa luminosidade? Obtida pela equipe de Campo de Longa Exposição do Hubble (STScI) e pela Nasa.

Gravura 8-18. M87, uma fonte ativa de criação de quasares e de galáxias no aglomerado de galáxias de Virgem como foi discutido no Capítulo 5. Esta foto obtida por Frazier Owen está em comprimentos de onda de rádio.

Gravura 8-19. Esta foto de Haro-Herbig 34 obtida por Bo Reipurth mostra um sistema estelar jovem em nossa própria galáxia (HH34) na luz combinada de emissão de enxofre e hidrogênio. (Tirada de ESO *Messenger* Número 88, Junho de 1997, p. 20). Note a semelhança com o jato em M87 na foto precedente. Também as ejeções externas mostram similaridades.

Gravura 8-20. A foto do campo total de HH34 numa orientação usual (Norte acima, Leste à esquerda). Note que as características de ejeção externa mostram similaridades com as características externas de M87.

Markarian 205

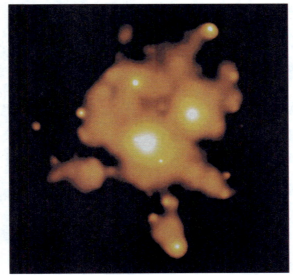

Gravura 1-7

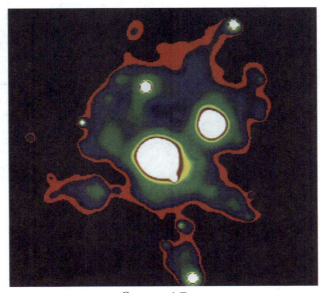

Gravura 1-7a

NGC 1097

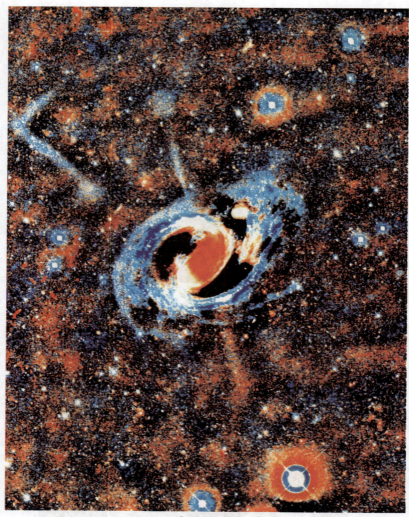

Gravura 2-7

NGC 1097

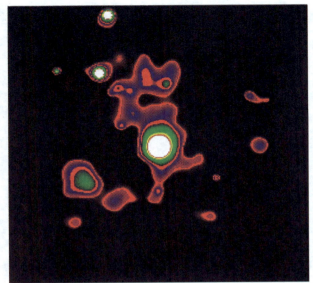

Gravura 2-8

Arp 105

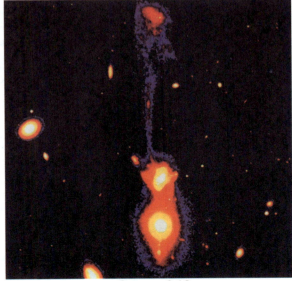

Gravura 3-12

NGC 7603

Gravura 4-10

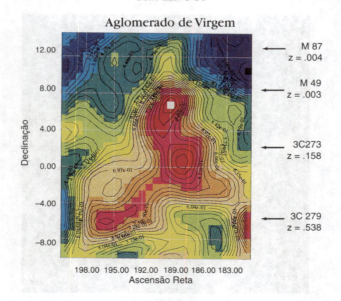

Gravura 5-18

Cruz de Einstein

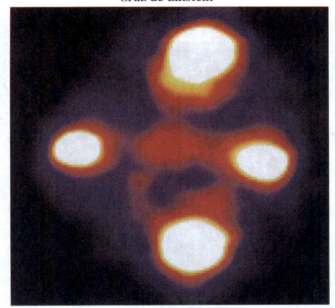

Gravura 7-7

NGC 7252

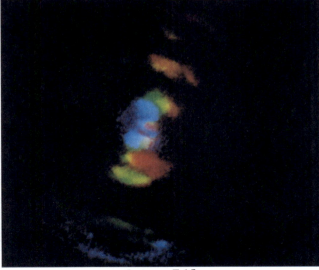

Gravura 7-15

Campo Profundo do Hubble

Gravura 7-20

M87

Gravura 8-18

HH34

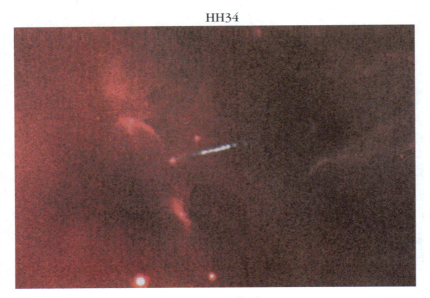

Gravura 8-19

HH34

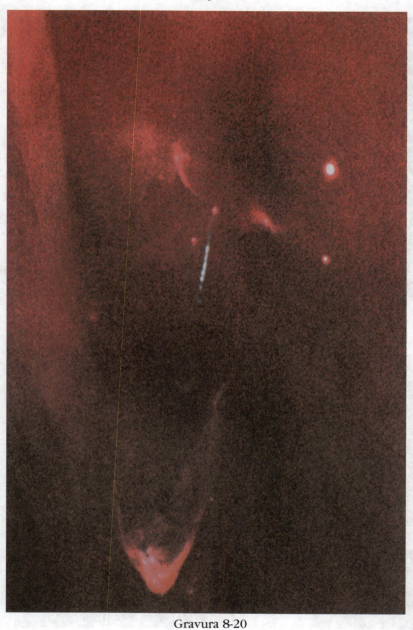

Gravura 8-20

Glossário

Aglomerado de Virgem: Rico aglomerado de galáxias mais próximo, centrado na constelação de Virgem.

Aglomerado globular: Aglomerado de estrelas de forma esférica, contendo até 100.000 estrelas de idades muito avançadas. Os aglomerados globulares formam um halo esférico ao redor da Via Láctea e de outras galáxias.

Ano-luz: Distância que a luz viaja num ano, aproximadamente 6 trilhões de milhas ou 10 trilhões de quilômetros.

Ascensão reta: Coordenada angular de um objeto astronômico, medida para leste ao redor do equador celeste (0 a 24 horas) a partir do ponto vernal.

Bóson: Partícula elementar cujo número quântico de spin é um inteiro. Os bósons são responsáveis pelos efeitos das forças da natureza. Um exemplo é o fóton que é a origem da força eletromagnética.

Bremsstrahlung: Radiação emitida por uma partícula carregada que é desacelerada se ela encontra um átomo, molécula, íon *etc.*

BSO (*Blue stellar object*): Objeto (com aparência) estelar azul.

Buraco branco: Região singular no espaço-tempo, o análogo invertido no tempo de um buraco negro, a partir do qual a matéria "aparece".

434 ⊙ O Universo Vermelho

Buraco negro:
Região singular no espaço dentro da qual a força gravitacional é tão intensa que nenhuma matéria ou luz pode escapar.

Cadeia de galáxias:
Grupo de quatro ou mais galáxias que formam aproximadamente uma linha no céu.

CCD
(*charged coupled device*):
Chips eletrônicos sensíveis à luz utilizados na astronomia moderna para registrar e medir a luz recebida.

Classe de luminosidade:
Esquema de classificação de estrelas de acordo com sua luminosidade. Ele se estende da classe I para as supergigantes até a classe VI para as anãs brancas.

Comprimento de onda:
Distância entre duas cristas de onda sucessivas numa série de oscilações sinusoidais.

Cosmologia de estado quase estacionário (QSSC – *Quasi-steady state cosmology*):
Teoria cosmológica de que o universo é infinito no espaço e no tempo e que se expande para sempre. Eventos periódicos e explosivos de criação de matéria ("*minibangs*") levam a um movimento oscilatório do espaço sobreposto a uma expansão geral.

cz:
Desvio para o vermelho expresso em unidades da velocidade da luz (c = 300.000 km/s).

Declinação:
Coordenada posicional angular dos objetos astronômicos, variando de 0 graus no equador celeste a 90 graus nos pólos celestes.

Deconvolução:
Operação matemática que ajuda a restaurar as características verdadeiras de um objeto observado. Se a influência do instrumento (*i.e.* a função de espalhamento pontual) é conhecida, o processo permite que a forma e intensidade real do objeto sejam mais bem vistas.

Desvio para o azul:
Quantidade fracionária pela qual as características no espectro de um objeto astronômico são desviadas para os comprimentos de onda mais curtos (mais azuis).

Desvio para o vermelho:
Quantidade fracionária pela qual as características no espectro dos objetos astronômicos são desviados para os comprimentos de onda mais longos (mais vermelhos).

Glossário ◉ 435

Desvios para o vermelho discordantes: Desvios para o vermelho diferentes dos esperados com respeito às distâncias dos objetos.

Desvio para o vermelho não-cosmológico: Desvio para o vermelho não causado pela expansão do universo.

Desvio para o vermelho não ligado à velocidade: Desvio para o vermelho não causado pela velocidade de recessão.

Diagrama Hertzsprung-Russell – DHR (*Hertzsprung-Russell Diagram* – HRD): Diagrama representando a evolução da magnitude absoluta contra a cor (uma medida da temperatura). Cada estrela é representada por um ponto no DHR.

Δz: Diferença entre dois desvios para o vermelho: $z_1 - z_2 = \Delta z$.

Efeito Butcher-Oemler: Resultado surpreendente de que as galáxias nos aglomerados de desvios para o vermelho mais altos tendem a ser mais azuis.

Eixo menor: Eixo ao redor do qual uma galáxia gira. Ele é perpendicular ao disco.

Elétron: Partícula carregada elementar, um constituinte de todos os átomos, com uma unidade de carga elétrica negativa.

Equador galáctico: Plano de nossa galáxia Via Láctea projetado no céu.

Espectro: Intensidade da luz de um objeto em cada comprimento de onda observado usando um prisma ou uma rede de difração. O resultado é uma seqüência de linhas ou faixas coloridas características dos elementos químicos que emitem a luz.

Espiral barrada: Galáxia espiral na qual os braços espirais se desenrolam a partir de uma "barra" de estrelas que formam a região interna da galáxia.

Estado excitado: Estado orbital de um átomo no qual pelo menos um elétron ocupa uma órbita maior do que as órbitas menores permitidas. Se um elétron pula para uma órbita menor ele emite um fóton com uma energia característica da separação entre as órbitas. O resultado é uma linha de emissão no espectro do átomo.

Estrelas B: Estrelas quentes, luminosas, geralmente num estágio inicial da evolução estelar.

436 ✪ O Universo Vermelho

Estrelas O: Estrelas mais quentes (50.000 K ou mais).

Experimentum crucis: Experiência decisiva que provará ou refutará uma teoria.

Fonte compacta: Região emitindo grandes quantidades de energia visível, de rádio ou de raios X a partir de uma pequena área aparente no céu.

Fonte de raios X: Objeto astronômico que emite quantidades significativas de raios X.

Força eletrofraca: Unificação da força eletromagnética e da força fraca. (Um exemplo da última é o decaimento do neutron num próton e num elétron).

Fóton: Partícula elementar que constitui as ondas de luz e todos os outros tipos de radiação eletromagnética.

Freqüência da radiação: Número de vezes por segundo que um fóton num feixe de fótons oscila, medido em unidades de hertz ou de ciclos por segundo.

Função de Espalhamento Pontual (PSF – *Point Spread Function*): Função matemática descrevendo como a luz de uma fonte pontual é espalhada ao passar através de um instrumento astronômico. A imagem resultante não é um ponto, mas um pequeno disco cujo raio é determinado pela interação da radiação com o instrumento.

Galáxia: Agregado de estrelas e outros tipos de material que forma uma unidade aparentemente isolada no espaço, muito maior do que os aglomerados de estrelas (que são constituintes normais das galáxias).

Galáxia ativa: Galáxia com emissão extremamente alta de radiação especialmente no intervalo de alta energia: radiação UV, raios X, raios gama. Exemplos bem conhecidos são as galáxias Seyfert, galáxias Markarian, radiogaláxias, objetos BL Lac e quasares.

Galáxia com surto de formação estelar: Galáxia com uma taxa excepcionalmente alta de formação de estrelas.

Galáxia E: Uma galáxia com distribuição espacial suave e elipsoidal predominantemente de estrelas mais velhas.

Glossário 437

Galáxia espiral: Galáxia na qual as estrelas brilhantes, o gás interstelar e a poeira estão arranjados num disco achatado girando, dentro do qual são visíveis braços espirais proeminentes compostos de estrelas jovens e de regiões H II. As galáxias espirais são classificadas como Sa, Sb, Sc (ou SBa, SBb, SBc..., assim por diante, se elas são espirais barradas). Esta seqüência representa diâmetros decrescentes do bojo central e separações crescentes dos braços espirais individuais. Um "I" adicionado à classificação indica supostamente alta luminosidade.

Galáxia hospedeira: Galáxia com um objeto ativo (por ex. um quasar) em seu centro.

Galáxia peculiar: Galáxia que não tem a forma padrão, simétrica, da maioria das galáxias.

Galáxias companheiras: Galáxias menores acompanhando uma galáxia grande, dominante, num par ou grupo de galáxias.

Galáxias de tipo tardio: Galáxias mostrando um tipo rotacional e quantidades crescentes de população estelar jovem.

Galáxia Seyfert: Tipo especial de galáxia ativa (na maior parte espirais) detectada por C. Seyfert. As galáxias Seyfert são caracterizadas por cores extremamente brilhantes cuja luminosidade mostra uma variabilidade extensiva. Elas também são brilhantes na radiação infravermelha e nos raios X.

Galáxias Im: Galáxias irregulares, usualmente do tipo das Nuvens de Magalhães.

Gravitação quântica: Teoria que tenta unificar a relatividade geral e a teoria quântica.

Grupo Local: Pequeno aglomerado de aproximadamente 20 galáxias que inclui nossa Via Láctea e a galáxia espiral (Sb) gigante, a nebulosa de Andrômeda (M31).

H_O: A constante de Hubble definida como a razão do desvio para o vermelho de uma galáxia para sua distância (distância freqüentemente estimada a partir de sua mag-

438 ✪ O Universo Vermelho

nitude aparente). Seu valor é geralmente dado como $H_0 = 50$ a 100 km s^{-1} Mpc^{-1}.

Hemisfério galáctico norte: Parte do céu, dividido pelo equador galáctico, que inclui o pólo celeste norte.

Hemisfério galáctico sul: Parte do céu, dividido em dois pelo equador galáctico, que inclui o pólo celeste sul.

H I: Hidrogênio neutro (não-ionizado), observado usualmente por radiotelescópios que detectam a emissão de rádio que surge da transição entre estados diferentes do alinhamento de spin do elétron e do próton no núcleo do átomo.

HRI (*High resolution instrument*): Instrumento de alta resolução no telescópio de raios X ROSAT.

Interações de maré: Interações entre estrelas ou galáxias devido à atração gravitacional mútua entre elas.

Isófotas: Linhas ligando pontos de intensidades iguais num mapa celeste.

Jato: Característica linear, muito mais comprida do que larga, em geral reta e que se infere surgir da ejeção colimada de material.

Lei de Hubble: Proporcionalidade entre o desvio para o vermelho de uma galáxia e sua magnitude aparente.

Lei do desvio para o vermelho-distância: Hipótese de que a distância de um objeto até nós é proporcional a seu desvio para o vermelho (a interpretação usual da lei de Hubble).

Lente gravitacional: Objeto com uma massa grande que curva as trajetórias dos fótons que passam próximos dele.

Levantamento de Feixe Estreito: Levantamento dos objetos extragalácticos utilizando um ângulo de abertura pequeno e se estendendo para os limites de detecção do instrumento. Acredita-se que fornece informações sobre a estrutura em grande escala do universo.

Linha α do hidrogênio: Linha espectral importante, que se origina no átomo de hidrogênio, vista freqüentemente como linha α de emissão a de hidrogênio nas regiões H II.

Glossário 439

Linha de absorção:	Energia faltando no espectro de um objeto num intervalo estreito de comprimentos de onda, devido à absorção pelos átomos de um elemento particular. O espectro mostra uma linha preta onde a linha colorida característica apareceria no caso de emissão do mesmo comprimento de onda pelos átomos.
Linha de emissão:	"Pico" de excesso de energia num intervalo estreito de comprimento de onda do espectro, tipicamente o resultado da emissão de fótons de um tipo particular de átomo num estado excitado.
Lóbulo de rádio:	Emissão de rádio a partir de áreas apreciavelmente estendidas de ambos os lados de uma galáxia, freqüentemente conectadas ao núcleo galáctico por um jato de emissão de rádio.
M:	"Messier". Catálogo de nebulosas, aglomerados e galáxias compilado por Ch. Messier em 1784 (por ex. M87).
Magnitude:	Medida do brilho dos objetos na qual um aumento de uma magnitude indica uma diminuição no brilho por um fator de 2,512.
Magnitude absoluta:	Brilho (medido em magnitudes) que um objeto teria se observado de uma distância de 10 parsecs (32,6 anos-luz).
Magnitude aparente:	Brilho que um objeto parece ter em sua distância real, medido em magnitudes. (As estrelas mais fracas visíveis a olho nu são aproximadamente da 6ª magnitude e as estrelas e galáxias mais fracas fotografadas em grandes telescópios são aproximadamente da 30ª magnitude).
Maser:	Emissão estimulada de radiação eletromagnética (por ex. por moléculas de água) na região de microondas.
Matéria escura:	Matéria invisível aos instrumentos astronômicos atuais.
Mecanismo Narlikar/Das:	Diminuição da velocidade das partículas de matéria criadas recentemente para conservar o momento à medida que elas ganham massa com o tempo.

440 ✿ O Universo Vermelho

Metalicidade: Relação das abundâncias dos elementos pesados para a abundância do hidrogênio dentro das estrelas.

Movimento solar: Movimento do sol em relação às galáxias próximas, que inclui a rotação do sol ao redor do centro da Via Láctea assim como seu movimento peculiar dentro de nossa própria galáxia.

Mpc (megaparsec): Um milhão de parsecs.

NGC (*New General Catalogue*): *"Novo Catálogo Geral* de Nebulosas e Aglomerados de Estrelas". Um catálogo publicado em 1888 por J. Dreyer. Ele continha 7840 aglomerados de estrelas, nebulosas e galáxias. Apêndices (chamados IC = *Index Catalogue – Catálogo Indicador*) o estenderam para mais de 13.000 objetos.

Objetos BL Lac: Objetos com espectro dominado por uma radiação contínua, não-térmica. Morfologicamente são uma transição entre quasares e galáxias. São marcados por uma emissão de rádio e de raios X muito intensa.

Opacidade: Medida que quantifica a quantidade de não-transparência de um meio. Ela depende da densidade, temperatura e composição química da matéria.

Parsec: Unidade de distância, igual a 3,26 anos-luz.

Partícula de Planck: Partícula elementar hipotética com uma massa 5.000.000 trilhões de vezes a massa de um átomo de hidrogênio. A partícula é instável e decai imediatamente após sua criação em subpartículas que decaem subseqüentemente nos constituintes da matéria ordinária (quarks, elétrons *etc.*).

Periodicidade do desvio para o vermelho: Tendência dos desvios para o vermelho observados ocorrerem com certos valores a certos intervalos bem definidos um do outro.

Pólos celestes: Pontos no céu diretamente acima dos pólos norte e sul da Terra.

Princípio de Mach: Postulado apresentado por Ernst Mach que afirma que a inércia (massa) é o resultado da influência de todas as partículas dentro

Glossário ✪ 441

Prisma-objetiva: Vidro na forma de cunha que fornece pequenos espectros de todo um campo de fontes brilhantes.

do universo. Isto contradiz a visão de que a massa é um atributo de cada partícula individual.

Probabilidade *a posteriori*: Probabilidade, após um evento ter acontecido, de que ele aconteceria.

Probabilidade *a priori*: Probabilidade, antes de um evento ter acontecido, de que ele ocorrerá.

Probabilidade de associação: Se não existe associação física entre objetos, a probabilidade de uma configuração observada ser uma ocorrência casual. Tecnicamente seria um menos a probabilidade casual.

Processamento de imagens: Análise das imagens que torna visíveis diferenças de contrastes, mudanças de gradientes, descontinuidades e outras características sistemáticas; melhor realizado hoje por algoritmos computacionais aplicados a dados digitalizados.

Quantização: Propriedade de existir apenas em certos valores discretos.

Quasar: Fonte de luz tipo pontual com um grande desvio para o vermelho, freqüentemente uma fonte de emissão de rádio e também de raios X.

Radiação eletromagnética: Feixes de fótons que carregam energia de uma fonte de radiação.

Radiação síncrotron: Radiação emitida pelas partículas carregadas movendo-se quase à velocidade da luz cujas trajetórias são curvadas num campo magnético.

Radiofonte: Objeto astronômico que emite quantidades significativas de ondas de rádio.

Raios gama: Tipo particular de radiação eletromagnética de freqüência muito alta e comprimento de onda muito curto. Sua origem está em processos dentro do núcleo de um átomo.

Raios X: Tipo particular de radiação eletromagnética, de alta freqüência e comprimento de onda curto.

442 ○ O Universo Vermelho

Região H II:	Região gasosa predominantemente de hidrogênio ionizado, excitado por estrelas jovens e quentes presentes na região e que, portanto, mostra linhas de emissão proeminentes.
Relação de Tully-Fisher:	Para as galáxias girando, uma correlação encontrada por R. B. Tully e J. R. Fisher entre a luminosidade e a largura da linha de rádio de 21 cm. Ela permite, em princípio, estimar a massa e, portanto, a luminosidade de uma galáxia a partir do perfil de sua linha de 21 cm.
ROSAT:	Telescópio alemão de raios X (radiação *Röntgen* em alemão).
Rotação galáctica:	Movimento orbital coletivo do material no plano de uma galáxia espiral ao redor do centro galáctico.
Sistema de coordenadas supergaláctico:	Sistema de coordenadas de referência para as galáxias externas. O Superaglomerado Local, cujo centro está em Virgem, é concentrado ao redor da latitude supergaláctica nula.
Superaglomerado Local:	Maior aglomeração próxima de grupos e aglomerados pequenos de galáxias, com o rico aglomerado de Virgem de galáxias perto de seu centro.
Supernova:	Estrela explodindo que se torna (temporariamente) milhares de vezes mais luminosa do que a estrela normal mais brilhante na galáxia.
Telescópio Schmidt:	Telescópio com um espelho refletor e uma placa corretora que pode fotografar uma porção relativamente grande do céu sem distorção.
Teoria de estado estacionário:	Teoria de que o universo, em grandes escalas espaciais, permanece sempre o mesmo.
Teoria do *Big Bang* (grande explosão):	Teoria de que o universo começou sua expansão num ponto particular no espaço-tempo.
Teorias da grande unificação:	Teorias que tentam unificar todas as forças na natureza.

Glossário ❂ 443

Universo:	Toda matéria observável ou potencialmente observável que existe.
Via Láctea:	Nossa própria galáxia, uma galáxia espiral no Grupo Local de galáxias.
z:	Símbolo de desvio para o vermelho definido como o deslocamento das características espectrais em comprimentos de onda, expresso como uma fração do comprimento de onda original $z = \Delta\lambda/\lambda$.
z_O:	Desvio para o vermelho corrigido pelo movimento solar. Utilizado também para denotar o desvio para o vermelho da matéria criada no tempo t_O.

Índice Remissivo

3

3rd Cambridge Catalogue of Radio
Sources, 49
3C120, 97, 120, 359, 360
3C227, 287, 288
3C232, 48, 56, 314
3C273, , 36, 92, 95, 167, 179, 180,
187, 192-194, 196, 198, 199,
201-204, 217, 421
3C274, 180, 181, 192, 366
3C275, 48, 49, 245, 314
3C279, 201-204, 206, 421
3C309, 48, 62
3C345, 312-314, 317, 356
3C48, 92, 93, 95-97, 264, 285

A

Abell, aglomerados 213, 214, 220-229,
231, 237-239, 243, 244, 246, 251,
266, 275, 276, 278, 315, 350
Abell, George, 213
Academia de Ciências da Armênia, 39
Agnese, A. G., 327
Água de maser. Ver maser: água
Allen, Steve, 384

Ambarzumian, Viktor, 39, 133, 273, 341
Andrômeda, Galáxia de, 110
Annais of Physics, 169, 334
Apeiron, 223, 322, 325, 378
Arkiv. f. Astronomie, 133
Arp Atlas. Ver Atlas de Galáxias
Peculiares
Arp, Halton, 46, 137, 138, 223, 264, 279,
293, 300, 343, 354, 367, 381, 382
Arp/Hazard, grupo de Quasares, 361,
318, 415
Artem, Jess, 325
Asca, telescópio, 140
Associação Americana para o
Progresso da Ciência, 29
Astrofísica de Cambridge, Centro de, 59
Astrofyzika, 39, 90
Astronomical Journal, 128, 257
Astronomy and Astrophysics, 34, 35,
104, 143, 157, 196, 199, 236, 254,
256, 303
Astronomy and Astrophysics Letters,
29, 416
Astronomy Now, 194
Astrophysical Journal, 40, 74, 94, 95,
100, 101, 122, 124, 131, 132, 143,

446 ✪ O Universo Vermelho

144, 162, 163, 174, 180, 223, 246,
316, 342, 343, 363
Astrophysical Journal Letters, 27, 29,
30, 194, 262
Astrophysics and Space Science, 128,
206, 359
Ativa, galáxia. Ver Galáxias: ativa.
Atlas de Galáxias Peculiares, 34,
100, 114, 133, 138, 142, 180, 186
Arp105 114, 115, 117
Arp134 180
Awaki, 139

B
Baade, Walter, 97, 406
Bahcall, John, 92
Bangalore, conferência de, 408
Bardelli, 220
Bergh, Sydney van den, 283
Bi, H. G., 54, 301
Big Bang, 11, 14, 16, 19, 23, 24, 44, 45,
137, 166, 168, 208, 236, 240, 242,
284, 289, 334, 342-348, 351-354,
368, 370, 371, 373, 379, 382, 398,
442
Binggeli, Bruno, 298
BL Lac, 72, 79, 81-84, 86, 88, 97, 124,
138, 141, 164, 217, 235, 242-246,
250, 267, 271, 280, 281, 306-308,
314, 315, 317, 342, 356, 361, 366,
367, 436
Blaauw, Adrian, 158
Blagg-Richardson, lei de, 326
Böhringer, Briel e Schawarz 197
Böhringer, e outros 214
Bok, Bart, 150
Boksenberg, A., 56
Bolton, J., 17
Bootes, vazio de, 115
Born, Max, 24, 352
Brandt, W. N., 140

bremsstrahlung, 211, 421
Bridgeman, Percy, 93
Briel, U. G., 278, 282
BSO, Ver Objeto Estelar Azul
Bulletin of Atomic Scientists, 384, 386
buraco branco 34, 340, 433
buraco negro, 33, 71, 158, 339, 340,
367, 433, 434
Burbidge, Margaret, 24, 28, 29, 68, 71,
118, 205, 236, 300, 362
Burbidge, Geoffrey, 45, 71, 118, 158,
192, 205, 209, 236, 312, 411, 416
Butcher-Oemler, efeito, 240, 435

C
Cal Tech, 145, 236, 336, 387, 399
Calar Alto, telescópio de, 128
Câmara patrulha de Harvard, 202
*Cambridge Catalogue of Radio
Sources*. Ver *3rd Cambridge
Catalogue of radio Sources*
Cambridge University Press, 10
Campbell, W. W., 17, 18, 24, 150
Canadá-França-Havaí, telescópio, 312
Canizares, Claude, 254
Carey, S. Warren, 394
Carilli, C. L., 58
Carneiro, Saulo, 326
Catálogo Abell, 213, 227
Abell, 85, 235, 319-320, 351
Catálogo Arp/Madore, 283
Catálogo ESO de Galáxias Austrais
ESO161-IG24, 146
Catálogo Haro-Herbig
HH34, 434, 449, 450
Catálogo Hewitt e Burbidge, 304
Catálogo Nilson, 418
Catálogo Revisado Shapley-Ames,
248
Catálogo Shapley-Ames, 82. Ver
Catálogo Revisado Shapley-Ames

Índice Remissivo ❂ 447

Centro de Ciências Arthur C. Clarke, 209

Centro Interuniversitário de Astronomia e Astrofísica, 38

Cerro Tololo, Telescópio, 74

Céu, levantamento do, 37, 133, 359

Chandrasekhar, Subrahmanyan, 143-145

Ciência acadêmica, 11, 14, 48, 251, 363, 398, 402

Cientista Sênior Alexander Humboldt, 13

Cinturão de Asteróides, 393, 396

Cisne A, 19, 341

Clarke, Arthur, 209, 212

Comissão de Energia Atômica, 385, 386

Comitê para uma Política Nuclear Sadia, 384

Compactos, grupos. Ver Galáxias: grupos compactos

COMPTEL, 202

Compton, freqüência. Ver elétron: freqüência Compton

Conselho Europeu, 157

Corot, 403

Corwin, Harold, 213

Cosmologia, 11, 16-19, 24, 25, 64, 98, 168, 169, 209, 333, 353, 371, 377, 385, 386, 388, 403, 407, 408, 422

Courtès, G., 31

Crampton, David, 312

Crane, Philip, 260, 264

criação de matéria, 22, 171, 211, 212, 223, 337, 338, 347, 354, 367, 371, 422

Criacionismo, 398

Cribb, Julian, 389

D

Da Vinci, 403

Dark Matter, Missing Planets and New Comets, 396

Darwinismo 398

Das, P. K., 74, 342

De Broglie, Comprimento de onda de, 297

Deconvolução, 422

Dedo de Deus, 111

desvio para o vermelho 14, 17-23, 27, 33, 36, 38, 43, 45, 47, 52-54, 56, 58, 63, 67, 68, 71, 74, 76, 83, 86, 90-97, 99, 100, 102-106, 109-111, 113, 115, 118, 119, 121, 122, 124, 126, 128, 129, 130, 135, 139, 148, 150, 151-154, 157, 159, 160, 165, 167-169, 172, 174, 175, 177, 179, 180-182, 184-186, 188, 192, 196, 202, 209, 215-217, 223, 226, 230, 231, 233, 235, 236, 240, 244-247, 249-251, 259, 261, 264-267, 271, 275, 277, 278, 281-285, 287-289, 297-304, 306, 308, 309, 311, 312, 315, 316, 319, 320-324, 326, 344, 346, 349-351, 353-355, 357-359, 361-364, 366, 368, 369, 376, 380, 411, 413, 417- 419, 422, 423, 425, 426, 429, 431, 434

cosmológico, 376

Definição, 15

dispersão, 226, 349, 357

Doppler, 16

excesso, 27, 115, 117, 119, 122, 123, 136, 151, 152, 157, 172

função da idade, 18, 22, 109

galáxia

galáxias de baixo, 34, 44, 63, 67, 249, 253, 301, 419

gravitacional, 24, 152

Intrínseco, 13, 14, 16, 27, 72-74, 91, 99, 100, 109, 111, 114, 123, 126, 136, 137, 141, 147, 148, 154, 156, 158, 166, 167, 169-172, 175, 185, 211, 223, 226, 227, 230, 240, 242, 244-246, 250, 283, 290, 308, 310, 312,

448 ✪ O Universo Vermelho

315-317, 323, 336, 340, 342,
344, 350, 367
luz cansada, 24, 150, 352
médio, 103-105, 115, 148, 297
não devidos à velocidade, 13, 16,
119, 175
pico, 238, 266, 308, 320, 330
quantizado 138, 235, 271, 294,
300, 307, 320, 321, 323, 325,
353, 357, 361
quasar, 13, 36, 53, 54, 74, 114, 181,
219
Dirac, Paul, 338
Dreyer, J., 428
Duc, P.A., 116
Duchamps, 403
Durret, F., 321

E
Eddington, Arthur, 145, 352
EGRET, 202, 433
Einstein, Albert, 18, 334, 337, 345
Einstein, Cruz de, 258, 259, 261-264,
433, 447
Einstein, equações de campo de, 175,
300
Einstein, Laboratório, 58
Einstein, observatório de raios X, 76
Einsten-De Sitter, modelo, 376
Elétron
freqüência Compton, 297, 324
massa, 168
momento magnético, 322
spin, 322-324, 421, 426
Ellis, Richard, 285
Elton, Sam, 395
Elvis, Martin, 59
Estado estacionário, Teoria de, 430
Estelar, vento, 149, 151
Estrela, formação de, 163, 172, 241,
245, 331, 424

European Southern Observatory
(ESO), 51, 59, 146, 192
*European Southern Observatory
Messenger*, 220, 319, 434

F
Fabian, A. C., 276
Fairall, Tony, 79, 243
Federação dos Cientistas Americanos,
384, 386
Ferris, Timothy, 378
Festa, R., 327, 330
Field, George, 350
Finlay-Freundlich, E., 24, 152
Fisher, J. R., 430
Flandern, Tom Van, 396
Fleischmann, Martin, 390
Fort, B., 267
Fosbury, Robert, 51, 275
Foundations of Physics Letters, 378
Freud, Sigmund, 403
Friedmann, Alexander, 17, 18, 334,
335, 370, 371
Frontiers of Fundamental Physics, 394
Frota do Pacífico, 383

G
Gaia, hipótese, 397
Galáxias
ativa, 28
companheira, 13, 44, 52-54, 68, 74,
85, 89, 90, 95, 100-106, 114,
115, 117-121, 123, 124, 126,
128-131, 133, 134, 136-138,
140-142, 146, 148, 159-164,
166, 168, 170-172, 174, 175,
177, 184, 216, 234, 245, 247,
251, 267, 270, 271, 277, 357,
363, 364, 366, 367, 415, 417,
425, 433

dominante, 52, 56, 95, 102, 109,
110, 115, 119, 123, 133, 148,
165, 256, 270, 425
dupla, 216, 360
espiral, 40, 49, 52, 81, 90, 100, 126,
232, 268, 269, 282, 423, 425,
430, 431
grupos compactos, 118, 119, 121,
122
protogaláxias, 114, 138, 181, 182,
250, 251, 331, 351
Galáxias, aglomerado de, 104, 113,
232-235, 245, 246, 265, 270, 271,
276, 277, 279, 280, 315, 319, 320,
421, 434
Centauro, 276, 277
Coma, aglomerado de, 220, 242,
280, 281, 283, 344
Fornalha, aglomerado, 227-230,
242-244, 246, 267, 317, 372
Hércules, Aglomerado de, 115,
272, 413
superaglomerado Local, 14, 17, 22,
23, 96, 103, 177, 185, 187, 191,
192, 194, 208, 210-213, 242,
258, 285, 303, 305, 341, 350,
413, 430
Virgem, aglomerado de, 22, 95, 97,
103-106, 109-111, 167, 177,
179, 181-183, 185, 187, 188,
191, 192, 194, 196, 199, 200-
209, 211, 213-215, 220, 224,
228-230, 240, 242, 244, 246,
247, 267, 272, 282, 294, 297,
298, 317, 360, 366, 367, 372,
421, 430, 433, 434
Galilei, Galileu, 382, 403
Gamow, George, 352
GC0248+430, 89
Giovanelli, R., 192, 226
Giraud, Edmond, 108
Goldsmith, Donald, 10, 11

Goodstein, David, 399
Gravitacional, Desvio para o
Vermelho. Ver Desvio para o
Vermelho: gravitacional
Green, Richard, 151, 187
Gropius, 403
Guerra Mundial, II, 383
Gunn, James, 296
Guthrie, Bruce, 294, 296

H
h + Chi Perseu, 153, 154
Hale, George Ellery, 406
Hale, Observatório, 53
Halpern, J. P., 140
Haro-Herbig Catalogue
HH, 34, 434
Harvard, Universidade de, 150, 296
Hasinger, Günther, 73
Martha Haynes, 192
Hazard, Cyril, 316
He, X. T., 75
Hemisfério Norte 187, 247
Hemisfério Sul 132, 147, 237, 246
Henry, J. P., 278, 282
Hércules II, 413
Hermsen e outros, 201
Herrenstein e Murray, 401
Hickson, Paul, 119
Hill, Steinhardt e Turner, 298
Holmberg, Erik, 133, 135, 138
Hoyle, Sir Fred, 145, 168, 205, 209,
236, 259, 340, 350, 352, 353, 362,
392
Hubble, Campo de Longa Exposição
do, 283-285, 434
Hubble, constante de, 92, 104, 105,
109, 344, 347, 348, 370, 425
Hubble, diagrama de, 94, 223, 230,
348, 349
Hubble, E., 17, 18, 19, 24, 25, 406

450 ⚙ O Universo Vermelho

Hubble, relação de, 94, 215, 230, 236, 271, 344, 349, 350, 351, 376
Hubble, Telescópio Espacial, 46, 219, 262, 366, 413, 433, 434
Huchra, John, 296
Humphreys, Roberta, 153
Hutchings, John, 92, 148
Hyashida e outros, 208

I
Iawasawa, K., 140
IEEE Transactions on Plasma Science, 179
Ilha do Tesouro, 383
Index Catalogue, 428
    IC1767, 40
    IC1801, 359
    IC342, 101, 172, 299
    IC3528, 216
    IC4296, 184, 221
    IC4329, 184
    IC4329A, 184
Instituto de Astronomia Teórica de Cambridge, 301
Instituto de Ciência Telescópio Espacial, 47
Instituto de Energia Elétrica Americano, 388
Irwin, Jimmy, 186

J
Jörsäter e Van Moorsel 84
Journal of Astrophysics and Astronomy, 120, 226, 290
Journal of Scientific Exploration, 390

K
K, efeito, 17, 18, 24, 150-153, 156, 158, 159, 171, 175

Kafatos, M., 56
Karlsson, K. G., 301
Keel, William, 414
Kellerman, Ken, 36
Kepler, terceira lei de, 330
Khachikyan, Edward, 52
Khalatnikov, I., 369
Kippenhahn, Rudi, 13, 49
Kondo, Y., 56
Kotanyi, C., 178
Kronberg, Philip, 188
Kudritzki, Rolf, 150

L
Lahev, 220
Lavery, R. J., 239
Layzer, David, 342
Lee, T. F, 325
Lin, C. C., 179
Linha de absorção, 439
Local, grupo, 23, 52, 95, 97, 100-102, 105, 110, 119, 120, 148, 170, 172, 185, 247, 290, 292, 293, 298, 299, 303, 304, 323, 357-359, 425, 431
Local, superaglomerado. Ver Galáxias, aglomerado de: superaglomerado Local
Lorre, Jean, 74, 433
Lovelock, James, 397
Lundmark-Hubble, relação de, 334
Luyten, Willem, 305
Lyman-alfa, 86, 261, 433
Lynds, C. R., 265, 433

M
MacArthur, Bolsas, 403
Mach, Ernst, 18, 336, 337, 428
Mach, princípio de, 168, 336
Machiana, Física, 297, 336
Machiano, universo, 290, 299, 408

Índice Remissivo ● 451

Maddox, John, 199, 283
magnitude absoluta, 423, 427
Magnitude aparente, 18, 28, 42, 49, 53,
64, 79, 82, 83, 96, 109, 119, 202,
219, 221, 231, 236, 244, 247, 254-
256, 264, 266, 283, 304, 305, 344,
351, 412, 419, 437-488, 439
Margon, Bruce, 91
Markarian, B. E., 52
Markarian, galáxia, 54, 250, 424
Mark205, 36, 40- 44, 46-48, 86, 89,
232-234
Mark474, 48, 51-54, 56, 60, 86, 89
Mark573, 141
Marmet, Paul, 150
Marseille, telescópio, 118
Marte, 327, 391-393
maser
água, 33, 71, 72, 427
matéria escura, 119, 281, 344, 427
Matthews, 92
Max-Planck Institut für Astrophysik,
13, 49, 64, 236, 301
Max-Planck Institut für
Extraterrestrische Physik, 13, 41,
49, 196
McClure, R. D., 239
Mellier, Y., 267
Messier
M31, 24, 92, 95, 100, 102, 103,
106, 110, 119, 120, 135, 148,
156, 165, 166, 172, 254, 256,
290, 298, 323, 357-359, 425
M32, 172
M33, 95-97, 120, 156
M49, 109, 178-180, 183, 185-187,
192, 196, 198, 202, 214, 215,
217, 228, 246
M81, 52, 92, 100, 103, 106, 115,
120, 126, 165, 247, 254, 256,
292, 293
M82, 90, 165, 172, 356

M83, 184, 221, 237
M84, 246
M86, 246
M87, 180, 181, 184, 185, 192, 193,
202, 204, 216, 217, 224, 225,
228, 329, 331, 363, 364, 366,
367, 427, 434, 449
M88, 312
Messier, Charles, 427
Meta-Research Bulletin, 396
Minkowski, métrica de, 375
Minkowski, Rudolf, 97
Mirabel, L. F., 116
Moles, Mariano, 128
Monte Hamilton, refletor, 28
Monte Wilson, Observatório, 133, 144
Monthly Notices of the Royal
Astronomical Society, 158
Moore, Patrick, 194
Morse, J. A., 434
Munique, Observatório de, 150

N
Napier, William, 294, 296
Narlikar, Jayant, 38, 45, 74, 168, 169,
205, 209, 223, 236, 334, 335, 338,
340, 342, 343, 345, 353, 354, 362,
371, 375
Narlikar/Das, modelo, 44, 308, 317,
343, 427
Nasa, 47, 259, 391-393, 434
Nature, 191, 196, 199, 283, 363
Neto, Oliveira, 327
New General Catalogue (NGC), 51,
52, 54, 72, 85, 86, 284, 235, 241,
243, 244, 266, 440
NGC1073, 47
NGC1097, 74, 76- 79, 81, 135, 140,
227, 243, 244, 268-270, 419,
433
NGC1232, 170, 172, 174

452 ✪ O Universo Vermelho

NGC1291, 228, 244, 246
NGC1365, 81, 83, 84, 86, 243, 244, 246
NGC1385, 311
NGC1398, 311
NGC1569, 153, 154, 156, 165
NGC1672, 139, 140
NGC1808, 132, 165
NGC205, 172
NGC217, 235
NGC2403, 247
NGC253, 235
NGC2639, 68, 71, 73, 74, 83, 134-136, 311, 313
NGC2775, 159, 160, 161, 165
NGC2777, 156, 159, 161-163, 165
NGC3067, 48, 56, 60, 90, 344
NGC309, 126
NGC3223, 238
NGC3516, 82, 135, 137, 138, 361-363, 418, 419
NGC3521, 238
NGC3718, 121
NGC3818, 319
NGC3842, 36
NGC404, 165, 172
NGC4151, 84-86, 87, 124, 126, 234
NGC4156, 124, 234
NGC4235, 72, 73, 134, 135, 313
NGC4258, 27, 28, 30, 31, 33-36, 43, 63-65, 71, 73, 88, 134, 135, 234, 313
NGC4319, 41, 44, 46-48, 232-234
NGC4448, 132
NGC4472, 36, 109, 192, 228
NGC4486, 366
NGC450, 128-130
NGC4565, 235
NGC4595, 216
NGC4651, 48, 49, 86, 269, 417
NGC4696, 277
NGC5128, 165, 183, 184

NGC520, 90, 165
NGC5252, 434
NGC5253, 165, 184, 220, 221, 226
NGC5548, 217, 219, 234, 241, 245, 279, 356
NGC5682, 48, 52, 54
NGC5689, 51-54, 89
NGC5832, 48, 62
NGC5985, 418, 419
NGC6212, 314, 315
NGC7171, 89
NGC7319, 126
NGC7331, 124, 126, 165
NGC7537, 90
NGC7541, 90
NGC7603, 170, 172, 433
NGC891, 225, 226
NGC918, 359
NGC935, 359
New York Times, 382
New Yorker, 389
Nobel, Prêmio, 145
Norte, 191, 426
Nottale, Laurent, 327, 330
Nuvem de Magalhães 147, 149, 152, 156, 169, 170

O

Objeto estelar azul, 56
Observatório de Raios Gama de Alta Energia, 200
Observatório Lick, 23, 24, 53, 152, 366
Observatório Nacional de Kitt Peak, 28
Oke, espectrômetro de multicanais, 86, 129
Olímpia, Conferência de, 394, 396. Ver *Frontiers of Fundamental Physics*
onda de densidade, teoria de, 84
Oort, Jan, 33, 86, 143, 144

Índice Remissivo ⊙ 453

Oort, nuvem de, 162
Open Questions in Relativistic Physics, 378
Orion, Nebulosa de, 152
Owen, Frazier, 434

P

Palomar Green Catalogue
 PG1211+143, 36, 38, 89, 181, 184, 224, 282
Palomar, Levantamento do Céu, 219, 359
Palomar, Monte, observatório, 17, 21, 86, 129, 133, 144, 154, 203, 235, 269, 316, 385
Palomar Schmidt, placas, 53
Pecker, Jean-Claude, 45
peculiar, galáxia, 285, 425
Pedlar, A., 88
Peebles, James, 296
Pequim, Observatório de, 38
Pequim, telescópio de, 137, 361
Perley, Richard, 20
Perry, Judith, 188
Perseu, 153, 225
Perseu-Peixes, filamento, 226, 247, 320
Petrosian, Vahe, 265
Pflug, Hans, 393
PG. Ver *Palomar Green Catalogue*
Phipps, Thomas E., Jr., 378
Phys. Lett., 191, 199, 262, 369
Phys. Rev. Lett., 207
Physics Today, 207
Pierce, M. J., 239
Pierre, Marguerite, 238
Pietsch, Wolfgang, 13, 28, 88, 235
PKS0405–385, 412
Planalto Cydonia, 392
Planck, constante de, 324
Plaskett e Pearce, 151

Pons, Stanley, 390
Prieto, M. A., 288
Princeton, Universidade de, 296, 297, 391
Progress in New Cosmologies, 295
Publications of the Astronomical Society of the Pacific, 181, 221

Q

Quantização. Ver Desvio para o Vermelho: quantizado
Quantized redshift. Ver Redshift: quantized
Quasar. Ver Desvio para o vermelho: Quasar
Quasars, Redshifts and Controversies, 9, 41, 47, 63, 75, 89, 95, 96, 97, 101, 120, 121, 124, 174, 183, 188, 209, 221, 232, 253, 256, 259, 289, 290, 304, 316, 356, 359, 413

R

Radecke, Hans-Dieter, 64, 86, 137, 202-206, 217, 279, 433
Radiação síncrotron, 32, 429
Rádio Observatório Nacional, 36
Raymond, J. C., 434
Real de Edimburgo, Observatório, 294
Real de Greenwich, Observatório, 29
Reipurth, Bo, 434
relatividade geral, 16, 18, 152, 169, 240, 333, 337, 378, 425
Rees, Martin, 45, 46, 48, 199, 301
ROSAT 278, 426
ROSAT, 21, 41, 43, 48, 60, 62, 64, 75, 76, 78, 81, 90, 141, 197, 199, 217, 222, 230, 243, 271, 313, 430
Roy, P., 33
Rubcic, A. e J., 327

454 ☉ O Universo Vermelho

Rubin, Vera, 57
Ruiter, Hans de, 86

S
Sandage, Allan, 49, 92, 98, 215, 248, 347, 348
Sarazin, Craig, 186
Sargent, W. L. W., 57
Schilling, Govert, 46
Schindler, Sabine, 272
Schmidt, Maarten, 53, 91, 187
Schneider, Peter, 254, 263
Science, 180, 295, 296, 365, 399
Seaborg, Glenn, 385
Selleri, Franco, 378
Seyfert, galáxias, 44, 51, 54, 63-65, 88, 89, 94, 184, 194, 206, 257, 275, 276, 279, 308, 309, 361, 424, 425
Seyfert, Karl, 63, 97
Seyfert, Sexteto, 122
Sharp, Nigel, 433
Silk, Joseph, 295
Simpósio do Texas sobre Astrofísica Relativística, 67
Sky and Telescope 41, 128, 199, 204
Smith, Sinclair, 281
Smozuru, Arpad, 117
Socorro. Ver *Very Large Array*
Sofue, Y., 188
Solomon, P. M., 49
Stanev, 207
Stellarator, 391
Stephan, Quinteto de, 124, 126
Stephens, M. E., 118
Stocke, John, 58, 86, 219, 234, 245
Stockton, Allan, 114, 116
Strittmatter, P.A., 49
Struve, Otto, 152
Sulentic, Jack, 46, 82, 135, 163, 187, 232
Superfluido, 366, 367
Supergigante, 147-150, 153, 154, 156-

158, 169, 170, 171, 422
Supernova, 65, 203, 346, 352, 407, 430

T
Tammann, Gustav, 248, 348
Telescópio da África do Sul, 147
Teller, Edward, 386
The McDaniel Report, 392
The White Death, 389
The Whole Shebang, 378
Thomas, Hans-Christoph, 13, 36, 217
Tifft, William, 108, 293
Titius-Bode, lei de, 325
Trümper, J., 49
Trumpler, Robert, 24, 152, 158
Tully, R. B., 430
Tully-Fisher, distância de, 126, 344, 430

U
U.K. Schmidt Telescópio, 75, 235
UN/ESA, conferência da, 360
União Astronômica Internacional 44, 143, 158, 261
Simpósio IAU, 44, 48, 56, 199
Universidade da Califórnia, 24, 29, 388
Universidade da Califórnia, Berkeley, 296
Universidade da Tasmânia, 394
Universidade de Brasília, 327
Universidade de São Paulo, 327
Universidade de Utah, 390
Uroboros, 397
Urry, 357

V
Vainu Bappu, telescópio, 38
van den Bergh, Sydney. Ver Berg, Sydney van den
Van der Kruit, Oort e Mathewson, 34

Índice Remissivo ⚙ 455

Van Gogh, 403
Vaucouleurs, Gerard de, 17, 22, 154, 177, 181
Véron e Véron, Catálogo de, 307
Via Láctea, galáxia, 109, 148, 150, 167, 359, 423
Viking, sonda, 392
Vorontsov-Velyaminov, 341
Vuyk, Leo, 286

W

Wampler, Joe, 53
Wamplertron, 53
Wegner, Alfred, 393, 394
Wehinger, Peter, 92
Westerbork, radiotelescópio, 32, 413
White, Simon, 64
William Herschel, telescópio, 47

Williams, Robert, 283
Willis, Tony, 86
Wilson, Andrew, 275, 434
Wilson, Falcke e Simpson, 141
Wolff, Milo, 297
Wyckoff, Susan, 92

Y

Yaoquan, Chu, 135, 137, 138, 194, 301, 360, 362, 363
Yee, Haward, 261, 263

Z

Zagreb, Universidade de, 327
Zen, 408, 409
Zhu, Xinfen, 194, 301
Zwicky, Fritz, 114, 253, 281, 282

O Autor, a Obra e os Tradutores

Halton Arp é norte-americano, nascido em 1927. Trabalhou por décadas nos Observatórios de Monte Wilson e Palomar, Pasadena, Califórnia, nos Estados Unidos. Atualmente trabalha no Instituto Max-Planck de Astrofísica, na Alemanha. É astrônomo de renome internacional, sendo sua especialidade o estudo de quasares (fontes concentradas de luz, como as estrelas, mas com emissão de alta intensidade nas freqüências de rádio e de raios X, tendo em geral um alto desvio para vermelho). Identificou e catalogou todos os objetos do *Atlas de Galáxias Peculiares* (*Atlas of Peculiar Galaxies*), uma coletânea de fotografias astronômicas de galáxias de formas particularmente estranhas. Este Atlas tem sido, há mais de trinta anos, uma fonte inesgotável de importantes pesquisas.

Arp é também conhecido no meio astronômico profissional como um pesquisador controverso e de idéias não-convencionais. Freqüentemente entra em colisão frontal com as idéias estabelecidas em sua área de pesquisa.

Em "O Universo Vermelho – Desvios para o Vermelho, Cosmologia e Ciência Acadêmica" vemos Arp em toda sua plenitude. Apresenta suas idéias – total e revolucionariamente contrárias às advogadas pela astronomia e cosmologia contemporâneas – de forma incisiva e por vezes carregada de raiva e ressentimentos, mas também com muito humor.

Para Arp nunca houve um *Big Bang*, a pedra-fundamental da cosmologia atual, e o universo não está em expansão. Para ele também não existe a "matéria escura", que supostamente permearia todo o espaço cósmico e que permanece como um dos grandes mistérios da ciência moderna. Ela não é detectada em nenhum intervalo de freqüência e sua existência é especulada a partir do comportamento gravitacional dos corpos astronômicos. Para o autor esta matéria escura não existe e decorre da interpretação equivocada dos dados observacionais. Os famosos quasares, considerados como os objetos mais distantes e luminosos do universo, são, em sua interpretação, objetos próximos e constituídos de matéria recém-criada, ejetados do interior de galáxias ativas mais velhas.

Em suma, o leitor leigo em astronomia encontrará em "O Universo Vermelho" curiosidades e surpresas ainda maiores que as que lhe proporciona a ciência ortodoxa. Além de discutir os aspectos técnicos da questão, Arp apresenta também a história de diversas descobertas e teorias, a personalidade de alguns astrônomos importantes com quem teve contato direto, o mecanismo de publicação de artigos de pesquisa, o funcionamento dos comitês de assessoramento científico etc. Tudo isto baseado em sua vivência pessoal e com doses de humor e ironia que tornam muito agradável a leitura deste livro por todos.

Já o leitor que possui formação acadêmica em astronomia e cosmologia bem como os profissionais da área, em uma palavra, ficarão escandalizados. Aqueles que ainda não tiveram um contato maior com o universo Arpiano sentirão um misto de sensações: espanto frente ao inusitado, horror pela apresentação de possibilidades inconfessáveis pelos mais audaciosos cientistas e, finalmente, respeito pela coragem e força intelectual de Halton "Chip" Arp! Não é raro que profissionais que trabalham de forma competente em linhas conservadoras da pesquisa astronômica, mas que ainda não amadureceram pessoalmente, recebam quase que como uma afronta as idéias absurdamente originais apresentadas por Arp.

No último capítulo, intitulado "Academia", Arp debruça-se sobre aspectos sociológicos da ciência contemporânea. Emite sua opinião sobre assuntos tão variados quanto a competência na universidade, a boa imprensa, a era nuclear, a ciência estabelecida norte-americana, Aids e câncer, fusão a frio, a questão da vida em Marte, o criacionismo e vários outros temas interessantes da atualidade. Em todos eles o espírito Arpiano serve de elemento estimulador de discussão e de oposição à estagnação intelectual, moral e ética.

Os Tradutores

André K. T. Assis é professor de física da Unicamp, Campinas, onde pesquisa os fundamentos da gravitação, do eletromagnetismo e da cosmologia. Publicou pela Editora Perspectiva o livro *Uma Nova Física*, 1999.

Domingos S. L. Soares é professor de física e astronomia da Universidade Federal de Minas Gerais, Belo Horizonte, tendo realizado seu doutorado no renomado Kapteyn Institute, Holanda. Pesquisa galáxias binárias, grupos de galáxias e galáxias interagentes.

COLEÇÃO BIG BANG

Uma Nova Física
André Koch Torres de Assis

Diálogos sobre o Conhecimento
Paul K. Feyerabend

O Universo Vermelho
Halton Arp

Impressão e acabamento:

ESCOLAS PROFISSIONAIS SALESIANAS
Rua Dom Bosco, 441 • CEP 03105-020 • São Paulo • SP
Fone: (11) 3277-3211
E-mail: sdbmooca@salesianos.org.br